数林外传 系列

跟大学名师学中学数学

函数与函数思想

◎ 朱华伟　程汉波　编著

U0323685

中国科学技术大学出版社

内 容 简 介

本书分为3篇.第1篇介绍映射与函数的概念,基本初等函数与初等函数概念,函数的性质,函数定义域、解析式、值域和最值的求法,函数图像变换与作法,力求宏观与细节并重,介绍中学阶段的函数知识和方法.第2篇介绍函数思想及其在中学数学解题中的应用,如构造函数、变量代换、数形结合、映射法、不等式控制和母函数,深入地探讨函数思想在解题中的具体实践,注重思维能力的培养.第3篇按本书前述章节的脉络收集了近些年来自主招生考试中的函数试题,并给出了几篇发表于中学期刊上与自主招生考试中的函数问题相关的小论文,旨在方便读者备考或给读者些许启发.

本书注重基础,培养能力,旨在深入浅出地介绍函数与函数思想,提高解题能力,适合高中生、中学教师和数学爱好者参考使用.

图书在版编目(CIP)数据

函数与函数思想/朱华伟,程汉波编著. —合肥:中国科学技术大学出版社,2016.6(2023.11重印)

(数林外传系列:跟大学名师学中学数学)

ISBN 978-7-312-03873-0

Ⅰ. 函…　Ⅱ.①朱…②程…　Ⅲ. 函数—青少年读物　Ⅳ.O174-49

中国版本图书馆 CIP 数据核字(2016)第 057837 号

出版　中国科学技术大学出版社
　　　　安徽省合肥市金寨路 96 号,230026
　　　　http://press.ustc.edu.cn
　　　　https://zgkxjsdxcbs.tmall.com

印刷　安徽省瑞隆印务有限公司
发行　中国科学技术大学出版社
开本　880 mm×1230 mm　1/32
印张　15.5
字数　374 千
版次　2016 年 6 月第 1 版
印次　2023 年 11 月第 4 次印刷
定价　45.00 元

序

在函数概念三百多年来的发展史上,经历了"几何观念下的函数"、"代数观念下的函数"、"对应关系下的函数"到"几何论下的函数"的演变历程.其中,分别以伽利略、笛卡儿、牛顿、莱布尼茨、约翰·伯努利、欧拉、柯西、傅里叶、狄利克雷、康托尔、维布伦、豪斯道夫、库拉托夫斯基等为代表的数学家的工作功不可没.

20世纪初,在英国数学家贝利和德国数学家克莱因等人的大力倡导和支持下,函数被纳入了中学数学的学习范畴.克莱因还提出了一个重要的思想:以函数概念和函数思想统一数学教育的内容.他认为,"函数概念,应该成为数学教育的灵魂.以函数概念为中心,将全部数学教材集中在它周围,进行充分的综合".

函数是刻画客观事物变化的重要数学模型.初等函数是中学代数的核心内容,也是学习高等数学的必要基础.早在20世纪中期,我国中学代数就有"以函数为纲"的提法.1978年以来,我国中学课本函数部分的内容大幅度更新,就连微积分初步知识也"下放"至高中,函数内容成为体现数学教材改革精神的重点课题之一.

我国中学阶段函数思想贯穿于整个数学课程之中,其形成与发展大致可划分为以下四个阶段:

第一阶段是正式提出函数概念之前的感性认识阶段,以积累关于"集合"、"对应"、"变量"等概念的素材为特征,有意识地渗透函数思想. 例如, 通过代数式的概念与恒等变形等内容, 可以很好地给学生一些变量间的依存性以及变量的变化范围的初步认识.

第二阶段是对"函数及其图像"一章的学习. 用变量的观点初步了解函数概念, 掌握正、反比例函数, 一次函数和二次函数的性质和图像.

第三阶段是通过学习集合、对应等概念, 利用集合间元素的对应关系加深对函数的理解, 掌握指数函数、对数函数、幂函数、三角函数的概念、图像和性质.

第四阶段是利用"极限"工具对函数的性质进行较深入的研究. 这一阶段不应只局限于单纯地会求导数、求积分, 更重要的是利用微积分的工具去研究函数及初等数学中不能解决的问题.

因而, 函数与函数思想在中学数学课程与教学中占有举足轻重的地位, 函数思想是中学数学的主导思想之一, 具有广泛的运用, 加强函数的教学及函数思想的渗透, 使学生树立函数思想, 具有重大的意义.

鉴于此, 笔者于 1994 年在河南教育出版社《中学数学专题丛书》中出版了《函数・思想・方法》一书, 只可惜此书早已绝迹. 20 余年过去,《函数・思想・方法》一书有幸被中国科学技术大学出版社看中并重版, 笔者甚为感激与欣慰. 鉴于近 20 年来数学教育的普及和迅猛发展, 笔者对该书进行了认真的修订, 以适应当前的数学教育.

本书分为 3 篇: 第 1 篇介绍函数的基本知识, 如函数的概念、性质与图像等, 旨在从整体上完整地介绍中学阶段的函数知识, 该部分知识与例题较为基础, 修订中加入了一些拔高问题. 第 2 篇介绍函数思想及其在中学数学解题中的应用, 如构造函数、变量代换、数形结合、映射法、不等式控制和母函数, 深入地探讨函数思想在解题中的具体实践,因而不少问题有较高难度,旨在帮助学生拓展知识视野,提高思维能力.第3篇按本书前述章节的脉络收集了近些年来自主招生考试中的函数试题,并给出了几篇发表于中学期刊上与自主招生考试中的函数问题相关的小论文,旨在方便读者备考或给读者些许启发.

由于编者水平有限,书中难免会有疏漏或错误之处,诚挚欢迎读者批评与指正.

目　　次

第2篇 函数思想及其应用

第 1 篇

函 数

第1章 映射与函数

1.1 映射

先看两个集合 A, B 的元素之间的一些对应关系的例子(图 1.1).为简单起见,这里的集合 A, B 都是有限集.

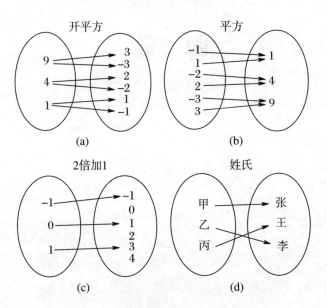

图 1.1

在图 1.1(a)中,对应法则是"开平方",即对于集合 A 中每一个

元素 x(如 $x=9$),集合 B 中有两个平方根 $\pm\sqrt{x}$(即 ± 3)和它对应;在图 1.1(b)中,对应法则是"平方",即对于集合 A 中的每两个非零整数 $\pm m$(如 2 与 -2),集合 B 中有一个平方数 m^2(即 4)和它们对应;在图 1.1(c)中,对应法则是"2 倍加 1",即对于 A 中每一个元素 x(如 1),集合 B 中有一个 $2x+1$(即 3)与它对应;在图 1.1(d)中,对应法则是"姓氏",即对于集合 A 中每一个人(如甲),集合 B 中有一个姓(即张)与它对应.

图 1.1 中的(b)、(c)与(d)这三个对应都有这样的特点:对于第一个集合(即 A)中的任何一个元素,第二个集合(即 B)中都有唯一的元素和它对应.

定义 1　设集合 A、B 是两个非空集合,如果存在一个对应法则 f,使得对于集合 A 中任一元素 x,按照对应法则 f,在集合 B 中都有唯一元素 y 与之对应,记作

$$f:A\to B,$$
$$x\mapsto y.$$

那么称 f 是从集合 A 到集合 B 的映射.元素 y 称为元素 x 的像,记作 $y=f(x)$.对于任一元素 $y\in B$,一切适合 $y=f(x)$ 的 x 的全体称为 y 的原像,记作 $f^{-1}(y)$,即 $f^{-1}(y)=\{x\,|\,y=f(x),x\in A\}$,集合 A 称为映射的定义域,记作 $D(f)$,A 中的所有 x 的像所组成的集合称为映射 f 的值域,记作 $f(A)$ 或 $z(f)$.

例 1.1.1　每一个三角形都有它的面积.设 T 是所有三角形的集合,那么,对 T 中的任何一个元素 t(它是三角形),通过"求面积",在 $\mathbf{R}$ 中必有唯一的实数 x 和它对应(即 $x=t$ 的面积 $=S(t)$).把"求面积"用 f 表示,即得到一个映射

$$f: T \rightarrow \mathbf{R},$$

$$t \mapsto x = f(t) = S(t).$$

其中, f 的定义域为 $T = \{所有三角形\}$, 值域为 $f(T) = (0, +\infty)$.

例 1.1.2 设 X 是所有三角形的集合, Y 是所有圆的集合, 映射 φ 是

$$\varphi: X \rightarrow Y,$$

$$x \mapsto x \text{ 的内切圆}.$$

这表示, 映射 φ 把每一个三角形映射成它的内切圆. 它的定义域为 $D(\varphi) = X$, 值域为 $f(X) = Y$.

例 1.1.3 $A = (-\infty, +\infty), B = [0, +\infty)$. 映射

$$f: A \rightarrow B,$$

$$x \mapsto f(x) = x^2.$$

取 $y = 1 \in B$, 则 y 的原像 $f^{-1}(y) = f^{-1}(1) = \{-1, 1\}$.

例 1.1.4 在例 1.1.1 中, 设 $x = 5$, 则 x 的原像 $f^{-1}(x) = f^{-1}(5) = \{面积为 5 的所有三角形\}$.

由例 1.1.3 与例 1.1.4 可知, 一个元素的原像应视为原像集. 还应注意到, 映射

$$f: A \rightarrow B,$$

$$x \mapsto y = f(x).$$

的值域 $f(A)$ 不一定等于 B, 而是 B 的子集, 即 $f(A) \subseteq B$, 如图 1.1 (c) 所示, 值域 $f(A) = \{-1, 1, 3\} \neq B = \{-1, 0, 1, 2, 3, 4\}$, 而是 B 的子集.

映射有如下几种情况:

1. 单射

定义 2 设有映射 $f: A \rightarrow B$, 如果对任意的 $x_1, x_2 \in A$, 且 $x_1 \neq$

x_2,有 $f(x_1)\neq f(x_2)$,则称 f 为单射,如图 1.2 所示.

2. 满射

定义 3　设有映射 $f:A\to B$,如果 $f(A)=B$,即 B 中的任何一个元素都可以在 A 中找到某个元素与之对应,则称 f 为满射,如图 1.3 所示.

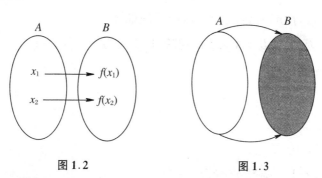

图 1.2　　　　　　　　　　图 1.3

3. 双射

定义 4　如果 f 既是单射又是满射,则称 f 为双射.

例如图 1.1 中,映射(b)是满射,不是单射,当然不是双射;映射(c)是单射,不是满射,因此不是双射;映射(d)既是单射又是满射,因而是双射.

例 1.1.5　映射

$$f:A\to A,$$

$$x\mapsto x.$$

这个映射把 A 中任何一个元素 x 与自身对应起来,我们称这个映射是恒等映射.它显然是 A 到 A 上的双射.

例 1.1.6　$A=\{a,b,c\}$,$B=\{x,y\}$,$f:A\to B$ 定义为 $f(a)=x$,$f(b)=x$,$f(c)=y$,则 f 是满射,但不是单射,因为 a,b 两点映射到同一点 x,因此,f 也不是双射.

定义 5　设 $f:A \rightarrow B$ 是双射,则称

$$f^{-1}:B \rightarrow A,$$

$$y \mapsto x$$

为 f 的逆映射.其中 y 与 x 满足 $y = f(x)$.

例如,$A = \{a,b,c\}$,$B = \{x,y,z\}$.映射 $f:A \rightarrow B$ 定义为 $f(a) = x$,$f(b) = y$,$f(c) = z$,则 f 是双射.

于是,$f^{-1}:B \rightarrow A$ 为 f 的逆映射.定义为 $f^{-1}(x) = a$,$f^{-1}(y) = b$,$f^{-1}(z) = c$.

1.2　函数

1.2.1　函数的概念

1673 年,德国数学家莱布尼茨首先使用变量的幂,成为首次使用"函数"一词的数学家.

1718 年,瑞士数学家约翰·伯努利定义:凡是变量和常量构成的式子都叫作函数.

1755 年,欧拉则认为函数是变量与变量之间的某种依赖关系.

1821 年,法国数学家柯西从定义变量出发给出了如下定义:在某些变数间存在着一定的关系,当一经给定其中某一变数的值,其他变数的值可随之确定,则将最初的变数叫作自变量,其他各变数叫作函数.

1837 年,德国数学家狄利克雷定义:如果对于 x 的每一个值,y 总有一个完全确定的值与之对应,则 y 是 x 的函数.

函数这个概念,也像其他数学概念一样,随着数学的发展而不断

被精炼、深化、丰富.自 1718 年约翰・伯努利发表的文章里第一次出现函数的定义,至今经过了近三百年的锤炼、变革,形成了函数的现代定义.

什么是函数呢? 粗略地说,"两个量(或两个数)之间的对应规律"就是数学中所说的"函数".下面给出几个实例.

例 1.2.1 若物体以速度 v 做匀速直线运动,设经过时间 t,物体通过的位移为 s,则时间 t 与位移 s 对应着,即对于任意时间 $t \in [0, +\infty)$ 都对应着唯一一个位移 s,则 t 与 s 的对应法则可表示为 $t \mapsto s = vt$,其中,v 为速度,是常数.

例 1.2.2 设圆的半径为 r,圆的面积为 S,则半径 r 与面积 S 对应着,即对于任意 $r \in (0, +\infty)$ 都唯一对应着一个圆的面积 S,则 r 与 S 的对应法则可表示为 $r \mapsto S = \pi r^2$,其中,π 为圆周率,是常数.

例 1.2.3 某水库的存水量 Q 与水深 h(指最深处的水深)如表 1.1 所示.

表 1.1

水深 h/m	0	5	10	15	20	25	30	35
存水量 $Q/10^4 \text{ m}^3$	0	20	40	90	160	275	437.5	650

从表 1.1 中可以看到,表中每一深度 h 都唯一对应一个存水量 Q,这个表就给出了 h 与 Q 的对应法则.

例 1.2.4 设时间为 t 时,气温为 $T(\text{℃})$,现用横坐标表示时间 t,用纵坐标表示气温 $T(\text{℃})$.若某地某日从 0 点到 24 点的气温曲线如图 1.4 所示,则对 0 点到 24 点的任意时间 t,过 t 画 t 轴的垂线与气温曲线交于点 (t, T),于是得到时间 t 唯一对应一个温度 T.这条

气温曲线就是时间 t 与温度 T 的对应法则.

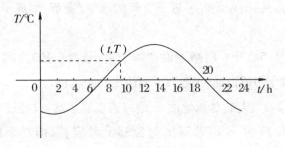

图 1.4

例 1.2.5 对任意 $x \in [-1, 1]$,都唯一对应一个数 $\sqrt{1-x^2}$,设 $y = \sqrt{1-x^2}$,则 x 与 y 的对应法则可表示为 $x \mapsto y = \sqrt{1-x^2}$.

例 1.2.6 对任意自然数 n,都唯一对应一个数 $(-1)^n$,设 $a_n = (-1)^n$,则 n 与 a_n 的对应法则可表示为 $n \mapsto a_n = (-1)^n$.

上面 6 个案例,它们的实际意义和对应法则完全不同,对应法则的表示法也有显著的差异.但是,从数学的角度看,它们却有一个共同的属性:有两个非空数集和一个对应法则.对于其中一个数集的任意一个数,按照对应法则都唯一对应着另一个数集中的一个数.

定义 1 设 A, B 是两个非空的数集,如果按照某种对应法则 f,对于 A 中任意一个元素 x,在 B 中都有唯一的元素 y 和它对应,则称对应法则 f 是集合 A 到集合 B 的函数.记为

$$f: A \rightarrow B,$$

$$x \mapsto y = f(x),$$

x 叫自变量,数集 A 称为函数 f 的定义域,记为 $D(f)$,即 $D(f) = A$. 数 x 对应的数 y 称为 x 的函数值,记为 $y = f(x)$. 函数值的集合称为函数 f 的值域,记为 $Z(f)$ 或 $f(A)$. 即

$$Z(f) = f(A) = \{y \mid y = f(x), x \in A\} \subseteq B.$$

根据函数的定义不难看出:① 上面所举的 6 个例子都是函数; ② 函数就是集合 A 到集合 B 的映射,其中 A, B 是两个非空的数集.

定义 2　当集合 A 和 B 都是非空的数集时,映射 $f: A \to B$ 就称作从集合 A 到集合 B 的函数.

符号"$f: A \to B$"表示 f 是定义在数集 A 上并在数集 B 中取值的函数,即对于任意的 $x \in A$,有 $f(x) \in B$,意义明确.这是现代数学表示函数的一般符号.一方面,由于我们要研究大量具体的函数,即对应法则不是抽象而是具体的,使用这个一般的函数符号有些不方便;另一方面,为了和中学课本中的函数符号一致.本书约定,将函数符号"$f: A \to B$"改写为"$y = f(x), x \in A$".当不需要明确指出函数 f 的定义域或定义域很明显时,又可简写为"$y = f(x)$".有时也笼统地说"$f(x)$ 是 x 的函数".显然,把函数值 $f(x)$ 称作函数,这个说法与函数的定义不一致,混淆了函数 f 与函数值 $f(x)$ 二者之间的含义,因此应该注意到这只是为了方便,习惯上所做的约定.

如果只给出函数关系式 $y = f(x)$ 而未指明定义域,那么这个函数的定义域就是指能使这个式子有意义的实数 x 的取值的集合.

例如,函数 $f(x) = \dfrac{1}{x+3}$ 的定义域要求 $x + 3 \neq 0$,即 $x \neq -3$ 的一切实数或 $D(f) = (-\infty, -3) \bigcup (-3, +\infty)$;函数 $f(x) = \sqrt{x+3}$ 的定义域要求 $x + 3 \geqslant 0$,即 $x \geqslant -3$ 的一切实数或 $D(f) = [-3, +\infty)$.

在具有实际意义的函数中,函数定义域还要受实际意义的约束.例如半径为 r 的圆的面积为 $S = \pi r^2$.从抽象的数学公式来说,r 可以取任意实数,但从它的实际意义来说,圆的半径 r 不能取负值,即

$r \geqslant 0$,所以定义域为$[0, +\infty)$.

例1.2.1的对应法则为$f: t \mapsto s = vt, t \in [0, +\infty)$.

例1.2.5的对应法则为$f: x \mapsto y = \sqrt{1-x^2}, x \in [-1, 1]$.

例1.2.4的对应法则为f: 一条曲线,$t \in [0, 24]$.

例1.2.3的对应法则为f: 一个表格$h \mapsto Q$.

由此可见,只要对数集A中的任意x都能明确指出它所对应的唯一一个数y,就具体地表现出了一个对应法则f,即给定了定义域为A的函数f(或定义在A上的函数).至于这个对应法则用什么方法给出,是无关紧要的.

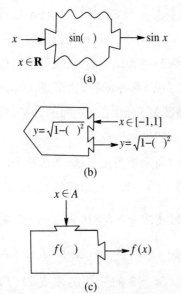

图1.5

为了对对应法则(函数)f有个直观形象的认识,可将f比喻为一部"数值变换器".对于任意$x \in A$,将x输入到数值变换器之中,通过f的"变换"作用,输出来就是$y \in B$.不同的函数就是不同的数值变换器,如图1.5所示.

由于函数值是实数,所以函数值域是一些实数组成的集合.它可以是实数集$\mathbf{R}$,也可以是$\mathbf{R}$的真子集.

例如,函数$y = x^3 + 1$的定义域是$\mathbf{R}$,它的值域也是$\mathbf{R}$,即

$$\{y \mid y = x^3 + 1, x \in \mathbf{R}\} = \mathbf{R}.$$

再如,函数$y = \sqrt{1-x^2}$的定义域是闭区间$[-1, 1]$,它的值域是闭区间$[0, 1]$,是$\mathbf{R}$的真子集,即

$$\{y \mid y = \sqrt{1 - x^2}, x \in [-1,1]\} = [0,1] \subsetneqq \mathbf{R}.$$

函数的定义域指出:对于任意的 $x \in A$,都对应唯一一个 $y = f(x) \in B$. 反之,一个 $y \in f(A)$ 就不一定只有唯一一个 $x \in A$,使 $f(x) = y$.

例如,函数 $y = x^2$ 的定义域是 $\mathbf{R}$,值域是 $[0, +\infty)$. 对于任意的 $x \in \mathbf{R}$,对应唯一一个 $y = x^2 \in [0, +\infty)$. 反之,对于任意的 $y = a \in (0, +\infty)$,却有两个 $x = \pm\sqrt{a}$ 使得 $(\pm\sqrt{a})^2 = a$.

再如,常数函数 $y = f(x) = c$(c 是常数)的定义域是 $\mathbf{R}$,值域是单点集 $\{c\}$,即对任意 $x \in \mathbf{R}$ 都对应唯一一个 $y = c$. 反之,对于 $y = c$,$\mathbf{R}$ 中所有的 x 都使得 $y = f(x) = c$.

由函数的定义可以知道,如果有两个函数,它们的定义域相同,对应法则也完全一致,从而它们的值域也相同,那么这两个函数是同一函数.

例如,函数 $f(x) = \dfrac{x^2 - 9}{x + 3}$ 与函数 $g(x) = x - 3$ 不是同一个函数,这是因为函数 $f(x)$ 的定义域为 $\{x \mid x \neq -3\}$,而函数 $g(x)$ 的定义域为 $\mathbf{R}$,两者并不相同.

又如,函数 $f(x) = x + 1$ 与函数 $g(t) = t + 1$,因为它们的定义域都是一切实数,并且对应法则一致,所以虽然它们用不同字母表示,但是它们仍为同一个函数.

函数的定义域、对应法则和值域称为函数的三要素. 值得探讨的是,函数的灵魂究竟是什么? 定义域? 解析式? 还是图像? 其实,函数的灵魂是运动与变化,学习函数内容的首要任务就是要实现由静到动的转变,从常量到变量的飞跃.

方程研究的是静态的点,不等式研究的是动态的区间,而函数研究的则是动态的全部,即整个定义域.若把函数问题搞清楚了,则与之相关的方程与不等式问题可利用数形结合的思想迎刃而解,这充分体现了函数、方程与不等式的紧密联系.

1.2.2 函数的表示法

函数的表示法就是表示对应法则 f 的方法.函数的表示法主要有 4 种:解析法、列表法和图像法和叙述法.

1.2.2.1 解析法

解析法是用解析式表示函数的对应法则的方法.所谓解析式就是将常量和表示自变量的字母用一系列运算符号连接起来的数学式子.如解析式 $\sqrt{x^2-2}$ 表示对应法则为:平方后减 2 再开平方

$$x \mapsto \sqrt{x^2-2}.$$

常用 $f(x) = \sqrt{x^2-2}$(或 $y = \sqrt{x^2-2}$)表示.这就是用解析式表示的函数,也叫函数的解析表达式(或函数关系式),简称解析式.例如,$s = vt, S = \pi r^2, s = \dfrac{1}{1-u^2}, y = \log_a x (a > 0, a \neq 1)$,等等.

函数 $f(x)$ 的自变量 x 在定义域内取一个确定的值 a 时,对应的函数值记作 $f(a)$.如函数 $f(x) = x^2 + 2x - 1$ 在 $x = 0, x = 1, x = 2$ 时的函数值分别为 $f(0) = -1, f(1) = 2, f(2) = 7$.

在同时研究两个或多个函数时,要用不同的符号来表示它们.除 $f(x)$ 外,还常用 $g(x), \varphi(x), F(x), G(x)$ 等.

有些函数,对于定义域内自变量 x 不同的值,不易用同一个统一的解析式表示,而要用两个或两个以上的式子表示,这类函数称为"分段函数".例如:

$$(1)\; y = |x| = \begin{cases} x, & x \geqslant 0, \\ -x, & x < 0; \end{cases}$$

$$(2)\; y = \begin{cases} x + 1, & x < 0, \\ 0, & x = 0, \\ x - 1, & x > 0 \end{cases}$$

都是定义在实数集 **R** 上的分段函数.

分段函数的一般形式为

$$f(x) = \begin{cases} f_1(x), & x \in D_1, \\ f_2(x), & x \in D_2, \\ \cdots \\ f_n(x), & x \in D_n. \end{cases}$$

其中,$D_i \bigcap D_j = \varnothing, i \neq j$,此时函数 $f(x)$ 的定义域为 $D = D_1 \bigcup D_2 \bigcup \cdots \bigcup D_n$.

注　分段函数是用几个式子合起来表示一个函数,而不是表示几个函数.在实际应用中常常用到这种表示形式.

例 1.2.7　火车在 9 h 内由 A 到 B,在最初的 3 h 内它的行驶速度为 50 km/h,然后停了 2 h,在最后 4 小时内它的行驶速度为 60 km/h 到达 B.设 x 表示时间(单位 h),y 表示路程(单位 km),试写出 y 对 x 的函数关系式.

解
$$y = \begin{cases} 50x, & 0 \leqslant x \leqslant 3, \\ 150, & 3 < x \leqslant 5, \\ 150 + 60(x - 5), & 5 < x \leqslant 9. \end{cases}$$

在数学发展过程中,极为经典、经常被用到的几个分段函数有:

1. 整数部分函数(高斯函数)

"对任意的 $x \in \mathbf{R}$,对应的 y 是不超过 x 的最大整数."将"不超过

x 的最大整数"表示为$[x]$. 显然,对任意的 $x \in \mathbf{R}$ 都唯一对应一个 $y = [x]$,例如$[2.6] = 2$,$[5] = 5$,$[0] = 0$,$[-4.2] = -5$ 等.

　　函数 $y = [x]$ 的图像是点集:$\{(x, n) \mid n \leqslant x < n + 1, n \in \mathbf{Z}\}$. 如图 1.6 所示.

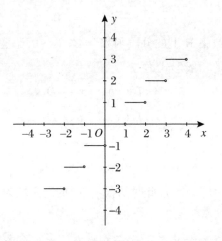

图 1.6

　　约翰·卡尔·弗里德里希·高斯(C. F. Gauss,1777 年 4 月 30 日—1855 年 2 月 23 日),德国著名数学家、物理学家、天文学家、大地

图 1.7　高斯

测量学家(见图 1.7). 高斯是近代数学奠基者之一,他被认为是历史上最重要的数学家之一,并享有"数学王子"之称. 高斯和阿基米德、牛顿并列为世界三大数学家. 一生成就极为丰硕,以他名字"高斯"命名的成果达 110 个,是数学家中最多的. 高斯在历史上影响巨大.

例 1.2.8　（1）某系某班级推荐学生代表，每 5 人推选 1 名代表，余额满 3 人可增选一名，写出推选代表数 y 与班级学生数 x 之间的函数关系（假设每班学生数为 30～50 人）；

（2）正数 x 经四舍五入后得到整数 y，写出 y 与 x 之间的函数关系．

解　（1）$y=\left[\dfrac{x+2}{5}\right], 30\leqslant x\leqslant 50$；（2）$y=[x+0.5]$．

2. 小数部分函数

"对任意的 $x\in\mathbf{R}$，对应的 $y=x-[x]$."将 $x-[x]$ 表示为 $\{x\}$．显然，对于任意的 $x\in\mathbf{R}$ 都唯一对应一个 $y=\{x\}$．例如 $\{2.6\}=0.6$，$\{5\}=0$，$\{-2\}=0$，$\{-3.14\}=-3.14-[-3.14]=-3.14+4=0.86$．

函数 $y=\{x\}$ 的图像是点集：$\{(x,x-n)\mid n\leqslant x<n+1,n\in\mathbf{Z}\}$．如图 1.8 所示．

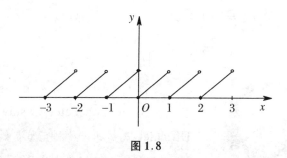

图 1.8

3. 符号函数

"对任意的 $x>0$，对应 $y=1$；对 $x=0$，对应 $y=0$；对任意的 $x<0$，对应 $y=-1$."将这个对应法则表示为 $\mathrm{sgn}x$．显然，对任意的 $x\in\mathbf{R}$ 都唯一对应一个 $y=\mathrm{sgn}x$，即

$$y = \operatorname{sgn} x = \begin{cases} 1, & x > 0, \\ 0, & x = 0, \\ -1, & x < 0. \end{cases}$$

显然,对任意的 $x \in \mathbf{R}$,有 $|x| = x \operatorname{sgn} x$.所以 $\operatorname{sgn} x$ 起了判断符号的作用.这个函数称为符号函数,其图像如图 1.9 所示.

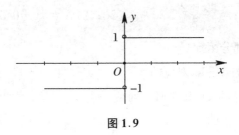

图 1.9

4. 狄利克雷函数

"对任意 $x \in \mathbf{R}$,当 x 是有理数时,对应 $y = 1$;当 x 是无理数时,对应 $y = 0$."将这个对应法则表示为 $D(x)$.显然,对任意的 $x \in \mathbf{R}$ 都唯一对应一个 $y = D(x)$,即

$$y = D(x) = \begin{cases} 1, & x \in \mathbf{Q}, \\ 0, & x \in \mathbf{R}/\mathbf{Q}. \end{cases}$$

图 1.10　狄利克雷

约翰·彼得·古斯塔夫·勒热纳·狄利克雷(Johann Peter Gustav Lejeune Dirichlet,勒热纳·狄利克雷是姓,1805—1859),德国数学家(见图 1.10),他是解析数论的奠基者,也是现代函数概念的定义者.

5. 黎曼函数

"对任意 $x \in \mathbf{R}$, 当 x 是有理数 $\dfrac{m}{n}$ ($(n,m)=1, n, m \in \mathbf{N}$) 时, 对应 $y = \dfrac{1}{n}$; 当 $x = 0$ 时, 对应 $y = 0$; 当 x 是无理数时, 对应 $y = 0$."将这个对应法则表示为 $R(x)$. 显然, 对任意的 $x \in \mathbf{R}$ 都唯一对应一个 $y = R(x)$, 即

$$y = R(x) = \begin{cases} \dfrac{1}{q}, & \text{当 } x = \dfrac{p}{q} \text{ (p, q 为正整数, $\dfrac{p}{q}$ 为既约真分数),} \\ 0, & \text{当 } x = 0, 1 \text{ 及 } (0,1) \text{ 内无理数.} \end{cases}$$

波恩哈德・黎曼, 德国数学家、物理学家(见图 1.11), 对数学分析和微分几何做出了重要贡献, 其中一些成果为广义相对论的发展铺平了道路. 他的名字出现在黎曼 ζ 函数、黎曼积分、黎曼引理、黎曼流形、黎曼映照定理、黎曼-希尔伯特问题、黎曼思路回环矩阵和黎曼曲面中. 他初次登台做了题为"论作为几何

图 1.11　黎曼

基础的假设"的演讲, 开创了黎曼几何, 并为爱因斯坦的广义相对论提供了数学基础. 他在 1857 年升为格丁根大学的编外教授, 并在 1859 年狄利克雷去世后成为正教授.

1.2.2.2　列表法

列表法就是用表格表示函数(对应法则)的方法. 如例 1.2.3 就是用列表法给出的函数. 用列表法表示函数, 它的定义域只能是一些离散的孤立点. 这种表示法的优点是每个自变量所对应的函数值可

以从表格上直接查到.因此,人们也将某些解析式表示的函数化为表格.例如,平方表、平方根表、对数表、三角函数表等数学用表,都是用列表法表示函数的.列表法的缺陷是常常不可能将所有的对应值都列入数表,而只能达到实用上大致够用的程度.

1.2.2.3 图像法

函数的图像表示法是用坐标平面上的特殊点集(图像)$\{(x,y)\,|\,y=f(x),x\in A\}$表示函数的对应法则,如例1.2.4.

由函数的解析式画出图像,一般分为列表、描点、连线三个步骤,即先列出自变量 x 和函数的一些对应值 $f(x)$,以这些对应值 $(x,f(x))$ 为坐标,在坐标平面内描出图像上一些点,然后用一条或几条平滑曲线(包括直线)按照自变量由小到大的顺序把所描出的点连接起来.这种画函数图像的方法称作描点法.显然,用描点法所画的图像一般是近似的、部分的,要使画出的函数图像更精确,需要描出图像上更多的点.

例1.2.9 画出函数 $y=\dfrac{1}{8}x^3$ 的图像.

解 (1)列表.在定义域 $(-\infty,+\infty)$ 内取 x 的一些值,算出 y 的对应值,如表1.2所示.

表1.2

x	⋯	-4	-3	-2	-1	0	1	2	3	4	⋯
$y=\dfrac{1}{8}x^3$	⋯	-8	-3.38	-1	-0.15	0	0.15	1	3.38	8	⋯

(2)描点.根据表格里的对应值,在坐标平面内描点.

(3)连线.用平滑曲线,按自变量由小到大的顺序,把所描出的点连接起来，就是函数 $y = \dfrac{1}{8} x^3$ 的图像，如图 1.12 所示.

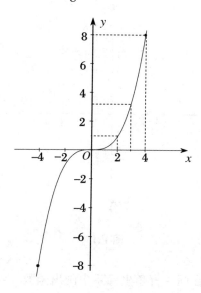

图 1.12

例 1.2.10　画出函数 $y = \dfrac{6}{x}$ 的函数图像.

解　函数 $y = \dfrac{6}{x}$ 的定义域为 $\{x \mid x \neq 0\}$.

（1）列表（见表 1.3）.

表 1.3

x	⋯	-6	-5	-4	-3	-2	-1	1	2	3	4	5	6	⋯
$y = \dfrac{6}{x}$	⋯	-1	-1.2	-1.5	-2	-3	-6	6	3	2	1.5	1.2	1	⋯

（2）描点. 根据表 1.3 里的对应值，在坐标平面内描点.

（3）连线.函数图像如图 1.13 所示.

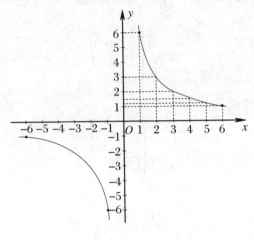

图 1.13

例 1.2.11 在同一直角坐标系中画出函数 $y = \frac{2}{3}x$ 与 $y = \frac{2}{3}x$ +4 的图像.

解 两函数的定义域均为一切实数.列表（见表 1.4）

表 1.4

x	...	-2	-1	0	1	2	...
$y = \frac{2}{3}x$	...	$-\frac{4}{3}$	$-\frac{2}{3}$	0	$\frac{2}{3}$	$\frac{4}{3}$	...
$y = \frac{2}{3}x + 4$	...	$\frac{8}{3}$	$\frac{10}{3}$	4	$\frac{14}{3}$	$\frac{16}{3}$	...

它们的图像如图 1.14 所示.由图 1.14 可以看出,对于 x 的每一个值,函数 $y = \frac{2}{3}x + 4$ 的值都比都比函数 $y = \frac{2}{3}x$ 的值多 4 个单位.因此,把函数 $y = \frac{2}{3}x$ 的图像向上平移 4 个单位,就可以得到函数 y

$= \dfrac{2}{3}x + 4$ 的图像. 由此可见, 函

数 $y = \dfrac{2}{3}x + 4$ 的图像是经过

$(0,4)$点, 且平行于直线 $y = \dfrac{2}{3}x$

的一条直线.

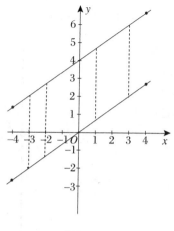

一般地, 函数 $y = kx + b$(称

作一次函数)的图像是经过点

$(0,b)$且平行于直线 $y = kx$ 的一

条直线. 因此, 把一次函数 $y = kx$

$+ b$ 的图像称作直线 $y = kx + b$,

图 1.14

b 称作直线 $y = kx + b$ 在 y 轴上的截距, 简称截距.

1.2.3 反函数

定义 3 如果 A, B 是实数集, 则双射 $f: A \to B$ 的逆映射 f^{-1} 称为 f 的反函数. 记作 $x = f^{-1}(y)$.

在函数式 $x = f^{-1}(y)$中, y 表示自变量. 但在习惯上, 一般用 x 表示自变量, 为此, 常常对调函数 $x = f^{-1}(y)$中的字母 x, y, 把它改写成 $y = f^{-1}(x)$.

例 1.2.12 求函数 $y = 3x - 1$ 的反函数.

解 因为

$$f: \mathbf{R} \to \mathbf{R},$$

$$x \mapsto 3x - 1$$

是双射, 所以函数 $y = 3x - 1$ 有反函数.

由 $y = f(x) = 3x - 1$, 可以求出 $x = f^{-1}(y) = \dfrac{y + 1}{3}$, 因此, 函数

$y = 3x - 1$ 的反函数是 $y = \dfrac{x+1}{3}$，如图 1.15 所示.

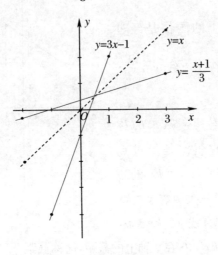

图 1.15

例 1.2.13　求函数 $y = \sqrt{x} + 1(x \geqslant 0)$ 的反函数.

解　因为

$$f : [0, +\infty) \rightarrow [1, +\infty),$$

$$x \mapsto \sqrt{x} + 1$$

是双射，所以函数 $y = \sqrt{x} + 1(x \geqslant 0)$ 有反函数.

由 $y = f(x) = \sqrt{x} + 1(x \geqslant 0)$ 可得 $x = f^{-1}(y) = (y-1)^2$，因

此，函数 $y = \sqrt{x} + 1(x \geqslant 0)$ 的反函数是 $y = (x-1)^2 (x \geqslant 1)$.

例 1.2.14　求分段函数 $y = \begin{cases} e^x, & x > 0, \\ 0, & x = 0, \\ -(x^2 + 1), & x < 0 \end{cases}$ 的反函数.

解　求分段函数的反函数要分段讨论：当 $x > 0$ 时，$y = e^x > 1$，此

时 $x = f^{-1}(y) = \ln y, y > 1$；当 $x = 0$ 时，$y = 0$；当 $x < 0$ 时，$y = -(x^2 + 1) < -1$，此时 $x = f^{-1}(y) = -\sqrt{-(y+1)}, y < -1$.

所以，分段函数的反函数为

$$y = f^{-1}(x) = \begin{cases} \ln x, & x > 1, \\ 0, & x = 0, \\ -\sqrt{-(x+1)}, & x < -1. \end{cases}$$

理解反函数概念要注意两点：

(1) 如果给定函数 $y = f(x)$ 的映射是双射，这个函数才存在反函数. 否则，就不存在反函数. 例如

$$f_1: x \mapsto y = x^2, \quad x \in (-\infty, +\infty), \quad y \in [0, +\infty);$$

$$f_2: x \mapsto y = x^2, \quad x \in (-\infty, 0], \quad y \in [0, +\infty).$$

f_1 不是从 $(-\infty, +\infty)$ 到 $[0, +\infty)$ 的双射，这时 $y = x^2$ 不存在反函数；f_2 是从 $(-\infty, 0]$ 到 $[0, +\infty)$ 的双射，这时 $y = x^2$ 存在反函数 $y = -\sqrt{x}(x \geqslant 0)$.

(2) 求函数 $y = f(x)$ 的反函数时，要分两步进行：第一步把 $f(x)$ 看作 x 的方程，解得 $x = f^{-1}(y)$；第二步将 x, y 互换得 $f(x)$ 的反函数 $y = f^{-1}(x)$.

在 $y = f(x)$ 和 $x = f^{-1}(y)$ 中，x, y 所表示的量相同，但所处的地位不同. 在 $y = f(x)$ 中 x 是自变量，y 是函数值；在 $x = f^{-1}(y)$ 中 y 是自变量，x 是函数值.

在 $y = f(x)$ 和 $y = f^{-1}(x)$ 中，x, y 所处的地位相同，但表示的量不同. 在 $y = f(x)$ 中，$x \in A, y \in B$；在 $y = f^{-1}(x)$ 中，$x \in B, y \in A$. 也就是说，函数 $y = f(x)$ 的定义域和值域分别为函数 $y = f^{-1}(x)$ 的值域和定义域.

函数 $y = f(x)$ 及其反函数 $x = f^{-1}(y)$ 的图像,在坐标平面上是同一点集. 当把反函数 $x = f^{-1}(y)$ 中的 x, y 对调后,函数 $y = f^{-1}(x)$ 的图像就不同了. 显然,如果点 $M(a,b)$ 在函数 $y = f(x)$ 的

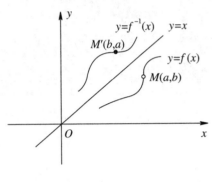

图像上,则点 $M'(b,a)$ 必在反函数 $y = f^{-1}(x)$ 的图像上,反之亦然. 由平面解析几何知,在坐标平面上,点 $M(a,b)$ 与点 $M'(b,a)$ 是关于直线 $y = x$ 对称的. 于是,函数 $y = f(x)$ 的图像与其反函数 $y = f^{-1}(x)$ 的图像关于直线 $y = x$ 对称. 如图 1.16 所示.

图 1.16

例 1.2.15 设函数 $f:A \to B$ 是一一映射,$f^{-1}:B \to A$ 是它的逆映射(反函数),求证:

(1) $ff^{-1} = I_B$(I_B 表示 B 上的恒等映射);

(2) $f^{-1}f = I_A$(I_A 表示 A 上的恒等映射);

(3) f^{-1} 是一一映射;

(4) f^{-1} 是唯一的;

(5) f^{-1} 的逆映射就是 f.

证明 (1) 由于 $f:A \to B$ 是一一映射,于是对任意的 $b \in B$,存在唯一的 $a \in A$,使得 $f(a) = b$,则 $a = f^{-1}(b)$,于是 $ff^{-1}(b) = f(f^{-1}(b)) = f(a) = b = I_B(b)$. 所以,$ff^{-1} = I_B$.

(2) 由于 $f:A \to B$ 是一一映射,于是对任意的 $a \in A$,存在唯一的 $b \in B$,使得 $f(a) = b$,则 $a = f^{-1}(b)$,于是 $f^{-1}f(a) = f^{-1}(f(a)) =$

$f^{-1}(b) = a = I_A(a)$. 所以, $f^{-1}f = I_A$.

(3) 先证 f^{-1} 是单射, 若 $b_1, b_2 \in B$ 且 $f^{-1}(b_1) = f^{-1}(b_2)$, 则 $f(f^{-1}(b_1)) = f(f^{-1}(b_2))$, 即 $(ff^{-1})(b_1) = (ff^{-1})(b_2)$, 也即 $I_B(b_1) = I_B(b_2)$, 所以 $b_1 = b_2$, 即 f^{-1} 是单射.

再证 f^{-1} 是满射, 即证对任意的 $a \in A$, 必存在 $b \in B$, 使得 $a = f^{-1}(b)$. 因为 $a = I_A(a) = (f^{-1}f)(a) = f^{-1}(f(a))$, 其中 $f(a) \in B$, 令 $f(a) = b$, 即得 $a = f^{-1}(b)$. 故 f^{-1} 是满射. 所以 f^{-1} 是一一映射.

(4) 假设另有 $h: B \to A$ 也是 $f: A \to B$ 的逆映射, 则由(2)知, $hf = I_A$, 所以 $h = hI_B = h(ff^{-1}) = (hf)f^{-1} = I_Af^{-1} = f^{-1}$, 所以, f^{-1} 是唯一的.

(5) 由(3)知, $f^{-1}: B \to A$ 是一一映射, 即对任意的 $a \in A$, 存在唯一的 $b \in B$, 使得 $f^{-1}(b) = a$, 所以 $f(f^{-1}(b)) = f(a)$, 即 $b = f(a)$. 所以映射 $f: A \to B$ 是 f^{-1} 的逆映射. 由(4)知, f^{-1} 的逆映射就是 f.

1.2.4　复合函数

复合函数是由两个函数或更多的函数经过"对应法则传递"的方法构造出的新函数.

例如, 函数 $z = \ln y$ 与 $y = 1 - x$ 的对应法则分别是 $y \mapsto z = \ln y$ 与 $x \mapsto y = 1 - x$. 经过"传递"得出新的对应法则, 从而构成新的函数 $z = \ln(1 - x)$. 如图 1.17 所示.

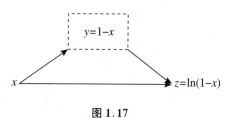

图 1.17

显然，z 是 y 的函数，y 又是 x 的函数，于是，通过"媒介"y 得到 z 是 x 的函数. 为了使 $z=\ln y$ 有意义，要求 $y>0$，为了使 $y=1-x>0$，要求 $x<1$，即新函数 $z=\ln(1-x)$ 的定义域是 $G=(-\infty,1)$. 虽然对于函数 $y=1-x$ 来说，x 可以取任意实数，但是它的函数值 y 必须属于函数 $z=\ln y$ 的定义域，即 $y=1-x>0$，因此，新函数的定义域 $G=\{x|x\in \mathbf{R},1-x>0\}=(-\infty,1)\subseteq\mathbf{R}$，即它仅是函数 $y=1-x$ 的定义域的子集.

定义 4　设函数 $z=f(y)$ 的定义域为 B，函数 $y=\varphi(x)$ 的定义域为 A，且 $G=\{x|x\in A,\varphi(x)\in B\}\neq\varnothing$. 于是，对任意 $x\in G$，按照对应法则 φ 对应唯一一个 $y=\varphi(x)\in B$，再按照对应法则 f 对应唯一一个 z，这样，对任意 $x\in G$ 都对应唯一一个 z，称这一对应所确定的函数是 $z=f(y)$ 与 $y=\varphi(x)$ 在 G 上的复合函数. 记为 $z=f(\varphi(x)),x\in G,y$ 称为中间变量.

例 1.2.16　求函数 $f(x)=1+x^2$ 与函数 $g(x)=\sqrt{x}$ 的复合函数 $f(g(x))$.

解　因为函数 $f(x)$ 的定义域为 $(-\infty,+\infty)$，$g(x)$ 的值域为 $[0,+\infty)$. 而 $[0,+\infty)\subseteq(-\infty,+\infty)$，所以复合函数 $f(g(x))$ 有意义，且 $f(g(x))=1+(g(x))^2=1+(\sqrt{x})^2=1+x$，其定义域为 $[0,+\infty)$.

例 1.2.17　设函数

$$f(x)=\begin{cases}1, & |x|\leqslant 1,\\ 0, & |x|>1;\end{cases}$$

$$g(x)=\begin{cases}2-x^2, & |x|\leqslant 1,\\ 2, & |x|>1.\end{cases}$$

求 $f(f(x)),f(g(x)),g(f(x)),g(g(x))$.

解 当 $|x|\leqslant 1$ 时,有 $f(x)=1$,则

$$f(f(x))=f(1)=1, \quad g(f(x))=g(1)=1.$$

当 $|x|>1$ 时,有 $f(x)=0$,则

$$f(f(x))=f(0)=1, \quad g(f(x))=g(0)=2.$$

所以 $f(f(x))=1,g(f(x))=\begin{cases}1, & |x|\leqslant 1, \\ 2, & |x|>1.\end{cases}$

当 $|x|\leqslant 1$ 时,有 $g(x)=2-x^2$,则

$$f(g(x))=f(2-x^2)=\begin{cases}1, & x=\pm 1, \\ 0, & -1<x<1;\end{cases}$$

$$g(g(x))=g(2-x^2)=\begin{cases}1, & x=\pm 1, \\ 2, & -1<x<1.\end{cases}$$

当 $|x|>1$ 时,有 $g(x)=2$,则

$$f(g(x))=f(2)=0, \quad g(g(x))=g(2)=2.$$

所以

$$f(g(x))=\begin{cases}0, & x\neq\pm 1, \\ 1, & x=\pm 1;\end{cases} \qquad g(g(x))=\begin{cases}2, & x\neq\pm 1, \\ 1, & x=\pm 1.\end{cases}$$

例 1.2.18 求函数 $z=\sqrt{y}$ 与函数 $y=(x-1)(2-x)$ 的复合函数.

解 因为函数 $z=\sqrt{y}$ 的定义域为 $[0,+\infty)$,函数 $y=(x-1)(2-x)$ 的定义域为 $\mathbf{R}$,由这两个函数构成的复合函数要求 $y=(x-1)(2-x)\geqslant 0$,即 $1\leqslant x\leqslant 2$. 于是,函数 $z=\sqrt{y}$ 与 $y=(x-1)(2-x)$ 构成的复合函数的定义域为 $[1,2]$,即 $z=\sqrt{y}=$

$\sqrt{(x-1)(2-x)}$，$x \in [1,2]$为所求的复合函数.

利用复合函数的概念,可以将一个较复杂的函数看成是由几个简单的函数复合而成,这样更便于对函数进行研究.

例如,函数 $y = e^{\sqrt{x^2+1}}$ 可以看成是由 $y = e^u$，$u = \sqrt{v}$，$v = x^2 + 1$ 三个函数复合而成.

1.3　应用举例

例 1.3.1　是否存在单射 $f : \mathbf{R} \to \mathbf{R}$，使得对任意 $x \in \mathbf{R}$，都有 $f(x^2) - f^2(x) \geqslant \dfrac{1}{4}$.

解　假设存在满足条件的单射,则令 $x = 0, 1$，得

$$\begin{cases} f(0) - f^2(0) \geqslant \dfrac{1}{4}, \\ f(1) - f^2(1) \geqslant \dfrac{1}{4}, \end{cases} \quad 即 \quad \begin{cases} \left(f(0) - \dfrac{1}{2} \right)^2 \leqslant 0, \\ \left(f(1) - \dfrac{1}{2} \right)^2 \leqslant 0, \end{cases}$$

则 $f(0) = f(1) = \dfrac{1}{2}$，这与 f 为单射矛盾.所以,不存在符合要求的单射.

例 1.3.2　设 $A = \{1, 2, 3, m\}$，$B = \{4, 7, n^4, n^2 + 3n\}$，对应法则 $f : a \mapsto b = pa + q$ 是从 A 到 B 的双射.已知 m, n 为正整数,且 1 的像是 4,7 的原像是 2,求 p, q, m, n 的值.

解　由条件可知 $\begin{cases} 4 = p \cdot 1 + q, \\ 7 = p \cdot 2 + q, \end{cases}$ 解得 $\begin{cases} p = 3, \\ q = 1, \end{cases}$ 所以，$f(a) =$ $3a + 1$.结合 f 是从 A 到 B 的双射,可知

$$\begin{cases} n^4 = 3 \cdot 3 + 1, \\ n^2 + 3n = 3m + 1, \end{cases} \quad 或 \quad \begin{cases} n^4 = 3m + 1, \\ n^2 + 3n = 3 \cdot 3 + 1. \end{cases}$$

由 m，n 为正整数，可知只能为后一种情形，解得 $n=2$，$m=5$.

综上所述：$(p,q,m,n)=(3,1,5,2)$.

例 1.3.3 设 $m,n\in\mathbf{N}^+$，$m\leqslant n$，集合 $A=\{a_1,a_2,\cdots,a_m\}$，$B=\{b_1,b_2,\cdots,b_n\}$.

(1) 求所有 A 到 B 的映射的个数；

(2) 求所有 A 到 B 的单射的个数；

(3) 是否存在 A 到 B 的满射.

解 (1) 对于 A 中的每一个元素，B 中每一个元素都可以作为它的像，有 n 种选择，所以，由乘法原理知，A 到 B 的映射共有 n^m 个.

(2) 依次确定 A 中元素 $a_1,a_2,\cdots,a_m$ 的像，其方法数分别为 $n,n-1,\cdots,n-(m-1)$. 所以，由乘法原理知，A 到 B 的单射共有 $n\cdot(n-1)\cdots(n-m+1)=\mathrm{A}_n^m$ 个.

(3) 当 $n=m$ 时，存在 A 到 B 的满射，满射共有 $\mathrm{A}_n^n=n!$ 个. 而当 $n>m$ 时，不存在 A 到 B 的满射.

例 1.3.4 设 $S_n=\{1,2,\cdots,n\}$，$f(x)$ 是 S_n 到自身的一一映射.

(1) $f(x)$ 有多少种？

(2) 讨论 $n=4,5$ 时，满足 $f(f(i))=i(i\in S_n)$ 的个数；

(3) 将(2)的结果推广到 n.

解 (1) 由例 1.1.3(3)知，$f(x)$ 有 $n!$ 种.

(2) 首先考虑当 $n=3$ 的情形：当 $f(1)=1$ 时，则 $f(2)=2$，$f(3)=3$ 与 $f(2)=3$，$f(3)=2$ 均符合题意；当 $f(1)=2$ 时，则 $f(f(1))=f(2)=1$，$f(3)=3$；当 $f(1)=3$ 时，则 $f(f(1))=f(3)=1$，$f(2)=2$；

所以,当 $n=3$ 时,满足 $f(f(i))=i$ $(i\in S_n)$ 的映射共有 4 个.

再考虑当 $n=4$ 的情形:当 $f(1)=1$ 时,则对于 $i=2,3,4$,均需 $f(f(i))=i$,由上知,这样的映射有 4 个;当 $f(1)\neq1$ 时,$f(1)$ 的值有 2,3,4 三种选择,例如当 $f(1)=2$ 时,则 $f(f(1))=f(2)=1$,则对于 $i=3,4$,均需 $f(f(i))=i$,有 $f(3)=3$,$f(4)=4$ 与 $f(4)=3$,$f(3)=4$ 均满足要求,由乘法原理,这样的映射有 $3\times2=6$ 个.最后,由加法原理,当 $n=4$ 时,满足 $f(f(i))=i$ $(i\in S_n)$ 的映射共有 $4+6=10$ 个.

再考虑当 $n=5$ 的情形:当 $f(1)=1$ 时,则对于 $i=2,3,4,5$,均需 $f(f(i))=i$,由上知,这样的映射有 10 个;当 $f(1)\neq1$ 时,$f(1)$ 的值有 2,3,4,5 四种选择,例如当 $f(1)=2$ 时,则 $f(f(1))=f(2)=1$,则对于 $i=3,4,5$,均需 $f(f(i))=i$,由上知,有 4 种可能,由乘法原理,这样的映射有 $4\times4=16$ 个.最后,由加法原理,当 $n=5$ 时,满足 $f(f(i))=i$ $(i\in S_n)$ 的映射共有 $10+16=26$ 个.

(3) 设 $f(x)$ 的定义域为 $S_n=\{1,2,\cdots,n\}$,将 S_n 中元素分为两类:

① $M=\{x\mid f(x)=x,x\in S_n\}$;

② $N=\{x\mid f(x)\neq x,x\in S_n\}$.

当 $x\in M$ 时,显然满足条件 $f(f(x))=x$;当 $x\in N$ 时,设 $f(x)=y$ $(y\neq x)$,则 $f(f(x))=f(y)$.

又由题设知 $f(f(x))=x$,所以 $f(y)=x$ $(x\neq y)$,必有 $y\in N$,即 $f(x)\in N$.

所以集合 N 中元素的个数必为偶数个,且可按如下方式分组:

若 $f(x) = y, f(y) = x (x \neq y)$，则将 x, y 视为一组（可以称为一个"二元循环"：$x \to y \to x (y \neq x)$），下面根据元素分类①、②来建立函数.

设集合 N 中元素个数为 $2i (i \in \mathbf{N})$.

当 $i = 0$ 时，即 $N = \varnothing$ 时，满足条件的函数只有一个，即 $f(x) = x, x \in \{1, 2, \cdots, n\}$；

当 $i \neq 0$ 时，从集合 A 的 n 个元素中选出 $2i (\leqslant n)$ 个元素，构成集合 N，再将 N 中元素平均分成 i 组，对每一组的两个元素按照二元循环建立对应关系，所有的方法数为 $\dfrac{C_n^2 C_{n-2}^2 \cdots C_{n-2(i-1)}^2}{i!}$.

对于集合 A 中余下的 $n - 2i$ 个元素，使它们与自己对应即可，此时只有一种方法.

所以，当集合 N 的元素个数为 $2i (i \in \mathbf{N}^+)$ 且 $i \leqslant \dfrac{n}{2}$ 时，满足 $f(f(x)) = x$ 的函数总数为 $\dfrac{C_n^2 C_{n-2}^2 \cdots C_{n-2(i-1)}^2}{i!}$. 由加法原理可得，满足 $f(f(x)) = x$ 的函数总数为

$$1 + \sum_{1 \leqslant i \leqslant \frac{n}{2}}^{n} \frac{C_n^2 C_{n-2}^2 \cdots C_{n-2(i-1)}^2}{i!} = \sum_{k=0}^{\left[\frac{n}{2}\right]} \frac{A_n^{2k}}{2^k k!} \quad (n \geqslant 2).$$

例 1.3.5 已知映射 $f: \mathbf{R}^2 \to \mathbf{R}^2, (x, y) \mapsto (ax, ay)$，其中 a, b 均为正数.

(1) 求 $\{(x, y) \mid 0 \leqslant x \leqslant a, 0 \leqslant y \leqslant b\}$ 在映射 f 下的像及此图形的面积；

(2) 求 $\{(x, y) \mid x^2 + y^2 \leqslant 1\}$ 在映射 f 下的像及此图形的面积.

解 (1) $\{(x, y) \mid 0 \leqslant x \leqslant a, 0 \leqslant y \leqslant b\}$ 在映射 f 下的像为 $\{(x,$

$y)\mid 0 \leqslant x \leqslant a^2, 0 \leqslant y \leqslant b^2\}$,该图形的面积为 $S = a^2 b^2$.

(2) $\{(x,y) \mid x^2 + y^2 \leqslant 1\}$ 在映射 f 下的像为 $\{(x,y) \mid x^2 + y^2 \leqslant a^2\}$,该图形的面积为 $S = \pi a^2$.

例 1.3.6　写出开区间 $(0,1)$ 与闭区间 $[0,1]$ 的一一对应.

解　取开区间 $(0,1)$ 的子集 $A = \left\{\dfrac{1}{2}, \dfrac{1}{3}, \cdots, \dfrac{1}{n}, \cdots\right\}$,在 A 中添加两个数 0,1 后得到闭区间 $[0,1]$ 的子集 $B = \left\{0, 1, \dfrac{1}{2}, \dfrac{1}{3}, \cdots, \dfrac{1}{n}, \cdots\right\}$. 显然,$(0,1)/A = [0,1]/B$. 于是定义映射 f 如下

$$f(x) = \begin{cases} 0, & x = \dfrac{1}{2}, \\ 1, & x = \dfrac{1}{3}, \\ \dfrac{1}{n-2}, & x = \dfrac{1}{n}, n = 4, 5, \cdots, \\ x, & x \in (0,1)/A. \end{cases}$$

易知 f 为一一对应.

注　在大学课程《实变函数》中,我们可以证明:区间 (a,b),$[a,b)$,$(a,b]$ $[a,b]$,$(-\infty, a)$,$(a, +\infty)$,$(-\infty, +\infty)$,$(-\infty, a]$,$[a, +\infty)$ 都与 $[0,1]$ 对等,即均可以建立 $[0,1]$ 到它们的一一对应.

例 1.3.7　已知集合 $A = \{a_1, a_2, \cdots, a_k\}$ $(k \geqslant 2)$,其中 $a_i \in \mathbf{Z}$ $(i = 1, 2, \cdots, k)$,由 A 中元素构成两个相应的集合

$$S = \{(a,b) \mid a \in A, b \in A, a + b \in A\},$$
$$T = \{(a,b) \mid a \in A, b \in A, a - b \in A\}.$$

其中 (a,b) 是有序数对,集合 S 和 T 中的元素个数分别为 m 和 n.

若对于任意的 $a \in A$,总有 $-a \notin A$,则称集合 A 具有性质 P.

(1) 检验集合 $\{0,1,2,3\}$ 与 $\{-1,2,3\}$ 是否具有性质 P 并对其中具有性质 P 的集合,写出相应的集合 S 和 T;

(2) 对任何具有性质 P 的集合 A,证明:$n \leqslant \dfrac{k(k-1)}{2}$;

(3) 判断 m 和 n 的大小关系,并证明你的结论.

解　(1) 集合 $\{0,1,2,3\}$ 不具有性质 P.集合 $\{-1,2,3\}$ 具有性质 P,其相应的集合 S 和 T 是

$$S = \{(-1,3),(3,-1)\}, \quad T = \{(2,-1),(2,3)\}.$$

(2) 首先,由 A 中元素构成的有序数对 (a_i, a_j) 共有 k^2 个.

因为 $0 \notin A$,所以 $(a_i, a_i) \notin T (i = 1, 2, \cdots, k)$;又因为当 $a \in A$ 时,$-a \notin A$,所以当 $(a_i, a_j) \in T$ 时,$(a_j, a_i) \notin T (i, j = 1, 2, \cdots, k)$.从而,集合 T 中元素的个数最多为 $\dfrac{1}{2}(k^2 - k) = \dfrac{k(k-1)}{2}$,即 $n \leqslant \dfrac{k(k-1)}{2}$.

(3) $m = n$,证明如下:

① 对于 $(a,b) \in S$,根据定义,$a \in A, b \in A$,且 $a + b \in A$,从而 $(a+b, b) \in T$.如果 (a,b) 与 (c,d) 是 S 的不同元素,那么 $a = c$ 与 $b = d$ 中至少有一个不成立,从而 $a + b = c + d$ 与 $b = d$ 中也至少有一个不成立.故 $(a+b, b)$ 与 $(c+d, d)$ 也是 T 的不同元素.可见,S 中元素的个数不多于 T 中元素的个数,即 $m \leqslant n$.

② 对于 $(a,b) \in T$,根据定义,$a \in A, b \in A$,且 $a - b \in A$,从而 $(a-b, b) \in S$.如果 (a,b) 与 (c,d) 是 T 的不同元素,那么 $a = c$ 与 $b = d$ 中至少有一个不成立,从而 $a - b = c - d$ 与 $b = d$ 中也至少有一个不成立,故 $(a-b, b)$ 与 $(c-d, d)$ 也是 S 的不同元素.可见,T

中元素的个数不多于 S 中元素的个数,即 $n \leqslant m$.

由①和②可知,$m = n$.

例 1.3.8 (1) 求 $\sqrt[3]{n^3 + n^2 + 1}$ 的整数部分,其中 n 是正整数;

(2) 求 $\left[\dfrac{1}{1!} + \dfrac{1}{2!} + \dfrac{1}{3!} + \cdots + \dfrac{1}{2015!}\right]$ 的值.

解 (1) 因为

$$n^3 < n^3 + n^2 + 1 < n^3 + 3n^2 + 3n + 1 = (n+1)^3,$$

所以,$\left[\sqrt[3]{n^3 + n^2 + 1}\right] = n$.

(2) 显然有 $\dfrac{1}{1!} + \dfrac{1}{2!} + \dfrac{1}{3!} + \cdots + \dfrac{1}{2015!} > 1$,现在证明 $\dfrac{1}{1!} + \dfrac{1}{2!} + \dfrac{1}{3!}$

$+ \cdots + \dfrac{1}{2015!} < 2$.由于

$$\dfrac{1}{1!} + \dfrac{1}{2!} + \dfrac{1}{3!} + \cdots + \dfrac{1}{2015!} < \dfrac{1}{1} + \dfrac{1}{2} + \dfrac{1}{2^2} + \cdots + \dfrac{1}{2^{2014}}$$

$$= \dfrac{1 - \left(\dfrac{1}{2}\right)^{2015}}{1 - \dfrac{1}{2}} < 2,$$

所以 $\left[\dfrac{1}{1!} + \dfrac{1}{2!} + \dfrac{1}{3!} + \cdots + \dfrac{1}{2015!}\right] = 1$.

注 还可以这样放缩

$$\dfrac{1}{1!} + \dfrac{1}{2!} + \dfrac{1}{3!} + \cdots + \dfrac{1}{2015!}$$

$$< \dfrac{1}{1} + \dfrac{1}{2 \times 1} + \dfrac{1}{3 \times 2} + \cdots + \dfrac{1}{2015 \times 2014}$$

$$= 2 - \dfrac{1}{2015} < 2.$$

例 1.3.9 证明关于函数 $y = [x]$ 的如下不等式:

(1) 当 $x>0$ 时, $1-x<x\left[\dfrac{1}{x}\right]\leqslant1$;

(2) 当 $x<0$ 时, $1\leqslant x\left[\dfrac{1}{x}\right]<1-x$.

证明 (1) 当 $x>0$ 时, 有 $\dfrac{1}{x}-1<\left[\dfrac{1}{x}\right]\leqslant\dfrac{1}{x}$, 于是

$$1-x<x\left[\frac{1}{x}\right]\leqslant1.$$

(2) 当 $x<0$ 时, 有 $\dfrac{1}{x}\geqslant\left[\dfrac{1}{x}\right]>\dfrac{1}{x}-1$, 于是 $1-x>x\left[\dfrac{1}{x}\right]\geqslant1$.

例 1.3.10 求和: $S=[\lg2]+[\lg3]+\cdots+[\lg2015]+\left[\lg\dfrac{1}{2}\right]+\left[\lg\dfrac{1}{3}\right]+\cdots+\left[\lg\dfrac{1}{2015}\right]$.

解 注意到, 对任意实数 x, 有

$$[x]+[-x]=\begin{cases}0, & x\in\mathbf{Z},\\ -1, & x\notin\mathbf{Z}.\end{cases}$$

而对 $n\in\{2,3,\cdots,2015\}$, 仅当 $n=10、100、1000$ 时, $\lg n\in\mathbf{Z}$, 所以

$$S=\sum_{n=2}^{2015}\left([\lg n]+\left[\lg\frac{1}{n}\right]\right)=\sum_{n=2}^{2015}([\lg n]+[-\lg n])=-2011.$$

例 1.3.11 设 $y=f(x)$ 为严格的增函数, 它的反函数为 $x=\varphi(y),f(0)=0,f(a)=b,a,b$ 都是整数. 曲线 $y=f(x)$ 从 $O(0,0)$ 到 $B(a,b)$ 的这段弧上(包括端点 B, 不包括 O)有 L 个格点, 则有

$$\sum_{k=1}^{[a]}[f(k)]+\sum_{h=1}^{[b]}[\varphi(h)]-L=[a][b].$$

证明 如图 1.18 所示, 考虑矩形 $OABC$ 内的格点个数 s(包括除去 C 点的线段 CB 与除去 A 点的线段 AB, 不包括线段 OA,OC), 这里 A,C 的坐标分别为 $A(a,0),C(0,b)$.

一方面, 曲边三角形 OAB 内, 每条直线 $x=k$(k 为不超过 a 的

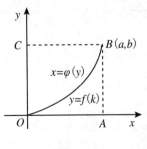

图 1.18

自然数)上有 $[f(k)]$ 个格点(包括弧 OB 上可能有的一个格点,不包括格点 $(k,0)$).曲边三角形 OCB 内,每条直线 $y = h$(h 为不超过 b 的自然数)上有 $[\varphi(h)]$ 个格点.OB 上的 L 个点被重复计算了一次,所以

$$s = \sum_{k=1}^{[a]} [f(k)] + \sum_{k=1}^{[b]} [\varphi(h)] - L.$$

另一方面,显然有 $s = [a][b]$.所以

$$\sum_{k=1}^{[a]} [f(k)] + \sum_{k=1}^{[b]} [\varphi(h)] - L = [a][b].$$

注 类似地,我们可以证明:

1. 设 n 为自然数,有:

$$[\sqrt{1}] + [\sqrt{2}] + [\sqrt{3}] + \cdots + [\sqrt{n^2}] = \frac{1}{6}n(4n^2 - 3n + 5).$$

2. 对任一大于 1 的正整数 n,有

$$[\sqrt{n}] + [\sqrt[3]{n}] + \cdots + [\sqrt[n]{n}] = [\log_2 n] + [\log_3 n] + \cdots + [\log_n n].$$

例 1.3.12 (1) 找出一个实数 x,满足 $\{x\} + \left\{\dfrac{1}{x}\right\} = 1$;

(2) 证明满足上面等式的 x 都不是有理数.

解 (1) 由 $\{x\} + \left\{\dfrac{1}{x}\right\} = 1$ 知,x 与 $\dfrac{1}{x}$ 的和为整数,即 $x + \dfrac{1}{x} = k$,其中 $k \in \mathbf{Z}$,即 $x^2 - kx + 1 = 0$,解得 $x = \dfrac{k \pm \sqrt{k^2 - 4}}{2}$,$k \in \mathbf{Z}$. 例如,取 $k = 3$ 时,有 $x = \dfrac{3 \pm \sqrt{5}}{2}$ 满足等式的实数解.

(2) 要证明 x 不是有理数,只需证明 $k^2 - 4$ 不是完全平方数.

（反证法）假设 k^2-4 是一个完全平方数，令其为 l^2，即 $k^2-4=l^2$，则 $k^2-l^2=4$．由(1)知，$|k|\geqslant 3$（当 $|k|=2$ 时，$|x|=1$，不符合）．易知，当 $|k|\geqslant 3$ 时，两个整数的平方差不小于 5，这与 $k^2-l^2=4$ 矛盾，故 x 不是有理数．

注　第(2)问也可以通过对 k 进行奇偶性讨论予以解决．

例 1.3.13　记 $\{x\}=x-[x]$，解方程 $\dfrac{\{x\}[x]}{x}=2009$．

解　当 $x\geqslant 0$ 时，有 $[x]\geqslant 0$，由于 $0\leqslant\{x\}<1$，则 $2009=\dfrac{\{x\}[x]}{x}<\dfrac{[x]}{x}\leqslant 1$．矛盾．

当 $x<0$ 时，$[x]\leqslant -1<0$，有 $\dfrac{[x]}{x}>0$，则

$$2009=\frac{\{x\}[x]}{x}<\frac{[x]}{x}=\frac{x-\{x\}}{x}=1-\frac{\{x\}}{x}.$$

故 $\dfrac{\{x\}}{x}<-2008$，即 $x>-\dfrac{\{x\}}{2008}>-\dfrac{1}{2008}>-1$．因此 $x\in(-1,0)$，$[x]=-1$，$\{x\}=x+1$．于是原方程可写为 $\dfrac{x+1}{x}=-2009$，解得 $x=-\dfrac{1}{2010}$．经检验，$x=-\dfrac{1}{2010}$ 是原方程的解．

例 1.3.14　若 $f(x)=\dfrac{2^x-1}{2^x+1}$，$g(x)=f^{-1}(x)$，则 $g\left(\dfrac{3}{5}\right)=$ _____．

解法 1　由 $y=\dfrac{2^x-1}{2^x+1}$ 可得 $x=\log_2\dfrac{1+y}{1-y}$，因此 $f(x)=\dfrac{2^x-1}{2^x+1}$ 的反函数为 $f^{-1}(x)=\log_2\dfrac{1+x}{1-x}$ $(-1<x<1)$，故 $f^{-1}\left(\dfrac{3}{5}\right)=\log_2 4=2$．

解法 2　由函数 $y=f(x)$ 与反函数 $y=f^{-1}(x)$ 之间的关系知，

求 $f^{-1}\left(\dfrac{3}{5}\right)$ 的值就是解方程 $\dfrac{2^x-1}{2^x+1}=\dfrac{3}{5}$, 解得 $x=2$, 所以 $f^{-1}\left(\dfrac{3}{5}\right)=2$.

例 1.3.15　已知函数 $f(x)=\dfrac{ax+b}{cx+d}$ 的图像与它的反函数的图像完全重合. 求该函数应具有何种形式? 这里 a,b,c,d 为常数, 并且 a,c 不同时为零.

解　由 $y=\dfrac{ax+b}{cx+d}$ 可得 $x=\dfrac{dy-b}{-cy+a}$, 因此, $f(x)$ 的反函数为 $f^{-1}(x)=\dfrac{dx-b}{-cx+a}$, 由条件可知 $f(x)=f^{-1}(x)$, 即 $\dfrac{ax+b}{cx+d}=\dfrac{dx-b}{-cx+a}$, 也即

$$c(d+a)x^2+(d^2-a^2)x-b(a+d)=0.$$

上式对所有定义域内 x 都成立, 于是左边应为一个零多项式, 则

$$c(a+d)=d^2-a^2=-b(a+d)=0$$

所以, $a+d=0$ 或者 $a=d\neq0$ 且 $b=c=0$. 所以

$$f(x)=\dfrac{ax+b}{cx-a}\quad \text{或}\quad f(x)=x.$$

注　类似地, 可以解决 2001 年复旦大学基地班测试题: 设函数 $f(x)=\dfrac{x}{x+a}$ 的反函数是自身, 求实数 a 的值.

例 1.3.16　设 $f^{-1}(x)$ 是 $f(x)$ 的反函数, 定义: $(f\circ g)(x)=f(g(x))$.

(1) 求证: $(f\circ g)^{-1}(x)=(g^{-1}\circ f^{-1})(x)$;

(2) 设 $F(x)=f(-x)$, $G(x)=f^{-1}(-x)$, 若 $F(x)=G^{-1}(x)$, 求证: $f(x)$ 为奇函数.

证明 (1) 设 $y=(f\circ g)^{-1}(x)$,则 $x=(f\circ g)(y)=f(g(y))$,故 $g(y)=f^{-1}(x)$,于是 $y=g^{-1}(f^{-1}(x))=(g^{-1}\circ f^{-1})(x)$,所以 $(f\circ g)^{-1}(x)=(g^{-1}\circ f^{-1})(x)$,得证.

(2) 设 $y=G(x)=f^{-1}(-x)$,则 $x=G^{-1}(y)=-f(y)$,于是 $G^{-1}(x)=-f(x)$,又因为 $F(x)=G^{-1}(x)$,所以 $F(x)=-f(x)$.

又由题设知 $F(x)=f(-x)$,因此 $f(-x)=-f(x)$,所以 $f(x)$ 为奇函数.

例 1.3.17 设函数 $f(x)=\begin{cases}1+x, & x<0,\\ e^x, & x\geqslant0,\end{cases}$ 求复合函数 $f(f(x))$.

解 当 $x<-1$ 时,$f(x)=1+x<0$,此时,$f(f(x))=f(1+x)=2+x$;当 $-1\leqslant x<0$ 时,$f(x)=1+x>0$,此时,$f(f(x))=f(1+x)=e^{1+x}$;当 $x\geqslant0$ 时,$f(x)=e^x>0$,此时,$f(f(x))=f(e^x)=e^{e^x}$.所以复合函数 $f(f(x))$ 是一分段函数,即

$$f(f(x))=\begin{cases}2+x, & x<-1,\\ e^{1+x}, & -1\leqslant x<0,\\ e^{e^x}, & x\geqslant0.\end{cases}$$

例 1.3.18 定义域为正整数的函数 f 满足

$$f(n)=\begin{cases}n-3, & n\geqslant1000,\\ f(f(n+7)), & n<1000.\end{cases}$$

求 $f(90)$.

解 因为 $90+7\times130=1000$,所以 $f(90)=f^2(97)=\cdots=f^{131}(1000)$.

又因为 $f(1000) = 997, f(999) = f(f(1006)) = f(1003) = $

$1000, f(998) = f(f(1005)) = f(1002) = 999, f(997) = f(f(1004))$

$= f(1001) = 998.$

因此,$f^m(1000)$的值在 997~1000 之间循环出现,并以 4 为周期. 所以 $f^{131}(1000) = f^3(1000) = 999.$

例 1.3.19　$f(n)$定义在正整数集上,并且(1)对任一正整数, $f(f(n)) = 4n + 9$;(2)对任一非负整数 $k, f(2^k) = 2^{k+1} + 3$. 试确定 $f(1789).$

解　$1789 = 9 + 4 \times 9 + 4^2 \times 9 + 4^3 \times 9 + 4^4 \times 2^2$,由于 $f(4n + 9) = f(f(f(n))) = 4f(n) + 9$,所以

$$f(1789) = 9 + 4f(9 + 4 \times 9 + 4^2 \times 9 + 4^3 \times 2^2)$$
$$= 9 + 4 \times 9 + 4^2 f(9 + 4 \times 9 + 4^2 \times 2^2)$$
$$= 9 + 4 \times 9 + 4^2 \times 9 + 4^3 \times 9 + 4^4 f(2^2)$$
$$= 9 + 4 \times 9 + 4^2 \times 9 + 4^3 \times 9 + 4^4 \times (2^3 + 3)$$
$$= 1789 + 1792 = 3581.$$

例 1.3.20　试构造函数 $f(x), g(x)$,使其定义域为$(0,1)$,值域都为$(0,1]$,且

(1) 对于任意 $a \in (0,1), f(x) = a$ 只有一个解;

(2) 对于任意 $a \in (0,1), g(x) = a$ 有无穷多个解.

解法 1　(1) 设 $f(x) = \begin{cases} h(x), & x \in \mathbf{Q} \cap (0,1), \\ x, & x \in (\mathbf{R}/\mathbf{Q}) \cap (0,1), \end{cases}$　下面构造满足条件的 $h(x).$

① 将$(0,1)$中的有理数 $\dfrac{q}{p}(q < p$,既约真分数$)$排序:先按分母

排序,同分母按分子顺序,则排序唯一(可数),即

$$\frac{1}{2}, \quad \frac{1}{3}, \quad \frac{2}{3}, \quad \frac{1}{4}, \quad \frac{3}{4}, \quad \cdots$$

② 再将 $[0,1]$ 中的有理数排序,$0,1$ 放在排序之前,即

$$0, \quad 1, \quad \frac{1}{2}, \quad \frac{1}{3}, \quad \frac{2}{3}, \quad \frac{1}{4}, \quad \frac{3}{4}, \quad \cdots$$

③ $h(x)$ 将①、②中排序的数字一一对应,即

$$h\left(\frac{1}{2}\right) = 0, \quad h\left(\frac{1}{3}\right) = 1, \quad h\left(\frac{1}{4}\right) = \frac{1}{2}, \quad \cdots$$

显然,对于任意 $a \in (0,1)$,$f(x) = a$ 只有一个解.

(2) 设 $g(x) = \left| \sin \dfrac{1}{x} \right|$,则对任意的 $a \in (0,1)$,$g(x) = a$ 有无穷多个解.

解法 2 (1) 如下定义函数

$$f(x) = \begin{cases} 2x, & x = \dfrac{1}{2^n}, n \in \mathbf{N}^+, \\[3mm] 3x, & x = \dfrac{1}{3^n}, n \in \mathbf{N}^+, n \geqslant 2, \\[3mm] 0, & x = \dfrac{1}{3}, \\[3mm] x, & x \in (0,1), x \neq \dfrac{1}{2^n}, x \neq \dfrac{1}{3^n}, n \in \mathbf{N}^+. \end{cases}$$

定义 $g\left(\dfrac{1}{2^i}\right) = 0(i \in \mathbf{N}^+)$,由于 $(0,1) = \bigcup\limits_{i=0}^{\infty} \left[\dfrac{1}{2^{i+1}}, \dfrac{1}{2^i}\right)$,任取 $x \in \left(\dfrac{1}{2^{i+1}}, \dfrac{1}{2^i}\right)$,先做映射 $g_i(x) = 2^{i+1}\left(x - \dfrac{1}{2^{i+1}}\right)$,这样就把 $\left(\dfrac{1}{2^{i+1}}, \dfrac{1}{2^i}\right)$ 扩充到 $(0,1)$.在此基础上,再构造一个值域为 $[0,1]$ 的映射 $g(x)$,则此问题得到解决.即

$$g(x) = \begin{cases} 0, & x = \dfrac{1}{2^i}, i \in \mathbf{N}^+, \\ f(g_i(x)), & x \neq \dfrac{1}{2^i}, i \in \mathbf{N}^+. \end{cases}$$

其中，$g_i(x) = 2^{i+1}\left(x - \dfrac{1}{2^{i+1}}\right), i \in \mathbf{N}^+.$

注　此题的第一问还可以这样构造

$$f(x) = \begin{cases} 0, & x = \dfrac{1}{2}, \\ \dfrac{1}{n}, & x = \dfrac{1}{n+2}, n \in \mathbf{N}^+, \\ x, & x \in (0,1), x \neq \dfrac{1}{n+1}, n \in \mathbf{N}^+. \end{cases}$$

但是有一点需要说明，这样构造的思路在解决第(2)问时，将会比较麻烦.解法 1 中对 $h(x)$ 的构造是关键，其原理是有理数的任意两个无限子集之间都可以建立一一对应关系.

第 2 章 初 等 函 数

2.1 基本初等函数

在数学发展过程中,逐步筛选出最简单、最基础和最常用的六类函数,即常数函数、指数函数、对数函数、幂函数、三角函数和反三角函数.这六类函数统称为基本初等函数,在中学数学中都有较为详尽的研究.现将这六类函数简要分述如下.

2.1.1 常数函数

$y = c$ 或 $f(x) = c(c$ 是常数$), x \in \mathbf{R}$.

其图像是通过点$(0, c)$,且平行于 x 轴的直线,如图 2.1 所示.常数函数是偶函数. 其导函数和不定积分分别为 $f'(x) = 0, \int f(x)\mathrm{d}x = \int c\,\mathrm{d}x = cx + C(C$ 是常数$)$.

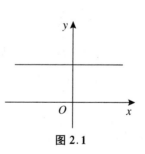

图 2.1

2.1.2 指数函数

$y = a^x (a > 0, a \neq 1), x \in \mathbf{R}$.

其定义域为$(-\infty, +\infty)$,值域为$(0, +\infty)$,图像经过点$(0, 1)$.

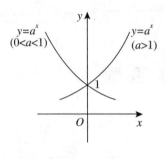

图 2.2

当 $a > 1$ 时,函数单调递增;当 $0 < a < 1$ 时,函数单调递减,如图 2.2 所示.其导函数 和 不定积分分别为 $f'(x) = a^x \ln a$, $\int f(x) \mathrm{d}x = \int a^x \mathrm{d}x = \dfrac{a^x}{\ln a} + C$ （C 是常数）.

值得注意的是,中学教材并未给出无理指数幂的严格定义,进而没法给出指数函数严格的单调性证明.大学数学教材中对于无理指数幂的定义为:给定实数 $a > 0$, $a \neq 1$,设 x 为无理数,规定

$$a^x = \begin{cases} \sup\limits_{r < x}\{a^r \mid r \text{ 为有理数}\}, & a > 1, \\ \inf\limits_{r < x}\{a^r \mid r \text{ 为有理数}\}, & 0 < a < 1. \end{cases}$$

其中,sup 和 inf 分别表示上确界和下确界.

例 2.1.1　光线透过一块玻璃板,其强度要减弱 $\dfrac{1}{10}$,要使光线的强度减弱到原来的 $\dfrac{1}{3}$ 以下,至少需要多少块这样的玻璃板?

解　设光线原来的强度为 a,透过一块玻璃板后其强度变为 $\dfrac{9}{10}a$,透过 n 块玻璃板后其强度变为 $\left(\dfrac{9}{10}\right)^n a$,则

$$\left(\frac{9}{10}\right)^n a < \frac{1}{3}a, \quad \text{即} \quad \left(\frac{9}{10}\right)^n < \frac{1}{3}.$$

两边同时取常用对数,则

$$n(2\lg 3 - 1) < -\lg 3.$$

于是 $n > \dfrac{\lg 3}{1 - 2\lg 3} \approx 10.4$,所以,至少需要这样的玻璃板 11 块.

例 2.1.2　设 $f(x) = 2^x$, $g(x) = 4^x$,解方程 $f(g(x)) = $

$g(f(x))$.

解　原方程即为 $2^{4^x} = 4^{2^x}$, 即 $2^{2^{2x}} = (2^2)^{2^x} = 2^{2 \cdot 2^x} = 2^{2^{x+1}}$. 所以 $2^{2x} = 2^{x+1}$, 于是 $2x = x + 1$, 即 $x = 1$.

例 2.1.3　设 $f(x)$ 是定义在 **R** 上的单调函数, 且对任意的 $x, y \in \mathbf{R}$ 有 $f(x + y) = f(x)f(y)$, 则 $f(x) = (f(1))^x$, 即为指数函数.

证明　首先, 我们证明如下引理:

引理　设 $f(x)$ 是定义在 **R** 上的严格单调函数, 且对任意的 $x, y \in \mathbf{R}$ 有 $f(x + y) = f(x) + f(y)$, 则 $f(x)$ 是正比例函数.

证明　令 $x = y = 0$, 得 $f(0) = 0$; 令 $y = -x$, 得 $f(x) + f(-x) = 0$, $f(-x) = -f(x)$, 故 $f(x)$ 为 **R** 上的奇函数.

容易证明 $\forall n \in \mathbf{N}, x \in \mathbf{R}$, 有 $f(nx) = nf(x)$. 对于非负有理数 x, 可设 $x = \dfrac{m}{n} \, (m \in \mathbf{N}, n \in \mathbf{N}^+)$, 则 $nf(x) = f(nx) = f(m) = f(m \times 1) = mf(1)$, 即 $f(x) = f(1)x$, 记 $f(1) = k$, 则 $f(x) = kx$; 当 x 为负有理数时, $-x$ 为正的有理数, 故有 $f(x) = -f(-x) = -k(-x) = kx$. 这就是说, 当 x 为有理数时, 均有 $f(x) = kx$.

对于无理数 x, 我们取 x 的不足近似有理数列 $\{r_n\}$ 与过剩近似有理数列 $\{s_n\}$, 它们都收敛到 x, 且 $r_n \leqslant x \leqslant s_n$. 由于 $f(x)$ 在 **R** 上严格单调, 故 $k \neq 0$, 不妨设 $k > 0$, 则不等式 $kr_n = f(r_n) \leqslant f(x) \leqslant f(s_n) = ks_n$ 成立, 令 $n \to \infty$, 亦有 $f(x) = kx$.

综上所述, $\forall x \in \mathbf{R}$, 总有 $f(x) = kx \, (k \neq 0)$, 即 $f(x)$ 为正比例函数.

然后, 我们证明 $f(x) \neq 0$, 事实上, 若存在 $x_0 \in \mathbf{R}$ 使得 $f(x_0) = 0$, 则 $\forall x \in \mathbf{R}$, 都有 $f(x) = f((x - x_0) + x_0) = f(x - x_0)f(x_0) = 0$,

这与 $f(x)$ 在 **R** 上严格单调相矛盾. 于是 $\forall x \in \mathbf{R}$, 有 $f(x) = f\left(\dfrac{x}{2} + \dfrac{x}{2}\right) = \left(f\left(\dfrac{x}{2}\right)\right)^2 > 0$.

最后, 在等式 $f(x+y) = f(x)f(y)$ 两端同时取对数, 得 $\ln f(x+y) = \ln f(x) + \ln f(y)$, 由引理知 $\ln f(x) = x \ln f(1)$, $f(x) = e^{x \ln f(1)} = \left(f(1)\right)^x$, 即 $f(x)$ 为指数函数.

注 2006 年复旦大学自主招生考试中出现如下问题, 实为该例中的引理: 设 $f(x)$ 在 $[1, +\infty)$ 上单调递增, 且对任意的 $x, y \in [1, +\infty)$, 都有 $f(x+y) = f(x) + f(y)$ 成立, 求证: 存在常数 k, 使得 $f(x) = kx$ 在 $[1, +\infty)$ 上成立.

2009 年上海交通大学自主招生考试中出现如下问题, 其实也为该例结论的一部分: 众所周知, 指数函数 $y = a^x$ 恒大于 0, 且有如下性质: 若实数 $x_1 \neq x_2$, 则 $a^{x_1} \neq a^{x_2}$; 对任意两个实数 x_1, x_2, 有 $a^{x_1 + x_2} = a^{x_1} \cdot a^{x_2}$. 如果一个函数 $f(x)$ 满足类似的两个性质, 即: 若实数 $x_1 \neq x_2$, 则 $f(x_1) \neq f(x_2)$; 对任意两个实数 x_1, x_2, 有 $f(x_1 + x_2) = f(x_1) \cdot f(x_2)$, 能否判断 $f(x)$ 也恒大于 0? 说明你的理由.

2.1.3 对数函数

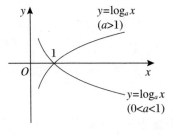

图 2.3

$y = \log_a x \, (a > 0, a \neq 1)$, 是指数函数 $y = a^x \, (a > 0, a \neq 1)$ 的反函数.

其定义域为 $(0, +\infty)$, 值域为 $(-\infty, +\infty)$, 图像经过点 $(1, 0)$. 当 $a > 1$ 时, 函数单调递增; 当 $0 < a < 1$ 时, 函数单调递减, 如图 2.3 所示. 其

导函数和不定积分分别为 $f'(x) = \dfrac{1}{x\ln a}$，$\displaystyle\int f(x)\mathrm{d}x = \int \log_a x \mathrm{d}x =$

$\dfrac{x\ln x - x}{\ln a} + C$（$C$ 是常数）.

例 2.1.4 生物机体内碳-14 的"半衰期"为 5730 年,湖南长沙马王堆汉墓女尸出土时碳-14 的残余量约占原始含量的 76.7%,试推算马王堆古墓的年代.

解 设马王堆古墓的年数为 t,则经历了 $\dfrac{t}{5730}$ 个半衰期,于是

$$\left(\frac{1}{2}\right)^{\frac{t}{5730}} = 76.7\%,$$

则 $t = 5730 \cdot \log_{\frac{1}{2}} 76.7\% \approx 2193$. 所以,马王堆古墓是近 2193 年前的遗址.

例 2.1.5 设 $f(x) = \lg \dfrac{10^x + 10^{-x}}{2}$,试比较 $f(x+1)$ 与 $f(x) + f(1)$ 的大小.

解 由题意知

$$f(x+1) = \lg \frac{10^{x+1} + 10^{-(x+1)}}{2},$$

$$f(x) + f(1) = \lg \frac{(10^x + 10^{-x})(10 + 10^{-1})}{4}.$$

因为 $y = \lg x$ 是增函数,于是只需比较真数的大小即可. 因为

$$\frac{10^{x+1} + 10^{-(x+1)}}{2} - \frac{(10^x + 10^{-x})(10 + 10^{-1})}{4}$$

$$= \frac{(10^x - 10^{-x})(10 - 10^{-1})}{4},$$

所以,当 $x = 0$ 时,$f(x+1) = f(x) + f(1)$;当 $x > 0$ 时,$f(x+1) > f(x) + f(1)$;当 $x < 0$ 时,$f(x+1) < f(x) + f(1)$.

例 2.1.6　设 $f(x)$ 是定义在 $(0, +\infty)$ 上的单调函数,且对任意的 $x, y > 0$ 有 $f(xy) = f(x) + f(y)$,则 $f(x)$ 是对数函数.

证明　因 $x, y > 0$,故可设 $x = b^u, y = b^v$,其中 $b > 0$ 且 $b \neq 1$. 将 x, y 代入等式 $f(xy) = f(x) + f(y)$ 中,即 $f(b^{u+v}) = f(b^u) + f(b^v)$,令 $g(x) = f(b^x)$,则有 $g(u+v) = g(u) + g(v)$. 由例 2.1.3 知 $g(x) = g(1)x = f(b)x$,则

$$f(x) = g(\log_b x) = f(b)\log_b x = \log_a x,$$

其中,$a = b^{\frac{1}{f(b)}}$ $(a > 0, a \neq 1)$,即 $f(x)$ 为对数函数.

2.1.4　幂函数

$y = x^\alpha$ (α 为实数).

幂函数 $y = x^\alpha$ 的性态与幂指数 α 有关. 它的定义域随 α 而异,但不论 α 为何值,x^α 在 $(0, +\infty)$ 内总有定义.

当 $\alpha > 0$ 时,$y = x^\alpha$ 在 $[0, +\infty)$ 内单调递增,图像经过 $(0, 0)$,$(1, 1)$ 两点. 如图 2.4 所示.

当 $\alpha < 0$ 时,$y = x^\alpha$ 在 $(0, +\infty)$ 内单调递减,图像经过点 $(1, 1)$,且向上与 y 轴无限地接近且不会相交,向右与 x 轴无限地接近且不会相交. 在 $(0, +\infty)$ 上的图像如图 2.5 所示.

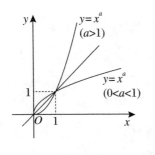
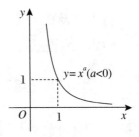

图 2.4　　　　　　　　　　　图 2.5

其导函数及不定积分分别为 $f'(x) = \alpha x^{\alpha-1}$，$\int f(x)\mathrm{d}x =$

$$\int x^{\alpha}\mathrm{d}x = \begin{cases} \ln|x| + C, \alpha = -1, \\ \dfrac{x^{\alpha+1}}{\alpha+1} + C, \ \alpha \neq -1, \end{cases} C \text{ 是常数.}$$

利用对数恒等式，可将 $y = x^{\alpha}$（$x>0$）改写成 $y = x^{\alpha} = \mathrm{e}^{\alpha\ln x}$. 于是幂函数 $y = x^{\alpha}$（$x>0$）可以看作 $y = \mathrm{e}^{u}$，$u = \alpha\ln x$ 的复合函数.

例2.1.7 在固定压力差（压力差为常数）下，当气体通过圆形管道时，其流量速率 v（单位：cm^3/s）与管道半径 r（单位：cm）的四次方成正比.

（1）写出气体流量速率 v 关于管道半径 r 的函数解析式；

（2）若气体在半径为 3 cm 的管道中，流量速率为 400 cm^3/s，求该气体通过半径为 r 的管道时，其流量速率 v 的表达式.

解 （1）设比例系数为 k，则气体的流量速率 v 与管道半径 r 的函数解析式为 $v = kr^4$.

（2）将 $r = 3$ cm，$v = 400$ cm^3/s 代入上式中有 $400 = k \times 3^4$，解得 $k = \dfrac{400}{81}$.

例2.1.8 设 $f(x)$ 是定义在 $(0, +\infty)$ 上的单调函数，且对任意的 $x, y > 0$ 有 $f(xy) = f(x)f(y)$，则 $f(x)$ 是幂函数.

证明 因 $x, y > 0$，故可设 $x = b^u$，$y = b^v$，其中 $b > 0$ 且 $b \neq 1$. 将 x, y 代入等式 $f(xy) = f(x)f(y)$ 中得 $f(b^{u+v}) = f(b^u)f(b^v)$，令 $g(x) = f(b^x)$，则有 $g(u+v) = g(u)g(v)$. 由例2.1.3知 $g(x) = f(b^x) = a^x$，则

$$f(x) = g(\log_b x) = a^{\log_b x} = x^{\log_b a} = x^c,$$

其中，$c = \log_b a$，即 $f(x)$ 为幂函数.

2.1.5　三角函数

在坐标平面上,若角的顶点与原点重合,始边与 x 轴的非负半轴重合,则这角称作在标准位置的角.

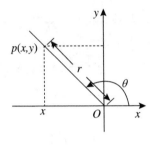

图 2.6

在标准位置的角 θ 的终边上,任取异于顶点 O 的一点 P,设其坐标是 (x,y),$|OP| = \sqrt{x^2 + y^2} = r$. 若角 θ 是象限内的角,则由相似三角形的性质,可推知 $\dfrac{y}{r}$ 与 $\dfrac{x}{r}$ 的值是一定的,而与点 P 在终边上的位置无关,如图 2.6 所示.

$\dfrac{y}{r}$,$\dfrac{x}{r}$,$\dfrac{x}{y}$,$\dfrac{y}{x}$,$\dfrac{r}{x}$ 和 $\dfrac{r}{y}$ 的值与点 P 在终边上的位置无关,而仅与角 θ 的大小有关,若分别令它们与 θ 对应,即得以下映射

$$\sin : \theta \mapsto \sin(\theta) = \frac{y}{r}, \quad \cos : \theta \mapsto \cos(\theta) = \frac{x}{r},$$

$$\tan : \theta \mapsto \tan(\theta) = \frac{y}{x}, \quad \cot : \theta \mapsto \cot(\theta) = \frac{x}{y},$$

$$\sec : \theta \mapsto \sec(\theta) = \frac{r}{x}, \quad \csc : \theta \mapsto \csc(\theta) = \frac{r}{y}.$$

将 $\sin(\theta)$,$\cos(\theta)$,$\tan(\theta)$,$\cot(\theta)$,$\sec(\theta)$ 和 $\csc(\theta)$ 分别简记为 $\sin\theta$,$\cos\theta$,$\tan\theta$,$\cot\theta$,$\sec\theta$ 和 $\csc\theta$. 得到

$$\sin\theta = \frac{y}{r}, \quad \cos\theta = \frac{x}{r}, \quad \tan\theta = \frac{y}{x},$$

$$\cot\theta = \frac{x}{y}, \quad \sec\theta = \frac{r}{x}, \quad \csc\theta = \frac{r}{y}.$$

$\sin\theta,\cos\theta,\tan\theta,\cot\theta,\sec\theta$ 和 $\csc\theta$ 分别称作角 θ 的正弦函数、余弦函数、正切函数、余切函数、正割函数和余割函数.

正弦函数、余弦函数、正切函数、余切函数、正割函数和余割函数都称为三角函数. 分别表示为

$$y = \sin x,\quad y = \cos x,\quad y = \tan x,$$
$$y = \cot x,\quad y = \sec x,\quad y = \csc x.$$

1. $y = \sin x$ 和 $y = \cos x$

$y = \sin x$ 和 $y = \cos x$ 的定义域均为 $(-\infty, +\infty)$，均以 2π 为周期.

因为 $\sin(-x) = -\sin x$，所以 $y = \sin x$ 为奇函数.

因为 $\cos(-x) = \cos x$，所以 $y = \cos x$ 为偶函数.

又因为 $|\sin x| \leqslant 1, |\cos x| \leqslant 1$，所以它们都是有界函数. 分别如图 2.7、图 2.8 所示.

$y = \sin x$ 的导函数与不定积分分别为 $y' = \cos x$，$\int \sin x \, dx = -\cos x + C$（$C$ 是常数）；$y = \cos x$ 的导函数与不定积分分别为 $y' = -\sin x$，$\int \cos x \, dx = \sin x + C$（$C$ 是常数）.

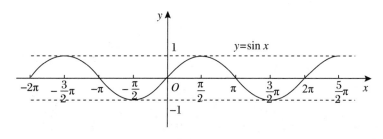

图 2.7

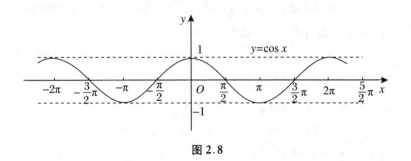

图 2.8

2. $y = \tan x$ 和 $y = \sec x$

$y = \tan x$ 和 $y = \sec x$ 的定义域都是除去 $x = (2n+1)\dfrac{\pi}{2}$（n 为整数）后的其他实数，即

$$\left\{ x \,\bigg|\, k\pi - \frac{\pi}{2} < x < k\pi + \frac{\pi}{2}, k \in \mathbf{Z} \right\}.$$

它们的值域分别是 $\mathbf{R}$ 与 $(-\infty, -1] \bigcup [1, +\infty)$. $y = \tan x$ 是奇函数，以 π 为周期的周期函数，如图 2.9 所示，其导函数与不定积分分别为 $y' = \sec^2 x$, $\displaystyle\int \tan x \, \mathrm{d}x = -\ln|\cos x| + C$（$C$ 是常数）.

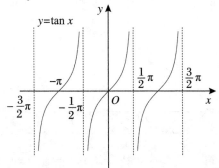

图 2.9

$y = \sec x$ 是偶函数,如图 2.10 所示,其导函数与不定积分分别

为 $y' = \sec x \tan x$,$\int \sec x \, dx = \ln|\sec x + \tan x| + C$($C$ 是常数).

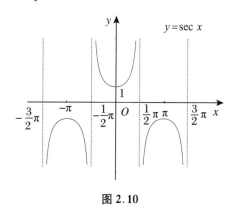

图 2.10

3. $y = \cot x$ 和 $y = \csc x$

$y = \cot x$ 和 $y = \csc x$ 的定义域都是

$$\{x \mid k\pi < x < (k+1)\pi, k \in \mathbf{Z}\}.$$

它们的值域分别是 $\mathbf{R}$ 与 $(-\infty, -1] \cup [1, +\infty)$,都是奇函数,

且 $y = \cot x$ 是以 π 为周期的周期函数,分别如图 2.11 与图 2.12 所

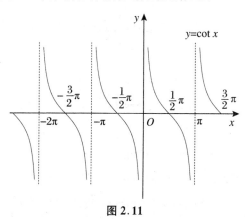

图 2.11

示.其中,$y = \cot x$ 的导函数与不定积分分别为 $y' = -\csc^2 x$,
$\int \cot x \mathrm{d}x = \ln|\sin x| + C(C$ 是常数$)$. $y = \csc x$ 的导函数与不定积
分分别为 $y' = -\csc x \cot x$,$\int \csc x \mathrm{d}x = \ln|\csc x - \cot x| + C(C$ 是常
数$)$.

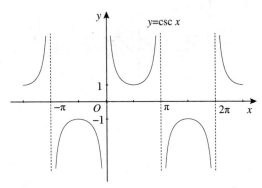

图 2.12

例 2.1.9　已知 $0 < \alpha, \beta, \gamma < \dfrac{\pi}{2}$,且 $\cos \alpha = \tan \beta$,$\cos \beta = \tan \gamma$,
$\cos \gamma = \tan \alpha$,求证:$\alpha = \beta = \gamma$.

证明　不妨设 $0 < \alpha \leqslant \beta \leqslant \gamma < \dfrac{\pi}{2}$,根据三角函数在第一象限的单
调性,有

$$\tan \alpha \leqslant \tan \beta \leqslant \tan \gamma, \qquad\qquad ①$$

$$\cos \alpha \geqslant \cos \beta \geqslant \cos \gamma. \qquad\qquad ②$$

将题设条件代入式②中,有

$$\tan \beta \geqslant \tan \gamma \geqslant \tan \alpha. \qquad\qquad ③$$

由式①和式③知 $\tan \alpha = \tan \beta = \tan \gamma$,所以 $\alpha = \beta = \gamma$.

例 2.1.10　设 $x \in \mathbf{R}$,$0 < x < \pi$,证明:对于所有的自然数 n,有

$$\sin x + \frac{\sin 3x}{3} + \frac{\sin 5x}{5} + \cdots + \frac{\sin (2n-1)x}{2n-1} > 0.$$

证明 令

$$f(x) = \sin x + \frac{\sin 3x}{3} + \frac{\sin 5x}{5} + \cdots + \frac{\sin (2n-1)x}{2n-1},$$

利用 $2\sin x \sin(2k-1)x = \cos(2k-2)x - \cos 2kx$, 可得

$$2f(x)\sin x = 1 - \cos 2x + \frac{\cos 2x - \cos 4x}{3} + \frac{\cos 4x - \cos 6x}{5}$$

$$+ \cdots + \frac{\cos(2n-2)x - \cos 2nx}{2n-1}$$

$$= 1 - \left(1 - \frac{1}{3}\right)\cos 2x - \left(\frac{1}{3} - \frac{1}{5}\right)\cos 4x$$

$$- \left(\frac{1}{5} - \frac{1}{7}\right)\cos 6x - \cdots - \left(\frac{1}{2n-3} - \frac{1}{2n-1}\right) \cdot$$

$$\cos(2n-2)x - \frac{\cos 2nx}{2n-1}$$

$$\geqslant 1 - \left(1 - \frac{1}{3}\right) - \left(\frac{1}{3} - \frac{1}{5}\right) - \left(\frac{1}{5} - \frac{1}{7}\right)$$

$$- \cdots - \left(\frac{1}{2n-3} - \frac{1}{2n-1}\right) - \frac{1}{2n-1} = 0.$$

若等号成立,则有 $\cos 2kx = 1 (k = 1, 2, \cdots, n)$, 但因 $0 < x < \pi$, 故 $\cos 2x \neq 1$, 于是有 $f(x)\sin x > 0$, 所以 $f(x) > 0$.

例 2.1.11 设 $f(x)$ 在 $x = 0$ 处可导且导数不为 0, 且对定义域内任意的 x, y 有 $f(x+y) = \dfrac{f(x) + f(y)}{1 - f(x)f(y)}$, 则 $f(x) = \tan f'(0)x$, 即 $f(x)$ 是正切函数.

证明 令 $x = y = 0$, 得 $f(0) = 0$; 令 $y = \Delta x$, 则

$$f(x + \Delta x) = \frac{f(x) + f(\Delta x)}{1 - f(x)f(\Delta x)},$$

于是

$$\frac{f(x+\Delta x)-f(x)}{\Delta x}=\frac{\dfrac{f(x)+f(\Delta x)}{1-f(x)f(\Delta x)}-f(x)}{\Delta x}$$

$$=\frac{f(\Delta x)}{\Delta x}\times\frac{1+\left(f(x)\right)^{2}}{1-f(x)f(\Delta x)}.$$

因 $f'(0)$ 存在,故有

$$f'(x)=\lim_{\Delta x\to0}\frac{f(x+\Delta x)-f(x)}{\Delta x}$$

$$=\lim_{\Delta x\to0}\frac{f(\Delta x)}{\Delta x}\times\lim_{\Delta x\to0}\frac{1+\left(f(x)\right)^{2}}{1-f(x)f(\Delta x)}$$

$$=f'(0)\left(1+\left(f(x)\right)^{2}\right).$$

记

$$\frac{f'(x)}{1+\left(f(x)\right)^{2}}=f'(0)=k,$$

等式两端同时积分得 $\arctan f(x)=kx+c$(c 为常数),则 $f(x)=\tan(kx+c)$,又 $f(0)=0$,故 $f(x)=\tan kx$($k\neq0$),即 $f(x)$ 为正切函数.

2.1.6 反三角函数

反三角函数有 $y=\arcsin x$,$y=\arccos x$,$y=\arctan x$ 与 $y=\mathrm{arccot}x$ 等.

$y=\arcsin x$ 与 $y=\arccos x$ 的定义域都是区间 $[-1,1]$,值域分别是 $\left[-\dfrac{\pi}{2},\dfrac{\pi}{2}\right]$ 与 $[0,\pi]$. $y=\arcsin x$ 在 $[-1,1]$ 上严格单调递增,且是奇函数,如图 2.13 所示. $y=\arccos x$ 在 $[-1,1]$ 上严格单调递减,

如图 2.14 所示. 其中, $y = \arcsin x$ 的导函数与不定积分分别为 $y' = \dfrac{1}{\sqrt{1-x^2}}$, $\int \arcsin x\,\mathrm{d}x = x\arcsin x + \sqrt{1-x^2} + C$ (C 是常数). $y = \arccos x$ 的导函数与不定积分分别为 $y' = -\dfrac{1}{\sqrt{1-x^2}}$, $\int \arccos x\,\mathrm{d}x = x\arccos x - \sqrt{1-x^2} + C$ (C 是常数).

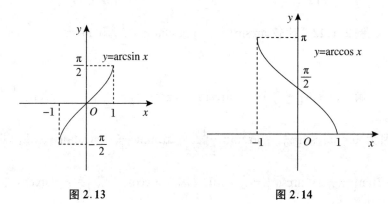

图 2.13　　　　　　　　图 2.14

$y = \arctan x$ 与 $y = \mathrm{arccot}\, x$ 的定义域都是 **R**, 值域分别为 $\left(-\dfrac{\pi}{2}, \dfrac{\pi}{2}\right)$ 与 $(0, \pi)$. $y = \arctan x$ 在 **R** 上严格单调递增, 如图 2.15 所示. $y = \mathrm{arccot}\, x$ 在 **R** 严格单调递减, 如图 2.16 所示. 其中, $y = \arctan x$ 的导函数与不定积分分别为 $y' = \dfrac{1}{1+x^2}$, $\int \arctan x\,\mathrm{d}x = x\arctan x - \dfrac{1}{2}\ln(1+x^2) + C$ (C 是常数). $y = \mathrm{arccot}\, x$ 的导函数与不定积分分别为 $y' = -\dfrac{1}{1+x^2}$, $\int \mathrm{arccot}\, x\,\mathrm{d}x = x\,\mathrm{arccot}\, x + \dfrac{1}{2}\ln(1+x^2) + C$ (C 是常数).

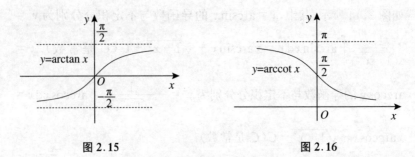

图 2.15　　　　　　　　　图 2.16

例 2.1.12 比较 $\arcsin\left(-\dfrac{1}{3}\right)$、$\arctan\left(-\dfrac{1}{2}\right)$ 和 $\arccos\left(-\dfrac{2}{3}\right)$ 的大小.

解 $\arcsin\left(-\dfrac{1}{3}\right) = -\arcsin\dfrac{1}{3}$，$\arctan\left(-\dfrac{1}{2}\right) = -\arctan\dfrac{1}{2}$.

因为 $0 < \arcsin\dfrac{1}{3} = \arctan\dfrac{1}{2\sqrt{2}} = \arctan\dfrac{\sqrt{2}}{4} < \arctan\dfrac{1}{2}$，所以

$\arctan\left(-\dfrac{1}{2}\right) < \arcsin\left(-\dfrac{1}{3}\right) < 0$. 又因为 $\arccos\left(-\dfrac{2}{3}\right) = \pi - \arccos\dfrac{2}{3}$

$> \pi - \dfrac{\pi}{2} = \dfrac{\pi}{2}$，所以 $\arctan\left(-\dfrac{1}{2}\right) < \arcsin\left(-\dfrac{1}{3}\right) < \arccos\left(-\dfrac{2}{3}\right)$.

例 2.1.13 试作函数 $y = \arcsin(\sin x)$ 的图像.

解 $y = \arcsin(\sin x)$ 是以 2π 为周期的周期函数，其定义域为 **R**，值域为 $\left[-\dfrac{\pi}{2}, \dfrac{\pi}{2}\right]$ 的分段函数，其在一个周期区间 $[-\pi, \pi]$ 上的表达式为

$$y = \arcsin(\sin x) = \begin{cases} -(\pi + x), & -\pi \leqslant x < -\dfrac{\pi}{2}, \\ x, & -\dfrac{\pi}{2} \leqslant x \leqslant \dfrac{\pi}{2}, \\ \pi - x, & \dfrac{\pi}{2} < x \leqslant \pi. \end{cases}$$

其图像如图 2.17 所示.

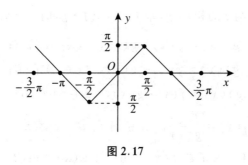

图 2.17

2.2 函数的运算

定义 如若两个函数 $f(x)$ 与 $g(x)$ 定义在数集 A 上,且对于任意 $x \in A$,有 $f(x) = g(x)$,则称函数 $f(x)$ 与 $g(x)$ 在 A 上相等.

例如,函数 $f(x) = x$ 与 $g(x) = x\sqrt{\sin^2 x + \cos^2 x}$ 有相同的定义域 $\mathbf{R}$,尽管两个函数的解析式不同,但对于任意 $x \in \mathbf{R}$,有

$$x = x\sqrt{\sin^2 x + \cos^2 x},$$

则函数 $f(x) = x$ 与 $g(x) = x\sqrt{\sin^2 x + \cos^2 x}$ 相等.

例如,函数 $f(x) = x - 3$ 与 $g(x) = \dfrac{x^2 - 9}{x + 3}$,前者的定义域为 $\mathbf{R}$,后者的定义域是 $\mathbf{R}/\{-3\}$,尽管对于任意 $x \in \mathbf{R}/\{-3\}$,有

$$x - 3 = \frac{x^2 - 9}{x + 3}.$$

但这两个函数的定义域不同(仅差一点 $x = -3$),于是这两个函数不相等.若仅在区间 $(-\infty, -3)$ 或 $(-3, +\infty)$ 上讨论这两个函数,则这两个函数是相等的.

定义 1　若两个函数 f 与 g 的定义域分别为 A 与 B，且 $A \bigcap B \neq \varnothing$，则函数 f 与 g 的和 $f+g$，差 $f-g$，积 $f \cdot g$，商 $\dfrac{f}{g}$ 分别定义为

$$(f+g)(x) = f(x) + g(x), \quad x \in A \bigcap B;$$

$$(f-g)(x) = f(x) - g(x), \quad x \in A \bigcap B;$$

$$(f \cdot g)(x) = f(x) \cdot g(x), \quad x \in A \bigcap B;$$

$$\left(\frac{f}{g}\right)(x) = \frac{f(x)}{g(x)}, \quad x \in A \bigcap B / \{x \mid g(x) = 0\}.$$

例 2.2.1　求函数 $f(x) = \ln x$ 与 $g(x) = \ln(2-x)$ 的和、差、积、商.

解　因为函数 $f(x)$ 的定义域为 $(0, +\infty)$，函数 $g(x)$ 的定义域为 $(-\infty, 2)$，且 $(0, +\infty) \bigcap (-\infty, 2) = (0, 2) \neq \varnothing$，所以这两个函数的和、差、积、商均有意义，即得

$$(f+g)(x) = \ln x + \ln(2-x) = \ln x(2-x), \quad x \in (0, 2);$$

$$(f-g)(x) = \ln x - \ln(2-x) = \ln \frac{x}{2-x}, \quad x \in (0, 2);$$

$$(f \cdot g)(x) = \ln x \cdot \ln(2-x), \quad x \in (0, 2);$$

$$\left(\frac{f}{g}\right)(x) = \frac{\ln x}{\ln(2-x)}, \quad x \in (0, 2) / \{1\}.$$

例 2.2.2　求函数 $y_1 = \sqrt{x}$，$y_2 = \sqrt{-x}$，$y_3 = \lg x$ 的和、积.

解　已知函数 $y_1 = \sqrt{x}$，$y_2 = \sqrt{-x}$，$y_3 = \lg x$ 的定义域依次是 $[0, +\infty)$，$(-\infty, 0]$，$(0, +\infty)$. 由于 $[0, +\infty) \bigcap (-\infty, 0] \bigcap (0, +\infty) = \varnothing$，所以这三个函数的和、积不存在.

2.3　初 等 函 数

在 2.1 节中，我们已经知道，基本初等函数有以下六类：

常量函数　　　$y = c$（c 是常数）；

幂函数　　　　$y = x^\alpha$（α 为实数）；

指数函数　　　$y = a^x$（$a > 0, a \neq 1$）；

对数函数　　　$y = \log_a x$（$a > 0, a \neq 1$）；

三角函数　　　$y = \sin x$（正弦函数），$y = \cos x$（余弦函数），

　　　　　　　$y = \tan x$（正切函数），$y = \cot x$（余切函数），

　　　　　　　$y = \sec x$（正割函数），$y = \csc x$（余割函数）；

反三角函数　　$y = \arcsin x$（反正弦函数），$y = \arccos x$（反余弦函数），

　　　　　　　$y = \arctan x$（反正切函数），$y = \operatorname{arccot} x$（反余切函数）.

凡是由基本初等函数经过有限次的四则运算和有限次的复合运算所构成的并可用一个式子表示的函数,称为初等函数.例如

(1) $y = ax + b$；　　　　　　　(2) $y = ax^2 + bx + c$；

(3) $y = \dfrac{x+1}{x^2+1}$；　　　　　　(4) $y = \sqrt{x^2 - 1}$；

(5) $y = a^{x^2+1}$（$a > 0, a \neq 1$）；

(6) $y = \log_a(x^2 + 1)$（$a > 0, a \neq 1$）；

(7) $y = \sin x + \cos x$；　　　　(8) $y = \lg \sin x$.

所有能够由基本初等函数 $f(x) = x$ 和一些常数通过有限次代数运算(加、减、乘、除,整数次乘方、开方)构成的函数,称作初等代数函数,例如(1)、(2)、(3)和(4);其他的一切初等函数称作初等超越函数,例如(5)、(6)、(7)和(8).

在初等代数函数里,对自变量不涉及开方运算的函数称作有理函数,例如(1)、(2)和(3);否则称作无理函数,例如(4).

在有理函数里,不涉及自变量的代数式为除式的函数,称作整函数,例如(1)和(2);否则就称作分函数,例如(3).

于是,初等函数分类如下:

$$初等函数\begin{cases}初等代数函数\begin{cases}有理函数\begin{cases}整函数(多项式)\\分函数\end{cases}\\无理函数\end{cases}\\初等超越函数\end{cases}$$

例 2.3.1　有理整函数(即多项式函数)

$$p_n(x) = a_n x^n + a_{n-1} x^{n-1} + \cdots + a_1 x + a_0$$

是初等函数,其中 $a_0, a_1, a_2, \cdots, a_n \in \mathbf{R}, n \in \mathbf{N}$.

事实上,有理整函数 $p_n(x)$ 是幂函数和常数函数经过有限次四则运算所构成的.

例 2.3.2　函数

$$f(x) = \sqrt[3]{x^2 - 1} + \sin^2 x + \pi$$

是初等函数.

事实上, $\sqrt[3]{x^2-1}$ 是复合函数 $(\sqrt[3]{u}, u = x^2 - 1)$; $\sin^2 x$ 也是复合函数 $(u^2, u = \sin x)$. 于是, $f(x) = \sqrt[3]{x^2 - 1} + \sin^2 x + \pi$ 是初等函数.

例 2.3.3　函数

$$h(x) = x^{\sin x}, \quad x > 0$$

是初等函数.

事实上, $h(x) = x^{\sin x} = \mathrm{e}^{\sin x \cdot \ln x}$, 它是由 $\mathrm{e}^u, u = \sin x \cdot \ln x$ 复合而成的. 于是, $h(x) = x^{\sin x}$ 是初等函数,定义域是 $(0, +\infty)$.

例 2.3.4　函数

$$f(x) = |x|$$

是初等函数.

事实上, $f(x) = |x| = \sqrt{x^2}$, 它是由 $\sqrt{u}, u = x^2$ 复合而成的. 于

是, $f(x) = |x|$ 是初等函数.

不是初等函数的函数, 称为非初等函数. 例如我们在 1.2 节中列举的

整数部分函数　$y = [x]$;

小数部分函数　$y = \{x\}$;

符号函数　$y = \operatorname{sgn} x = \begin{cases} 1, & x > 0, \\ 0, & x = 0, \\ -1, & x < 0; \end{cases}$

狄利克雷函数　$y = D(x) = \begin{cases} 1, & x \in \mathbf{Q}, \\ 0, & x \in \mathbf{R}/\mathbf{Q}; \end{cases}$

黎曼函数　$y = R(x) = \begin{cases} \dfrac{1}{q}, & \text{当 } x = \dfrac{p}{q}(p, q \text{ 为正整数}, \dfrac{p}{q} \text{ 为既约} \\ & \text{真分数}), \\ 0, & \text{当 } x = 0, 1 \text{ 及 } (0,1) \text{ 内无理数}. \end{cases}$

……

都是非初等函数.

2.4　应用举例

例 2.4.1　解方程: $3^x + 4^x + 5^x = 6^x$.

解　方程可化为

$$\left(\frac{1}{2}\right)^x + \left(\frac{2}{3}\right)^x + \left(\frac{5}{6}\right)^x = 1.$$

设 $f(x) = \left(\dfrac{1}{2}\right)^x + \left(\dfrac{2}{3}\right)^x + \left(\dfrac{5}{6}\right)^x$, 易知 $f(x)$ 在 $\mathbf{R}$ 上单调递减, 因为 $f(3) = 1$, 所以方程只有一解 $x = 3$.

例 2.4.2 已知 $a > 0, b > 0, \log_9 a = \log_{12} b = \log_{16}(a+b)$,求 $\frac{b}{a}$ 的值.

解 方法 1 设 $\log_9 a = \log_{12} b = \log_{16}(a+b) = k$,则 $a = 9^k$,$b = 12^k$,$a + b = 16^k$.于是 $9^k + 12^k = 16^k$,两边同时除以 12^k,得 $\left(\frac{3}{4}\right)^k + 1 = \left(\frac{4}{3}\right)^k$,即 $\left(\frac{4}{3}\right)^{2k} - \left(\frac{4}{3}\right)^k - 1 = 0$,解得 $\frac{b}{a} = \left(\frac{4}{3}\right)^k = \frac{1+\sqrt{5}}{2}$.

方法 2 设 $\log_9 a = \log_{12} b = \log_{16}(a+b) = k$,则 $a = 9^k$,$b = 12^k$,$a + b = 16^k$.由 $12^2 = 9 \times 16$ 得 $(12^k)^2 = 9^k \times 16^k$,即 $b^2 = a(a+b)$,解得 $\frac{b}{a} = \frac{1+\sqrt{5}}{2}$(舍去负值).

例 2.4.3 对于正整数 $a, b, c(a \leqslant b \leqslant c)$ 和实数 x, y, z, w,若 $a^x = b^y = c^z = 70^w$,且 $\frac{1}{x} + \frac{1}{y} + \frac{1}{z} = \frac{1}{w}$,求证:$a = 2, b = 5, c = 7$.

证明 对 $a^x = b^y = c^z = 70^w$ 取常用对数得 $x\lg a = y\lg b = z\lg c = w\lg 70$,则

$$\frac{1}{x} = \frac{\lg a}{w\lg 70}, \quad \frac{1}{y} = \frac{\lg b}{w\lg 70}, \quad \frac{1}{z} = \frac{\lg c}{w\lg 70}.$$

因为 $\frac{1}{x} + \frac{1}{y} + \frac{1}{z} = \frac{1}{w}$,于是 $\lg a + \lg b + \lg c = \lg 70$,即 $\lg abc = \lg 70$,则 $abc = 70 = 2 \times 5 \times 7$.

若 $a = 1$,则因为 $x\lg a = w\lg 70 = 0$,于是 $w = 0$,这与题设要求 $w \neq 0$ 矛盾,所以 $a > 1$.因为 $a \leqslant b \leqslant c$,且 a, b, c 为 70 的正约数,所以只有 $a = 2, b = 5, c = 7$.

例 2.4.4 已知 $x \neq 1, ac \neq 1, a \neq 1, c \neq 1$,且 $\log_a x + \log_c x = 2\log_b x$,求证:$c^2 = (ac)^{\log_a b}$.

解 由题设 $\log_a x + \log_c x = 2\log_b x$，化为以 a 为底的对数，得

$$\log_a x + \frac{\log_a x}{\log_a c} = \frac{2\log_a x}{\log_a b}.$$

因为 $x \neq 1$，所以 $\log_a x \neq 0$，因此有 $1 + \dfrac{1}{\log_a c} = \dfrac{2}{\log_a b}$，解得 $\log_a b =$

$\dfrac{2\log_a c}{\log_a c + 1} = \dfrac{2\log_a c}{\log_a ac}$. 因为 $ac > 0, ac \neq 1$，所以 $\log_a b = \log_{ac} c^2$，因此 c^2

$= (ac)^{\log_a b}$.

例 2.4.5 已知 $\sin\alpha + \sin\beta = p, \cos\alpha + \cos\beta = q$，其中 $p, q \neq$ 0，求 $\sin(\alpha + \beta)$ 和 $\cos(\alpha + \beta)$ 的值.

解 由于

$$\sin\alpha + \sin\beta = 2\sin\frac{\alpha+\beta}{2}\cos\frac{\alpha-\beta}{2} = p,$$

$$\cos\alpha + \cos\beta = 2\cos\frac{\alpha+\beta}{2}\cos\frac{\alpha-\beta}{2} = q,$$

又因为 $p, q \neq 0$，两式相除得 $\tan\dfrac{\alpha+\beta}{2} = \dfrac{p}{q}$，所以

$$\sin(\alpha+\beta) = \frac{2\dfrac{p}{q}}{1+\dfrac{p^2}{q^2}} = \frac{2pq}{p^2+q^2}, \quad \cos(\alpha+\beta) = \frac{1-\dfrac{p^2}{q^2}}{1+\dfrac{p^2}{q^2}} = \frac{q^2-p^2}{p^2+q^2}.$$

例 2.4.6 证明：

$$\frac{1}{\cos 0°\cos 1°} + \frac{1}{\cos 1°\cos 2°} + \cdots + \frac{1}{\cos 88°\cos 89°} = \frac{\cos 1°}{\sin^2 1°}.$$

证明 因为

$$\frac{\sin(\alpha-\beta)}{\cos\alpha\cos\beta} = \frac{\sin\alpha\cos\beta - \sin\beta\cos\alpha}{\cos\alpha\cos\beta} = \tan\alpha - \tan\beta,$$

所以

$$\frac{\sin 1^{\circ}}{\cos 0^{\circ}\cos 1^{\circ}} = \tan 1^{\circ} - \tan 0^{\circ},$$

$$\frac{\sin 1^{\circ}}{\cos 1^{\circ}\cos 2^{\circ}} = \tan 2^{\circ} - \tan 1^{\circ},$$

$$\frac{\sin 1^{\circ}}{\cos 2^{\circ}\cos 3^{\circ}} = \tan 3^{\circ} - \tan 2^{\circ},$$

$$\vdots$$

$$\frac{\sin 1^{\circ}}{\cos 88^{\circ}\cos 89^{\circ}} = \tan 89^{\circ} - \tan 88^{\circ}.$$

以上式子相累加得

$$\frac{\sin 1^{\circ}}{\cos 0^{\circ}\cos 1^{\circ}} + \frac{\sin 1^{\circ}}{\cos 1^{\circ}\cos 2^{\circ}} + \cdots + \frac{\sin 1^{\circ}}{\cos 88^{\circ}\cos 89^{\circ}} = \frac{\sin 89^{\circ}}{\cos 89^{\circ}} = \frac{\cos 1^{\circ}}{\sin 1^{\circ}},$$

即

$$\frac{1}{\cos 0^{\circ}\cos 1^{\circ}} + \frac{1}{\cos 1^{\circ}\cos 2^{\circ}} + \cdots + \frac{1}{\cos 88^{\circ}\cos 89^{\circ}} = \frac{\cos 1^{\circ}}{\sin^2 1^{\circ}}.$$

例 2.4.7 设 O 为正 $n(n \geqslant 3)$ 边形 $A_1 A_2 \cdots A_n$ 的中心,则 $\boldsymbol{OA}_1 + \boldsymbol{OA}_2 + \cdots + \boldsymbol{OA}_n = \boldsymbol{0}$.

证明 证法 1 设 $\boldsymbol{OA}_1 = (1,0)$,记 $\angle A_1 OA_2 = \theta = \dfrac{2\pi}{n}$,$A_1, A_2, \cdots, A_n$ 按逆时针方向排列,则

$$\boldsymbol{OA}_k = (\cos(k-1)\theta, \sin(k-1)\theta), \quad k = 1, 2, \cdots, n.$$

于是等价于证明

$$\left(1 + \sum_{k=1}^{n-1}\cos k\theta, \sum_{k=1}^{n-1}\sin k\theta\right) = 0.$$

由积化和差公式得

$$\sum_{k=1}^{n-1}\sin k\theta = \frac{1}{2\sin\dfrac{\theta}{2}}\sum_{k=1}^{n-1}2\sin\frac{\theta}{2}\sin k\theta$$

$$= \frac{1}{2\sin\frac{\theta}{2}} \sum_{k=1}^{n-1} \left(\cos\frac{2k-1}{2}\theta - \cos\frac{2k+1}{2}\theta \right)$$

$$= \frac{\cos\frac{\theta}{2} - \cos\frac{2n-1}{2}\theta}{2\sin\frac{\theta}{2}} = 0.$$

同理可得

$$1 + \sum_{k=1}^{n-1} \cos k\theta = 1 + \frac{\sin\frac{2n-1}{2}\theta - \sin\frac{1}{2}\theta}{2\sin\frac{\theta}{2}} = 1 - 1 = 0,$$

得证.

证法 2 $\boldsymbol{OA}_1 + \boldsymbol{OA}_2 + \cdots + \boldsymbol{OA}_n = 0$ 等价于 $(\boldsymbol{OA}_1 + \boldsymbol{OA}_2 + \cdots + \boldsymbol{OA}_n)^2 = 0$,展开得

$$\sum_{i=1}^{n} \boldsymbol{OA}_i^2 + 2 \sum_{1 \leqslant i < j \leqslant n} \boldsymbol{OA}_i \cdot \boldsymbol{OA}_j = 0,$$

即

$$n + 2\Big((\cos\theta + \cos 2\theta + \cdots + \cos(n-1)\theta)$$

$$+ (\cos\theta + \cdots + \cos(n-2)\theta) + \cdots + \cos\theta \Big) = 0,$$

整理得

$$n + 2\big((n-1)\cos\theta + (n-2)\cos 2\theta + \cdots + \cos(n-1)\theta \big) = 0.$$

记 $S = (n-1)\cos\theta + (n-2)\cos 2\theta + \cdots + \cos(n-1)\theta$,则上式即 $n + 2S = 0$. 又

$$\cos k\theta = \cos\frac{2k\pi}{n} = \cos\left(2\pi - \frac{2k\pi}{n}\right)$$

$$= \cos\frac{2\pi}{n}(n-k) = \cos(n-k)\theta \quad (k = 1, 2, \cdots, n-1).$$

故 $2S = n\sum\limits_{k=1}^{n-1}\cos k\theta$，由证法 1 知 $\sum\limits_{k=1}^{n-1}\cos k\theta = -1$，故 $n + 2S = 0$，得证.

例 2.4.8 设 $n \in \mathbf{N}^+$，求证：

$$\cos\frac{2\pi}{2n+1} + \cos\frac{4\pi}{2n+1} + \cos\frac{6\pi}{2n+1} + \cdots + \cos\frac{2n\pi}{2n+1} = -\frac{1}{2}.$$

证明 构造正 $2n+1$ 边形 $A_1 A_2 \cdots A_{2n+1}$，设 $\boldsymbol{OA}_1 = (1,0)$，$A_1$，$A_2$，$\cdots$，$A_{2n+1}$ 按逆时针方向排列，则点 A_1，A_2，$\cdots$，A_{2n+1} 的横坐标依次为 1，$\cos\dfrac{2\pi}{2n+1}$，$\cos\dfrac{4\pi}{2n+1}$，$\cdots$，$\cos\dfrac{(4n-2)\pi}{2n+1}$，$\cos\dfrac{4n\pi}{2n+1}$. 由 $\sum\limits_{i=1}^{2n+1}\boldsymbol{OA}_i = \boldsymbol{0}$ 得

$$1 + \cos\frac{2\pi}{2n+1} + \cos\frac{4\pi}{2n+1} + \cdots + \cos\frac{(4n-2)\pi}{2n+1} + \cos\frac{4n\pi}{2n+1} = 0.$$

由诱导公式 $\cos\alpha = \cos(2\pi - \alpha)$ 得

$$\begin{aligned}
&1 + \cos\frac{2\pi}{2n+1} + \cos\frac{4\pi}{2n+1} + \cdots + \cos\frac{2n\pi}{2n+1} \\
&+ \cos\frac{2n\pi}{2n+1} + \cdots + \cos\frac{4\pi}{2n+1} + \cos\frac{2\pi}{2n+1} = 0,
\end{aligned}$$

所以

$$\cos\frac{2\pi}{2n+1} + \cos\frac{4\pi}{2n+1} + \cos\frac{6\pi}{2n+1} + \cdots + \cos\frac{2n\pi}{2n+1} = -\frac{1}{2}.$$

注 结合诱导公式 $\cos\alpha = -\cos(\pi - \alpha)$，可得

$$\cos\frac{\pi}{2n+1} + \cos\frac{3\pi}{2n+1} + \cos\frac{5\pi}{2n+1} + \cdots + \cos\frac{(2n-1)\pi}{2n+1} = \frac{1}{2}.$$

特别地，取 $n = 3$，即可得到第 5 届 **IMO** 试题：证明 $\cos\dfrac{\pi}{7} - \cos\dfrac{2\pi}{7} + \cos\dfrac{3\pi}{7} = \dfrac{1}{2}$；取 $n = 5$，即可得到 2012 年全国高中数学联赛安

徽省预赛第 3 题：求 $\cos\dfrac{\pi}{11} - \cos\dfrac{2\pi}{11} + \cos\dfrac{3\pi}{11} - \cos\dfrac{4\pi}{11} + \cos\dfrac{5\pi}{11}$ 的值.

例 2.4.9　求 $|2 + 2e^{0.4\pi i} + e^{1.2\pi i}|$ 的值.

解　由欧拉公式 $e^{i\theta} = \cos\theta + i\sin\theta$，则

$$|2 + 2e^{0.4\pi i} + e^{1.2\pi i}|$$

$$= \left| 2 + 2\left(\cos\frac{2\pi}{5} + i\sin\frac{2\pi}{5}\right) + \left(\cos\frac{6\pi}{5} + i\sin\frac{6\pi}{5}\right) \right|$$

$$= \sqrt{\left(2 + 2\cos\frac{2\pi}{5} + \cos\frac{6\pi}{5}\right)^2 + \left(2\sin\frac{2\pi}{5} + \sin\frac{6\pi}{5}\right)^2}$$

$$= \sqrt{4 + 4 + 1 + 8\cos\frac{2\pi}{5} + 4\cos\frac{6\pi}{5} + 4\cos\frac{2\pi}{5}\cos\frac{6\pi}{5} + 4\sin\frac{2\pi}{5}\sin\frac{6\pi}{5}}$$

$$= \sqrt{9 + 8\cos\frac{2\pi}{5} + 4\cos\frac{6\pi}{5} + 4\cos\frac{4\pi}{5}}$$

$$= \sqrt{9 + 8\left(\cos\frac{2\pi}{5} + \cos\frac{4\pi}{5}\right)}.$$

在例 2.4.8 中令 $n = 2$，得

$$\cos\frac{2\pi}{5} + \cos\frac{4\pi}{5} = -\frac{1}{2},$$

于是

$$\sqrt{9 + 8\left(\cos\frac{2\pi}{5} + \cos\frac{4\pi}{5}\right)} = \sqrt{5},$$

所以 $|2 + 2e^{0.4\pi i} + e^{1.2\pi i}| = \sqrt{5}$.

例 2.4.10　$\triangle ABC$ 三个内角的度数满足：$\dfrac{A}{B} = \dfrac{B}{C} = \dfrac{1}{3}$，求 $T = \cos A + \cos B + \cos C$ 的值.

解　由 $\dfrac{A}{B} = \dfrac{B}{C} = \dfrac{1}{3}$，且 $A + B + C = \pi$，则 $A = \dfrac{\pi}{13}$，$B = \dfrac{3\pi}{13}$，$C = $

$\dfrac{9\pi}{13}$. 则 $T = \cos\dfrac{\pi}{13} + \cos\dfrac{3\pi}{13} + \cos\dfrac{9\pi}{13}$, 又设 $W = \cos\dfrac{5\pi}{13} + \cos\dfrac{7\pi}{13} + \cos\dfrac{11\pi}{13}$, 则由例 2.4.8 中注释知

$$T + W = \cos\frac{\pi}{13} + \cos\frac{3\pi}{13} + \cos\frac{5\pi}{13} + \cos\frac{7\pi}{13} + \cos\frac{9\pi}{13} + \cos\frac{11\pi}{13} = \frac{1}{2}$$

$$T \cdot W = \left(\cos\frac{\pi}{13} + \cos\frac{3\pi}{13} + \cos\frac{9\pi}{13}\right)\left(\cos\frac{5\pi}{13} + \cos\frac{7\pi}{13} + \cos\frac{11\pi}{13}\right)$$

$$= -\frac{3}{2}\left(\cos\frac{\pi}{13} - \cos\frac{2\pi}{13} + \cos\frac{3\pi}{13} - \cos\frac{4\pi}{13} + \cos\frac{5\pi}{13} - \cos\frac{6\pi}{13}\right)$$

$$= -\frac{3}{2}\left(\cos\frac{\pi}{13} + \cos\frac{3\pi}{13} + \cos\frac{5\pi}{13} + \cos\frac{7\pi}{13} + \cos\frac{9\pi}{13} + \cos\frac{11\pi}{13}\right)$$

$$= -\frac{3}{2} \cdot \frac{1}{2} = -\frac{3}{4}.$$

于是, T, W 是方程 $x^2 - \dfrac{1}{2}x - \dfrac{3}{4} = 0$ 的两根, $x_{1,2} = \dfrac{1 \pm \sqrt{13}}{4}$. 又由于 $T > 0$, 所以 $T = \dfrac{1 + \sqrt{13}}{4}$.

例 2.4.11　试问下列等式是否成立:

(1) $\tan(\arctan x) = x$;

(2) $\arctan(\tan x) = x$.

解　(1) 由 $y = \tan x$ 与 $y = \arctan x$ 的定义知, 式(1)成立.

(2) 因为 $y = \tan x$ 的定义域为 $\left\{x \,\middle|\, k\pi - \dfrac{\pi}{2} < x < k\pi + \dfrac{\pi}{2}, k \in \mathbf{Z}\right\}$, 而 $y = \arctan x$ 的值域为 $\left(-\dfrac{\pi}{2}, \dfrac{\pi}{2}\right)$, 所以式(2)不成立, 例如当 $x = \dfrac{3\pi}{4}$ 时, 有 $\arctan\left(\tan\dfrac{3\pi}{4}\right) = \arctan(-1) = -\arctan 1 = -\dfrac{\pi}{4} \neq x$.

例 2.4.12　已知 $x \in [-1, 1]$, 求证: $\arctan\sqrt{\dfrac{1-x}{1+x}} + \dfrac{1}{2}\arcsin x$

$$= \frac{\pi}{4}.$$

证明 构造函数

$$f(x) = \arctan\sqrt{\frac{1-x}{1+x}} + \frac{1}{2}\arcsin x, \quad x \in [-1, 1],$$

则

$$f'(x) = \frac{1}{1 + \dfrac{1-x}{1+x}} \cdot \frac{1}{2\sqrt{\dfrac{1-x}{1+x}}} \cdot \frac{-2}{(1+x)^2} + \frac{1}{2} \cdot \frac{1}{\sqrt{1-x^2}}$$

$$= \frac{-1}{2\sqrt{1-x^2}} + \frac{1}{2\sqrt{1-x^2}} = 0.$$

于是 $f(x)$ 是常数函数. 因为 $f(0) = \arctan 1 + \arcsin 0 = \dfrac{\pi}{4}$，所以

$\arctan\sqrt{\dfrac{1-x}{1+x}} + \dfrac{1}{2}\arcsin x = \dfrac{\pi}{4}$，得证.

第 3 章　函数的性质

3.1　函数的奇偶性

定义 1　给定函数 $f(x)$,则

(1) 如果对任意的 $x \in D(f)$,恒有 $f(-x) = f(x)$,则称 $f(x)$ 为偶函数.

(2) 如果对任意的 $x \in D(f)$,恒有 $f(-x) = -f(x)$,则称 $f(x)$ 为奇函数.

其实,函数的奇偶性清楚地反映在函数图像上.

对于偶函数,因 $f(-x) = f(x)$,所以,如果点 $P(x, f(x))$ 在图像上,则与它关于 y 轴对称的点 $P'(-x, f(x))$ 也在图像上,因此偶函数的图像关于 y 轴对称,如图 3.1 所示.

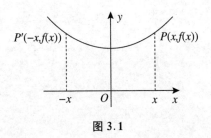

图 3.1

对于奇函数,因 $f(-x) = -f(x)$,所以,如果点 $Q(x, f(x))$ 在图像上,则与它关于原点对称的点 $Q'(-x, -f(x))$ 也在图像上,因

此奇函数的图像关于原点对称,如图 3.2 所示.

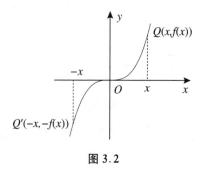

图 3.2

由上可知,函数的奇偶性是在整个定义域 $D(f)$ 上讨论的,不论奇函数或偶函数,x 和 $-x$ 都同时在 $D(f)$ 内,因此 $D(f)$ 一定是关于原点对称的.如果一个函数的定义域关于原点不对称,则可据此断定它既非奇函数,也非偶函数.

例 3.1.1 判断下列函数的奇偶性.

(1) $f(x) = x^4 - 2x^2$;

(2) $f(x) = x^5 - x$;

(3) $f(x) = x^3 + 1$.

解 因为三个函数的定义域均为 **R**,因此只需说明 $f(-x)$ 与 $f(x)$ 的关系即可.

(1) 因为 $f(-x) = (-x)^4 - 2(-x)^2 = x^4 - x^2 = f(x)$,所以 $f(x) = x^4 - 2x^2$ 为偶函数.

(2) 因为 $f(-x) = (-x)^5 - (-x) = -x^5 + x = -(x^5 - x) = -f(x)$,所以 $f(x) = x^5 - x$ 为奇函数.

(3) 因为 $f(-x) = (-x)^3 + 1 = -x^3 + 1$,既不等于 $f(x) = x^3 + 1$,也不等于 $-f(x) = -x^3 - 1$,所以 $f(x) = x^3 + 1$ 既非奇函数,

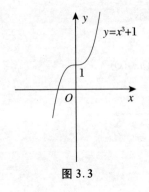

图 3.3

也非偶函数,如图 3.3 所示.

注　类似地,我们可以证明:若两个函数定义域相同(均关于原点对称),则

(1) 只有恒等于零的函数才既是奇函数又是偶函数;

(2) 两个奇函数的和与差均是奇函数,奇函数乘以常数还是奇函数;

(3) 两个偶函数的和与差均是偶函数,偶函数乘以常数还是偶函数;

(4) 一个奇函数与一个偶函数的和既不是奇函数也不是偶函数,除非其中一个恒等于零;

(5) 两个奇函数的乘积是偶函数,两个偶函数的乘积是偶函数,一个奇函数与一个偶函数的乘积是奇函数;

(6) 两个奇函数的商是偶函数,两个偶函数的商是偶函数,一个奇函数与一个偶函数的商是奇函数.

例 3.1.2　判断函数 $f(x) = \mathrm{e}^{\cos x}$ 的奇偶性.

解　由于 $f(x)$ 的定义域为 $\mathbf{R}$,且 $f(-x) = \mathrm{e}^{\cos(-x)} = \mathrm{e}^{\cos x} = f(x)$,所以 $f(x) = \mathrm{e}^{\cos x}$ 为偶函数.

注　类似地,我们可以证明:若两个函数定义域相同,则两个奇函数的复合函数是奇函数,奇函数被偶函数复合(偶函数后作用)是偶函数,偶函数被任意函数复合(偶函数先作用)是偶函数(但反之则不然).

例 3.1.3　判断函数 $f(x) = -\dfrac{x^2}{2} + x\ln(\mathrm{e}^x + 1)$ 的奇偶性.

解　**方法 1**　由于 $f(x)$ 的定义域为 $\mathbf{R}$,且

$$f(x) + f(-x) = -\frac{x^2}{2} + x\ln(e^x + 1) - \frac{x^2}{2} - x\ln(e^{-x} + 1)$$

$$= -x^2 + x\ln\frac{e^x + 1}{e^{-x} + 1} = -x^2 + x\ln e^x = 0,$$

所以 $f(x)$ 为奇函数.

方法 2 由于 $f(x)$ 的定义域为 **R**,且

$$f(x) = -\frac{x^2}{2} + x\ln(e^x + 1) = x\ln e^{-\frac{x}{2}} + x\ln(e^x + 1)$$

$$= x\ln\left(e^{-\frac{x}{2}}(e^x + 1)\right) = x\ln\left(e^{\frac{x}{2}} + e^{-\frac{x}{2}}\right),$$

即 $f(x)$ 是奇函数 $y = x$ 与偶函数 $y = \ln\left(e^{\frac{x}{2}} + e^{-\frac{x}{2}}\right)$ 的乘积,所以 $f(x)$ 为奇函数.

注 有些函数从表面上看,似乎不具有奇偶性,但用定义考查却又发现具有奇偶性.究其原因,是命题人对函数解析式做了变形,只要将其化为原型,即可快速判断.类似的例子还有很多.例如:

函数 $f(x) = \dfrac{(2^x + 1)^2}{x \cdot 2^x}$ 是奇函数,当然可以轻松验证,但也可速判.因为 $f(x) = \dfrac{2^{2x} + 2^{x+1} + 1}{x \cdot 2^x} = \dfrac{2^x + 2^{-x} + 2}{x}$ 为一个偶函数与奇函数的商,且定义域关于原点对称.

函数 $f(x) = \dfrac{2 - x}{1 + \sqrt{1 - x^2}} + \dfrac{1 - \sqrt{1 - x^2}}{x}$ 是偶函数,这是因为

$$f(x) = \frac{x(2 - x) + (1 + \sqrt{1 - x^2})(1 - \sqrt{1 - x^2})}{x(1 + \sqrt{1 - x^2})}$$

$$= \frac{2}{1 + \sqrt{1 - x^2}} \quad (x \neq 0)$$

为两个偶函数的商,且定义域关于原点对称.

函数 $f(x) = \ln\left(2x^2 + 2x\sqrt{x^2 + 1} + 1\right)^x$ 为偶函数,这是因为

$$f(x) = \ln\left(2x^2 + 2x\sqrt{x^2+1} + 1\right)^x$$
$$= x\ln\left(x + \sqrt{x^2+1}\right)^2$$
$$= 2x\ln\left(x + \sqrt{x^2+1}\right)$$

为两个奇函数的乘积,且定义域为 $\mathbf{R}$.

例 3.1.4 判断函数 $f(x) = \begin{cases} -2x, & x < -1, \\ 2, & -1 \leqslant x \leqslant 1, \\ 2x, & x > 1 \end{cases}$ 的奇偶性.

解 方法 1 当 $x < -1$ 时,$-x > 1$,则 $f(x) = -2x$,$f(-x) = -2x$;当 $-1 \leqslant x \leqslant 1$ 时,$f(x) = f(-x) = 2$;当 $x > 1$ 时,$-x < -1$,则 $f(x) = 2x$,$f(-x) = -2(-x) = 2x$. 即对于 $x \in \mathbf{R}$,均有 $f(-x) = f(x)$,所以 $f(x)$ 为偶函数.

方法 2 易知 $f(x) = \begin{cases} -2x, & x < -1, \\ 2, & -1 \leqslant x \leqslant 1, \\ 2x, & x > 1 \end{cases} = |x+1| + |x-1|$,

所以 $f(-x) = f(x)$,即 $f(x)$ 为偶函数.

注 对于分段函数的奇偶性问题,常见的思路是分段讨论,但讨论有时显得较为繁琐,简捷的方式是考虑将分段函数的解析式统一起来,很多时候解题就会变得简捷顺畅,奇偶性更是一眼看出.

再如:

$$f(x) = \begin{cases} -2, & x < -1, \\ 2x, & -1 \leqslant x \leqslant 1, \\ 2, & x > 1 \end{cases} = |x+1| - |x-1| \text{ 是奇函数};$$

$$f(x) = \begin{cases} x^2 - 2x - 1, & x \geqslant 0, \\ x^2 + 2x - 1, & x < 0 \end{cases} = x^2 - 2|x| - 1 \text{ 是偶函数};$$

$$f(x)=\begin{cases}x(1+\sqrt[3]{x}),&x\geqslant0,\\x(1-\sqrt[3]{x}),&x<0\end{cases}=x(1+\sqrt[3]{|x|})\text{是奇函数};$$

$$f(x)=\begin{cases}x+2,&x<-1,\\1,&-1\leqslant x\leqslant1,\\-x+2,&x>1\end{cases}=-\frac{1}{2}(|x+1|+|x-1|)+2$$

是偶函数;

……

如上所述,有些分段函数可用绝对值函数表示,从而使奇偶性的判断成为轻而易举之事.下面举例说明的是一些分段函数借助于符号函数也可实现奇偶性的速判.

符号函数:

$$\mathrm{sgn}(x)=\begin{cases}1,&x>0,\\0,&x=0,\\-1,&x<0.\end{cases}$$

容易验证 $\mathrm{sgn}(-x)=-\mathrm{sgn}(x)$,即 $\mathrm{sgn}(x)$ 为奇函数;且当 $x\neq0$ 时,$\mathrm{sgn}(x)=\dfrac{|x|}{x}$.

例 3.1.5　判断函数 $f(x)=\begin{cases}x^2-2x+3,&x>0,\\0,&x=0,\\-x^2-2x-3,&x<0\end{cases}$ 的奇偶性.

解　**方法 1**　当 $x>0$ 时,$-x<0$,则 $f(-x)=-(-x)^2-2(-x)-3=-x^2+2x-3=-f(x)$;当 $x=0$ 时,$f(-x)=f(x)=f(0)=0$;当 $x<0$ 时,$-x>0$,则 $f(-x)=(-x)^2-2(-x)+3=x^2+2x+3=-f(x)$.即对于 $x\in\mathbf{R}$,均有 $f(-x)=-f(x)$,所以 $f(x)$ 为奇函数.

方法 2　易知 $f(x) = (x^2+3)\mathrm{sgn}(x) - 2x, x \in \mathbf{R}$,则

$$f(-x) = (x^2+3)\mathrm{sgn}(-x) + 2x$$

$$= -(x^2+3)\mathrm{sgn}(x) + 2x = -f(x),$$

故 $f(x)$ 为奇函数.

注　同类的例子还有

$$f(x) = \begin{cases} x^2+x-1, & x>0, \\ -x^2+x+1, & x<0 \end{cases} = \frac{(x^2-1)|x|}{x} + x \text{ 是奇函数};$$

$$f(x) = \begin{cases} x^2+x, & x>0, \\ -x^2+x, & x<0 \end{cases} = \frac{|x|^3}{x} + x \text{ 是奇函数};$$

$$f(x) = \begin{cases} x^2, & x>1, \\ x, & -1\leqslant x\leqslant 1, \\ -x^2, & x<-1 \end{cases} = \begin{cases} x^2\mathrm{sgn}(x), & |x|>1, \\ x, & |x|\leqslant 1 \end{cases} \text{ 是奇函数}.$$

例 3.1.6　设函数 $f(x)$ 在 $[-a,a]$ 上有定义,证明:$f(x)$ 在 $[-a,a]$ 上可表示为奇函数与偶函数的和.

证明　设 $f(x) = G(x) + H(x)$,其中 $G(x), H(x)$ 分别为奇函数和偶函数,于是

$$f(-x) = G(-x) + H(-x) = -G(x) + H(x).$$

结合 $f(x) = G(x) + H(x)$,于是

$$G(x) = \frac{f(x) - f(-x)}{2}, \quad H(x) = \frac{f(x) + f(-x)}{2}.$$

易知,这里 $G(x), H(x)$ 分别为奇函数和偶函数.

注　通俗地说,该题表明:任何定义域关于原点对称的函数都可以表示为一个奇函数和一个偶函数的和.

3.2 函数的单调性

定义 给定区间 B 上的函数 $f(x)$,则

(1) 如果对于任意的 $x_1,x_2 \in B$,且 $x_1 < x_2$ 时,都有 $f(x_1) < f(x_2)$,则称函数 $f(x)$ 在 B 上单调递增(或在 B 上是增函数).

(2) 如果对于任意的 $x_1,x_2 \in B$,且 $x_1 < x_2$ 时,都有 $f(x_1) > f(x_2)$,则称函数 $f(x)$ 在 B 上单调递减(或在 B 上是减函数).

如果函数 $f(x)$ 在某个区间 B 上是单调递增或单调递减的,就说函数 $f(x)$ 在 B 上具有单调性,称 B 为 $f(x)$ 的单调区间.

单调递增函数的图像是沿 x 轴的正方向逐渐上升的,如图 3.4 所示.单调递减函数的图像是沿 x 轴的正方向逐渐下降的,如图 3.5 所示.

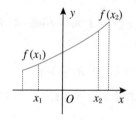

图 3.4   图 3.5

关于函数的单调性还有如下等价描述:

给定区间 B 上的函数 $f(x)$,则

(1) 函数 $f(x)$ 在区间 B 上单调递增,当且仅当任取不同的 x_1, $x_2 \in B$,均有 $(x_2 - x_1)(f(x_2) - f(x_1)) > 0$(或 $\dfrac{f(x_2) - f(x_1)}{x_2 - x_1} > 0$).

(2) 函数 $f(x)$ 在区间 B 上单调递减,当且仅当任取不同的 x_1,

$x_2 \in B$，均有 $(x_2 - x_1)(f(x_2) - f(x_1)) < 0$(或 $\dfrac{f(x_2) - f(x_1)}{x_2 - x_1} < 0)$.

例 3.2.1 图 3.6 是定义在区间 $[-5,5]$ 上的函数 $f(x)$ 的图像. 根据图像说出 $f(x)$ 的单调区间，以及在每一个单调区间的单调性.

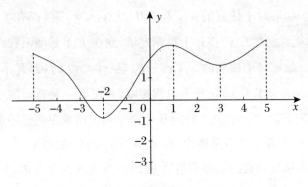

图 3.6

解 函数 $f(x)$ 的单调区间为 $[-5,-2]$，$[-2,1]$，$[1,3]$，$[3,5]$. 其中，$f(x)$ 在区间 $[-5,-2]$，$[1,3]$ 上是单调递减的，在区间 $[-2,1]$，$[3,5]$ 上是单调递增的.

例 3.2.2 判断正比例函数 $y = kx(k \neq 0)$ 的单调性.

解 有对于任意的 $x_1, x_2 \in \mathbf{R}$，不妨设 $x_1 > x_2$，有

$$f(x_1) - f(x_2) = kx_1 - kx_2 = k(x_1 - x_2).$$

因为 $x_1 - x_2 > 0$，所以：

当 $k > 0$ 时，$f(x_1) - f(x_2) > 0$，即 $f(x_1) > f(x_2)$，此时 $y = kx$ $(k \neq 0)$ 在 $\mathbf{R}$ 上是单调递增的，图像经过第一、三象限，如图 3.7 所示；

当 $k < 0$ 时，$f(x_1) - f(x_2) < 0$，即 $f(x_1) < f(x_2)$，此时 $y = kx$ $(k \neq 0)$ 在 $\mathbf{R}$ 上是单调递减的，图像经过第二、四象限，如图 3.8

所示.

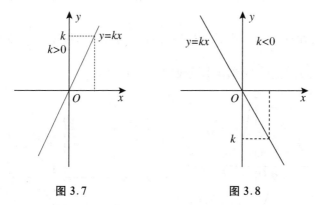

图 3.7　　　　　　　图 3.8

例 3.2.3　函数 $y = \dfrac{k}{x}(k \neq 0)$ 叫反比例函数,试研究反比例函

数 $y = \dfrac{k}{x}(k \neq 0)$ 的奇偶性和单调性.

解　因为 $y = \dfrac{k}{x}(k \neq 0)$ 定义域为 $(-\infty, 0) \bigcup (0, +\infty)$,且

$f(-x) = \dfrac{k}{-x} = -\dfrac{k}{x} = -f(x)$,所以函数 $y = \dfrac{k}{x}(k \neq 0)$ 为奇函数,

图像关于原点对称.所以只需讨论 $y = \dfrac{k}{x}(k \neq 0)$ 在 $(0, +\infty)$ 内的单

调性即可.

对于任意的 $x_1, x_2 \in (0, +\infty)$,不妨设 $x_1 < x_2$,则

$$f(x_1) - f(x_2) = \dfrac{k}{x_1} - \dfrac{k}{x_2} = k \cdot \dfrac{x_2 - x_1}{x_1 x_2}.$$

若 $k > 0$,则 $f(x_1) - f(x_2) > 0$,即 $f(x_1) > f(x_2)$,所以函数 y

$= \dfrac{k}{x}(k \neq 0)$ 在 $(0, +\infty)$ 内单调递减.由奇函数知,函数 $y = \dfrac{k}{x}$

$(k \neq 0)$ 在 $(-\infty, 0)$ 内也单调递减,图像如图 3.9 所示.

若 $k < 0$,则 $f(x_1) - f(x_2) < 0$,即 $f(x_1) < f(x_2)$,此时 $y = \dfrac{k}{x}$

($k \neq 0$)在$(0, +\infty)$内单调递增.由奇函数知,函数 $y = \dfrac{k}{x}$($k \neq 0$)在

$(-\infty, 0)$内也单调递增,图像如图 3.10 所示.

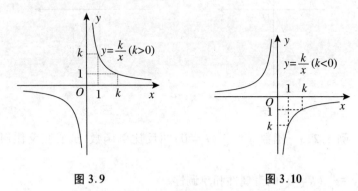

图 3.9　　　　　　　　　　图 3.10

例 3.2.4　求函数 $f(x) = x + \dfrac{1}{x}$的单调区间.

解　函数的定义域为$(-\infty, 0) \bigcup (0, +\infty)$,且 $f(-x) = -x +$

$\dfrac{1}{-x} = -\left(x + \dfrac{1}{x}\right) = -f(x)$,所以函数 $f(x) = x + \dfrac{1}{x}$为奇函数,图像

关于原点对称.所以只需讨论$f(x) = x + \dfrac{1}{x}$在$(0, +\infty)$内的单调性

即可.

任取 $x_1, x_2 \in (0, +\infty)$,不妨设 $x_1 < x_2$,则

$$
\begin{aligned}
f(x_2) - f(x_1) &= \left(x_2 + \frac{1}{x_2}\right) - \left(x_1 + \frac{1}{x_1}\right) \\
&= (x_2 - x_1) - \left(\frac{1}{x_1} - \frac{1}{x_2}\right) \\
&= (x_2 - x_1)\left(1 - \frac{1}{x_1 x_2}\right)
\end{aligned}
$$

(1) 当 $0 < x_1 < x_2 \leqslant 1$ 时,有 $0 < x_1 x_2 < 1$,$x_2 - x_1 > 0$,$1 - \dfrac{1}{x_1 x_2}$ < 0,于是 $f(x_2) - f(x_1) < 0$,即 $f(x_1) > f(x_2)$. 所以函数 $f(x) = x + \dfrac{1}{x}$ 在 $(0,1]$ 内单调递减. 由奇函数知,函数 $f(x) = x + \dfrac{1}{x}$ 在 $[-1,0)$ 内也单调递减.

(2) 当 $1 < x_1 < x_2$ 时,有 $x_1 x_2 > 1$,$x_2 - x_1 > 0$,$1 - \dfrac{1}{x_1 x_2} > 0$,于是 $f(x_2) - f(x_1) > 0$,即 $f(x_1) < f(x_2)$. 所以函数 $f(x) = x + \dfrac{1}{x}$ 在 $(1, +\infty)$ 内单调递增. 由奇函数知,函数 $f(x) = x + \dfrac{1}{x}$ 在 $(-\infty, -1)$ 内也单调递增.

综上所述:函数 $f(x) = x + \dfrac{1}{x}$ 的单调递增区间为 $(-\infty, -1)$,$(1, +\infty)$,单调递减区间为 $[-1,0)$,$(0,1]$,如图 3.11 所示.

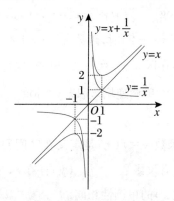

图 3.11

关于复合函数的单调性,有下面的"同增异减"法则.

定理 1　如果函数 $y=f(u)$ 和函数 $u=g(x)$ 的增减性相同,则复合函数 $y=f(g(x))$ 是增函数;如果函数 $y=f(u)$ 和函数 $u=g(x)$ 的增减性相反,则复合函数 $y=f(g(x))$ 是减函数.

证明　若函数 $y=f(u)$ 和函数 $u=g(x)$ 的增减性相同,不妨设函数 $y=f(u)$ 和函数 $u=g(x)$ 都是增函数.在复合函数 $y=f(g(x))$ 的定义域内任取 $x_1<x_2$,则有 $g(x_1)<g(x_2)$,即 $u_1<u_2$.又因为函数 $y=f(u)$ 也是增函数,故有 $f(u_1)<f(u_2)$,即 $y_1<y_2$.所以复合函数 $y=f(g(x))$ 是增函数.同样的,若函数 $y=f(u)$ 和函数 $u=g(x)$ 都是减函数,也易证明 $y=f(g(x))$ 是增函数.

若函数 $y=f(u)$ 和函数 $u=g(x)$ 的增减性相反时的结论同理可证,具体过程留给读者自己完成.

例 3.2.5　求函数 $y=\log_{\frac{1}{2}}(x^2+4x+4)$ 的单调性.

解　因为 $y=\log_{\frac{1}{2}}u$ 为减函数,且 $u>0$,而 $u=x^2+4x+4=(x+2)^2$,当 $x\in(-\infty,-2)$ 时,函数 $u=(x+2)^2$ 单调递减,所以 $y=\log_{\frac{1}{2}}(x^2+4x+4)$ 在区间 $(-\infty,-2)$ 单调递增;当 $x\in(-2,+\infty)$ 时,函数 $u=(x+2)^2$ 单调递增,所以 $y=\log_{\frac{1}{2}}(x^2+4x+4)$ 在区间 $(-2,+\infty)$ 单调递减.

定理 2　如果函数 $y=f(x)$ 是定义在区间 D 上的单调函数,那么在区间 D 上一定有反函数 $x=f^{-1}(y)$ 存在,$x=f^{-1}(y)$ 也是单调的,并且它和 $y=f(x)$ 的单调性相同.

证明　先证存在反函数.不妨设 $y=f(x)$ 是增函数,它的定义域为 D,值域为 E.先证它的反函数存在.对于任意的 $y_0\in E$,在 D 中至少有一个值 x_0,使 $y_0=f(x_0)$,否则就有 $y_0\notin E$.再证明 x_0 是唯一的.假设还有一个 $x_1 \in D$ 也满足 $y_0 = f(x_1)$.如果 $x_1 < x_0$,根据 $y = f(x)$ 的递增性,就有 $f(x_1) < f(x_0)$,从而推出 $y_0 < y_0$,这是不可能的;如果 $x_1 > x_0$,同理有 $f(x_1) > f(x_0)$,从而推出 $y_0 > y_0$,这也是不可能的.因此必有 $x_1 = x_0$.这样,函数 $y = f(x)$ 就是区间 D 到值域 E 上的一一映射,按反函数的定义,存在它的反函数 $x = f^{-1}(y)$.

再证 $x = f^{-1}(y)$ 是单调递增的.在 E 中任取 y_1, y_2,且 $y_1 < y_2$,则在 D 中必有 x_1, x_2 满足 $x_1 = f^{-1}(y_1), x_2 = f^{-1}(y_2)$,即满足 $y_1 = f(x_1), y_2 = f(x_2)$.若 $x_1 = x_2$,则有 $y_1 = y_2$;若 $x_1 > x_2$,根据 $y = f(x)$ 的递增性,则有 $y_1 > y_2$.这两种情形都与 $y_1 < y_2$ 的假设矛盾,因而是不可能的.所以必有 $x_1 < x_2$,也即证明了反函数 $x = f^{-1}(y)$ 是递增的.

对于 $y = f(x)$ 是递减的情形同理可证,读者可尝试.

定理 2 常用来断定反函数的存在.但是它的条件是充分条件,而非必要条件.例如,分段函数

$$y = \begin{cases} -x+1, & -1 \leqslant x < 0, \\ x, & 0 \leqslant x \leqslant 1 \end{cases}$$

在整个定义域 $[-1,1]$ 上不是单调的,但有反函数

$$y = \begin{cases} 1-x, & 1 < x \leqslant 2, \\ x, & 0 \leqslant x \leqslant 1. \end{cases}$$

又如,函数 $y = \dfrac{1}{x}$ 在 $(-\infty, 0) \cup (0, +\infty)$ 上存在反函数,但 $y = \dfrac{1}{x}$ 在 $(-\infty, 0) \cup (0, +\infty)$ 上不单调.

根据定理 2,可以把某个函数的单调性转化为它的反函数的单调性去研究.

例 3.2.6　设函数 $f(x) = \sqrt[4]{\dfrac{4x+1}{3x+2}}$,解方程:$f(x) = f^{-1}(x)$.

解　$f(x)$的定义域为$\left(-\infty, -\dfrac{2}{3}\right) \cup \left[-\dfrac{1}{4}, +\infty\right)$，且$f(x) \geqslant 0$，

设$x_1 < x_2 < -\dfrac{2}{3}$，则

$$f^4(x_2) - f^4(x_1) = \frac{4x_2 + 1}{3x_2 + 2} - \frac{4x_1 + 1}{3x_1 + 2} = \frac{5(x_2 - x_1)}{(3x_1 + 2)(3x_2 + 2)} > 0.$$

从而$f(x_2) > f(x_1)$，即$f(x)$在$\left(-\infty, -\dfrac{2}{3}\right)$上单调递增，同理可知

$f(x)$在$\left[-\dfrac{1}{4}, +\infty\right)$上也单调递增.

记$f(x) = f^{-1}(x) = y$，则$f(y) = x$，所以$x, y \in [0, +\infty)$.

若$x \neq y$，不妨设$x < y$，则$f(x) < f(y)$，即 $y < x$，矛盾，同理可知 $x > y$ 时也矛盾，所以，$x = y$，即 $x = f(x)$. 化简得 $3x^5 + 2x^4 - 4x - 1 = 0$，即 $(x-1)(3x^4 + 5x^3 + 5x^2 + 5x + 1) = 0$. 因为 $x \geqslant 0$，所以 $3x^4 + 5x^3 + 5x^2 + 5x + 1 > 0$，所以 $x = 1$，即原方程的解为 $x = 1$.

注　有的解法认为"方程两边的函数互为反函数"因而交点在直线 $y = x$ 上. 其实，这是一个流行的误解. 例如，$y = \dfrac{1}{x}$ 的反函数就是自身，它们的交点不仅仅只在 $y = x$ 上.

3.3　函数的有界性

定义 1　设 M 是函数$f(x)$定义域内的一个区间.

(1) 如果存在一个常数 A，对于任意 $x \in M$，都有$f(x) \leqslant A$，就说$f(x)$在 M 内有上界，A 是它的一个上界. 这时，函数$f(x)$的图像在直线 $y = A$ 的下方，如图 3.12(a)所示.

(2) 如果存在一个常数 A，对于任意 $x \in M$，都有$f(x) \geqslant A$，就

说 $f(x)$ 在 M 内有下界，A 是它的一个下界．这时，函数 $f(x)$ 的图像在直线 $y=A$ 的上方，如图 3.12(b) 所示．

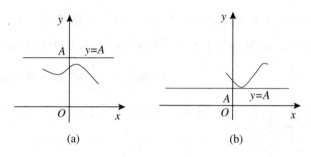

(a)　　　　　　　　　　(b)

图 3.12

(3) 如果 $f(x)$ 在 M 内既有上界，又有下界，就说函数 $f(x)$ 在 M 内是有界函数，否则叫无界函数．显然，函数 $f(x)$ 在 M 内有界 $\Rightarrow$ 函数 $f(x)$ 在 M 内既有上界又有下界 $\Rightarrow$ 存在闭区间 $[-A,A]$ $(A>0)$，使 $\{f(x)\,|\,x\in M\}\subseteq[-A,A]$．

函数 $f(x)$ 在区间 $[a,b]$ 有界的几何意义是：存在两条直线 $y=A$ 与 $y=-A$，函数 $f(x)$ 的图像位于以这两条直线为边界的带形区域之内，如图 3.13 所示．

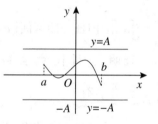

图 3.13

例如，正弦函数 $y=\sin x$ 和余弦函数 $y=\cos x$ 为 $\mathbf{R}$ 上的有界函数，因为对每一个 $x\in\mathbf{R}$，都有 $|\sin x|\leqslant1$ 和 $|\cos x|\leqslant1$．

关于函数 $f(x)$ 在区间 M 上无上界、无下界或无界的定义，可按上述相应定义的否定说法来叙述．例如，设 M 是函数 $f(x)$ 定义域内的一个区间，若对任何实数 A（无论 A 多大），都存在 $x_0\in M$，使得 $f(x_0)>A$，则称 $f(x)$ 为 M 上的无上界函数．

例如,函数 $y=x^2$ 在定义域 **R** 内有下界而无上界.事实上,对于任意的 $x\in\mathbf{R}$,都有 $y=x^2\geqslant0$,即函数 $y=x^2$ 在 **R** 内有下界 0.对于任意 $b>0$,在 **R** 内总能找到一个 $x_0=\sqrt{b+1}$,使得 $x_0^2=b+1>b$,即函数 $y=x^2$ 在 **R** 内无上界.(函数 $y=x^2$ 在 **R** 内为无界函数)

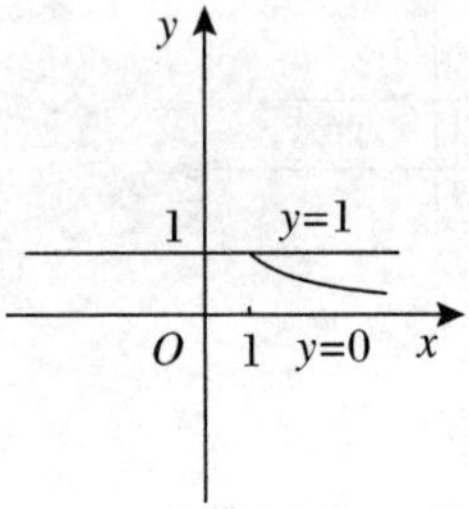

图 3.14

又如,函数 $y=\dfrac{1}{x}$ 在 $[1,+\infty)$ 内是有界的.事实上,对于任意的 $x\in[1,+\infty)$,都有 $0<y=\dfrac{1}{x}\leqslant1$,即函数 $y=\dfrac{1}{x}$ 在 $[1,+\infty)$ 内既有上界 1,又有下界 0.所以 $y=\dfrac{1}{x}$ 在 $[1,+\infty)$ 内是有界的,如图 3.14 所示.

例 3.3.1　证明:函数 $y=\tan x$ 在 $\left(-\dfrac{\pi}{2},\dfrac{\pi}{2}\right)$ 上无界,而在 $\left(-\dfrac{\pi}{2},\dfrac{\pi}{2}\right)$ 内任一闭区间 $[a,b]$ 上有界.

证明　对任意实数 $A>0$,取 $x_0=\arctan(A+1)\in\left(-\dfrac{\pi}{2},\dfrac{\pi}{2}\right)$,有

$$|\tan x_0|=|\tan(\arctan(A+1))|=A+1>A.$$

所以,函数 $y=\tan x$ 在 $\left(-\dfrac{\pi}{2},\dfrac{\pi}{2}\right)$ 上无界.

但任取 $[a,b]\subseteq\left(-\dfrac{\pi}{2},\dfrac{\pi}{2}\right)$,由于 $y=\tan x$ 在 $[a,b]$ 上单调递增,从而当 $x\in[a,b]$ 时,有 $\tan a\leqslant\tan x\leqslant\tan b$,记 $A=\max\{|\tan a|,|\tan b|\}$,则对一切 $x\in[a,b]$,均有 $|\tan x|\leqslant A$,所以 $y=\tan x$ 在 $[a,b]$ 上有界.

例 3.3.2　设函数 $f(x)$ 定义在区间 I 上,如果对于任意 $x_1, x_2 \in I$,及 $\lambda \in (0,1)$,恒有 $f(\lambda x_1 + (1-\lambda)x_2) \leqslant \lambda f(x_1) + (1-\lambda)f(x_2)$,证明:在区间 I 的任何闭子区间上 $f(x)$ 都有界.

证明　设 $[a,b]$ 为区间 I 的任一闭子区间,任给 $x \in (a,b)$,则存在 $\lambda \in (0,1)$,使得 $x = a + \lambda(b-a) = \lambda b + (1-\lambda)a$,则由题设条件得

$$f(x) = f(\lambda b + (1-\lambda)a) \leqslant \lambda f(b) + (1-\lambda)f(a)$$
$$\leqslant \lambda M + (1-\lambda)M = M,$$

其中,$M = \max\{f(a), f(b)\}$.

任给 $x \in (a,b)$,令 $y = (a+b) - x$,那么 $\dfrac{a+b}{2} = \dfrac{x+y}{2}$,则

$$f\left(\frac{a+b}{2}\right) = f\left(\frac{x+y}{2}\right) \leqslant \frac{1}{2}f(x) + \frac{1}{2}f(y) \leqslant \frac{1}{2}f(x) + \frac{1}{2}M,$$

所以 $f(x) \geqslant 2f\left(\dfrac{a+b}{2}\right) - M$,令 $m_1 = 2f\left(\dfrac{a+b}{2}\right) - M$.

所以,对于 $x \in (a,b)$,有 $m_1 \leqslant f(x) \leqslant M$.

令 $m = \min\{f(a), f(b), m_1\}$,则对于 $x \in (a,b)$,有 $m \leqslant f(x) \leqslant M$,即 $f(x)$ 在 $[a,b]$ 上有界,因此 $f(x)$ 在区间 I 的任何闭子区间上都有界.

3.4　函数的周期性

定义 1　设 $f(x)$ 是定义在某一数集 M 上的函数,若存在一个常数 $T(T \neq 0)$,具有性质:

(1) 对于任意 $x \in M$,有 $x \pm T \in M$;

(2) 对于任意 $x \in M$,有 $f(x+T)=f(x)$.

那么就称 $f(x)$ 为 M 上的周期函数.

上述定义比中学课本中的关于周期函数的定义增加了"对于任意 $x \in M$,有 $x \pm T \in M$"的条件,是为了强调周期函数的定义域一定是上、下无界的无穷数集,否则就不可能是周期函数.当然,最重要的条件仍然是"对于任意 $x \in M$,有 $f(x+T)=f(x)$"这个等式.

由定义知,如果 $T(T \neq 0)$ 是 $f(x)$ 的周期,则

$$f(x+(-T)) = f(x+(-T)+T) = f(x),$$

$$f(x+nT) = f(x+(n-1)T+T) = f(x+(n-1)T)$$

$$= \cdots = f(x+T) = f(x).$$

由此可知,$-T$ 和 $nT(n$ 为任一非零整数)也是 $f(x)$ 的周期.因此一个周期函数的周期不是唯一的,它是一个上、下无界的无穷数集,如图 3.15 所示.

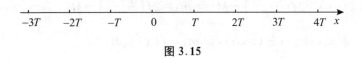

图 3.15

在周期函数的正周期中最小的一个,叫做函数的最小正周期,也称为主周期或基本周期.周期函数不一定都有最小正周期.例如常数函数 $f(x)=c$ 是 $\mathbf{R}$ 上的周期函数,任何非零实数都是它的周期,显然它没有最小正周期.

如果函数 $f(x)$ 具有最小正周期为 T_0,则 $f(x)$ 的任一正周期 T 一定是 T_0 的正整数倍.即存在一个正整数 n,使得 $T=nT_0$.因为如果 T 不是 T_0 的正整数倍,设 $T=kT_0+r(k \in \mathbf{N}, 0<r<T_0)$,则有

$$f(x+T) = f(x+kT_0+r) = f(x+r) = f(x)$$

这样，r 也成为 $f(x)$ 的周期了. 但 $0 < r < T_0$，就和 T_0 是 $f(x)$ 的最小正周期相矛盾.

例 3.4.1 证明小数部分函数 $y = \{x\}$ 在定义域 **R** 上是以 1 为周期的周期函数.

证明 对于任意 $x \in \mathbf{R}$，有 $\{x\} = x - [x] = x + 1 - [x+1] = \{x+1\}$，即 $f(x+1) = f(x)$，故函数 $y = \{x\}$ 是周期函数，1 是它的一个周期.

例 3.4.2 狄利克雷(Dirichlet)函数

$$D(x) = \begin{cases} 1, & x \text{ 为有理数}, \\ 0, & x \text{ 为无理数} \end{cases}$$

是以任何非零有理数为周期的.

事实上，若 T 是有理数，由于 $x + T$ 与 x 或同为有理数或同为无理数，故对任何 x，总有 $D(x+T) = D(x)$. 因为正有理数全体没有最小数，所以 $D(x)$ 没有最小正周期.

如果某周期函数有最小正周期，怎样判别某数 T 是否为它的最小正周期没有一般性的方法，并且有时还不太容易. 对于可画出图像的周期函数，我们常常根据周期函数的图像特征直观确定.

例 3.4.3 证明 $y = \sin x$ 的最小正周期是 2π.

证明 **证法 1** 设 $y = \sin x$ 的周期为 T. 则对于任意 $x \in \mathbf{R}$，都有 $\sin(x+T) = \sin x$ 成立，即 $\sin(x+T) - \sin x \equiv 0$ 成立，也即 $2\cos\left(x + \dfrac{T}{2}\right)\sin\dfrac{T}{2} \equiv 0$. 所以 $\sin\dfrac{T}{2} = 0$，即 $T = 2k\pi (k \in \mathbf{Z})$. 所以当 k 取最小正整数 1 时，得最小正周期为 2π.

证法 2 根据正弦函数的定义，角的终边逆时针旋转一个周角，终边位置不变，正弦值也不变，即 $\sin(x + 2\pi) = \sin x$.

因此 2π 是 $y = \sin x$ 的周期. 假设 $y = \sin x$ 的最小正周期为 T, 且 $0 < T < 2\pi$, 则 $\sin(x + T) = \sin x$ 对一切 $x \in \mathbf{R}$ 均成立. 令 $x = \dfrac{\pi}{2}$, 得 $\sin\left(\dfrac{\pi}{2} + T\right) = \sin\dfrac{\pi}{2} = 1$, 即 $\cos T = 1$. 但是 $0 < T < 2\pi$, 必有 $\cos T < 1$, 因而矛盾. 所以 2π 为 $y = \sin x$ 的最小正周期.

例 3.4.4 判断函数 $f(x) = \cos x^2$ 是否是周期函数.

证明 假设函数 $f(x) = \cos x^2$ 有周期 T $(T > 0)$, 则 $\cos(x + T)^2 = \cos x^2$, 令 $x = 0$, 则 $\cos T^2 = 1$, 故 $T^2 = 2k\pi(k \in \mathbf{Z}^+)$, 则 $T = \sqrt{2k\pi}(k \in \mathbf{Z}^+)$.

再令 $x = \sqrt{2}T$, 则 $\cos\left((\sqrt{2} + 1)^2 T^2\right) = \cos(2T^2) = \cos(4k\pi) = 1$, 故 $(\sqrt{2} + 1)^2 k = 2l$, $l \in \mathbf{Z}$, 但这是不可能的. 这一矛盾表明函数 $f(x) = \cos x^2$ 不是周期函数.

由周期函数的定义知: 若 T 是周期函数 $f(x)$ 的周期, $[a, b]$ 是长度为 T 的区间, 那么函数 $f(x)$ 在区间 $[a + kT, b + kT]$ (k 为非零整数) 的图像与函数 $f(x)$ 在 $[a, b]$ 的图像完全一样.

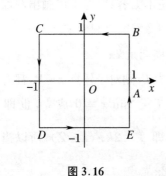

图 3.16

例 3.4.5 如图 3.16 所示, 在边长为 2 的正方形 $EBCD$ 的周界上, 点 $P(x, y)$ 从点 $A(1, 0)$ 出发沿 $ABCDE$ 的方向移动, 如果这个动点 P 从 A 出发前进的距离为 s. 则每一个 s 都对应唯一一个 y. 对应法则为

$$s \xrightarrow{\quad P\text{点移动距离}s\text{时所在位置的纵坐标} \quad} y$$

显然, 动点 P 由 A 移动一周时的函数解析式为

$$y = \begin{cases} s, & 0 \leqslant s < 1, \\ 1, & 1 \leqslant s < 3, \\ 4 - s, & 3 \leqslant s < 5, \\ -1, & 5 \leqslant s < 7, \\ s - 8, & 7 \leqslant s \leqslant 8. \end{cases}$$

点 P 移动一周到点 A 后,即移动 8 个单位,若继续移动,函数值开始重复,以后每移动一周(即移动 8 个单位),函数值就重复一次. 这是一个基本周期为 8 的周期函数,即

$$y = \begin{cases} s, & 8n \leqslant s < 8n + 1, \\ 1, & 8n + 1 \leqslant s < 8n + 3, \\ 4 - s, & 8n + 3 \leqslant s < 8n + 5, \\ -1, & 8n + 5 \leqslant s < 8n + 7, \\ s - 8, & 8n + 7 \leqslant s \leqslant 8n + 8, \end{cases}$$

其中 n 为整数,如图 3.17 所示.

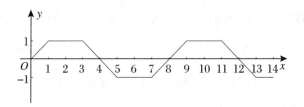

图 3.17

例 3.4.6 若 $f(x)$ 是数集 A 上周期为 T 的周期函数,则 $f(ax + b)(a \neq 0)$ 是数集 $\{x \mid ax + b \in A\}$ 上的周期函数,若 T 为 $f(x)$ 的最小正周期,且 $a > 0$,则 $\dfrac{T}{a}$ 是 $f(ax + b)$ 的最小正周期.

证明 因为 $f(x)$ 是数集 A 上的周期为 T 的周期函数,而 $ax + b$

$\in A$，于是有 $f(ax + b + T) = f(ax + b)$，所以，函数 $f(ax + b)$ $(a \neq 0)$ 是数集 $\{x \mid ax + b \in A\}$ 上的周期函数.

对于任意 $x \in \{x \mid x \in A, ax + b \in A\}$，有

$$f\left(a\left(x + \frac{T}{a}\right) + b\right) = f(ax + b + T) = f(ax + b),$$

可知 $\dfrac{T}{a}$ 是 $f(ax + b)$ 的周期.

对于任意 $T'\left(0 < T' < \dfrac{T}{a}\right)$，则 $f(a(x + T') + b) = f(ax + aT' + b)$. 因为 $0 < aT' < T$，且 T 是 $f(x)$ 的最小正周期，故 aT' 不是 $f(x)$ 的周期. 所以 $\dfrac{T}{a}$ 是 $f(ax + b)$ 的最小正周期.

注 例如，$y = A\sin(\omega x + \varphi)$ 和 $y = A\tan(\omega x + \varphi)$（$A, \omega, \varphi$ 为常数，且 $A \neq 0, \omega > 0$）是周期函数，它们的最小正周期分别为 $\dfrac{2\pi}{\omega}$ 和 $\dfrac{\pi}{\omega}$.

定理 设 $f(x)$ 和 $g(x)$ 都是定义在集合 D 上的周期函数，它们的正周期分别为 T_1 和 T_2. 如果 $\dfrac{T_2}{T_1}$ 是有理数，则它们的和与积也是 D 上的周期函数，T_1 和 T_2 的公倍数是它们的和 $f(x) + g(x)$ 与积 $f(x) \cdot g(x)$ 的一个周期.

证明 设 $\dfrac{T_2}{T_1} = \dfrac{p}{q}$（$p, q$ 是互质正整数），令 $T = pT_1 = qT_2$，则对任何 $x \in D$，有

$$f(x + T) + g(x + T) = f(x + pT_1) + g(x + qT_2)$$
$$= f(x) + g(x),$$

$$f(x + T) \cdot g(x + T) = f(x + pT_1) \cdot g(x + qT_2)$$
$$= f(x) \cdot g(x).$$

所以,$f(x) + g(x)$ 与 $f(x) \cdot g(x)$ 都是以 T 为周期的周期函数.

其实,同样的,也可以证明 $f(x) - g(x)$ 以及 $\dfrac{f(x)}{g(x)}$ $(g(x) \neq 0)$ 也是以 T 为周期的周期函数.

值得注意的是,该定理没有肯定 T 的最小性.事实上,T 未必是最小正周期.例如函数 $\sin^2 x$ 和 $\cos^2 x$ 都是以 π 为最小正周期的周期函数,但是 $\sin^2 x + \cos^2 x = 1$ 成为常值函数,根本就没有最小正周期(虽然仍然是周期函数).

如果把 $f(x)$ 和 $g(x)$ 限定为集合 D 上连续周期函数,T_1 和 T_2 分别为它们的最小正周期,那么,$f(x) + g(x)$ 与 $f(x) \cdot g(x)$ 为周期函数的充要条件是 $\dfrac{T_2}{T_1}$ 是有理数(证明略).据此可知,$f(x) = \sin x + \sin \pi x$ 和 $g(x) = \cos x \cdot \cos \sqrt{2} x$ 都是非周期函数.

例 3.4.7　求函数 $f(x) = \sin\left(2x - \dfrac{\pi}{3}\right) + \sqrt{3}\cos\dfrac{4x}{3} + \tan 2x + \cos 3x \cdot \cos x$ 的一个周期.

解　因为函数 $\sin\left(2x - \dfrac{\pi}{3}\right)$ 的最小正周期为 π,函数 $\sqrt{3}\cos\dfrac{4x}{3}$ 的最小正周期为 $\dfrac{3\pi}{2}$,函数 $\tan 2x$ 的最小正周期为 $\dfrac{\pi}{2}$,函数 $y = \cos 3x \cdot \cos x = \dfrac{1}{2}(\cos 4x + \cos 2x)$ 的最小正周期为 π.而 π、$\dfrac{3\pi}{2}$、$\dfrac{\pi}{2}$、π 的最小公倍数为 3π.所以,$f(x)$ 的一个周期为 3π.

例 3.4.8　设函数 $f(x) = \sin^n x$ 的最小正周期为 T,求证:

$$T = \begin{cases} 2\pi, & n = 2k+1, \\ \pi, & n = 2k, \end{cases} \quad (k \in \mathbf{Z}).$$

证明 (1) 当 $n = 2k+1(k \in \mathbf{Z})$ 时，$f(x) = \sin^{2k+1} x$，根据以上定理，2π 是 $f(x)$ 的一个周期.

再证 2π 是最小正周期. 假设 $f(x)$ 有周期 T_0，且 $0 < T_0 < 2\pi$. 则对于任意 $x \in \mathbf{R}$，总有 $f(x+T_0) = f(x)$，即 $\sin^{2k+1}(x+T_0) = \sin^{2k+1} x$. 令 $x = \dfrac{\pi}{2}$，得 $\sin^{2k+1}\left(\dfrac{\pi}{2}+T_0\right) = 1$，即 $\cos^{2k+1} T_0 = 1$，则 $\cos T_0 = 1$. 但由 $0 < T_0 < 2\pi$ 知 $\cos T_0 < 1$，矛盾. 所以 2π 是 $f(x) = \sin^{2k+1} x$ 的最小正周期.

(2) 当 $n = 2k(k \in \mathbf{Z})$ 时，$f(x) = \sin^{2k} x = (\sin^2 x)^k$，因为 π 是 $\sin^2 x$ 的最小正周期，所以也是 $f(x) = \sin^{2k} x$ 的周期.

再证 π 是最小正周期，假设 $f(x)$ 有周期 T_0，且 $0 < T_0 < \pi$. 则对于任意 $x \in \mathbf{R}$，总有 $f(x+T_0) = f(x)$，即 $\sin^{2k}(x+T_0) = \sin^{2k} x$. 令 $x = 0$，得 $\sin^{2k} T_0 = 0$，则 $\sin T_0 = 0$. 但由 $0 < T_0 < \pi$ 知 $0 < \sin T_0 < 1$，矛盾. 所以 π 是 $f(x) = \sin^{2k} x$ 的最小正周期.

综上所述：$T = \begin{cases} 2\pi, & n = 2k+1, \\ \pi, & n = 2k, \end{cases} \quad (k \in \mathbf{Z}).$

例 3.4.9 证明：若函数 $y = f(x)$ 在 $\mathbf{R}$ 上的图像关于 $x = a$ 及 $x = b$ 都对称 $(a \neq b)$，则 $y = f(x)$ 是 $\mathbf{R}$ 上的周期函数.

证明 设 $(x, f(x))$ 是图像上任意一点，由于 $y = f(x)$ 在 $\mathbf{R}$ 上的图像关于 $x = a$ 及 $x = b$ 都对称，所以 $(2a - x, f(x))$，$(2b - x, f(x))$ 也在图像上，即 $f(2a - x) = f(2b - x) = f(x)$. 令 x 取值为 $2a - x$，则 $f(x) = f(2b - 2a + x)$，即 $2b - 2a$ 是函数 $y = f(x)$ 的一个周期，所以 $y = f(x)$ 是 $\mathbf{R}$ 上的周期函数.

3.5　函数的凹凸性

我们已经熟悉函数 $f(x) = x^2$ 和 $f(x) = \sqrt{x}$ 的图像，它们不同的特点是：曲线 $y = x^2$ 上任意两点间的弧段总在这两点连线的下方；而曲线 $y = \sqrt{x}$ 则相反，任意两点间的弧段总在这两点连线的上方. 我们把具有前一种特性的曲线称为凸的，相应的函数称为凸函数；后一种曲线称为凹的，相应的函数称为凹函数.

定义 1　设 $f(x)$ 是定义在区间 I 上的函数，若对 I 上的任意两点 x_1, x_2 和任意实数 $\lambda \in (0,1)$ 总有

$$f(\lambda x_1 + (1 - \lambda)x_2) \leqslant \lambda f(x_1) + (1 - \lambda)f(x_2),$$

则称 $f(x)$ 为 I 上的凸函数. 反之，如果总有

$$f(\lambda x_1 + (1 - \lambda)x_2) \geqslant \lambda f(x_1) + (1 - \lambda)f(x_2),$$

则称 $f(x)$ 为 I 上的凹函数.

图 3.18(a) 和图 3.18(b) 分别是凸函数和凹函数的几何形状，其中，$x = \lambda x_1 + (1 - \lambda)x_2$，$A = f(x_1)$，$B = f(x_2)$，$C = \lambda A + (1 - \lambda)B$.

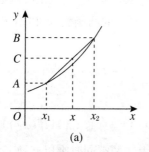
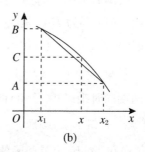

(a)　　　　　　　　　(b)

图 3.18

例 3.5.1 证明：$y = x^2, y = |x|$ 都是凸函数.

证明 设 $\lambda \in (0,1), a, b \in \mathbf{R}$，对于 $f(x) = x^2$，有

$$f(\lambda a + (1 - \lambda)b) - (\lambda f(a) + (1 - \lambda)f(b))$$
$$= (\lambda a + (1 - \lambda)b)^2 - (\lambda a^2 + (1 - \lambda)b^2)$$
$$= -\lambda(1 - \lambda)(a - b)^2 \leqslant 0,$$

所以，$f(x) = x^2$ 是凸函数.

对于 $f(x) = |x|$，有

$$f(\lambda a + (1 - \lambda)b) = |\lambda a + (1 - \lambda)b| \leqslant \lambda|a| + (1 - \lambda)|b|$$
$$= \lambda f(a) + (1 - \lambda)f(b),$$

所以，$f(x) = |x|$ 也是凸函数.

例 3.5.2 （1）若函数 $f(x)$ 为区间 $[a, b]$ 上的凸函数，求证：对于 $t > 0$，有 $tf(x)$ 在 $[a, b]$ 上也是凸函数，$-tf(x)$ 在 $[a, b]$ 上是凹函数.

（2）若函数 $f(x)$ 与 $g(x)$ 均为区间 $[a, b]$ 上的凸函数，求证：函数 $f(x) + g(x)$ 在区间 $[a, b]$ 上也是凸函数.

（3）若函数 $f(x)$ 与 $g(x)$ 在区间 $[a, b]$ 上是非负单调递增的凸函数，求证：函数 $h(x) = f(x)g(x)$ 在区间 $[a, b]$ 上也是凸函数.

证明 （1）因为 $f(x)$ 是区间 $[a, b]$ 上的凸函数. 所以对于 $\forall \lambda \in (0,1)$ 和 $\forall x_1, x_2 \in [a, b]$ 有

$$f(\lambda x_1 + (1 - \lambda)x_2) \leqslant \lambda f(x_1) + (1 - \lambda)f(x_2).$$

对上式两端同时乘以 $t(t > 0)$ 得

$$tf(\lambda x_1 + (1 - \lambda)x_2) \leqslant \lambda(tf(x_1)) + (1 - \lambda)(tf(x_2)),$$

所以 $tf(x)$ 在 $[a, b]$ 上是凸函数. 对上式两端同时乘以 $-t(t > 0)$ 得

$$-tf(\lambda x_1 + (1 - \lambda)x_2) \geqslant \lambda(-tf(x_1)) + (1 - \lambda)(-tf(x_2)),$$

所以 $-tf(x)$ 在 $[a, b]$ 上是凹函数.

（2）因为函数 $f(x)$ 与 $g(x)$ 在区间 $[a,b]$ 上均为凸函数，所以取 $\forall\, x_1, x_2 \in [a,b]$ 和 $\forall\, \lambda \in (0,1)$ 有

$$f(\lambda x_1 + (1-\lambda)x_2) \leqslant \lambda f(x_1) + (1-\lambda)f(x_2), \qquad ①$$

$$g(\lambda x_1 + (1-\lambda)x_2) \leqslant \lambda g(x_1) + (1-\lambda)g(x_2), \qquad ②$$

式①、式②相加得

$$f(\lambda x_1 + (1-\lambda)x_2) + g(\lambda x_1 + (1-\lambda)x_2)$$
$$\leqslant \lambda\big(f(x_1) + g(x_1)\big) + (1-\lambda)\big(f(x_2) + g(x_2)\big),$$

所以函数 $f(x) + g(x)$ 在区间 $[a,b]$ 上是凸函数．

（3）因为函数 $f(x)$ 与 $g(x)$ 在区间 $[a,b]$ 上是非负单调递增，所以取 $\forall\, x_1, x_2 \in [a,b]$ 且 $x_1 < x_2$ 和 $\forall\, \lambda \in (0,1)$ 有

$$\big(f(x_1) - f(x_2)\big)\big(g(x_2) - g(x_1)\big) \leqslant 0,$$

$$f(x_1)g(x_2) + f(x_2)g(x_1) \leqslant f(x_1)g(x_1) + f(x_2)g(x_2).$$

又因为函数 $f(x)$ 与 $g(x)$ 在区间 $[a,b]$ 上是凸函数．所以

$$f(\lambda x_2 + (1-\lambda)x_1) \leqslant \lambda f(x_2) + (1-\lambda)f(x_1), \qquad ③$$

$$g(\lambda x_2 + (1-\lambda)x_1) \leqslant \lambda g(x_2) + (1-\lambda)g(x_1). \qquad ④$$

又因为 $f(x) \geqslant 0, g(x) \geqslant 0$，将式③与式④相乘得

$$f(\lambda x_2 + (1-\lambda)x_1)\, g(\lambda x_2 + (1-\lambda)x_1)$$
$$\leqslant \lambda^2 f(x_2)g(x_2) + \lambda(1-\lambda)\big(f(x_1)g(x_2) + f(x_2)g(x_1)\big)$$
$$\quad + (1-\lambda)^2 f(x_1)g(x_1)$$
$$\leqslant \lambda^2 f(x_2)g(x_2) + \lambda(1-\lambda)\big(f(x_1)g(x_1) + f(x_2)g(x_2)\big)$$
$$\quad + (1-\lambda)^2 f(x_1)g(x_1)$$
$$= \lambda f(x_2)g(x_2) + (1-\lambda)f(x_1)g(x_1),$$

所以，函数 $h(x) = f(x)g(x)$ 在区间 $[a,b]$ 上是凸函数．

例 3.5.3　设 $f(x)$ 为区间 I 上的凸函数，则对于区间 I 上的任意三点 $x_1 < x_2 < x_3$，总有

$$\frac{f(x_2) - f(x_1)}{x_2 - x_1} \leqslant \frac{f(x_3) - f(x_1)}{x_3 - x_1} \leqslant \frac{f(x_3) - f(x_2)}{x_3 - x_2}.$$

证明　由于 $x_1 < x_2 < x_3$，令 $x_2 = \lambda x_1 + (1 - \lambda) x_3$，解得 $\lambda = \dfrac{x_3 - x_2}{x_3 - x_1}$，由 $f(x)$ 为区间 I 上的凸函数知

$$f(x_2) = f(\lambda x_1 + (1 - \lambda) x_3) \leqslant \lambda f(x_1) + (1 - \lambda) f(x_3)$$
$$= \frac{x_3 - x_2}{x_3 - x_1} f(x_1) + \frac{x_2 - x_1}{x_3 - x_1} f(x_3).$$

于是

$$(x_3 - x_1) f(x_2) \leqslant (x_3 - x_2) f(x_1) + (x_2 - x_1) f(x_3), \quad ①$$

将式①中 $x_3 - x_1$ 拆分为 $x_3 - x_1 = (x_3 - x_2) + (x_2 - x_1)$ 得

$$(x_3 - x_2) f(x_2) + (x_2 - x_1) f(x_2)$$
$$\leqslant (x_3 - x_2) f(x_1) + (x_2 - x_1) f(x_3),$$

即

$$\frac{f(x_2) - f(x_1)}{x_2 - x_1} \leqslant \frac{f(x_3) - f(x_1)}{x_3 - x_1}.$$

将式①中 $x_2 - x_1$ 拆分为 $x_2 - x_1 = (x_3 - x_1) - (x_3 - x_2)$ 得

$$(x_3 - x_1) f(x_2) + (x_3 - x_2) f(x_3)$$
$$\leqslant (x_3 - x_2) f(x_1) + (x_3 - x_1) f(x_3),$$

即

$$\frac{f(x_3) - f(x_1)}{x_3 - x_1} \leqslant \frac{f(x_3) - f(x_2)}{x_3 - x_2}.$$

所以有

$$\frac{f(x_2) - f(x_1)}{x_2 - x_1} \leqslant \frac{f(x_3) - f(x_1)}{x_3 - x_1} \leqslant \frac{f(x_3) - f(x_2)}{x_3 - x_2}.$$

注　以上结论揭示凸函数的几何性质：弦 *PQ* 的斜率 $\leqslant$ 弦 *PR*

的斜率≤弦 QR 的斜率,如图3.19所示.

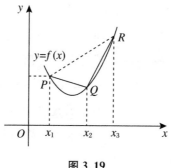

图 3.19

例 3.5.4　设 $f(x)$ 为区间 I 上的可导函数,且为凸函数,则 $f'(x)$ 为区间 I 上的增函数.

证明　任取区间 I 上的两点 $x_1, x_2 (x_1 < x_2)$ 及充分小的正数 h,由于 $x_1 - h < x_1 < x_2 < x_2 + h$,由上题的结论知

$$\frac{f(x_1) - f(x_1 - h)}{h} \leqslant \frac{f(x_2) - f(x_1)}{x_2 - x_1} \leqslant \frac{f(x_2 + h) - f(x_2)}{h}.$$

由于 $f(x)$ 为区间 I 上的可导函数,令 $h \to 0^+$ 时可得

$$f'(x_1) \leqslant \frac{f(x_2) - f(x_1)}{x_2 - x_1} \leqslant f'(x_2),$$

所以 $f'(x)$ 为区间 I 上的增函数.

注　利用拉格朗日中值定理,我们可以得到更深刻的结论:设 $f(x)$ 为区间 I 上的可导函数,则 $f(x)$ 在区间 I 上为凸(凹)函数的充要条件是 $f'(x)$ 为区间 I 上的增(减)函数.具体证明读者可查阅高等数学教材.

定理1　设 $f(x)$ 为区间 I 上的二阶可导函数,则 $f(x)$ 在区间 I 上为凸(凹)函数的充要条件是 $f''(x) \geqslant 0 (f''(x) \leqslant 0), x \in I$.

例 3.5.5　讨论函数 $f(x) = \arctan x$ 的凸(凹)性.

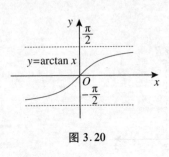

图 3.20

解　由于 $f''(x) = \dfrac{-2x}{(1+x^2)^2}$，因而当 $x \leqslant 0$ 时，$f''(x) \geqslant 0$；当 $x \geqslant 0$ 时，$f''(x) \leqslant 0$. 所以 $f(x) = \arctan x$ 在 $(-\infty, 0]$ 上为凸函数，在 $[0, +\infty)$ 上为凹函数. 其图像如图 3.20 所示.

关于函数的凹凸性，有如下非常有用的定理.

定理 2　设 $f(x)$ 为闭区间 $[a,b]$ 上的凸(凹)函数，则 $f(x)$ 的最大(小)值一定在区间端点处取得.

证明　对于凸函数 $f(x)$，记 $M = \max\{f(a), f(b)\}$，则对任意的 $x \in [a,b]$，设 $x = \lambda a + (1-\lambda)b, \lambda \in [0,1]$. 由凸函数的定义知

$$f(x) = f(\lambda a + (1-\lambda)b) \leqslant \lambda f(a) + (1-\lambda)f(b)$$
$$\leqslant \lambda M + (1-\lambda)M = M,$$

即凸函数 $f(x)$ 的最大值一定在区间端点函数值 $f(a), f(b)$ 中取得. 凹函数的情形同理可证.

例 3.5.6　设 $x, y \in \left[\dfrac{1}{2}, 2\right]$，求证：$\dfrac{1}{x+xy} + \dfrac{x}{1+xy} + \dfrac{xy}{1+x} \leqslant \dfrac{19}{10}$.

证明　记 $f(y) = \dfrac{1}{x+xy} + \dfrac{x}{1+xy} + \dfrac{xy}{1+x}, y \in \left[\dfrac{1}{2}, 2\right]$，则

$$f''(y) = \dfrac{2}{x(1+y)^3} + \dfrac{2x^3}{(1+xy)^3} > 0,$$

故 $f(y)$ 为 $\left[\dfrac{1}{2}, 2\right]$ 上的凸函数，则 $f(y)$ 的最大值必在区间端点处取得，于是转为证明

$$\frac{2}{3x} + \frac{2x}{x+2} + \frac{x}{2x+2} \leqslant \frac{19}{10}, \qquad ①$$

$$\frac{1}{3x} + \frac{x}{2x+1} + \frac{2x}{x+1} \leqslant \frac{19}{10}. \qquad ②$$

当然可以用导数工具处理,但分解因式会来得直接些:式①⇔

$\dfrac{(x-4)(2x-1)(9x+10)}{30x(x+1)(x+2)} \leqslant 0$,成立;式②⇔$\dfrac{(x-2)(4x-1)(9x+5)}{30x(x+1)(2x+1)}$

$\leqslant 0$,成立. 故得证.

例 3.5.7　设 n 为正整数,$2 \leqslant x_i \leqslant 8, i = 1, 2, \cdots, n$,求证:

$$(x_1 + x_2 + \cdots + x_n)\left(\frac{1}{x_1} + \frac{1}{x_2} + \cdots + \frac{1}{x_n}\right) \leqslant \left(\frac{5n}{4}\right)^2,$$

并讨论何时等号成立.

证明　令

$$f(x_1, x_2, \cdots, x_n) = (x_1 + x_2 + \cdots + x_n)\left(\frac{1}{x_1} + \frac{1}{x_2} + \cdots + \frac{1}{x_n}\right),$$

那么当 $x_1, x_2, \cdots, x_n$ 中有 $n-1$ 个数固定时,$f(x_1, x_2, \cdots, x_n)$ 关于剩下那个变量是下凸函数,所以 $f(x_1, x_2, \cdots, x_n)$ 关于每个变量都是下凸函数,于是 $f(x_1, x_2, \cdots, x_n)$ 只有当 $x_1, x_2, \cdots, x_n$ 取极端值 2 或 8 时才能达到最大,设 $x_1, x_2, \cdots, x_n$ 中有 k 个 2,$n-k$ 个 8,则

$$f(x_1, x_2, \cdots, x_n) = (2k + 8(n-k))\left(\frac{k}{2} + \frac{n-k}{8}\right)$$

$$= \frac{(4n - 3k)(n + 3k)}{4}$$

$$\leqslant \frac{\left(\frac{4n - 3k + n + 3k}{2}\right)^2}{4}$$

$$= \left(\frac{5n}{4}\right)^2.$$

显然,当且仅当 $4n - 3k = n + 3k$,即 $k = \dfrac{n}{2}$ 时等号成立,也即当 n 为偶数,且 $x_1, x_2, \cdots, x_n$ 中有一半取 2,一半取 8 时等号成立.

注 该题是 2014 年全国高中数学联赛江苏省预赛加试第 2 题. 无独有偶,其实该题在 2012 年全国高中数学联赛江苏省复赛中就有出现,原题为:

设 θ_i 为实数,且 $x_i = 1 + 3\sin^2\theta_i$,$i = 1, 2, \cdots, n$,求证:

$$(x_1 + x_2 + \cdots + x_n)\left(\dfrac{1}{x_1} + \dfrac{1}{x_2} + \cdots + \dfrac{1}{x_n}\right) \leqslant \left(\dfrac{5n}{4}\right)^2.$$

函数的凹凸性在不等式与最值问题中有着广泛的应用. 琴生不等式是其中闪亮的一面旗帜.

定理 3 (琴生不等式)若 f 为区间 I 上的凸函数,则对任意 $x_i \in I$,$\lambda_i > 0 (i = 1, 2, \cdots, n)$,且 $\displaystyle\sum_{i=1}^{n} \lambda_i = 1$,有

$$f(\lambda_1 x_1 + \lambda_2 x_2 + \cdots + \lambda_n x_n)$$
$$\leqslant \lambda_1 f(x_1) + \lambda_2 f(x_2) + \cdots + \lambda_n f(x_n).$$

对于凹函数,上述不等式反向.

证明 应用数学归纳法证明. 当 $n = 2$ 时,由凸函数的定义知不等式成立;假设 $n = k$ 时不等式成立,即对任意的 $x_1, x_2, \cdots, x_k \in I$ 及 $\alpha_i > 0 (i = 1, 2, \cdots, k)$,$\displaystyle\sum_{i=1}^{k} \alpha_i = 1$,都有 $f\left(\displaystyle\sum_{i=1}^{k} \alpha_i x_i\right) \leqslant \displaystyle\sum_{i=1}^{k} \alpha_i f(x_i)$.

现设 $x_1, x_2, \cdots, x_k, x_{k+1} \in I$ 及 $\lambda_i > 0 (i = 1, 2, \cdots, k+1)$,$\displaystyle\sum_{i=1}^{k+1} \lambda_i = 1$,令 $\alpha_i = \dfrac{\lambda_i}{1 - \lambda_{k+1}}$,$i = 1, 2, \cdots, k$,则 $\displaystyle\sum_{i=1}^{k} \alpha_i = 1$,由 $n = 2$ 时的情形和归纳假设可推得

$$f(\lambda_1 x_1 + \lambda_2 x_2 + \cdots + \lambda_k x_k + \lambda_{k+1} x_{k+1})$$

$$= f\Big((1 - \lambda_{k+1}) \frac{\lambda_1 x_1 + \lambda_2 x_2 + \cdots + \lambda_k x_k}{1 - \lambda_{k+1}} + \lambda_{k+1} x_{k+1} \Big)$$

$$\leqslant (1 - \lambda_{k+1}) f(\alpha_1 x_1 + \alpha_2 x_2 + \cdots + \alpha_k x_k) + \lambda_{k+1} f(x_{k+1})$$

$$\leqslant (1 - \lambda_{k+1}) \big(\alpha_1 f(x_1) + \alpha_2 f(x_2) + \cdots + \alpha_k f(x_k) \big) + \lambda_{k+1} f(x_{k+1})$$

$$= (1 - \lambda_{k+1}) \Big(\frac{\lambda_1}{1 - \lambda_{k+1}} f(x_1) + \frac{\lambda_2}{1 - \lambda_{k+1}} f(x_2) + \cdots$$

$$+ \frac{\lambda_k}{1 - \lambda_{k+1}} f(x_k) \Big) + \lambda_{k+1} f(x_{k+1})$$

$$= \sum_{i=1}^{k+1} \lambda_i f(x_i).$$

这就证明了对于任何正整数 n $(n \geqslant 2)$，凸函数 f 总有
$f\big(\sum\limits_{i=1}^{n} \lambda_i x_i \big) \leqslant \sum\limits_{i=1}^{n} \lambda_i f(x_i)$ 成立. 凹函数时，同理可证.

该不等式是丹麦数学家琴生(Jensen,1859—1925)在 1905 年至 1906 年间所建立的,国内音译为琴生不等式.

特别地,诸 λ_i 皆取 $\dfrac{1}{n}$ 就得:若 f 为区间 I 上的凸函数,则对任意的 $x_i \in I(i = 1,2,\cdots,n)$ 都有

$$f\Big(\frac{x_1 + x_2 + \cdots + x_n}{n} \Big) \leqslant \frac{f(x_1) + f(x_2) + \cdots + f(x_n)}{n}.$$

对于凹函数,上述不等式亦反向.

例 3.5.8 设 $\dfrac{3}{2} \leqslant x \leqslant 5$,证明:$2\sqrt{x+1} + \sqrt{2x-3} + \sqrt{15-3x} < 2\sqrt{19}$.

证明 设 $f(x) = \sqrt{x}, x \in (0, +\infty), f''(x) = -\dfrac{1}{4} x^{-\frac{3}{2}} < 0$,故 $f(x)$ 为 $(0, +\infty)$ 上的凹函数,则

$$2\sqrt{x+1}+\sqrt{2x-3}+\sqrt{15-3x}$$

$$=\sqrt{x+1}+\sqrt{x+1}+\sqrt{2x-3}+\sqrt{15-3x}$$

$$\leqslant 4\sqrt{\frac{x+1+x+1+2x-3+15-3x}{4}}$$

$$=2\sqrt{14+x}$$

$$\leqslant 2\sqrt{19}.$$

例 3.5.9　设 $x,y,z\in\mathbf{R}^+$,且 $x+y+z=1$,求证:

$$\frac{1}{1+x+x^2}+\frac{1}{1+y+y^2}+\frac{1}{1+z+z^2}\geqslant\frac{27}{13}.$$

证明　设 $f(t)=\dfrac{1}{1+t+t^2}$ $(0<t<1)$,则

$$f'(t)=-\frac{2t+1}{(1+t+t^2)^2},\quad f''(t)=\frac{6t^2+6t}{(1+t+t^2)^3}>0.$$

故 $f(t)$ 在 $(0,1)$ 上是凸函数,于是

$$f(x)+f(y)+f(z)\geqslant 3f\left(\frac{x+y+z}{3}\right)=3f\left(\frac{1}{3}\right)=\frac{27}{13},$$

即

$$\frac{1}{1+x+x^2}+\frac{1}{1+y+y^2}+\frac{1}{1+z+z^2}\geqslant\frac{27}{13},$$

例 3.5.10　在 $\triangle ABC$ 中,求证:

(1) $\sin A+\sin B+\sin C\leqslant\dfrac{3\sqrt{3}}{2}$;

(2) $\cos\dfrac{A}{2}+\cos\dfrac{B}{2}+\cos\dfrac{C}{2}\leqslant\dfrac{3\sqrt{3}}{2}$.

证明　(1) 设 $f(x)=\sin x$,$0<x<\pi$,则 $f''(x)=-\sin x<0$,$f(x)$ 为 $(0,\pi)$ 上的凹函数,由琴生不等式得

$$f(A) + f(B) + f(C) \leqslant 3f\left(\frac{A+B+C}{3}\right),$$

代入即得

$$\sin A + \sin B + \sin C \leqslant 3\sin\frac{\pi}{3} = \frac{3\sqrt{3}}{2}.$$

(2) 设 $g(x) = \cos x, 0 < x < \frac{\pi}{2}$, 则 $g''(x) = -\cos x < 0$, $g(x)$ 为 $\left(0, \frac{\pi}{2}\right)$ 上的凹函数, 由琴生不等式得

$$g\left(\frac{A}{2}\right) + g\left(\frac{B}{2}\right) + g\left(\frac{C}{2}\right) \leqslant 3g\left(\frac{A+B+C}{6}\right),$$

代入即得

$$\cos\frac{A}{2} + \cos\frac{B}{2} + \cos\frac{C}{2} \leqslant 3\cos\frac{\pi}{6} = \frac{3\sqrt{3}}{2}.$$

例 3.5.11　试证在圆的所有内接凸 n 边形中, 正 n 边形的面积最大.

证明　设 $A_1 A_2 \cdots A_{n-1} A_n$ 是半径为 R 的圆的任一内接凸 n 边形, 记其各边所对的圆心角分别为 $\alpha_1, \alpha_2, \cdots, \alpha_{n-1}, \alpha_n$. 欲使 n 边形的面积最大, 则易知圆心应在 n 边形的内部, 于是

$$\sum_{i=1}^{n} \alpha_i = 2\pi, \quad S_{A_1 A_2 \cdots A_n} = \frac{1}{2}R^2 \sum_{i=1}^{n} \sin\alpha_i.$$

由于函数 $f(x) = \sin x$ 在 $(0, \pi)$ 上为凸函数, 故由琴生不等式得

$$\sum_{i=1}^{n} \sin\alpha_i \leqslant n\sin\frac{\sum_{i=1}^{n}\alpha_i}{n} = n\sin\frac{2\pi}{n},$$ 则 $S_{A_1 A_2 \cdots A_n} \leqslant \frac{nR^2}{2}\sin\frac{2\pi}{n}$, 当且仅当

$\alpha_i = \frac{2\pi}{n}$ ($i = 1, 2, \cdots, n$) 时取等号, 此时该凸 n 边形为正 n 边形,

得证.

3.6　应用举例

例 3.6.1　已知函数

$$f(x) = \begin{cases} x^2, & x > 0, \\ 0, & x = 0, \\ -x^2, & x < 0, \end{cases}$$

且对任意的 $x \in [t, t+2]$ 不等式 $f(x+t) \geqslant 2f(x)$ 恒成立,求 t 的取值范围.

解　易知 $f(x) = x^2 \mathrm{sgn}(x)$,故 $2f(x) = 2x^2 \mathrm{sgn}(x) = (\sqrt{2}x)^2 \mathrm{sgn}(\sqrt{2}x) = f(\sqrt{2}x)$ 则

$$f(x+t) \geqslant 2f(x), \quad 即 \quad f(x+t) \geqslant f(\sqrt{2}x).$$

因 $f(-x) = x^2 \mathrm{sgn}(-x) = -x^2 \mathrm{sgn}(x) = -f(x)$,故 $f(x)$ 为 **R** 上的奇函数;又 $f(x)$ 在 $[0, +\infty)$ 上为增函数,则 $f(x)$ 为 **R** 上的增函数.

于是 $f(x+t) \geqslant f(\sqrt{2}x)$ 等价于 $x+t \geqslant \sqrt{2}x$,即 $(\sqrt{2}-1)x \leqslant t$ 对任意的 $x \in [t, t+2]$ 恒成立,则 $(\sqrt{2}-1)(t+2) \leqslant t$,得 $t \geqslant \sqrt{2}$,即 t 的取值范围为 $[\sqrt{2}, +\infty)$.

例 3.6.2　若函数 $f(x)$ 是定义在 $(-\infty, +\infty)$ 上的奇函数,且当 $x > 0$ 时,$f(x) = 2x(1-x)$,求 $f(x)$ 的解析式.

解　由 $f(x)$ 是定义在 $(-\infty, +\infty)$ 上的奇函数,得 $f(0) = 0$.因为当 $x > 0$ 时,有 $f(x) = 2x(1-x)$.所以,当 $x < 0$ 时,$-x > 0$,$f(x) = -f(-x) = 2x(1+x)$.

综上所述,

$$f(x) = \begin{cases} 2x(1+x), & x \geqslant 0, \\ 2x(1-x), & x < 0. \end{cases}$$

例 3.6.3　已知 $x, y \in \left[-\dfrac{\pi}{4}, \dfrac{\pi}{4}\right]$，$a \in \mathbf{R}$，且 $\begin{cases} x^3 + \sin x - 2a = 0, \\ 4y^3 + \sin y \cos y + a = 0, \end{cases}$ 求 $\cos(x + 2y)$.

解　令 $f(t) = t^3 + \sin t$，则已知等式即为 $f(x) = 2a$，$f(2y) = -2a$.

易知 $f(t) = t^3 + \sin t$ 是奇函数，故 $f(-2y) = -f(2y) = 2a = f(x)$.

又易知 $f(t) = t^3 + \sin t$ 在 $\left[-\dfrac{\pi}{2}, \dfrac{\pi}{2}\right]$ 上单调递增，所以 $-2y = x$，即 $x + 2y = 0$，于是 $\cos(x + 2y) = 1$.

例 3.6.4　(1) 若函数 $y = x^2 - 2ax + 1$ 在 $(-\infty, 1]$ 上是减函数，求 a 的取值范围.

(2) 若函数 $y = x^2 - 2ax + 1$ 的单调区间是 $(-\infty, 1]$，求 a 的取值范围.

解　(1) 因为函数 $y = x^2 - 2ax + 1$ 的单调递减区间是 $(-\infty, a]$，由函数 $y = x^2 - 2ax + 1$ 在 $(-\infty, 1]$ 上是减函数知 $(-\infty, 1] \subseteq (-\infty, a]$，所以 $a \geqslant 1$.

(2) 因为函数 $y = x^2 - 2ax + 1$ 的单调递减区间是 $(-\infty, a]$，所以 $(-\infty, 1] = (-\infty, a]$，所以 $a = 1$.

例 3.6.5　已知函数 $y = f(x)$ 是定义在 $(0, +\infty)$ 上的减函数，若 $f(2a^2 + a + 1) < f(3a^2 - 4a + 1)$ 成立，求实数 a 的取值范围.

解　由题意知 $2a^2 + a + 1 > 3a^2 - 4a + 1 > 0$，解得 $0 < a < \dfrac{1}{3}$ 或

$1 < a < 5$,所以实数 a 的取值范围为 $\left(0, \dfrac{1}{3}\right) \bigcup (1,5)$.

例 3.6.6 已知 $f(x) = \dfrac{ax+1}{x+2}$ 在 $(-2, +\infty)$ 上为增函数,求实数 a 的取值范围.

解　方法 1(导数法)　由题意知 $f'(x) = \dfrac{2a-1}{(x+2)^2} > 0$ 对任意的 $x \in (-2, +\infty)$ 恒成立,则 $2a-1 > 0, a > \dfrac{1}{2}$,即实数 a 的取值范围为 $\left(\dfrac{1}{2}, +\infty\right)$.

方法 2(分离常数法)　$f(x) = \dfrac{ax+1}{x+2} = a + \dfrac{1-2a}{x+2}$ 在 $(-2, +\infty)$ 上为增函数,则 $y = \dfrac{1-2a}{x+2}$ 在 $(-2, +\infty)$ 上为增函数,结合函数图像可知 $1-2a < 0, a > \dfrac{1}{2}$,即 a 的取值范围为 $\left(\dfrac{1}{2}, +\infty\right)$.

方法 3(定义法)　任取 $x_1, x_2 \in (-2, +\infty)$,且 $x_1 < x_2$,则

$$f(x_1) - f(x_2) = \dfrac{ax_1+1}{x_1+2} - \dfrac{ax_2+1}{x_2+2} = \dfrac{(2a-1)(x_1-x_2)}{(x_1+2)(x_2+2)} < 0.$$

因 $x_1 - x_2 < 0$,则 $0 < x_1 + 2 < x_2 + 2$,故 $2a-1 > 0, a > \dfrac{1}{2}$,即 a 的取值范围为 $\left(\dfrac{1}{2}, +\infty\right)$.

例 3.6.7 已知函数 $f: \mathbf{N}^+ \to \mathbf{N}^+$ 是单调增函数,若 $f(f(n)) = 3n$,求 $f(2015)$.

解　设 $f(1) = m \geqslant 1$,则 $f(m) = f(f(1)) = 3$.易知 $m \neq 1$,故 m

>1,则由函数的单调性知,$3=f(m)>f(1)=m$,即 $m<3$,于是 $f(1)=m=2$.

由 $f(f(n))=3n$ 得 $f(3n)=3f(n)$,于是,$f(3^k)=3f(3^{k-1})$ $=\cdots=3^kf(1)=2\cdot3^k$,$f(2\cdot3^k)=f(f(3^k))=3^{k+1}$. 于是,有

$$f(2\cdot3^k)-f(3^k)=3^{k+1}-2\cdot3^k=3^k.$$

注意到自变量的增量与函数值的增量相同,又因 $f(n)$ 严格单调递增,故

$$f(3^k+r)=f(3^k)+r=2\cdot3^k+r \quad (0\leqslant r<3^k,k,r\in\mathbf{N})$$

因为 $2\times3^6<2015=2\times3^6+557<3^7$,所以 $f(2015)=3^7+3\times557$ $=3850$.

例 3.6.8 讨论狄利克雷函数

$$y=D(x)=\begin{cases}1, & x\in\mathbf{Q},\\0, & x\in\mathbf{R}/\mathbf{Q}\end{cases}$$

的有界性、单调性与周期性.

解 由 $y=D(x)$ 的定义知,对任意的 $x\in\mathbf{R}$,有 $|D(x)|\leqslant1$,所以 $y=D(x)$ 是 $\mathbf{R}$ 上的有界函数.

由于对任意的有理数 x_1 与无理数 x_2,无论 $x_1<x_2$ 还是 $x_2<x_1$,都有 $D(x_1)>D(x_2)$,所以 $y=D(x)$ 不具有单调性.

对任意的有理数 r,有

$$x+r=\begin{cases}有理数, & x\in\mathbf{Q},\\无理数, & x\in\mathbf{R}/\mathbf{Q}.\end{cases}$$

于是,对任意 $x\in\mathbf{R}$,有

$$D(x+r)=\begin{cases}1, & x\in\mathbf{Q},\\0, & x\in\mathbf{R}/\mathbf{Q}.\end{cases}$$

对任意的无理数 α,有 $D(\alpha) = D(-\alpha) = 0$,而 $D(\alpha + (-\alpha))$ $= D(0) = 1 \neq D(-\alpha)$.

所以,任意有理数 r 都是 $y = D(x)$ 的周期,但任何无理数都不是 $y = D(x)$ 的周期.

例 3.6.9 若正实数 a, b, c 满足 $a + b + c = 1$,求证:

$$a \sqrt[3]{1 + b - c} + b \sqrt[3]{1 + c - a} + c \sqrt[3]{1 + a - b} \leqslant 1.$$

证明 设 $f(x) = \sqrt[3]{x}, x > 0$,则 $f''(x) = -\dfrac{2}{9} x^{-\frac{5}{3}} < 0$,故 $f(x)$ 在 $(0, +\infty)$ 上是凹函数,又 $a + b + c = 1$,于是

$$a \sqrt[3]{1 + b - c} + b \sqrt[3]{1 + c - a} + c \sqrt[3]{1 + a - b}$$
$$= af(1 + b - c) + bf(1 + c - a) + cf(1 + a - b)$$
$$\leqslant f\big(a(1 + b - c) + b(1 + c - a) + c(1 + a - b)\big)$$
$$= f(a + b + c) = f(1) = 1,$$

得证.

例 3.6.10 设正数 $p_1, p_2, \cdots, p_{2^n}$ 满足 $p_1 + p_2 + \cdots + p_{2^n} = 1$,证明: $p_1 \log_2 p_1 + p_2 \log_2 p_2 + \cdots + p_{2^n} \log_2 p_{2^n} \geqslant -n$.

证明 设 $f(x) = x \log_2 x, x \in (0, +\infty)$,则 $f''(x) = \dfrac{1}{x} \log_2 \mathrm{e} > 0$,因此 $f(x)$ 为 $(0, +\infty)$ 上的凸函数,故

$$p_1 \log_2 p_1 + p_2 \log_2 p_2 + \cdots + p_{2^n} \log_2 p_{2^n}$$

$$= \sum_{k=1}^{2^n} f(p_k) \geqslant 2^n f\left(\frac{\displaystyle\sum_{k=1}^{2^n} p_k}{2^n} \right) = -n.$$

注 另外 2011 年高考湖北卷理数压轴题中:

设 $b_k(k=1,2,\cdots,n)$ 均为正数, 证明: 若 $b_1+b_2+\cdots+b_n=1$,

则 $\dfrac{1}{n}\leqslant b_1^{b_1}b_2^{b_2}\cdots b_n^{b_n}\leqslant b_1^2+b_2^2+\cdots+b_n^2$.

可以用琴生不等式解答:

$$\dfrac{1}{n}\leqslant b_1^{b_1}b_2^{b_2}\cdots b_n^{b_n}$$

$$\Leftrightarrow\quad \ln\dfrac{b_1+b_2+\cdots+b_n}{n}\leqslant b_1\ln b_1+b_2\ln b_2+\cdots+b_n\ln b_n,$$

由 $f(x)=x\ln x$ 为 $(0,+\infty)$ 上的凸函数得证;

$$b_1^{b_1}b_2^{b_2}\cdots b_n^{b_n}\leqslant b_1^2+b_2^2+\cdots+b_n^2$$

$$\Leftrightarrow\quad b_1\ln b_1+b_2\ln b_2+\cdots+b_n\ln b_n\leqslant\ln(b_1^2+b_2^2+\cdots+b_n^2),$$

由 $g(x)=\ln x$ 为 $(0,+\infty)$ 上的凹函数得证.

例 3.6.11　若 $0<x_i\leqslant\sqrt{\sqrt{5}-2}\,(i=1,2,\cdots,n)$, 且 $\displaystyle\sum_{i=1}^{n}x_i=t$,

则 $\displaystyle\prod_{i=1}^{n}\left(\dfrac{1}{x_i}-x_i\right)\geqslant\left(\dfrac{n}{t}-\dfrac{t}{n}\right)^n$, 当且仅当 $x_1=x_2=\cdots=x_n=\dfrac{t}{n}$ 时,

取等号.

证明　因 $0<x_i\leqslant\sqrt{\sqrt{5}-2}<1$, 故 $\dfrac{1}{x_i}-x_i>0$, 对欲证积式

$\displaystyle\prod_{i=1}^{n}\left(\dfrac{1}{x_i}-x_i\right)\geqslant\left(\dfrac{n}{t}-\dfrac{t}{n}\right)^n$ 两边取自然对数得

$$\sum_{i=1}^{n}\ln\left(\dfrac{1}{x_i}-x_i\right)\geqslant n\ln\left(\dfrac{n}{t}-\dfrac{t}{n}\right),$$

设 $f(x)=\ln\left(\dfrac{1}{x}-x\right)(0<x\leqslant\sqrt{\sqrt{5}-2})$, 则

$$f''(x)=\dfrac{-x^4-4x^2+1}{x^2(1-x^2)^2}.$$

易知 $f''(x) \geqslant 0$ 对于 $0 < x < \sqrt{\sqrt{5}-2}$ 恒成立,故 $f(x)$ 在 $\left(0, \sqrt{\sqrt{5}-2}\right]$ 上是凸函数,则

$$\sum_{i=1}^{n} \ln\left(\frac{1}{x_i} - x_i\right) = \sum_{i=1}^{n} f(x_i) \geqslant nf\left(\frac{x_1 + x_2 + \cdots + x_n}{n}\right)$$

$$= n\ln\left(\frac{n}{t} - \frac{t}{n}\right),$$

取等号的条件易见.得证.

注 (1) $x = \sqrt{\sqrt{5}-2}$ 是 $f''(x) = 0$ 的一个根,即 $f(x)$ 的一个拐点,由此可见范围 $0 < x_i \leqslant \sqrt{\sqrt{5}-2}$ 不能再扩大;(2) 请读者尝试用均值不等式和函数凹凸性证明命题"设 $x_1, x_2, \cdots, x_n \in \mathbf{R}^+$ ($i=1,2,\cdots,n$),且 $\sum_{i=1}^{n} x_i = 1$,求证:$\sum_{i=1}^{n}\left(1 + \frac{1}{x_i}\right)^n \geqslant n\prod_{i=1}^{n}\left(1 + \frac{1}{x_i}\right) \geqslant n(n+1)^n$".

例 3.6.12 证明不等式 $(abc)^{\frac{a+b+c}{3}} \leqslant a^a b^b c^c$,其中 a, b, c 均为正数.

证明 设 $f(x) = x\ln x$ ($x > 0$).由于 $f(x)$ 的一阶导数和二阶导数分别为 $f'(x) = \ln x + 1$,$f''(x) = \frac{1}{x}$.可见,$f(x) = x\ln x$ 在 $x > 0$ 时为严格凸函数.由琴生不等式有

$$f\left(\frac{a+b+c}{3}\right) \leqslant \frac{1}{3}(f(a) + f(b) + f(c)),$$

从而

$$\frac{a+b+c}{3}\ln\frac{a+b+c}{3} \leqslant \frac{1}{3}(a\ln a + b\ln b + c\ln c),$$

即

$$\left(\frac{a + b + c}{3}\right)^{a + b + c} \leqslant a^a b^b c^c.$$

又由于 $\sqrt[3]{abc} \leqslant \dfrac{a + b + c}{3}$，所以 $(abc)^{\frac{a + b + c}{3}} \leqslant a^a b^b c^c$，得证.

例 3.6.13　设 $a_i > 0 (i = 1, 2, \cdots, n)$，证明：

$$\frac{n}{\dfrac{1}{a_1} + \dfrac{1}{a_2} + \cdots + \dfrac{1}{a_n}} \leqslant \sqrt[n]{a_1 a_2 \cdots a_n} \leqslant \frac{a_1 + a_2 + \cdots + a_n}{n}$$

$$\leqslant \sqrt{\frac{a_1^2 + a_2^2 + \cdots + a_n^2}{n}}.$$

证明　设 $f(x) = -\ln x$，$f''(x) = \dfrac{1}{x^2} > 0$，则 $f(x)$ 在 $(0, +\infty)$ 上

为凸函数，由琴生不等式得

$$f\left(\frac{\dfrac{1}{a_1} + \dfrac{1}{a_2} + \cdots + \dfrac{1}{a_n}}{n}\right) \leqslant \frac{f\left(\dfrac{1}{a_1}\right) + f\left(\dfrac{1}{a_2}\right) + \cdots + f\left(\dfrac{1}{a_n}\right)}{n},$$

代入即得

$$\frac{n}{\dfrac{1}{a_1} + \dfrac{1}{a_2} + \cdots + \dfrac{1}{a_n}} \leqslant \sqrt[n]{a_1 a_2 \cdots a_n},$$

以及

$$f\left(\frac{a_1 + a_2 + \cdots + a_n}{n}\right) \leqslant \frac{f(a_1) + f(a_2) + \cdots + f(a_n)}{n},$$

代入即得

$$\sqrt[n]{a_1 a_2 \cdots a_n} \leqslant \frac{a_1 + a_2 + \cdots + a_n}{n}.$$

设 $g(x) = x^2$，则 $g''(x) = 2 > 0$，故 $g(x)$ 为 **R** 上的凸函数，由琴生不等式得

$$g\left(\frac{a_1 + a_2 + \cdots + a_n}{n}\right) \leqslant \frac{g(a_1) + g(a_2) + \cdots + g(a_n)}{n},$$

代入整理得

$$\frac{a_1 + a_2 + \cdots + a_n}{n} \leqslant \sqrt{\frac{a_1^2 + a_2^2 + \cdots + a_n^2}{n}}.$$

得证.

例 3.6.14　若 $x > 0, y > 0, p > 1, q > 1$，且 $\dfrac{1}{p} + \dfrac{1}{q} = 1$，求证：$xy \leqslant \dfrac{1}{p}x^p + \dfrac{1}{q}y^q$.

证明　设 $f(t) = \ln t$，则 $f''(t) = -\dfrac{1}{t^2} < 0$，所以 $f(t)$ 在 $(0, +\infty)$ 上为凹函数，又 $\dfrac{1}{p} + \dfrac{1}{q} = 1$，由琴生不等式得

$$\frac{1}{p}f(x^p) + \frac{1}{q}f(y^q) \leqslant f\left(\frac{1}{p}x^p + \frac{1}{q}y^q\right),$$

代入化简即得

$$xy \leqslant \frac{1}{p}x^p + \frac{1}{q}y^q.$$

第 4 章　函数定义域、解析式、值域及最值

4.1　函数定义域的求解

求函数的定义域,是研究函数的基础,如果所研究的函数由解析式给出,我们研究工作的第一步,就是确定函数的定义域.

确定函数的定义域就是找自变量允许值的范围,以下列原则为基础.

4.1.1　一般原则

(1) 对于 $\sqrt[2k]{f(x)}$ $(k \in \mathbf{Z})$,要求 $f(x) \geqslant 0$.

(2) 对于 $\dfrac{f(x)}{g(x)}$,要求 $g(x) \neq 0$.

(3) 对于 $\log_a f(x)$,要求 $f(x) > 0$,其中 $a > 0, a \neq 1$.

(4) 对于 $\tan f(x)$,要求 $f(x) \neq k\pi + \dfrac{\pi}{2}$ $(k \in \mathbf{Z})$;对于 $\cot f(x)$,要求 $f(x) \neq k\pi$ $(k \in \mathbf{Z})$.

(5) 对于 $\arcsin f(x)$ 或 $\arccos f(x)$,要求 $|f(x)| \leqslant 1$.

例 4.1.1　求下列函数的定义域.

(1) $f(x) = \dfrac{2}{x^2 - 3x + 2}$;　　　　(2) $f(x) = \sqrt{1 - x^2}$;

(3) $f(x) = \log_3(2x + 1)$;　　　　(4) $f(x) = \arcsin(x^2 - 1)$.

解　(1) 由 $x^2 - 3x + 2 \neq 0$ 得 $x \neq 1$ 且 $x \neq 2$，所以 $f(x) = \dfrac{2}{x^2 - 3x + 2}$ 的定义域为 $(-\infty, 1) \bigcup (1, 2) \bigcup (2, +\infty)$.

(2) 由 $1 - x^2 \geqslant 0$ 得 $-1 \leqslant x \leqslant 1$，所以 $f(x) = \sqrt{1 - x^2}$ 的定义域为 $[-1, 1]$.

(3) 由 $2x + 1 > 0$ 得 $x > -\dfrac{1}{2}$，所以 $f(x) = \log_3(2x + 1)$ 的定义域为 $\left(-\dfrac{1}{2}, +\infty\right)$.

(4) 由 $|x^2 - 1| \leqslant 1$ 得 $-\sqrt{2} \leqslant x \leqslant \sqrt{2}$，所以 $f(x) = \arcsin(x^2 - 1)$ 的定义域为 $[-\sqrt{2}, \sqrt{2}]$.

4.1.2　和、差、积、商函数的定义域

和、差、积、商函数的定义域，是指组成这个函数的各成员函数的定义域的交集，但使分母为零的自变量的值应除去.

例如，设 $f(x) = x^2 + \sqrt{x} + \arccos x$，则 $f(x)$ 的定义域为 $D_f = (-\infty, +\infty) \bigcap [0, +\infty) \bigcap [-1, 1] = [0, 1]$. 又如，设函数 $f(x) = \dfrac{\arcsin x}{\sqrt{x}} - \log_a x + \dfrac{1}{x - 3}$ $(a > 0, a \neq 1)$，则 $f(x)$ 的定义域为

$$D_f = [-1, 1] \bigcap (0, +\infty) \bigcap (0, +\infty)$$
$$\bigcap ((-\infty, 3) \bigcup (3, +\infty)) = (0, 1].$$

4.1.3　复合函数的定义域

如果所给函数由两个函数复合而成，形如 $y = f(g(x))$，可将它看成由内层函数 $u = g(x)$ 和外层函数 $y = f(u)$ 合成的复合函数. 设

$y = f(g(x))$ 的定义域为 D, $y = f(u)$ 和 $u = g(x)$ 的定义域分别为 $D_外$ 和 $D_内$,则 D 是由 $D_内$ 中使 $g(x) \in D_外$ 的 x 值所组成. 换句话说,复合函数 $y = f(g(x))$ 的定义域,是内层函数 $g(x)$ 的定义域的一个子集,在这个子集上 $g(x)$ 的取值不超出外层函数 $f(u)$ 的定义域. 例如,求 $f(x) = \sqrt{\log_2(x-1)}$ 的定义域. 这里 $u = g(x) = \log_2(x-1)$, $y = f(u) = \sqrt{u}$,将 $f(x)$ 看作是 $u = g(x)$ 与 $f(u) = \sqrt{u}$ 的复合函数,因为 D_g 要满足 $x - 1 > 0$ 的条件,$\sqrt{u}$ 要满足 $u \geqslant 0$ 的条件. 所以 $f(x)$ 的自变量 x 应满足

$$\begin{cases} x - 1 > 0, \\ g(x) = \log_2(x-1) \geqslant 0 \end{cases}$$

的条件. 解不等式组,得 $x \geqslant 2$,所以 $f(x)$ 的定义域为 $[2, +\infty)$.

　　值得注意的是,如果设 $u = g(x)$ 的值域为 E, $y = f(u)$ 的定义域为 $D_外$,则当 $D_外 \cap E = \varnothing$ 时,复合函数 $y = f(g(x))$ 的定义域必为空集,即此时复合函数 $y = f(g(x))$ 不存在. 例如,形如 $f(x) = \lg(\sin x - 1)$ 的复合函数是不存在的.

　　例 4.1.2　求函数 $y = \sqrt{\log_a x}\,(a > 1)$ 的定义域.

　　解　由

$$\begin{cases} \log_a x \geqslant 0, \\ x > 0, \end{cases}$$

得 $x \geqslant 1$,所以 $y = \sqrt{\log_a x}\,(a > 1)$ 的定义域为 $[1, +\infty)$.

　　例 4.1.3　求函数 $y = \sqrt{\log_{\frac{1}{2}}(\log_2 x^2 + 1)}$ 的定义域.

　　解　由

$$\begin{cases} \log_{\frac{1}{2}} (\log_2 x^2 + 1) \geqslant 0, \\ \log_2 x^2 + 1 > 0, \\ x^2 > 0, \end{cases}$$

得 $-1 \leqslant x < -\dfrac{\sqrt{2}}{2}$ 或 $\dfrac{\sqrt{2}}{2} < x \leqslant 1$,所以 $y = \sqrt{\log_{\frac{1}{2}} (\log_2 x^2 + 1)}$ 的定义域为 $\left[-1, -\dfrac{\sqrt{2}}{2} \right) \cup \left(\dfrac{\sqrt{2}}{2}, 1 \right]$.

例 4.1.4　求函数 $y = \sqrt{\dfrac{8}{|x|} - 1} + \lg (x^2 - 1)$ 的定义域.

解　由

$$\begin{cases} \dfrac{8}{|x|} - 1 \geqslant 0, \\ |x| \neq 0, \\ x^2 - 1 > 0, \end{cases}$$

得 $-8 \leqslant x < -1$ 或 $1 < x \leqslant 8$,所以 $y = \sqrt{\dfrac{8}{|x| - 1}} + \lg (x^2 - 1)$ 的定义域为 $[-8, -1) \cup (1, 8]$.

例 4.1.5　求函数 $y = \dfrac{1}{\log_4 \sin x}$ 的定义域.

解　由 $\begin{cases} \log_4 \sin x \neq 0, \\ \sin x > 0, \end{cases}$　得

$$\begin{cases} x \neq \dfrac{\pi}{2} + 2k\pi, \\ 2k\pi < x < (2k+1)\pi \end{cases} \quad (k \in \mathbf{Z}),$$

所以 $y = \dfrac{1}{\log_4 \sin x}$ 的定义域为

$$\left(2k\pi, \dfrac{\pi}{2} + 2k\pi \right) \cup \left(\dfrac{\pi}{2} + 2k\pi, (2k+1)\pi \right) \quad (k \in \mathbf{Z}).$$

例 4.1.6　当 $0 < x < 2\pi$ 时,求函数 $y = \lg\tan x + \arcsin\dfrac{3-2x}{5} + \dfrac{1}{\sqrt{\sin x}}$ 的定义域.

解　由 $\begin{cases} \tan x > 0, \\[2mm] \left|\dfrac{3-2x}{5}\right| \leqslant 1, \\[2mm] \sin x > 0, \end{cases}$ 得

$$\begin{cases} 0 < x < \dfrac{\pi}{2} \quad \text{或} \quad \pi < x < \dfrac{3\pi}{2}, \\[2mm] -1 \leqslant x \leqslant 4, \\[2mm] 0 < x < \pi, \end{cases}$$

即 $0 < x < \dfrac{\pi}{2}$,所以 $y = \lg\tan x + \arcsin\dfrac{3-2x}{5} + \dfrac{1}{\sqrt{\sin x}}$ 的定义域为 $\left(0, \dfrac{\pi}{2}\right)$.

例 4.1.7　若函数 $f(x)$ 的定义域为 $[1,4]$,求下列函数的定义域:

(1) $f(x^2)$;　　　　(2) $f(2x)$;　　　　(3) $f(x+2)$.

解　(1) 因为 $f(x)$ 的定义域为 $[1,4]$,所以,$f(x^2)$ 中 x^2 的取值范围是 $[1,4]$,即 $1 \leqslant x^2 \leqslant 4$,则 $1 \leqslant x \leqslant 2$ 或 $-2 \leqslant x \leqslant -1$,所以 $f(x^2)$ 的定义域为 $[-2,-1] \cup [1,2]$.

(2) 由 $1 \leqslant 2x \leqslant 4$ 得 $\dfrac{1}{2} \leqslant x \leqslant 2$,所以 $f(2x)$ 的定义域为 $\left[\dfrac{1}{2},2\right]$.

(3) 由 $1 \leqslant x+2 \leqslant 4$ 得 $-1 \leqslant x \leqslant 2$,所以 $f(x+2)$ 的定义域为 $[-1,2]$.

以上各例(包括和、差、积、商函数以及复合函数)的解法表明,求

函数的定义域就是根据"使函数解析式有意义",列出不等式组,其解集即为所求函数的定义域.

4.2　函数解析式的求解

函数的解析式是函数的表示方法之一,且是最常用的表示方法.因此如何求函数的解析式自然成为一个重要的问题.

4.2.1　定义法

即根据函数的概念及其运算法则求函数解析式的方法.

例 4.2.1　已知 $f\left(\dfrac{1+x}{x}\right)=\dfrac{x^2+1}{x^2}+\dfrac{1}{x}$,求 $f(x)$.

分析　$f\left(\dfrac{1+x}{x}\right)$ 是以 $\dfrac{1+x}{x}$ 为自变量的函数,要找出其对应法则,就应把 $\dfrac{x^2+1}{x^2}+\dfrac{1}{x}$ 化成关于 $\dfrac{1+x}{x}$ 的代数式.

解

$$f\left(\frac{1+x}{x}\right)=\frac{x^2+1}{x^2}+\frac{1}{x}=\frac{x^2+2x+1-2x}{x^2}+\frac{1}{x}$$

$$=\left(\frac{1+x}{x}\right)^2-\frac{2}{x}+\frac{1}{x}$$

$$=\left(\frac{1+x}{x}\right)^2-\frac{1+x-x}{x}$$

$$=\left(\frac{1+x}{x}\right)^2-\frac{1+x}{x}+1.$$

又因为 $\dfrac{1+x}{x}=1+\dfrac{1}{x}\neq 1$,所以,$f(x)=x^2-x+1,x\neq 1$.

例 4.2.2　设 $f\left(x+\dfrac{1}{x}\right)=x^2+\dfrac{1}{x^2}$，$g\left(x+\dfrac{1}{x}\right)=x^3+\dfrac{1}{x^3}$，求 $f(g(x))$.

解　因为 $f\left(x+\dfrac{1}{x}\right)=x^2+\dfrac{1}{x^2}=\left(x+\dfrac{1}{x}\right)^2-2$，且 $x+\dfrac{1}{x}\geqslant 2$ 或 $x+\dfrac{1}{x}\leqslant-2$，所以 $f(x)=x^2-2$，$x\geqslant 2$ 或 $x\leqslant-2$.

同理，$g\left(x+\dfrac{1}{x}\right)=x^3+\dfrac{1}{x^3}=\left(x+\dfrac{1}{x}\right)^3-3\left(x+\dfrac{1}{x}\right)$，所以，$g(x)=x^3-3x$，$x\geqslant 2$ 或 $x\leqslant-2$.

因为 $g'(x)=3x^2-3=3(x+1)(x-1)$，所以 $g(x)$ 在 $x\geqslant 2$ 和 $x\leqslant-2$ 内均单调递增，于是 $g(x)\geqslant g(2)=2$ 或 $g(x)\leqslant g(-2)=-2$.

所以，$f(g(x))=(x^3-3x)^2-2=x^6-6x^4+9x^2-2$，$x\geqslant 2$ 或 $x\leqslant-2$.

4.2.2　代换法

已知 $f(g(x))$ 求 $f(x)$，可将 $g(x)$ 看成一个整体用 t 进行换元，进而求得 $f(x)$，或对原问题予以换元迭代，找到函数式间的方程组，从而使问题得解.

例 4.2.3　已知 $f\left(\dfrac{1-x}{1+x}\right)=\dfrac{x^2+1}{2x}$，求 $f(x)$.

解　设 $t=\dfrac{1-x}{1+x}$，由于 $x\neq-1$，$x\neq 0$，则 $t\neq\pm 1$. 由 $t=\dfrac{1-x}{1+x}$ 得

$$x=\frac{1-t}{1+t}，\text{代入条件等式中得 } f(t)=\frac{\left(\dfrac{1-t}{1+t}\right)^2+1}{2\left(\dfrac{1-t}{1+t}\right)}=$$

$\dfrac{(1-t)^2+(1+t)^2}{2(1-t)(1+t)}=\dfrac{1+t^2}{1-t^2}$，所以 $f(x)=\dfrac{1+x^2}{1-x^2}$，$x\neq\pm1$.

例 4.2.4　已知 $f(\cos x-1)=\cos^2 x$，求 $f(x)$.

解　设 $\cos x-1=u$，则 $-2\leqslant u\leqslant0$. 由 $\cos x-1=u$ 得 $\cos x=u+1$，代入条件等式中得 $f(u)=f(\cos x-1)=(u+1)^2$，所以 $f(x)=(x+1)^2$，$x\in[-2,0]$.

例 4.2.5　已知 $f(a^{x-1})=x^2+2$，求 $f(x)$.

解　设 $u=a^{x-1}$，则 $u>0$. 由 $u=a^{x-1}$ 得 $x=\log_a u+1$，代入条件等式中得 $f(u)=(\log_a u+1)^2+2=(\log_a u)^2+2\log_a u+3$，所以 $f(x)=(\log_a x)^2+2\log_a x+3$，$x\in(0,+\infty)$.

例 4.2.6　设 $f(x)$ 满足 $af(x)+bf\left(\dfrac{1}{x}\right)=cx$（其中 a,b 均是不为零的常数，且 $a\neq\pm b$），求 $f(x)$.

解　因为

$$af(x)+bf\left(\dfrac{1}{x}\right)=cx,\qquad\qquad①$$

用 $\dfrac{1}{x}$ 来代替 x，得

$$af\left(\dfrac{1}{x}\right)+bf(x)=c\cdot\dfrac{1}{x}.\qquad\qquad②$$

由式①和式②，消去 $f\left(\dfrac{1}{x}\right)$ 得

$$(a^2-b^2)f(x)=\dfrac{acx^2-bc}{x}.$$

因为 $a\neq\pm b$，即 $a^2-b^2\neq0$，所以

$$f(x)=\dfrac{acx^2-bc}{(a^2-b^2)x}.$$

4.2.3 递推法

当已知条件中存在或通过变换可以得到一个递推关系时,可以利用这个关系求出 $f(x)$ 的解析式.

例 4.2.7 已知 $f(n) = f(n-1) + a^n$ $(n \in \mathbf{N})$,$f(1) = 1$,求 $f(n)$.

分析 由已知 $f(n)$ 和 $f(n-1)$ 的关系以及 $f(1) = 1$,显然能用递推关系求出 $f(n)$.

解 依次令 $n = 2, 3, \cdots, n$,得

$$f(2) = f(1) + a^2,$$
$$f(3) = f(2) + a^3,$$
$$\cdots$$
$$f(n) = f(n-1) + a^n.$$

以上各等式相加得

$$f(n) = f(1) + a^2 + a^3 + \cdots + a^n$$

$$= \begin{cases} 1 + \dfrac{a^2(1 - a^{n-1})}{1 - a}, & a \neq 1, \\ n, & a = 1. \end{cases}$$

例 4.2.8 已知 $n^{f(n)-1} = (n-1)^{f(n-1)}$,$n \in \mathbf{N}$,求 $f(n)$.

解 对等式 $n^{f(n)-1} = (n-1)^{f(n-1)}$,$n \in \mathbf{N}$ 两边取常用对数,得 $(f(n) - 1)\lg n = f(n-1)\lg(n-1)$,即 $f(n)\lg n - f(n-1) \cdot \lg(n-1) = \lg n$.在上式中依次令 $n = 2, 3, \cdots, n$,并累加得

$$f(n)\lg n - f(1)\lg 1 = \lg n + \lg(n-1) + \cdots + \lg 2 = \lg n!,$$

所以

$$f(n) = \frac{\lg n!}{\lg n} = \log_n n!.$$

例4.2.9 已知 $f(1)+f(2)+\cdots+f(n)=n^2f(n)$，$n\in\mathbf{N}^+$，$f(1)=1$，求 $f(n)$.

解 因为

$$f(1)+f(2)+\cdots+f(n)=n^2f(n),\quad n\in\mathbf{N}^+,$$

所以

$$f(1)+f(2)+\cdots+f(n-1)=(n-1)^2f(n-1)\quad(n\in\mathbf{N}^+,n\geqslant2).$$

两式相减得

$$f(n)=n^2f(n)-(n-1)^2f(n-1)\quad(n\in\mathbf{N}^+,n\geqslant2),$$

即

$$\frac{f(n)}{f(n-1)}=\frac{n-1}{n+1}\quad(n\in\mathbf{N}^+,n\geqslant2),$$

于是

$$f(n)=\frac{f(n)}{f(n-1)}\cdot\frac{f(n-1)}{f(n-2)}\cdots\frac{f(2)}{f(1)}\cdot f(1)$$

$$=\frac{2}{n(n+1)}\quad(n\in\mathbf{N}^+,n\geqslant2).$$

因为 $f(1)=1$ 也满足上式，所以 $f(n)=\dfrac{2}{n(n+1)}$，$n\in\mathbf{N}^+$.

4.2.4　令值减元法

令值减元法就是当已知函数方程中有多个变量时，可根据方程对一切取值都成立的条件，令变量取某些特殊值，从而减少未知元，求出 $f(x)$ 的方法.

例4.2.10 已知对一切实数 $x,y,f(x-y)=f(x)-(2x-y+1)y$ 都成立，且 $f(0)=1$，求 $f(x)$.

解 令 $x=0$，则 $f(-y)=f(0)-(-y+1)y$，即

$$f(-y) = y^2 - y + 1 = (-y)^2 + (-y) + 1,$$

所以 $f(x) = x^2 + x + 1$.

例 4.2.11 设 $f(x)$ 是定义在 **N** 上的函数,满足 $f(1) = 1$,任意自然数 x, y 均有 $f(x) + f(y) = f(x+y) - xy$,求 $f(x)$.

解 令 $y = 1$,则 $f(x) + f(1) = f(x+1) - x$,即

$$f(x+1) - f(x) = x + 1.$$

在式中依次令 $x = 1, 2, 3, \cdots, n-1$,并累加得

$$f(n) - f(1) = 2 + 3 + 4 + \cdots + n = \frac{(n+2)(n-1)}{2},$$

所以 $f(x) = \frac{1}{2}(x^2 + x), x \in \mathbf{N}$.

4.2.5 待定系数法

待定系数法即根据已知函数解析式的类型或函数的某些特征,求函数 $f(x)$ 解析式的方法.

例 4.2.12 已知 $f(x)$ 是有理整函数,且 $f(x+1) + f(x-1) = 2x^2 - 4x$,求 $f(x)$.

分析 因为 $f(x)$ 是有理整函数,所以 $f(x), f(x+1), f(x-1)$ 是同一类型的函数.

解 由题意可知 $f(x)$ 为二次函数,于是设 $f(x) = ax^2 + bx + c$,则

$$\begin{aligned}
f(x+1) + f(x-1) &= a(x+1)^2 + b(x+1) + c \\
&\quad + a(x-1)^2 + b(x-1) + c \\
&= 2ax^2 + 2bx + 2(a+c),
\end{aligned}$$

比较系数得 $a = 1, b = -2, c = -1$,所以 $f(x) = x^2 - 2x - 1$.

例 4.2.13 设 $f(x) = ax^3 + bx^2 + cx + d$,且 $f(-1) = 0, f(0)$

$= 2, f(1) = -3, f(2) = 5,$ 求 $f(x)$.

解　由题意得

$$\begin{cases} f(-1) = -a + b - c + d = 0, \\ f(0) = d = 2, \\ f(1) = a + b + c + d = -3, \\ f(2) = 8a + 4b + 2c + d = 5, \end{cases}$$

解得 $a = \dfrac{10}{3}, b = -\dfrac{7}{2}, c = -\dfrac{29}{6}, d = 2,$ 所以 $f(x) = \dfrac{10}{3}x^3 - \dfrac{7}{2}x^2 - \dfrac{29}{6}x + 2.$

注　该题可用著名的拉格朗日插值多项式公式求解,读者可参考第 7 章例 7.1.2.

4.2.6　数学归纳法

数学归纳法就是当已知 $f(x)$ 是定义在自然数集上的函数时,一般可通过归纳、猜想,再用数学归纳法加以证明从而求出 $f(x)$ 解析式的方法.

例 4.2.14　设 $f(x) = 2x + 1, \varphi(x) = \begin{cases} 3, & x = 1 \\ f(\varphi(x-1)), & x \geqslant 2 \end{cases},$ 其中 $x \in \mathbf{N}$,求函数 $\varphi(x)$ 的解析式.

解　由 $\varphi(1) = 3 = 2^2 - 1$ 得

$$\varphi(2) = 2\varphi(1) + 1 = 7 = 2^3 - 1,$$
$$\varphi(3) = 2\varphi(2) + 1 = 15 = 2^4 - 1,$$
$$\varphi(4) = 2\varphi(3) + 1 = 31 = 2^5 - 1.$$

于是猜测 $\varphi(n) = 2^{n+1} - 1,$ 以下用数学归纳法证明:

（1）当 $n = 1$ 时，显然成立；

（2）假设当 $n = k$ 时，有 $\varphi(k) = 2^{k+1} - 1$，则 $\varphi(k+1) = 2\varphi(k) + 1 = 2^{k+2} - 1$，即当 $n = k + 1$ 时，结论成立.

所以，对于一切自然数 n 都有 $\varphi(n) = 2^{n+1} - 1$，即 $\varphi(x) = 2^{x+1} - 1 (x \in \mathbf{N})$.

例 4.2.15 设函数 $f(x) = \dfrac{x}{x+2}$，$f^{(n)}(x) = f(f^{(n-1)}(x))(n \in \mathbf{N})$，求 $f^{(n)}(x)$.

解 由题知

$$f(x) = \frac{x}{x+2},$$

$$f^{(2)}(x) = f(f(x)) = \frac{x}{3x+4},$$

$$f^{(3)}(x) = f(f^{(2)}(x)) = \frac{x}{7x+8},$$

$$f^{(4)}(x) = f(f^{(3)}(x)) = \frac{x}{15x+16}.$$

于是，猜想：$f^{(n)}(x) = f(f^{(n-1)}(x)) = \dfrac{x}{(2^n-1)x+2^n}.$

下面用数学归纳法证明：

（1）当 $n = 1$ 时，结论显然成立；

（2）假设当 $n = k$ 时结论成立，即 $f^{(k)}(x) = \dfrac{x}{(2^k-1)x+2^k}$，则当 $n = k + 1$ 时，有

$$f^{(k+1)}(x) = f(f^{(k)}(x)) = \frac{\dfrac{x}{(2^k-1)x+2^k}}{\dfrac{x}{(2^k-1)x+2^k}+2}$$

$$= \frac{x}{(2^{k+1} - 1)x + 2^{k+1}}.$$

所以,结论成立,即 $f^{(n)}(x) = \dfrac{x}{(2^n - 1)x + 2^n}.$

最后,值得一提的是,以上各种方法在解题中应灵活应用,要根据题设的特征具体问题具体分析,恰当地选择方法.

例 4.2.16　已知 $f(x)$ 是偶函数,且当 $x \geqslant 0$ 时,$f(x) = ax(1 - bx)$,求 $x < 0$ 时,$f(x)$ 的解析式.

分析　该例不具备上述任一方法的条件,但已知 $f(x)$ 为偶函数,且 $x \geqslant 0$ 时,$f(x) = ax(1 - bx)$,这就提醒我们据此找出在 $(-\infty, 0)$ 上的 $f(x)$.

解　因为 $f(x)$ 为偶函数,且 $x \geqslant 0$ 时,$f(x) = ax(1 - bx)$,所以
$$f(x) = f(|x|) = a|x|(1 - b|x|).$$
所以,当 $x < 0$ 时,$f(x) = f(|x|) = -ax(1 + bx).$

4.3　函数值域的求解

4.3.1　直接法

直接从函数的定义域出发,根据函数解析式直接确定函数值的取值范围.在解析式较复杂的情形,要利用配方法等恒等变形以及不等式变换达到化繁为简、化隐为显的目的.

根据函数的解析式及定义域直接求得.

例 4.3.1　求函数 $y = \dfrac{3x^2 + 3x + 1}{2x^2 + 2x + 1}$ 的值域.

解

$$y = \frac{3x^2 + 3x + 1}{2x^2 + 2x + 1} = \frac{\dfrac{3}{2}(2x^2 + 2x + 1) - \dfrac{1}{2}}{2x^2 + 2x + 1}$$

$$= \frac{3}{2} - \frac{1}{4x^2 + 4x + 2}.$$

因为 $4x^2 + 4x + 2 = 4\left(x + \dfrac{1}{2}\right)^2 + 1 \geqslant 1$，所以 $0 < \dfrac{1}{4x^2 + 4x + 2} \leqslant 1$，从

而 $\dfrac{1}{2} \leqslant \dfrac{3}{2} - \dfrac{1}{4x^2 + 4x + 2} < \dfrac{3}{2}$，即所给函数的值域为 $\left[\dfrac{1}{2}, \dfrac{3}{2}\right)$.

例 4.3.2　求函数 $y = \dfrac{2\cos x + 1}{3\cos x - 2}$ 的值域.

解

$$y = \frac{2\cos x + 1}{3\cos x - 2} = \frac{\dfrac{2}{3}(3\cos x - 2) + \dfrac{7}{3}}{3\cos x - 2} = \frac{2}{3} + \frac{7}{3(3\cos x - 2)}.$$

因为 $-1 \leqslant \cos x \leqslant 1$，则 $-5 \leqslant 3\cos x - 2 \leqslant 1$，所以 $\dfrac{1}{3\cos x - 2} \geqslant 1$ 或

$\dfrac{1}{3\cos x - 2} \leqslant -\dfrac{1}{5}$，从而

$$\frac{2}{3} + \frac{7}{3(3\cos x - 2)} \geqslant 3 \quad 或 \quad \frac{2}{3} + \frac{7}{3(3\cos x - 2)} \leqslant \frac{1}{5},$$

即所给函数的值域为 $\left(-\infty, \dfrac{1}{5}\right] \cup [3, +\infty)$.

例 4.3.3　求函数 $f(x) = x^2 + x\sqrt{x^2 - 1}$ 的值域.

解　函数的定义域为 $(-\infty, -1] \cup [1, +\infty)$.

(1) 当 $x \geqslant 1$ 时，易知函数 $x^2 \geqslant 1, x\sqrt{x^2 - 1} \geqslant 0$，于是 $f(x) = x^2 + x\sqrt{x^2 - 1} \geqslant 1$，当 $x = 1$ 时取等号.

(2) 当 $x \leqslant -1$ 时，有

$$f(x) = x^2 + x\sqrt{x^2-1} = \frac{x}{x-\sqrt{x^2-1}} = \frac{1}{1+\sqrt{1-\frac{1}{x^2}}}.$$

因为 $x \leqslant -1$，则 $0 \leqslant 1-\frac{1}{x^2} < 1$，因此 $1 \leqslant 1+\sqrt{1-\frac{1}{x^2}} < 2$，所以 $\frac{1}{2} < f(x) \leqslant 1$.

所以，原函数的值域为 $\left(\frac{1}{2}, +\infty\right)$.

4.3.2 反函数法

如果函数 $y = f(x)$ 的对应法则是一一对应，从而存在反函数，可通过求反函数的定义域的方法来确定 $y = f(x)$ 的值域.

例 4.3.4 求函数 $y = \frac{5x+3}{2x-3}$ 的值域.

解 由 $y = \frac{5x+3}{2x-3}$，易得 $x = \frac{3y+3}{2y-5}$ $\left(y \neq \frac{5}{2}\right)$，这是 $y = \frac{5x+3}{2x-3}$ 的反函数，其定义域为 $\left(-\infty, \frac{5}{2}\right) \cup \left(\frac{5}{2}, +\infty\right)$.

所以，原函数 $y = \frac{5x+3}{2x-3}$ 的值域为 $\left(-\infty, \frac{5}{2}\right) \cup \left(\frac{5}{2}, +\infty\right)$.

例 4.3.5 求函数 $y = \frac{e^x - e^{-x}}{e^x + e^{-x}}$ 的值域.

解 由 $y = \frac{e^x - e^{-x}}{e^x + e^{-x}}$，易得 $x = \frac{1}{2}\ln\frac{1+y}{1-y}$，解不等式 $\frac{1+y}{1-y} > 0$ 得 $-1 < y < 1$，因此所求函数的值域为 $(-1,1)$.

例 4.3.6 求函数 $y = \frac{2\cos x + 1}{3\cos x - 2}$ 的值域.

解 原函数可化为 $(3y-2)\cos x = 1 + 2y$，显然 $y \neq \frac{2}{3}$，于是

$\cos x = \dfrac{1+2y}{3y-2}$. 由 $-1 \leqslant \cos x = \dfrac{1+2y}{3y-2} \leqslant 1$ 得 $y \leqslant \dfrac{1}{5}$ 或 $y \geqslant 3$. 所以,所给函数的值域为 $\left(-\infty, \dfrac{1}{5}\right] \cup [3, +\infty)$.

4.3.3　换元法

如果函数 $y = f(x)$ 的解析式较为复杂(如含有根式时)或具有典型代换结构特点时,可考虑通过代换化繁为简,化难为易,再结合其他求值域方法求解.

例 4.3.7　求函数 $y = x - \sqrt{1-2x}$ 的值域.

解　函数的定义域为 $\left(-\infty, \dfrac{1}{2}\right]$. 设 $\sqrt{1-2x} = t$,则 $t \geqslant 0$,所以 $x = \dfrac{1-t^2}{2}$,于是 $y = \dfrac{1-t^2}{2} - t = -\dfrac{1}{2}(t+1)^2 + 1$. 由 $t \geqslant 0$ 得 $y \leqslant \dfrac{1}{2}$. 所以,函数的值域为 $\left(-\infty, \dfrac{1}{2}\right]$.

例 4.3.8　求函数 $y = \sqrt{4x-1} + \sqrt{2-x}$ 的值域.

解　函数的定义域为 $\left[\dfrac{1}{4}, 2\right]$,由于

$$y = \sqrt{4x-1} + \sqrt{2-x} = 2\sqrt{x - \dfrac{1}{4}} + \sqrt{2-x},$$

于是可设 $x - \dfrac{1}{4} = \dfrac{7}{4}\sin^2 \alpha, \alpha \in \left[0, \dfrac{\pi}{2}\right]$,则

$$y = 2\sqrt{\dfrac{7}{4}\sin^2 \alpha} + \sqrt{\dfrac{7}{4}\cos^2 \alpha} = \sqrt{7}\sin \alpha + \dfrac{\sqrt{7}}{2}\cos \alpha$$

$$= \dfrac{\sqrt{35}}{2}\sin(\alpha + \varphi),$$

其中，$\varphi = \arcsin \dfrac{\sqrt{5}}{5}$.

因为 $\varphi \leqslant \alpha + \varphi \leqslant \dfrac{\pi}{2} + \varphi$，于是

$$\left[\sin(\alpha + \varphi)\right]_{\min} = \min\left\{\sin\varphi, \sin\left(\dfrac{\pi}{2} + \varphi\right)\right\} = \dfrac{\sqrt{5}}{5},$$

$$\left[\sin(\alpha + \varphi)\right]_{\max} = \sin\dfrac{\pi}{2} = 1,$$

所以 $\dfrac{\sqrt{7}}{2} \leqslant \dfrac{\sqrt{35}}{2}\sin(\alpha + \varphi) \leqslant \dfrac{\sqrt{35}}{2}$，即所给函数的值域为 $\left[\dfrac{\sqrt{7}}{2}, \dfrac{\sqrt{35}}{2}\right]$.

例 4.3.9　求函数 $y = 2x + \sqrt{x^2 - 3x + 2}$ 的值域.

解　函数的定义域为 $(-\infty, 1] \cup [2, +\infty)$，由于

$$y = 2x + \sqrt{\left(x - \dfrac{3}{2}\right)^2 - \dfrac{1}{4}},$$

于是可设 $x - \dfrac{3}{2} = \dfrac{1}{2}\sec\alpha, \alpha \in \left[0, \dfrac{\pi}{2}\right) \cup \left(\dfrac{\pi}{2}, \pi\right)$，于是 $x = \dfrac{1}{2}\sec\alpha + \dfrac{3}{2}$，则

$$y = 2\left(\dfrac{1}{2}\sec\alpha + \dfrac{3}{2}\right) + \dfrac{1}{2}\sqrt{\sec^2\alpha - 1}.$$

（1）当 $\alpha \in \left[0, \dfrac{\pi}{2}\right)$ 时，有 $y = \sec\alpha + 3 + \dfrac{1}{2}\tan\alpha = \dfrac{2 + \sin\alpha}{2\cos\alpha} + 3$，

其中 $\dfrac{2 + \sin\alpha}{\cos\alpha}$ 表示单位圆上的点 $(\cos\alpha, \sin\alpha)$ 与点 $(0, -2)$ 连线的斜率，由于 $\alpha \in \left[0, \dfrac{\pi}{2}\right)$，所以 $\dfrac{2 + \sin\alpha}{\cos\alpha} \in [2, +\infty)$，因此 $y \in [4, +\infty)$.

（2）当 $\alpha \in \left(\dfrac{\pi}{2}, \pi\right]$ 时，有 $y = \sec\alpha + 3 - \dfrac{1}{2}\tan\alpha = \dfrac{2 - \sin\alpha}{2\cos\alpha} + 3$，

其中 $\dfrac{2-\sin\alpha}{\cos\alpha}$ 表示单位圆上的点 $(\cos\alpha,\sin\alpha)$ 与点 $(0,2)$ 连线的斜率的相反数,由于 $\alpha\in\left(\dfrac{\pi}{2},\pi\right]$,所以 $\dfrac{2-\sin\alpha}{\cos\alpha}\in(-\infty,-\sqrt{3}\,]$,故 $y\in\left(-\infty,3-\dfrac{\sqrt{3}}{2}\right]$.

所以,原函数的值域为 $\left(-\infty,3-\dfrac{\sqrt{3}}{2}\right]\bigcup[4,+\infty)$.

例 4.3.10　求函数 $y=x^2+x\sqrt{x^2-1}$ 的值域.

解　易知函数的定义域为 $(-\infty,-1]\bigcup[1,+\infty)$,可设 $x=\sec\theta=\dfrac{1}{\cos\theta}$,其中 $0\leqslant\theta\leqslant\pi,\theta\neq\dfrac{\pi}{2}$,则

$$y=\frac{1}{\cos^2\theta}+\frac{1}{\cos\theta}\sqrt{\frac{1}{\cos^2\theta}-1}=\frac{1}{\cos^2\theta}+\frac{|\tan\theta|}{\cos\theta}.$$

(1) 当 $0\leqslant\theta<\dfrac{\pi}{2}$ 时,$0\leqslant\sin\theta<1$,则

$$y=\frac{1}{\cos^2\theta}+\frac{|\tan\theta|}{\cos\theta}=\frac{1+\sin\theta}{\cos^2\theta}=\frac{1}{1-\sin\theta}\in[1,+\infty).$$

当 $\theta=0$ 时,$y=1$;当 $\theta\to\dfrac{\pi}{2}$ 时,$y\to+\infty$.

(2) 当 $\dfrac{\pi}{2}<\theta\leqslant\pi$ 时,$0\leqslant\sin\theta<1$,则

$$y=\frac{1}{\cos^2\theta}+\frac{|\tan\theta|}{\cos\theta}=\frac{1-\sin\theta}{\cos^2\theta}=\frac{1}{1+\sin\theta}\in\left(\frac{1}{2},1\right].$$

当 $\theta\to\dfrac{\pi}{2}$ 时,$y\to\dfrac{1}{2}$;当 $\theta=\pi$ 时,$y=1$.

综上所述,则 $y=x^2+x\sqrt{x^2-1}$ 的值域为 $\left(\dfrac{1}{2},+\infty\right)$.

例 4.3.11　设 $0<x<\dfrac{9}{2}$,求函数

$$y = \left(1 + \frac{1}{\lg\left(\sqrt{x^2 + 10} + x\right)}\right)\left(1 + \frac{1}{\lg\left(\sqrt{x^2 + 10} - x\right)}\right)$$

的值域.

解　由 $0 < x < \dfrac{9}{2}$，则

$$0 < \lg\left(\sqrt{x^2 + 10} - x\right) < \lg\left(\sqrt{x^2 + 10} + x\right) < 1,$$

注意到 $\lg\left(\sqrt{x^2 + 10} + x\right) + \lg\left(\sqrt{x^2 + 10} - x\right) = 1$，于是可设

$$\lg\left(\sqrt{x^2 + 10} + x\right) = \cos^2\theta, \quad \lg\left(\sqrt{x^2 + 10} - x\right) = \sin^2\theta,$$

其中，$0 < \theta < \dfrac{\pi}{4}$．则

$$y = \left(1 + \frac{1}{\cos^2\theta}\right)\left(1 + \frac{1}{\sin^2\theta}\right) = \left(2 + \tan^2\theta\right)\left(2 + \frac{1}{\tan^2\theta}\right)$$

$$= 5 + 2\tan^2\theta + \frac{2}{\tan^2\theta}.$$

设 $t = \tan^2\theta$，由于 $0 < \theta < \dfrac{\pi}{4}$，则 $0 < t < 1$，于是 $y = 5 + 2t + \dfrac{2}{t}$，

故 $y' = 2 - \dfrac{2}{t^2} < 0$，则 $y = 5 + 2t + \dfrac{2}{t}$ 在 $0 < t < 1$ 上单调递减. 当 $t \to 0$

时，$y \to +\infty$；当 $t \to 1$ 时，$y \to 9$，所以

$$y = \left(1 + \frac{1}{\lg\left(\sqrt{x^2 + 10} + x\right)}\right)\left(1 + \frac{1}{\lg\left(\sqrt{x^2 + 10} - x\right)}\right) \in (9, +\infty).$$

例 4.3.12　求函数 $y = \dfrac{3\sin x - 5}{5\cos x - 7}$ 的值域.

解　令 $t = \tan\dfrac{x}{2}, x \in (-\pi, \pi)$，由于

$$\sin x = \frac{2\sin\dfrac{x}{2}\cos\dfrac{x}{2}}{\sin^2\dfrac{x}{2} + \cos^2\dfrac{x}{2}} = \frac{2t}{1 + t^2}, \quad \cos x = \frac{\cos^2\dfrac{x}{2} - \sin^2\dfrac{x}{2}}{\sin^2\dfrac{x}{2} + \cos^2\dfrac{x}{2}} = \frac{1 - t^2}{1 + t^2},$$

于是原函数可以化为 $y = \dfrac{5t^2 - 6t + 5}{12t^2 + 2}$，即 $(12y - 5)t^2 + 6t +$

$(2y - 5) = 0$. 由于 $t \in \mathbf{R}$，则由判别式法求值域可知，$\dfrac{1}{4} \leqslant y \leqslant \dfrac{8}{3}$.

例 4.3.13　求函数 $y = \dfrac{x - x^3}{1 + 2x^2 + x^4}$ 的值域.

解　依题意，有

$$y = \frac{x - x^3}{1 + 2x^2 + x^4} = \frac{x}{1 + x^2} \cdot \frac{1 - x^2}{1 + x^2},$$

由此联想到三角代换 $t = \tan\dfrac{\alpha}{2}\ (\alpha \in (-\pi, \pi))$，则 $\sin\alpha = \dfrac{2x}{1 + x^2}$，

$\cos\alpha = \dfrac{1 - x^2}{1 + x^2}$. 于是原函数可化为

$$y = \frac{1}{2}\sin\alpha\cos\alpha = \frac{1}{4}\sin 2\alpha,$$

所以，原函数的值域为 $\left[-\dfrac{1}{4}, \dfrac{1}{4}\right]$.

例 4.3.14　求函数 $y = \sqrt{\sin x} + \sqrt{\cos x}, x \in \left[0, \dfrac{\pi}{2}\right]$ 的值域.

解　设 $y = \sqrt{\sin x} + \sqrt{\cos x}, x \in \left[0, \dfrac{\pi}{2}\right]$，两边平方得

$$y^2 = \sin x + \cos x + 2\sqrt{\sin x \cos x}.$$

设 $t = \sin x + \cos x$，则 $\sin x \cos x = \dfrac{t^2 - 1}{2}$，由于 $x \in \left[0, \dfrac{\pi}{2}\right]$，则

$1 \leqslant t \leqslant \sqrt{2}$. 又由于 $y^2 = t + 2\sqrt{\dfrac{t^2 - 1}{2}}$ 在 $1 \leqslant t \leqslant \sqrt{2}$ 上单调递增，故 y^2

$\in [1, 2\sqrt{2}]$，则 $y = \sqrt{\sin x} + \sqrt{\cos x}$ 在 $x \in \left[0, \dfrac{\pi}{2}\right]$ 上的值域

为 $[1, 2^{\frac{3}{4}}]$.

例 4.3.15 求函数 $y = (x+1)(x+2)(x+3)(x+4)+5$ 在闭区间 $[-3,3]$ 上的值域.

解 将原函数变形为

$$y = (x^2 + 5x + 4)(x^2 + 5x + 6) + 5.$$

令 $t = x^2 + 5x + 5$，由于 $x \in [-3,3]$，于是 $-\dfrac{5}{4} \leqslant t \leqslant 29$，且原函数可化为 $y = t^2 + 4$. 所以，当 $t = 0$ 时，有 $y_{min} = 4$；当 $t = 29$ 时，有 $y_{max} = 845$. 所以，函数的值域为 $[4,845]$.

例 4.3.16 求函数 $f(x,y) = \sqrt{x^2 + y^2 - 2x - 2y + 2} + \sqrt{x^2 + y^2 - 4x + 4}$ 的值域.

解 函数变形为

$$f(x,y) = \sqrt{(x-1)^2 + (y-1)^2} + \sqrt{(x-2)^2 + y^2}.$$

令 $z_1 = (x-1) + (y-1)\mathrm{i}, z_2 = (x-2) + y\mathrm{i}$，于是有

$$f(x,y) = |z_1| + |z_2| \geqslant |z_1 - z_2| = |1 - \mathrm{i}| = \sqrt{2}.$$

所以，函数的值域为 $[\sqrt{2}, +\infty)$.

例 4.3.17 设 $f: \mathbf{R} \to \mathbf{R}$，满足 $f(\cot x) = \cos 2x + \sin 2x$ 对所有 $0 < x < \pi$ 成立，又 $g(x) = f(x)f(1-x), x \in [-1,1]$，求 $g(x)$ 的值域.

解 由

$$f(\cot x) = \cos 2x + \sin 2x = \cos^2 x - \sin^2 x + 2\sin x \cos x$$

$$= \frac{1 - \tan^2 x + 2\tan x}{1 + \tan^2 x},$$

得 $f(t) = \dfrac{t^2 + 2t - 1}{1 + t^2}$，于是

$$g(x) = \frac{x^2 + 2x - 1}{1 + x^2} \cdot \frac{(1-x)^2 + 2(1-x) - 1}{1 + (1-x)^2}$$

$$= \frac{(x^2 - x)^2 - 8(x^2 - x) - 2}{(x^2 - x)^2 + 2(x^2 - x) + 2}.$$

令 $x^2 - x = u$，由于 $x \in [-1, 1]$，则 $u \in \left[-\frac{1}{4}, 2\right]$，于是

$$g(x) = \frac{u^2 - 8u - 2}{u^2 + 2u + 2} = 1 - \frac{2(5u + 2)}{u^2 + 2u + 2}.$$

令 $5u + 2 = v$，由于 $u \in \left[-\frac{1}{4}, 2\right]$，则 $v \in \left[\frac{3}{4}, 12\right]$，于是

$$g(x) = 1 - \frac{2(5u + 2)}{u^2 + 2u + 2} = 1 - \frac{2v}{\left(\frac{v-2}{5}\right)^2 + 2\left(\frac{v-2}{5}\right) + 2}$$

$$= 1 - \frac{50}{v + \frac{34}{v} + 6}.$$

因为 $v \in \left[\frac{3}{4}, 12\right]$，则 $\frac{553}{12} \geqslant v + \frac{34}{v} \geqslant 2\sqrt{34}$，左右两端等号分别在 $v = \frac{3}{4}$，$v = \sqrt{34}$ 时取得，所以

$$g_{\min}(x) = 1 - \frac{50}{2\sqrt{34} + 6} = 4 - \sqrt{34},$$

$$g_{\max}(x) = 1 - \frac{50}{\frac{553}{12} + 6} = \frac{1}{25},$$

所以 $g(x)$ 的值域为 $\left[4 - \sqrt{34}, \frac{1}{25}\right]$。

4.3.4　判别式法

如果函数 $y = f(x)$ 通过同解变形可化为关于 x 的二次方程，则可根据方程有实数根时判别式 $\Delta \geqslant 0$ 的原理，确定函数值的取值范围。

例 4.3.18　求函数 $y = \dfrac{3x^2 + 3x + 1}{2x^2 + 2x + 1}$ 的值域.

解　易得原函数的定义域为 **R**,将原函数变形为

$$(2y - 3)x^2 + (2y - 3)x + y - 1 = 0.$$

(1) 当 $y = \dfrac{3}{2}$ 时,得 $\dfrac{1}{2} = 0$,不成立;

(2) 当 $y \neq \dfrac{3}{2}$ 时,有 $\Delta = (2y - 3)^2 - 4(2y - 3)(y - 1) \geqslant 0$,解得

$\dfrac{1}{2} \leqslant y \leqslant \dfrac{3}{2}$.

综上所述,所给函数的值域为 $\left[\dfrac{1}{2}, \dfrac{3}{2}\right)$.

例 4.3.19　求函数 $y = 2x + \sqrt{x^2 - 3x + 2}$ 的值域.

解　易得原函数的定义域为 $(-\infty, 1] \cup [2, +\infty)$,将原式化为

$$y - 2x = \sqrt{x^2 - 3x + 2},$$

两端平方并整理得 $3x^2 - (4y - 3)x + y^2 - 2 = 0$. 因为 $y \geqslant 2x, x \in$ $(-\infty, 1] \cup [2, +\infty)$,所以应同时满足

$$\begin{cases} \Delta = (4y - 3)^2 - 12(y^2 - 2) \geqslant 0, \\ x \in (-\infty, 1] \cup [2, +\infty), \\ y \geqslant 2x, \end{cases}$$

即

$$\begin{cases} y \geqslant 3 + \dfrac{\sqrt{3}}{2} \quad 或 \quad y \leqslant 3 - \dfrac{\sqrt{3}}{2}, \\ x \in (-\infty, 1] \cup [2, +\infty), \\ y \geqslant 2x, \end{cases}$$

所以,原函数的值域为 $\left(-\infty, 3 - \dfrac{\sqrt{3}}{2}\right] \cup [4, +\infty)$.

例 4.3.20　求函数 $y = \dfrac{x+4}{x^2-x-2}$ 的值域.

解　易得原函数的定义域为 $\{x \mid x \neq -1$ 且 $x \neq 2\}$,将原函数变形为 $yx^2 - (y+1)x - 2(y+2) = 0$.则有:

(1) 当 $y = 0$ 时,得 $x = -4$;

(2) 当 $y \neq 0$ 时,得 $\Delta = (y+1)^2 + 8y(y+2) \geqslant 0$,解得 $y \geqslant \dfrac{-3+2\sqrt{2}}{3}$ 或 $y \leqslant \dfrac{-3-2\sqrt{2}}{3}$.

综上所述,原函数的值域为

$$\left(-\infty, \frac{-3-2\sqrt{2}}{3}\right] \cup \left[\frac{-3+2\sqrt{2}}{3}, +\infty\right).$$

例 4.3.21　求函数 $y = \dfrac{2x^2+11x+7}{x+3}$ $(0 < x < 1)$ 的值域.

解　将原函数变形为

$$2x^2 + (11-y)x + 7 - 3y = 0. \qquad ①$$

设 $f(x) = 2x^2 + (11-y)x + 7 - 3y$,则:

(1) 当方程①在 $(0,1)$ 内有一根时,则有 $f(0) \cdot f(1) < 0$,即 $(7-3y)(20-4y) < 0$,所以 $\dfrac{7}{3} < y < 5$.

(2) 当方程①在 $(0,1)$ 内有两根时,则有

$$\begin{cases} \Delta = (11-y)^2 - 8(7-3y) \geqslant 0, \\ 0 < -\dfrac{11-y}{4} < 1, \\ f(0) > 0, \quad f(1) > 0, \end{cases}$$

解得 $y \in \varnothing$.

综上所述,原函数的值域为 $\left(\dfrac{7}{3}, 5\right)$.

4.3.5　不等式法求函数值域

例 4.3.22　求函数 $y = \dfrac{3\sin x - 5}{5\cos x - 7}$ 的值域.

解　将原函数变形为 $5y\cos x - 3\sin x = 7y - 5$,即

$$\sqrt{25y^2 + 9}\,\sin(x + \varphi) = 7y - 5.$$

于是

$$|7y - 5| \leqslant \sqrt{25y^2 + 9},$$

两端同时平方得

$$12y^2 - 35y + 8 \leqslant 0, \quad 即 \quad (3y - 8)(4y - 1) \leqslant 0,$$

所以 $\dfrac{1}{4} \leqslant y \leqslant \dfrac{8}{3}$,即原函数的值域为 $\left[\dfrac{1}{4}, \dfrac{8}{3}\right]$.

例 4.3.23　求函数 $y = \dfrac{x - x^3}{1 + 2x^2 + x^4}$ 的值域.

解　易知该函数为奇函数,故只需考虑 $x \geqslant 0$ 的情形.

(1) 当 $0 \leqslant x \leqslant 1$ 时,由均值不等式,有

$$y = \frac{x - x^3}{1 + 2x^2 + x^4} = \frac{1 - x}{1 + x^2} \cdot \frac{x + x^2}{1 + x^2} \leqslant \frac{1}{4}\left(\frac{1 - x}{1 + x^2} + \frac{x + x^2}{1 + x^2}\right)^2 = \frac{1}{4},$$

当 $x = -1 + \sqrt{2}$ 时等号成立.

(2) 当 $x \geqslant 1$ 时,由均值不等式,有

$$y = \frac{x - x^3}{1 + 2x^2 + x^4} = -\frac{1 + x}{1 + x^2} \cdot \frac{x^2 - x}{1 + x^2}$$

$$\geqslant -\frac{1}{4}\left(\frac{1 + x}{1 + x^2} + \frac{x^2 - x}{1 + x^2}\right)^2 = -\frac{1}{4},$$

当 $x = 1 + \sqrt{2}$ 时等号成立.

所以,原函数的值域为 $\left[-\dfrac{1}{4}, \dfrac{1}{4}\right]$.

例 4.3.24　求函数 $y = \sqrt{\sin x} + \sqrt{\cos x}, x \in \left[0, \dfrac{\pi}{2}\right]$ 的值域.

解　当 $x \in \left[0, \dfrac{\pi}{2}\right]$ 时,有 $\sin x \geqslant \sin^4 x, \cos x \geqslant \cos^4 x$,则

$$\sqrt{\sin x} + \sqrt{\cos x} \geqslant \sin^2 x + \cos^2 x = 1,$$

当且仅当 $x = 0$ 或 $x = \dfrac{\pi}{2}$ 时等号成立.

又由于

$$1 = \sin^2 x + \cos^2 x = (\sqrt{\sin x})^4 + (\sqrt{\cos x})^4$$

$$\geqslant 2\left(\frac{\sqrt{\sin x} + \sqrt{\cos x}}{2}\right)^4,$$

则 $\sqrt{\sin x} + \sqrt{\cos x} \leqslant 2^{\frac{3}{4}}$,当且仅当 $x = \dfrac{\pi}{4}$ 时等号成立.

所以 $y = \sqrt{\sin x} + \sqrt{\cos x}$ 在 $x \in \left[0, \dfrac{\pi}{2}\right]$ 上的值域为 $[1, 2^{\frac{3}{4}}]$.

4.3.6　利用函数性质求函数值域

例 4.3.25　求函数 $f(x) = x^2 + x\sqrt{x^2 - 1}$ 的值域.

解　函数的定义域为 $(-\infty, 1] \cup [1, +\infty)$,则

$$f'(x) = 2x + \sqrt{x^2 - 1} + \frac{x^2}{\sqrt{x^2 - 1}} = \frac{(\sqrt{x^2 - 1} + x)^2}{\sqrt{x^2 - 1}} > 0.$$

(1) 当 $x \in (1, +\infty)$ 时,由 $f'(x) > 0$ 易知 $f(x)$ 是增函数,故 $f(x) > f(1) = 1$;当 $x \to +\infty$ 时,$f(x) \to +\infty$.故 $f(x) \in (1, +\infty)$.

(2) 当 $x \in (-\infty, -1)$ 时,由 $f'(x) > 0$ 易知 $f(x)$ 是增函数,故 $f(x) < f(-1) = 1$.且当 $x \to -\infty$ 时,有

$$f(x) = x^2 + x\sqrt{x^2 - 1} = \frac{x}{x - \sqrt{x^2 - 1}} = \frac{1}{1 + \sqrt{1 - \frac{1}{x^2}}} \to \frac{1}{2},$$

故 $f(x) \in \left(\dfrac{1}{2}, 1 \right)$.

又因为 $f(1) = f(-1) = 1$. 所以原函数的值域为 $\left(\dfrac{1}{2}, +\infty \right)$.

例 4.3.26　求函数 $f(x) = (x-1)^2 - \dfrac{11}{2x-1} + 2^{\sqrt{x+3}}$ 在 $(1,6]$ 上的值域.

解　易知函数 $y_1 = (x-1)^2$, $y_2 = -\dfrac{11}{2x-1}$, $y_3 = 2^{\sqrt{x+3}}$ 在 $(1,6]$ 上均为增函数, 则函数 $f(x) = y_1 + y_2 + y_3$ 在 $(1,6]$ 上为增函数. 又因为 $f(1) = -7$, $f(6) = 32$, 所以函数 $f(x)$ 的值域为 $(-7, 32]$.

例 4.3.27　求函数 $y = \sqrt{\sin x} + \sqrt{\cos x}$, $x \in \left[0, \dfrac{\pi}{2} \right]$ 的值域.

解　当 $x = 0$ 或 $x = \dfrac{\pi}{2}$ 时, $y = \sqrt{\sin x} + \sqrt{\cos x} = 1$.

当 $x \in \left(0, \dfrac{\pi}{2} \right)$ 时, $y' = \dfrac{\cos x}{2\sqrt{\sin x}} - \dfrac{\sin x}{2\sqrt{\cos x}} = \dfrac{\cos^{\frac{3}{2}} x - \sin^{\frac{3}{2}} x}{2\sqrt{\sin x \cos x}}$. 故:

(1) 当 $x \in \left(0, \dfrac{\pi}{4} \right)$ 时, $y' > 0$, 于是 $y = \sqrt{\sin x} + \sqrt{\cos x}$ 在 $\left(0, \dfrac{\pi}{4} \right)$ 上单调递增;

(2) 当 $x \in \left(\dfrac{\pi}{4}, \dfrac{\pi}{2} \right)$ 时, $y' < 0$, 于是 $y = \sqrt{\sin x} + \sqrt{\cos x}$ 在 $\left(\dfrac{\pi}{4}, \dfrac{\pi}{2} \right)$ 上单调递减.

因此, 当 $x = \dfrac{\pi}{4}$ 时, $y_{\max} = 2^{\frac{3}{4}}$; 当 $x = 0$ 或 $x = \dfrac{\pi}{2}$ 时, $y_{\min} = 1$.

所以,函数的值域为 $\left[1,2^{\frac{3}{4}}\right]$.

例 4.3.28　设 $f(x)$ 是连续的奇函数,对任意 $x\in\mathbf{R}$,都有 $f(x+y)=f(x)+f(y)$,当 $x>0$ 时,$f(x)<0$,且 $f(1)=-2$,求 $f(x)$ 在区间 $[-3,3]$ 上的值域.

解　任取 $x_1,x_2\in[-3,3]$,不妨设 $x_1<x_2$,则 $x_2-x_1>0$,于是 $f(x_2-x_1)<0$.

由于 $f(x)$ 是奇函数,且恒有 $f(x+y)=f(x)+f(y)$,于是

$$f(x_2)-f(x_1)=f(x_2)+f(-x_1)=f(x_2-x_1)<0,$$

所以,$f(x)$ 在 $[-3,3]$ 上是减函数,因此

$$f_{\max}(x)=f(-3)=-f(3)=-\big(f(1)+f(1)+f(1)\big)=6,$$

$$f_{\min}(x)=f(3)=-f(-3)=-6,$$

所以,函数 $f(x)$ 在 $[-3,3]$ 上的值域为 $[-6,6]$.

4.4　函数最值的求解

4.4.1　定义法

一般地,对于函数 $y=f(x)$,其最小值定义如下.设 $f(x)$ 的定义域为 I,如果存在实数 m 满足:(1) 对于任意的 $x\in I$,都有 $f(x)\geqslant m$;(2) 存在 $x_0\in I$,使得 $f(x_0)=m$.那么,我们称 m 是函数 $y=f(x)$ 的最小值.类似地,可以给出函数最大值的定义.

大家可别小瞧了这个定义,定义虽貌似平平,但内涵丰富.有些求最值的难题,巧用定义却可轻松求解.

例 4.4.1　求函数 $f(x)=|x-1|+|x-2|$ 的最小值.

解　由绝对值不等式得

$$|x-1|+|x-2| \geqslant |(x-1)-(x-2)| = 1.$$

又 $f(1)=1$,结合最小值的定义知 $f(x)_{\min} = 1$.

例 4.4.2　设 $a = \lg z + \lg(x(yz)^{-1}+1)$, $b = \lg x^{-1} + \lg(xyz+1)$, $c = \lg y + \lg((xyz)^{-1}+1)$,记 $M = \max\{a,b,c\}$,求 M 的最小值.

解　易得 $a = \lg\left(\dfrac{x}{y}+z\right)$, $b = \lg\left(yz+\dfrac{1}{x}\right)$, $c = \lg\left(\dfrac{1}{xz}+y\right)$. 不妨设 $\dfrac{x}{y}+z$, $yz+\dfrac{1}{x}$, $\dfrac{1}{xz}+y$ 中最大者为 U,则 $M = \lg U$. 易知 x,y,z >0,则 $U^2 \geqslant \left(\dfrac{x}{y}+z\right)\left(\dfrac{1}{xz}+y\right) = \left(\dfrac{1}{yz}+yz\right) + \left(x+\dfrac{1}{x}\right) \geqslant 4$,即 $U \geqslant 2$,又当 $x=y=z=1$ 时,$U=2$,故 U 的最小值为 2,从而 M 的最小值为 $\lg 2$.

例 4.4.3　已知 $a,b \in \mathbf{R}$,关于 x 的方程 $x^4+ax^3+2x^2+bx+1=0$ 有一个实根,求 a^2+b^2 的最小值.

解　设 x_0 为方程 $x^4+ax^3+2x^2+bx+1=0$ 的实根,有 $x_0^4 + ax_0^3 + 2x_0^2 + bx_0 + 1 = 0$,变形得

$$x_0^2\left(x_0+\frac{a}{2}\right)^2 + \left(\frac{b}{2}x_0+1\right)^2 = \frac{x_0^2}{4}(a^2+b^2-8) \geqslant 0,$$

则 $a^2+b^2 \geqslant 8$,经检验等号可以取得,故 a^2+b^2 的最小值为 8.

4.4.2　配方法

配方法这个名词来源于二次函数,故配方指的就是配平方.配方法主要适用于二次函数或可化为二次函数的函数,在解题过程中,要特别关注自变量的取值范围.

例 4.4.4　求函数 $f(x) = 2 - 2a\cos x - \sin^2 x$ 的最大值 M 和最

小值 m,其中 a 为参数.

解　配方得

$$f(x) = \cos^2 x - 2a\cos x + 1 = (\cos x - a)^2 + 1 - a^2,$$

令 $t = \cos x$,有 $f(x) \xlongequal{\triangle} g(t) = (t-a)^2 + 1 - a^2, t \in [-1,1]$.

(1) 当 $a < -1$ 时,$g(t)$ 在 $[-1,1]$ 上为增函数,故 $f(x)$ 的最大值 $M = g(1) = 2 - 2a$,最小值 $m = g(-1) = 2 + 2a$;

(2) 当 $-1 \leqslant a < 0$ 时,$g(t)$ 在 $[-1,a]$ 上为减函数,在 $[a,1]$ 上为增函数,故 $f(x)$ 的最大值 $M = g(1) = 2 - 2a$,最小值 $m = g(a) = 1 - a^2$;

(3) 当 $0 \leqslant a < 1$ 时,$g(t)$ 在 $[-1,a]$ 上为减函数,在 $[a,1]$ 上为增函数,故 $f(x)$ 的最大值 $M = g(-1) = 2 + 2a$,最小值 $m = g(a) = 1 - a^2$;

(4) 当 $a \geqslant 1$ 时,$g(t)$ 在 $[-1,1]$ 上为减函数,故 $f(x)$ 的最大值 $M = g(-1) = 2 + 2a$,最小值 $m = g(1) = 2 - 2a$.

综上所述,$f(x)$ 的最大值为

$$M = \begin{cases} 2 - 2a, & a < 0, \\ 2 + 2a, & a \geqslant 0, \end{cases}$$

最小值为

$$m = \begin{cases} 2 + 2a, & a < -1, \\ 1 - a^2, & -1 \leqslant a < 1, \\ 2 - 2a, & a \geqslant 1. \end{cases}$$

例 4.4.5　已知 $xy > 0$,求 $f(x,y) = \dfrac{y^4}{x^4} + \dfrac{x^4}{y^4} - \dfrac{y^2}{x^2} - \dfrac{x^2}{y^2} + \dfrac{y}{x} + \dfrac{x}{y}$ 的最小值.

分析　本题所给式子的结构两两具有倒数关系,但利用基本不等式尝试后并未奏效,而根据式中项与项之间的二次关系,我们寻得了两种配方法如下.

解 方法1

$$f(x,y) = \left(\frac{y^2}{x^2} - 1\right)^2 + \left(\frac{x^2}{y^2} - 1\right)^2 + \left(\frac{y}{x} - \frac{x}{y}\right)^2$$
$$+ \left(\sqrt{\frac{y}{x}} - \sqrt{\frac{x}{y}}\right)^2 + 2 \geqslant 2,$$

当且仅当 $x = y$ 时,等号成立,所以 $f(x,y)$ 的最小值为 2.

方法2

$$f(x,y) = \left[\left(\frac{y}{x} + \frac{x}{y}\right)^2 - 2\right]^2 - \left(\frac{y}{x} + \frac{x}{y}\right)^2 + \frac{y}{x} + \frac{x}{y},$$

记 $t = \frac{y}{x} + \frac{x}{y} \geqslant 2$,则

$$f(x,y) \xlongequal{\triangle} g(t) = (t^2 - 2)^2 - t^2 + t$$
$$= t^4 - 5t^2 + t + 4, \quad t \in [2, +\infty).$$

易判 $g(t)$ 在 $[2, +\infty)$ 上是增函数,故 $f(x,y)$ 有最小值为 $g(2) = 2$.

例 4.4.6 已知 $x \in (-\infty, -1]$,求函数 $y = x^2 + x\sqrt{x^2 - 1}$ 的最大值.

解 由 $y = x^2 + x\sqrt{x^2 - 1}$,得

$$2y = x^2 + 2x\sqrt{x^2 - 1} + (x^2 - 1) + 1 = \left(x + \sqrt{x^2 - 1}\right)^2 + 1.$$

因为 $x \in (-\infty, -1]$ 时,易知函数 $t(x) = x + \sqrt{x^2 - 1} = \dfrac{1}{x - \sqrt{x^2 - 1}}$ 是减函数,故 $-1 = t(-1) \leqslant t(x) < 0$,从而 $1 < 2y \leqslant 2$,即 $\dfrac{1}{2} < y \leqslant 1$,故所给函数的最大值为 1.

4.4.3 判别式法

在求解最值问题的过程中,若通过题设条件和代数变形可以得到一个关于某个变量的二次方程,则可利用一元二次方程有解的条件——判别式非负将问题解决.判别式法多用于求解分式函数和无理函数的最值问题.

例 4.4.7 设 $x,y \in \mathbf{R}$,且满足 $x^2 - 2xy + y^2 - \sqrt{2}x - \sqrt{2}y + 6 = 0$,求 $x + y$ 的最小值.

解 令 $t = x + y$,则 $y = t - x$,转为求 t 的最小值.将 $y = t - x$ 代入题设条件,化简整理得到 x 的一元二次方程

$$4x^2 - 4tx + t^2 - \sqrt{2}t + 6 = 0,$$

该方程有解,则 $\Delta = 16t^2 - 16(t^2 - \sqrt{2}t + 6) \geqslant 0$,即 $t \geqslant 3\sqrt{2}$,当且仅当 $x = y = \dfrac{3\sqrt{2}}{2}$ 时,等号成立,故 $x + y$ 的最小值为 $3\sqrt{2}$.

例 4.4.8 如果实数 x,y 满足等式 $(x-2)^2 + y^2 = 3$,求 $\dfrac{y}{x}$ 的最大值.

解 设 $k = \dfrac{y}{x}$,则 $y = kx$,代入 $(x-2)^2 + y^2 = 3$,整理得

$$(k^2 + 1)x^2 - 4x + 1 = 0,$$

该方程有解,则 $\Delta = 16 - 4(k^2 + 1) \geqslant 0$,得 $k \leqslant \sqrt{3}$,当且仅当 $x = \dfrac{1}{2}$,$y = \dfrac{\sqrt{3}}{2}$ 时,等号成立,所以 $\dfrac{y}{x}$ 的最大值为 $\sqrt{3}$.

例 4.4.9 若 $\log_4(x + 2y) + \log_4(x - 2y) = 1$,求 $|x| - |y|$ 的最小值.

解 由题意得

$$\begin{cases} x + 2y > 0, \\ x - 2y > 0, \\ (x + 2y)(x - 2y) = 4, \end{cases}$$

即

$$\begin{cases} x > 2|y| \geqslant 0, \\ x^2 - 4y^2 = 4. \end{cases}$$

基于对称性只考虑 $y \geqslant 0$ 的情形,又 $x > 0$,则即求 $x - y$ 的最小值.

设 $u = x - y$,则 $x = y + u$,代入 $x^2 - 4y^2 = 4$ 中,整理得

$$3y^2 - 2uy + 4 - u^2 = 0.$$

由 $\Delta = 4u^2 - 12(4 - u^2) \geqslant 0$ 知 $u \geqslant \sqrt{3}$,当且仅当 $x = \dfrac{4\sqrt{3}}{3}$,$y = \dfrac{\sqrt{3}}{3}$ 时,

等号成立,则 $|x| - |y|$ 的最小值为 $\sqrt{3}$.

4.4.4　换元法

换元法主要有代数换元和三角换元两种,代数换元的策略有减元代换、参数代换、整体代换、分母代换、常数代换和增量代换等,而三角换元则是由已知条件的结构联想三角恒等式进行代换,将代数问题转化为三角问题来解决.

例 4.4.10 设 $a_1, a_2, \cdots, a_{2013}$ 均为正实数,且 $\dfrac{1}{2 + a_1} + \dfrac{1}{2 + a_2} + \cdots + \dfrac{1}{2 + a_{2013}} = \dfrac{1}{2}$,求 $a_1 a_2 \cdots a_{2013}$ 的最小值.

解 设 $x_i = \dfrac{2}{2 + a_i}$,则 $a_i = \dfrac{2(1 - x_i)}{x_i}$,且 $\displaystyle\sum_{i=1}^{2013} x_i = 1$,所以

$$a_1 a_2 \cdots a_{2013} = 2^{2013} \cdot \frac{1}{x_1 x_2 \cdots x_{2013}} \cdot (x_2 + x_3 + \cdots + x_{2013})$$

$$\bullet (x_1 + x_3 + \cdots + x_{2013})\cdots(x_1 + x_2 + \cdots + x_{2012})$$

$$\geqslant 2^{2013} \cdot \frac{1}{x_1 x_2 \cdots x_{2013}} \cdot 2012 \sqrt[2012]{x_2 x_3 \cdots x_{2013}}$$

$$\cdot 2012 \sqrt[2012]{x_1 x_3 \cdots x_{2013}} \cdots 2012 \sqrt[2012]{x_1 x_2 \cdots x_{2012}}$$

$$= 2^{2013} \cdot 2012^{2013} = 4024^{2013},$$

当且仅当诸 a_i 皆为 4024 时,等号成立,故 $a_1 a_2 \cdots a_{2013}$ 的最小值为 4024^{2013}.

例 4.4.11 设 $a, b, c \in \mathbf{R}^+$,且 $abc + a + c = b$,求 $p = \dfrac{2}{a^2 + 1} - \dfrac{2}{b^2 + 1} + \dfrac{3}{c^2 + 1}$ 的最大值.

解 因 $a, b, c \in \mathbf{R}^+$,故可设 $a = \tan \alpha$,$b = \tan \beta$,$c = \tan \gamma$,其中 $\alpha, \beta, \gamma \in \left(0, \dfrac{\pi}{2}\right)$,由 $abc + a + c = b$ 得 $b = \dfrac{a + c}{1 - ac}$,即

$$\tan \beta = \frac{\tan \alpha + \tan \gamma}{1 - \tan \alpha \tan \gamma} = \tan(\alpha + \gamma), \quad \beta = \alpha + \gamma.$$

故

$$p = 2\cos^2 \alpha - 2\cos^2(\alpha + \gamma) + 3\cos^2 \gamma$$

$$= \cos 2\alpha + 1 - \cos(2\alpha + 2\gamma) - 1 + 3\cos^2 \gamma$$

$$= 2\sin \gamma \sin(2\alpha + \gamma) + 3\cos^2 \gamma$$

$$\leqslant 2\sin \gamma + 3\cos^2 \gamma$$

$$= -3\left(\sin \gamma - \frac{1}{3}\right)^2 + \frac{10}{3} \leqslant \frac{10}{3},$$

当且仅当 $\sin(2\alpha + \gamma) = 1$,$\sin \gamma = \dfrac{1}{3}$,即 $a = \dfrac{\sqrt{2}}{2}$,$b = \sqrt{2}$,$c = \dfrac{\sqrt{2}}{4}$ 时,p 取最大值 $\dfrac{10}{3}$.

例 4.4.12 已知 $x, y, z \in \mathbf{R}^+$，且 $xy + yz + zx = 1$，求 $\dfrac{1}{x^2+1} + \dfrac{1}{y^2+1} + \dfrac{z}{z^2+1}$ 的最大值.

解 在 $\triangle ABC$ 中，有恒等式 $\tan\dfrac{A}{2}\tan\dfrac{B}{2} + \tan\dfrac{B}{2}\tan\dfrac{C}{2} + \tan\dfrac{C}{2}\tan\dfrac{A}{2} = 1$，结合已知条件可令 $x = \tan\dfrac{A}{2}, y = \tan\dfrac{B}{2}, z = \tan\dfrac{C}{2}$，于是

$$\frac{1}{x^2+1} + \frac{1}{y^2+1} + \frac{z}{z^2+1}$$

$$= \frac{1}{\tan^2\dfrac{A}{2}+1} + \frac{1}{\tan^2\dfrac{B}{2}+1} + \frac{\tan\dfrac{C}{2}}{\tan^2\dfrac{C}{2}+1}$$

$$= \cos^2\frac{A}{2} + \cos^2\frac{B}{2} + \cos^2\frac{C}{2}\tan\frac{C}{2}$$

$$= 1 + \frac{1}{2}(\cos A + \cos B + \sin C)$$

$$= 1 + \cos\frac{A+B}{2}\cos\frac{A-B}{2} + \frac{1}{2}\sin C$$

$$\leqslant 1 + \sin\frac{C}{2} + \frac{1}{2}\sin C.$$

记 $f(C) = 1 + \sin\dfrac{C}{2} + \dfrac{1}{2}\sin C, C \in (0, \pi)$，则

$$f'(C) = \frac{1}{2}\left(\cos\frac{C}{2} + 1\right)\left(2\cos\frac{C}{2} - 1\right),$$

由导数的正负易判 $f(C) \leqslant f\left(\dfrac{2\pi}{3}\right) = 1 + \dfrac{3\sqrt{3}}{4}$，即

$$\frac{1}{x^2+1} + \frac{1}{y^2+1} + \frac{z}{z^2+1} \leqslant 1 + \frac{3\sqrt{3}}{4},$$

当且仅当 $x=y=2-\sqrt{3}$，$z=\sqrt{3}$ 时，等号成立，故其最大值为 $1+\dfrac{3\sqrt{3}}{4}$.

例 4.4.13　设 $x,y\geqslant 0$，$x+y=1$，求 $(x+1)\sqrt{y}+(y+1)\sqrt{x}$ 的最大值和最小值.

解　设 $x=\sin^2\theta$，$y=\cos^2\theta$，$\theta\in\left[0,\dfrac{\pi}{2}\right]$，则

$$(x+1)\sqrt{y}+(y+1)\sqrt{x}=(\sin^2\theta+1)\cos\theta+(\cos^2\theta+1)\sin\theta$$
$$=(\sin\theta\cos\theta+1)(\sin\theta+\cos\theta).$$

令 $\sin\theta+\cos\theta=t$，则 $1\leqslant t\leqslant\sqrt{2}$，且 $\sin\theta\cos\theta=\dfrac{t^2-1}{2}$，则

$$(\sin\theta\cos\theta+1)(\sin\theta+\cos\theta)=\left(\dfrac{t^2-1}{2}+1\right)t=\dfrac{1}{2}t^3+\dfrac{1}{2}t.$$

显然 $f(t)=\dfrac{1}{2}t^3+\dfrac{1}{2}t$ 在 $1\leqslant t\leqslant\sqrt{2}$ 上是增函数，所以 $1=f(1)\leqslant f(t)\leqslant f(\sqrt{2})=\dfrac{3\sqrt{2}}{2}$，即当 $\begin{cases}x=0,\\y=1\end{cases}$ 或 $\begin{cases}x=1,\\y=0\end{cases}$ 时，$(x+1)\sqrt{y}+(y+1)\sqrt{x}$ 取得最小值 1；当 $x=y=\dfrac{1}{2}$ 时，$(x+1)\sqrt{y}+(y+1)\sqrt{x}$ 取得最大值 $\dfrac{3\sqrt{2}}{2}$.

例 4.4.14　若 x,y,z 均为正实数，且 $x^2+y^2+z^2=1$，求 $S=\dfrac{(z+1)^2}{2xyz}$ 的最小值.

解　由 $x^2+y^2+z^2=1$，令 $x=\sin\varphi\cos\theta$，$y=\sin\varphi\sin\theta$，$z=\cos\varphi$，其中，$\theta,\varphi\in\left(0,\dfrac{\pi}{2}\right)$，则

$$S=\dfrac{(z+1)^2}{2xyz}=\dfrac{(1+\cos\varphi)^2}{\sin2\theta\sin^2\varphi\cos\varphi}\geqslant\dfrac{(1+\cos\varphi)^2}{\sin^2\varphi\cos\varphi}$$

$$\geqslant \frac{(1+\cos\varphi)^2}{\cos\varphi(1-\cos^2\varphi)} = \frac{1+\cos\varphi}{\cos\varphi(1-\cos\varphi)}.$$

令 $t = 1 + \cos\varphi \in (0,2)$，则

$$S \geqslant \frac{1+\cos\varphi}{\cos\varphi(1-\cos\varphi)} = \frac{t}{-t^2+3t-2} = \frac{1}{-\left(t+\dfrac{2}{t}\right)+3} \geqslant 3+2\sqrt{2},$$

当且仅当 $t = \sqrt{2}$，即 $\sin\theta = \sqrt{2}-1$ 时，等号成立.

4.4.5　数形结合法

对于部分最值问题，若按常规方法来解，往往显得比较繁杂，甚至根本无法解决.但若能够通过构造几何量或几何图形，利用几何性质或几何意义来求解，或许能达到事半功倍的效果，这就是数形结合的方法.

数形结合是数学中一种重要的思想方法，往往通过几何模型，以形助数，把代数问题转化为几何问题来求解，解法显得直观简捷.

例 4.4.15　用 $\min\{a,b,c\}$ 表示 a,b,c 三个数中的最小值，设

$$f(x) = \min\{2^x, x+2, 10-x\},$$

求 $f(x)$ 的最大值.

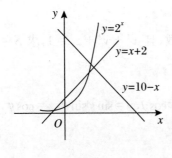

图 4.1

解　如图 4.1 所示，在同一坐标系中作出 $y=2^x, y=x+2, y=10-x$ 的图像.由题意知 $f(x)$ 的图像是这三个函数的图像在最下方的部分所组成的图形，由图知 $f(x)$ 图像的最高点是直线 $y=x+2$ 与 $y=10-x$ 的交点 $(4,6)$，故 $f(x)$ 的最大值为 $f(4)=6$.

例 4.4.16 求函数 $u = \left| 2t - 2\sqrt{4 - (t-2)^2} + 7 \right|$ 的最大值和最小值.

解 由 u 的结构我们联想出点到直线的距离公式,不妨设 $x = t$, $y = \sqrt{4 - (t-2)^2}$,则点 $P(x, y)$ 为半圆 $(x-2)^2 + y^2 = 4$($y \geqslant 0$)上的动点,此时

$$u = |2x - 2y + 7| = \sqrt{2^2 + (-2)^2} \cdot \frac{|2x - 2y + 7|}{\sqrt{2^2 + (-2)^2}}.$$

记 $z = \dfrac{|2x - 2y + 7|}{\sqrt{2^2 + (-2)^2}}$,则 z 表示动点 P 到直线 $2x - 2y + 7 = 0$ 的距离,如图 4.2 所示.显然,z 的最大值为 BD,最小值为 CE.易求 $BD = \dfrac{15\sqrt{2}}{4}$,$CE = \dfrac{11\sqrt{2}}{4} - 2$,所以 u 的最大值为 15,最小值为 $11 - 4\sqrt{2}$.

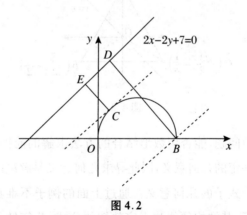

图 4.2

例 4.4.17 求函数 $y = \sqrt{2x^2 - 2x + 1} + \sqrt{2x^2 - (\sqrt{3}-1)x + 1}$ $+ \sqrt{2x^2 + (\sqrt{3}+1)x + 1}$ 的最小值.

解 根据两点间的距离公式,变形得

$$y = \sqrt{(x-0)^2 + (x-1)^2} + \sqrt{\left(x - \frac{\sqrt{3}}{2}\right)^2 + \left(x + \frac{1}{2}\right)^2}$$

$$+ \sqrt{\left(x + \frac{\sqrt{3}}{2}\right)^2 + \left(x + \frac{1}{2}\right)^2}.$$

如图 4.3 所示，y 表示动点 $P(x,x)$ 到三点 $A(0,1)$，$B\left(\frac{\sqrt{3}}{2}, -\frac{1}{2}\right)$，$C\left(-\frac{\sqrt{3}}{2}, -\frac{1}{2}\right)$ 的距离之和，故当 P 为 △ABC 的费马点时，$y = |PA| + |PB| + |PC|$ 最小；又判断知 △ABC 为等边三角形，故其费马点为其中心，即坐标原点 O. 于是 y 的最小值为 3，当且仅当 $x = 0$ 时取得.

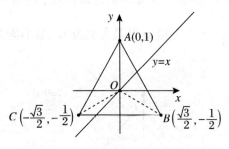

图 4.3

对于最值问题，能否用数形结合的方法求解的前提是要求的式子是否具有一定的几何意义，因此寻求几何意义是解决问题的关键. 如何分析一个式子的几何意义？通过上面的例子不难看出：对于比较简单的式子，其结构往往与大家熟知的公式、几何量、曲线方程等类似；对于复杂的式子，要得到其几何意义较为困难，这时不但要灵活运用几何知识，还要发挥创造性，由表达式的部分几何意义联想出整体或其余部分的几何意义.

虽然能够用几何方法来解决的函数最值问题只有一小部分，但这种方法的使用,不但能够较为简捷地解决问题,而且对于培养从几何直观上思考问题的思维习惯,增强思维的灵活性,开拓解题思路,提高解题能力,也是大有裨益的.

4.4.6　导数法

最值问题最终往往要转化为函数的最值问题,通过求导的方法考察函数的单调性,进而求得函数的最值,于是原最值问题得解.

例 4.4.18　求函数 $f(x) = x^5 - 5x^4 + 5x^3 + 1$ 在区间 $[-1,2]$ 上的最值.

解　依题意, $f'(x) = 5x^4 - 20x^3 + 15x^2 = 5x^2(x-1)(x-3)$, $x \in [-1,2]$. 由导函数的正负情况易知 $f(x)$ 在 $[-1,1]$ 上为增函数,在 $[1,2]$ 上为减函数,故有最大值 $f(1) = 2$, 又 $f(-1) = -10$, $f(2) = -7$, 故 $f(x)$ 的最小值为 -10.

能否不判断函数的单调性而直接求得最值呢? 由连续函数在 $[a,b]$ 上的性质,若函数 $f(x)$ 在闭区间 $[a,b]$ 上连续,则 $f(x)$ 在 $[a,b]$ 上一定有最大、最小值,这就为我们求连续函数的最大、最小值提供了理论保证. 若函数 $f(x)$ 的最大(小)值点 x_0 在区间 (a,b) 内,则 x_0 必定是 $f(x)$ 的极大(小)值点;又若 $f(x)$ 在 x_0 可导,则 x_0 还是一个稳定点. 所以我们只要比较 $f(x)$ 在所有稳定点、不可导点和区间端点上的函数值,就能从中找到 $f(x)$ 在 $[a,b]$ 上的最大值与最小值. 下面举例说明这个求解过程.

例 4.4.19　求函数 $f(x) = |2x^3 - 9x^2 + 12x|$ 在闭区间 $\left[-\dfrac{1}{4}, \dfrac{5}{2}\right]$ 上的最大值与最小值.

解　函数 $f(x)$ 在闭区间 $\left[-\dfrac{1}{4}, \dfrac{5}{2}\right]$ 上连续,故必存在最大值与

最小值. 由于

$$f(x) = |2x^3 - 9x^2 + 12x|$$
$$= |x(2x^2 - 9x + 12)|$$
$$= \begin{cases} -x(2x^2 - 9x + 12), & -\dfrac{1}{4} \leqslant x \leqslant 0, \\ x(2x^2 - 9x + 12), & 0 < x \leqslant \dfrac{5}{2}, \end{cases}$$

因此

$$f'(x) = \begin{cases} -6x^2 + 18x - 12, & -\dfrac{1}{4} \leqslant x < 0 \\ 6x^2 - 18x + 12, & 0 < x \leqslant \dfrac{5}{2} \end{cases}$$
$$= \begin{cases} -6(x-1)(x-2), & -\dfrac{1}{4} \leqslant x < 0, \\ 6(x-1)(x-2), & 0 < x \leqslant \dfrac{5}{2}. \end{cases}$$

又因 $f'(0-0) = -12, f'(0+0) = 12$,所以由导数极限定理推知函数在 $x = 0$ 处不可导. 求出函数 $f(x)$ 在稳定点 $x = 1, 2$,不可导点 $x = 0$,以及端点 $x = -\dfrac{1}{4}, \dfrac{5}{2}$ 处的函数值分别为 $f(1) = 5, f(2) = 4$, $f(0) = 0, f\left(-\dfrac{1}{4}\right) = \dfrac{115}{32}, f\left(\dfrac{5}{2}\right) = 5$. 所以函数 $f(x)$ 在 $x = 0$ 处取最小值 0,在 $x = 1$ 和 $x = \dfrac{5}{2}$ 处取得最大值 5.

4.4.7　不等式法

不等式始终贯穿在整个中学数学中,具有一定的"工具性"作用,它与其他知识联系紧密,和最值问题的联系更为紧密,在涉及量的范围及最值问题中常常用到不等式的相关知识.

中学中常用的不等式有均值不等式、柯西不等式、排序不等式、切比雪夫不等式和琴生不等式,它们在求函数最值问题中均有广泛应用.

例 4.4.20 设 x, y, z 为正实数,满足 $x - 2y + 3z = 0$,求 $\dfrac{y^2}{xz}$ 的最小值.

解 **方法 1** 考虑直接运用均值不等式,由已知 $x - 2y + 3z = 0$,得 $2y = x + 3z \geqslant 2\sqrt{3xz}$,即 $y \geqslant \sqrt{3xz}$,两端平方即得 $\dfrac{y^2}{xz} \geqslant 3$,当且仅当 $x = y = 3z$ 时,等号成立,故 $\dfrac{y^2}{xz}$ 的最小值为 3.

方法 2 考虑消去其中某一变量后再利用均值不等式,由已知 $x - 2y + 3z = 0$,得 $y = \dfrac{x + 3z}{2}$,故

$$\frac{y^2}{xz} = \frac{(x + 3z)^2}{4xz} = \frac{1}{4} \times \left[\left(\frac{x}{z} + \frac{9z}{x} \right) + 6 \right]$$

$$\geqslant \frac{1}{4} \times \left(2\sqrt{\frac{x}{z} \cdot \frac{9z}{x}} + 6 \right) = 3,$$

当且仅当 $x = y = 3z$ 时,等号成立,故 $\dfrac{y^2}{xz}$ 的最小值为 3.

方法 3 考虑把条件往结论的形式上靠拢后利用均值不等式,由已知 $x - 2y + 3z = 0$,得

$$2 = \frac{x}{y} + \frac{3z}{y} \geqslant 2\sqrt{\frac{x}{y} \cdot \frac{3z}{y}} = 2\sqrt{\frac{3xz}{y^2}},$$

所以 $\dfrac{y^2}{xz} \geqslant 3$,当且仅当 $x = y = 3z$ 时,等号成立,故 $\dfrac{y^2}{xz}$ 的最小值为 3.

例 4.4.21 求函数 $y = \dfrac{225}{4\sin^2 x} + \dfrac{2}{\cos x}$ 在 $x \in \left(0, \dfrac{\pi}{2} \right)$ 上的最

小值.

解 因为 $x \in \left(0, \frac{\pi}{2}\right)$，所以 $\sin x > 0, \cos x > 0$，设 $k > 0$，则

$$y = \frac{225}{4\sin^2 x} + \frac{2}{\cos x}$$

$$= \left(\frac{225}{4\sin^2 x} + k\sin^2 x\right) + \left(k\cos^2 x + \frac{1}{\cos x} + \frac{1}{\cos x}\right) - k$$

$$\geqslant 15\sqrt{k} + 3\sqrt[3]{k} - k,$$

其中等号当且仅当

$$\begin{cases} \dfrac{225}{4\sin^2 x} = k\sin^2 x, \\ k\cos^2 x = \dfrac{1}{\cos x} \end{cases} \quad 即 \quad \begin{cases} \sin^4 x = \dfrac{225}{4k}, \\ \cos^3 x = \dfrac{1}{k} \end{cases} \quad 也即 \quad \begin{cases} \sin^2 x = \dfrac{15}{2\sqrt{k}}, \\ \cos^2 x = \dfrac{1}{\sqrt[3]{k^2}} \end{cases}$$

时成立，此时 $\dfrac{15}{2\sqrt{k}} + \dfrac{1}{\sqrt[3]{k^2}} = 1$. 设 $\dfrac{1}{k} = t^6$，则 $2t^4 + 15t^3 - 2 = 0$，即

$(2t-1)(t^3 + 8t^2 + 4t + 2) = 0$，注意到 $\begin{cases} \sin^2 x = \dfrac{15}{2\sqrt{k}} \leqslant 1, \\ \cos^2 x = \dfrac{1}{\sqrt[3]{k^2}} \leqslant 1, \end{cases}$ 判断知

满足限制条件的根只有 $t = \dfrac{1}{2}$.

当 $t = \dfrac{1}{2}$ 时，$k = \dfrac{1}{t^6} = 64$，此时等号成立，即 $y \geqslant 15\sqrt{64} + 3\sqrt[3]{64}$

$-64 = 68$.

例 4.4.22 已知 $x, y, z \in \left(0, \dfrac{\pi}{2}\right)$，且 $x + y + z = \dfrac{\pi}{2}$，求 $\tan x \tan y \tan z$ 的最大值.

解 由 $x + y + z = \dfrac{\pi}{2}$ 得

$$\frac{1}{\tan z} = \tan\left(\frac{\pi}{2} - z\right) = \tan(x + y) = \frac{\tan x + \tan y}{1 - \tan x \tan y},$$

整理得 $\tan x \tan y + \tan y \tan z + \tan z \tan x = 1$，结合均值不等式有 1

$\geqslant 3\sqrt[3]{\tan^2 x \, \tan^2 y \, \tan^2 z}$，即 $\tan x \tan y \tan z \leqslant \dfrac{\sqrt{3}}{9}$，当且仅当 $x = y = z$

$= \dfrac{\pi}{6}$ 时，等号成立，故 $\tan x \tan y \tan z$ 的最大值为 $\dfrac{\sqrt{3}}{9}$.

例 4.4.23　如图 4.4 所示，在某机械设计中，已知 $AB = AC = a$，$CD \perp BD$，$\angle CAD = \theta$，则当 θ 为何值时，$\triangle BDC$ 的面积最大，并求出最大值.

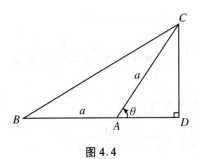

图 4.4

解　在 $\mathrm{Rt}\triangle CAD$ 中，$AD = a\cos\theta$，$CD = a\sin\theta$，则

$$S_{\triangle BDC} = \frac{1}{2} CD \cdot BD = \frac{1}{2} a\sin\theta(a + a\cos\theta) = \frac{a^2}{2}\sin\theta(1 + \cos\theta)$$

因

$$\sin^2\theta \, (1 + \cos\theta)^2 = \frac{1}{3}(3 - 3\cos\theta)(1 + \cos\theta)^3$$

$$\leqslant \frac{1}{3}\left[\frac{(3 - 3\cos\theta) + 3(1 + \cos\theta)}{4}\right]^4 = \frac{27}{16},$$

故 $\sin\theta(1 + \cos\theta) \leqslant \dfrac{3\sqrt{3}}{4}$，$S_{\triangle BDC} \leqslant \dfrac{3\sqrt{3}}{8} a^2$，当且仅当 $3 - 3\cos\theta = 1 +$

$\cos\theta$,即 $\cos\theta = \dfrac{1}{2}$,$\theta = \dfrac{\pi}{3}$ 时,等号成立,此时 $\triangle BDC$ 的面积有最大值 $\dfrac{3\sqrt{3}}{8}a^2$.

例 4.4.24　已知 $x,y,z \in \mathbf{R}^+$,且 $\dfrac{1}{x} + \dfrac{4}{y} + \dfrac{9}{z} = 1$,求 $x+y+z$ 的最小值.

解　由柯西不等式得 $1 = \dfrac{1^2}{x} + \dfrac{2^2}{y} + \dfrac{3^2}{z} \geqslant \dfrac{(1+2+3)^2}{x+y+z}$,即 $x+y+z \geqslant 36$,当且仅当 $x = 6$,$y = 12$,$z = 18$ 时,等号成立,即 $x+y+z$ 的最小值为 36.

例 4.4.25　已知 θ,φ 是锐角,求

$$y = \frac{4}{\sin^2\theta} + \frac{9}{\cos^2\theta\,\sin^2\varphi\,\cos^2\varphi}$$

的最小值.

解　由柯西不等式得

$$
\begin{aligned}
y &= \frac{4}{\sin^2\theta} + \frac{9}{\cos^2\theta\,\sin^2\varphi\,\cos^2\varphi} \\
&= \frac{4}{\sin^2\theta} + \frac{9}{\cos^2\theta\,\cos^2\varphi} + \frac{9}{\cos^2\theta\,\sin^2\varphi} \\
&\geqslant \frac{(2+3+3)^2}{\sin^2\theta + \cos^2\theta\,\cos^2\varphi + \cos^2\theta\,\sin^2\varphi} = 64,
\end{aligned}
$$

当且仅当 $\theta = \dfrac{\pi}{6}$,$\varphi = \dfrac{\pi}{4}$ 时,等号成立,故 y 的最小值为 64.

例 4.4.26　设非负实数 $a_1, a_2, \cdots, a_n$ 满足 $a_1 + a_2 + \cdots + a_n = 1$,试求 $\dfrac{a_1}{1 + a_2 + a_3 + \cdots + a_n} + \dfrac{a_2}{1 + a_1 + a_3 + \cdots + a_n} + \cdots + \dfrac{a_n}{1 + a_1 + a_2 + \cdots + a_{n-1}}$ 的最小值.

解　由对称性不妨设 $0 \leqslant a_1 \leqslant a_2 \leqslant \cdots \leqslant a_n \leqslant 1$,则

$$0 < \frac{1}{2-a_1} \leqslant \frac{1}{2-a_2} \leqslant \cdots \leqslant \frac{1}{2-a_n} \leqslant 1.$$

于是由切比雪夫不等式和柯西不等式得

$$\frac{a_1}{1+a_2+a_3+\cdots+a_n} + \frac{a_2}{1+a_1+a_3+\cdots+a_n}$$

$$+ \cdots + \frac{a_n}{1+a_1+a_2+\cdots+a_{n-1}}$$

$$= \frac{a_1}{2-a_1} + \frac{a_2}{2-a_2} + \cdots + \frac{a_n}{2-a_n}$$

$$\geqslant \frac{1}{n}(a_1+a_2+\cdots+a_n)\left(\frac{1}{2-a_1}+\frac{1}{2-a_2}+\cdots+\frac{1}{2-a_n}\right)$$

$$\geqslant \frac{1}{n} \cdot \frac{n^2}{2n-(a_1+a_2+\cdots+a_n)} = \frac{n}{2n-1},$$

当且仅当诸 a_i 均为 $\frac{1}{n}$ 时,等号成立,故所求的最小值为 $\frac{n}{2n-1}$.

以上,我们只是从方法的分类与归纳角度对函数与最值问题做了一些探讨,当然方法是多种多样的,是千变万化的,更多的方法有赖于我们在以后的学习中发现和总结.

值得注意的是,在解决函数值域与最值问题时,如果仅仅掌握以上所给出的方法,而不能理解并把握各种方法所需的条件是不够的;我们需要吃透各种方法的本质,明白其道理,熟练求解最值问题的基本套路,这样在遇到相关问题时才能形成快速准确的解题策略.当然想到综合运用各种方法的境界,则需要多做题目,善于总结,日积月累,从量变到质变,不断提升自己.

第 5 章 函数的图像

函数图像是函数的对应法则的直观体现.将图像应用于解题的第一步就是作出图像,描点法是一种基本的作图方法.基本初等函数的图像都是通过描点法作出的.对于比较复杂的函数的图像,多是由基本初等函数的图像通过变换而得到的.

变换就是映射.由函数 $f(x)$ 的图像经过变换得到函数 $g(x)$ 的图像,就是对于 $f(x)$ 的图像上的任一点 P,通过对应法则,找到 $g(x)$ 图像上与它对应的点 P',这个对应法则就是变换.

5.1 平移变换

这里只讨论把图形沿坐标轴(x 轴或 y 轴)平行移动一定距离的问题,而不讨论沿任意直线的平行移动.

5.1.1 沿 x 轴方向平移

设函数 $f(x)$ 的图像上任意一点 $M(x_1, y_1)$,沿 x 轴方向向右平移 a 个单位所得到的点为 $Q(x, y)$,如图 5.1 所示.则

$$\begin{cases} x = x_1 + a, \\ y = y_1, \end{cases} \text{即} \begin{cases} x_1 = x - a, \\ y_1 = y. \end{cases}$$

因为点 $M(x_1, y_1)$ 在 $f(x)$ 的图像上,所以 $y = y_1 = f(x_1) =$

$f(x-a)$，即点 $Q(x,y)$ 在函数 $y = f(x-a)$ 的图像上.

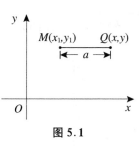

定理1 把函数 $y = f(x)$ 的图像沿 x 轴方向向右平移 a 个单位，就得到函数 $y = f(x-a)$ 的图像.

图 5.1

说明 如果 $a < 0$，"沿 x 轴方向向右平移 a 个单位"就是指向左平移 $|a|$ 个单位.

5.1.2 沿 y 轴方向平移

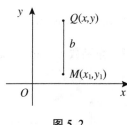

图 5.2

设函数 $f(x)$ 的图像上任意一点 $M(x_1, y_1)$，沿 y 轴方向向上平移 b 个单位所得到的点为 $Q(x,y)$，如图 5.2 所示. 则

$$\begin{cases} x = x_1, \\ y = y_1 + b, \end{cases} \quad 即 \quad \begin{cases} x_1 = x, \\ y_1 = y - b. \end{cases}$$

因为点 $M(x_1, y_1)$ 在 $f(x)$ 的图像上，所以 $y - b = y_1 = f(x_1) = f(x)$，即点 $Q(x,y)$ 在函数 $y = f(x) + b$ 的图像上.

定理2 把函数 $y = f(x)$ 的图像沿 y 轴方向向上平移 b 个单位，就得到函数 $y = f(x) + b$ 的图像.

说明 如果 $b < 0$，"沿 y 轴方向向上平移 b 个单位"就是指向下平移 $|b|$ 个单位.

例 5.1.1 作函数 $y = 2^{x-3}$ 的图像.

解 先作函数 $y = 2^x$ 的图像. 把它沿 x 轴方向向右平移 3 个单位，便得到函数 $y = 2^{x-3}$ 的图像，如图 5.3 所示.

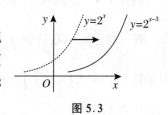

图 5.3

例 5.1.2　作函数 $y = 2 - \dfrac{1}{x}$ 的图像.

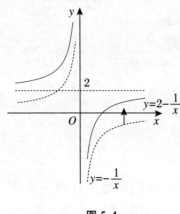

图 5.4

解　函数的定义域为 $(-\infty, 0) \bigcup (0, +\infty)$,先作出函数 $y = -\dfrac{1}{x}$ 的图像,这是一条双曲线,它的两支分别位于第二和第四象限.再将 $y = -\dfrac{1}{x}$ 的图像沿 y 轴向上平移 2 个单位就可得到函数 $y = 2 - \dfrac{1}{x}$ 的图像,如图 5.4 所示.

例 5.1.3　作函数 $y = \lg(x+2) - 1$ 的图像.

解　函数的定义域为 $(-2, +\infty)$,先作出函数 $y_1 = \lg x$ 的图像,再沿 x 轴向左平移 2 个单位得到 $y_2 = \lg(x+2)$ 的图像,再将 $y_2 = \lg(x+2)$ 的图像沿 y 轴向下平移 1 个单位得到 $y_3 = \lg(x+2) - 1$ 的图像,如图 5.5 所示.

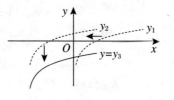

图 5.5

例 5.1.4　作函数 $y = \sin\left(2x - \dfrac{\pi}{3}\right)$ 的图像.

解　将已知函数化为 $y = \sin 2\left(x - \dfrac{\pi}{6}\right)$.显然,对于每个 $x = x_0$ 时函数 $y = \sin 2\left(x - \dfrac{\pi}{6}\right)$ 的值,等于对应于自变量 $x = x_0 - \dfrac{\pi}{6}$ 时

$y = \sin 2x$ 的函数值.因此,要作出

$y = \sin\left(2x - \dfrac{\pi}{3}\right)$ 的图像,只要作

出 $y = \sin 2x$ 的图像,然后把它沿

x 轴向右平移 $\dfrac{\pi}{6}$ 个单位就行了,

如图 5.6 所示.

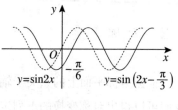

图 5.6

例 5.1.4 的方法可用来获得函数 $y = f(\omega x + \varphi)(\omega \neq 0, \varphi$ 是常

数)的图像.这只要先画出函数 $y = f(\omega x)$ 的图像.然后,如果 $\dfrac{\varphi}{\omega} < 0$,

那么将 $y = f(\omega x)$ 的图像沿 x 轴向右平移 $\left|\dfrac{\varphi}{\omega}\right|$ 个单位;如果 $\dfrac{\varphi}{\omega} > 0$,

那么将 $y = f(\omega x)$ 的图像沿 x 轴向左平移 $\dfrac{\varphi}{\omega}$ 个单位.

例 5.1.5 作函数 $y = \lg(2x + 1)$ 的图像.

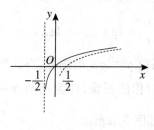

图 5.7

解 函数的定义域为

$\left(-\dfrac{1}{2}, +\infty\right)$,先作出函数 $y = \lg 2x$ 的

图像,再将其沿 x 轴向左平移 $\dfrac{1}{2}$ 个单

位,即得函数 $y = \lg(2x + 1)$ 的图像,如

图 5.7 所示.

应用平移变换可以描绘周期函数

的图像,设 $f(x)$ 是周期函数,它的周期是 T,那么对于一切 x,我们

有 $f(x + kT) = f(x)(k \in \mathbf{Z})$.

这样我们只要先作出长度等于 T 的区间上的函数 $f(x)$ 的图像,

然后沿 x 轴方向平移 $|k|T$ 个单位,即得到函数 $f(x)$ 的全部图像.

5.2　对称变换

根据坐标平面上的点关于轴对称、原点对称和直线对称的原理，我们可以得出对称变换的下列定理及描述.

5.2.1　关于 x 轴对称的定理

定理 1　函数 $y = f(x)$ 的图像和函数 $y = -f(x)$ 的图像是关于 x 轴对称的.

根据这个定理，如果已知函数 $y = f(x)$ 的图像，作出它关于 x 轴的对称图形，就是 $y = -f(x)$ 的图像.

例 5.2.1　作出函数 $y = \lg \dfrac{1}{x}$ 的图像.

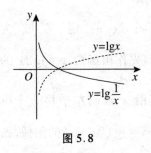

图 5.8

解　因为

$$y = \lg \frac{1}{x} = \lg x^{-1} = -\lg x,$$

所以先作出函数 $y = \lg x$ 的图像，再作出它关于 x 轴对称的图像，即为函数 $y = \lg \dfrac{1}{x}$ 的图像，如图 5.8 所示.

5.2.2　关于 y 轴对称的定理

定理 2　函数 $y = f(x)$ 的图像和函数 $y = f(-x)$ 的图像是关于 y 轴对称的.

根据这个定理，如果已知函数 $y = f(x)$ 的图像，作出它关于 y 轴的对称图形，就是 $y = f(-x)$ 的图像.

例 5.2.2　作出函数 $y = \sqrt{-x}$ 的图像.

解　先作出函数 $y = \sqrt{x}$ 的图像,再作出它关于 y 轴对称的图像,即为函数 $y = \sqrt{-x}$ 的图像,如图 5.9 所示.

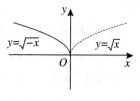

图 5.9

例 5.2.3　证明函数 $y = x^2 - x + 1$ 与 $y = x^2 + x + 1$ 的图像关于 y 轴对称.

证明　设 $f(x) = x^2 - x + 1$,则

$$f(-x) = (-x)^2 - (-x) + 1 = x^2 + x + 1 = f(x),$$

所以函数 $y = x^2 - x + 1$ 与 $y = x^2 + x + 1$ 的图像关于 y 轴对称.

5.2.3　关于原点对称的定理

定理 3　函数 $y = f(x)$ 的图像和函数 $y = -f(-x)$ 的图像是关于原点对称的.

根据这个定理,如果已知函数 $y = f(x)$ 的图像,作出它关于原点的对称图形,就是 $y = -f(-x)$ 的图像.

例 5.2.4　作出函数 $y = -a^{-x}(a > 1)$ 的图像.

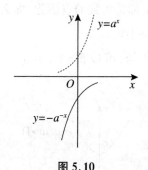

图 5.10

解　先作出函数 $y = a^x (a > 1)$ 的图像,再作出它关于原点对称的图像,即得函数 $y = -a^{-x}(a > 1)$ 的图像,如图 5.10 所示.

应当注意,函数 $y = -f(-x)$ 的图像也可以由以下方法得到:作函数 $y = f(x)$ 的图像,再作它关于 x 轴的对称图形,得函数 $y = -f(x)$ 的图像,最后作函数 $y = $

$-f(x)$的图像关于 y 轴的对称图像,就得到函数 $y = -f(-x)$ 的图像.

此外,利用对称法,由已知函数 $y = f(x)$ 的图像,还可以求出函数 $y = |f(x)|$ 及 $y = f(|x|)$ 的图像.

事实上,由于

$$y = |f(x)| = \begin{cases} f(x), & f(x) \geqslant 0, \\ -f(x), & f(x) < 0. \end{cases}$$

所以我们把函数 $y = f(x)$ 图像上纵坐标不是负数的点的位置保持不变,而将纵坐标是负数的点变换成关于 x 轴的对称点,那么这些点组成的图形,就是函数 $y = |f(x)|$ 的图像.

例如,由 $y = \lg x$ 的图像,可以得到 $y = |\lg x|$ 的图像,如图5.11所示.

由于

$$y = f(|x|) = \begin{cases} f(x), & x \geqslant 0, \\ f(-x), & x < 0, \end{cases}$$

所以,我们把函数 $y = f(x)$ 图像上横坐标不是负数的点的位置不变,并作出这些点关于 y 轴的对称点,而将横坐标是负数的点擦除,那么剩下点组成的图形就是函数 $y = f(|x|)$ 的图像.

例如,由指数函数 $y = a^x (a > 1)$ 的图像,可以得到 $y = a^{|x|}$ $(a > 1)$ 的图形,如图 5.12 所示.

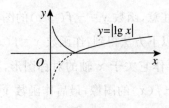

图 5.11

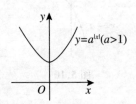

图 5.12

5.2.4 关于直线 $y = a$ 对称

函数 $y = f(x) + a$ 的图像与 $y = -f(x) + a$ 的图像关于直线 $y = a$ 对称.

例如,函数 $y = \sqrt{2-x}$ 和 $y = 4 - \sqrt{2-x}$ 的图像是关于直线 $y = 2$ 对称的.

事实上,$y = \sqrt{2-x} = 2 + (\sqrt{2-x} - 2)$,$y = 4 - \sqrt{2-x} = 2 - (\sqrt{2-x} - 2)$,所以它们的图像是关于直线 $y = 2$ 对称的,如图 5.13 所示.

5.2.5 关于直线 $x = a$ 对称

函数 $y = f(x - a)$ 的图像与 $y = f(-x + a)$ 的图像关于直线 $x = a$ 对称.

例如,函数 $y = \lg(1-x)$ 和 $y = \lg(x-1)$ 的图像是关于直线 $x = 1$ 对称的,如图 5.14 所示.

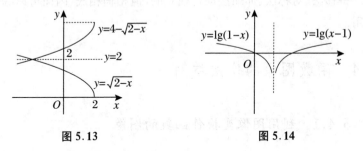

图 5.13 图 5.14

5.3 伸缩变换

对于函数 $y = f(x)$ 的图像.

1. 若各点的纵坐标不变,横坐标扩大 $(0 < \omega < 1)$ 或缩小 $(\omega > 1)$ 到原来的 $\dfrac{1}{\omega}$ 倍,得到函数 $y = f(\omega x)$ $(\omega > 0)$ 的图像.

2. 若各点的横坐标保持不变,纵坐标扩大 ($A>1$) 或缩小 ($0<A<1$) 到原来的 A 倍,得到函数 $y=Af(x)(A>0)$ 的图像.

例 5.3.1　作出函数 $y=\lg x^2(x>0)$ 的图像.

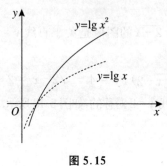

图 5.15

解　因为 $x>0$,于是 $y=\lg x^2=2\lg x$,所以把函数 $y=\lg x$ 的图像上每点的纵坐标扩大为原来的 2 倍(横坐标不变),即得函数 $y=\lg x^2$ ($x>0$) 的图像,如图 5.15 所示.

例 5.3.2　函数 $y=\lg 2x$ 与 $y=\lg x$ 的图像之间有什么关系?

解　函数 $y=\lg 2x$ 的图像是将函数 $y=\lg x$ 的图像上每点的横坐标缩小为原来的 $\dfrac{1}{2}$ (纵坐标不变)得到.这是因为 $y=\lg 2x=\lg\dfrac{x}{1/2}$ 的缘故.

平移法、对称法、伸缩法都是独立的,但相辅相成,因而可以综合使用.

5.4　函数图像的作法举例

5.4.1　利用图像变换作函数的图像

例 5.4.1　作函数 $y=\log_4(-x)$ 的图像.

解　函数的定义域为 $(-\infty,0)$. 作出函数 $y=\log_4 x$ 的图像,再将该图像关于 y 轴对称,即得函数 $y=\log_4(-x)$ 的图像,如图 5.16

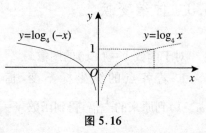

图 5.16

所示.

例 5.4.2　作函数 $y = \dfrac{-x+5}{3x-2}$ 的图像.

解　将已知函数进行如下变形,得

$$y = \frac{-x+5}{3x-2} = \frac{-\dfrac{1}{3}(3x-2)+\dfrac{13}{3}}{3x-2} = -\frac{1}{3} + \frac{\dfrac{13}{9}}{x - \dfrac{2}{3}}.$$

显然,此函数的图像是函数 $y = \dfrac{13/9}{x}$ 的图像经过下列变换得到的:

(1) 将其沿 x 轴向右平移 $\dfrac{2}{3}$ 个单位,得到函数 $y = \dfrac{13/9}{x - \dfrac{2}{3}}$ 的图像;

(2) 将函数 $y = \dfrac{13/9}{x - \dfrac{2}{3}}$ 的图像向下平移 $\dfrac{1}{3}$ 个单位,得到 $y = -\dfrac{1}{3} +$

$\dfrac{13/9}{x - \dfrac{2}{3}}$ 的图像,即 $y = \dfrac{-x+5}{3x-2}$ 的图像,如图 5.17 所示.

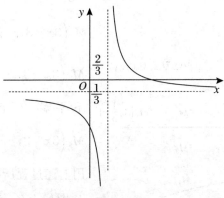

图 5.17

例 5.4.3　作函数 $y = -\dfrac{1}{3} \cdot 2^{\frac{1}{3}x+1} - 2$ 的图像.

解　函数 $y = -\dfrac{1}{3} \cdot 2^{\frac{1}{3}x+1} - 2$ 的图像是函数 $y = 2^x$ 的图像经过

下列变换得到的：$y = 2^x \xrightarrow[\text{原来的 3 倍（纵坐标不变）}]{\text{所有点横坐标伸长为}} y = 2^{\frac{x}{3}}$

$\xrightarrow[\text{原来的} \frac{1}{3} \text{倍（横坐标不变）}]{\text{所有点纵坐标缩短为}} y = \dfrac{1}{3} \cdot 2^{\frac{x}{3}} \xrightarrow{\text{沿 } x \text{ 轴向左平移 3 个单位}} y = \dfrac{1}{3} \cdot$

$2^{\frac{x}{3}+1} \xrightarrow{\text{关于 } x \text{ 轴对称}} y = -\dfrac{1}{3} \cdot 2^{\frac{x}{3}+1} \xrightarrow{\text{沿 } y \text{ 轴向下平移 2 个单位}} y = -\dfrac{1}{3} \cdot$

$2^{\frac{x}{3}+1} - 2.$

作图的过程就是：(1) 函数 $y = 2^x$ 的图像上的点 $M(x, y)$ 的横

坐标变为原来的 3 倍（纵坐标不变）得点 $M_0(3x, y)$；(2) 将

$M_0(3x, y)$ 的纵坐标变为原来的 $\dfrac{1}{3}$ 倍（横坐标不变），得到点

$M_1\left(3x, \dfrac{1}{3}y\right)$；(3) 将 $M_1\left(3x, \dfrac{1}{3}y\right)$ 向左平移 3 个单位得到,得到点

$M_2\left(3x-3, \dfrac{y}{3}\right)$；(4) 将 $M_2\left(3x-3, \dfrac{y}{3}\right)$ 关于 x 轴对称得到

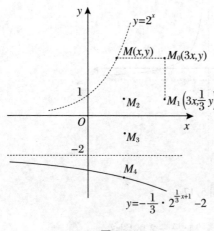

图 5.18

$M_3\left(3x-3, -\dfrac{y}{3}\right)$；(5) 将 $M_3\left(3x-3, -\dfrac{y}{3}\right)$ 沿 y 轴向下平移 2 个单位得到 $M_4\left(3x-3, -\dfrac{y}{3}-2\right)$；(6) 将用上述过程所得到的与 $y = 2^x$ 图像上各点对应的点,用平滑的曲线连接起来,即得所求图像,如图 5.18 所示.

例 5.4.4　作函数 $y = -2\lg\left(-\dfrac{1}{3}x + 1\right) - 2$ 的图像.

解　将函数变形为 $y = -2\lg\left(-\left(\dfrac{1}{3}x - 1\right)\right) - 2$，其图像是由函数 $y = \lg x$ 的图像经过下列变换得到的：

$$y = \lg x \xrightarrow[\text{原来的 3 倍（纵坐标不变）}]{\text{所有点横坐标伸长为}} y = \lg\left(\dfrac{1}{3}x\right)$$

$$\xrightarrow[]{\text{沿 } x \text{ 轴向右平移 3 个单位}} y = \lg\left(\dfrac{1}{3}x - 1\right)$$

$$\xrightarrow[]{\text{关于直线 } x = 3 \text{ 轴对称}} y = \lg\left(-\left(\dfrac{1}{3}x - 1\right)\right)$$

$$\xrightarrow[\text{原来的 2 倍（横坐标不变）}]{\text{所有点纵坐标伸长为}} y = 2\lg\left(-\left(\dfrac{1}{3}x - 1\right)\right)$$

$$\xrightarrow[]{\text{关于 } y \text{ 轴对称}} y = -2\lg\left(-\left(\dfrac{1}{3}x - 1\right)\right)$$

$$\xrightarrow[]{\text{沿 } y \text{ 轴向下平移 2 个单位}} y = -2\lg\left(-\left(\dfrac{1}{3}x - 1\right)\right) - 2.$$

如图 5.19 所示，函数图像与两坐标轴的交点为 $(0, -2)$ 和 $\left(\dfrac{27}{10}, 0\right)$.

例 5.4.5　作函数 $y = -3 + 2\left(-\dfrac{1}{2}x + 1\right)^3$ 的图像.

解　$y = -3 + 2\left(-\dfrac{1}{2}x\right.$

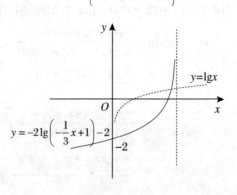

图 5.19

$+1\Big)^{3} = -3 - 2\left(\dfrac{1}{2}x - 1\right)^{3}$ 的图像是函数 $y = x^{3}$ 的图像经过下列变换得到的：

$$y = x^{3} \xrightarrow[\text{原来的 2 倍（纵坐标不变）}]{\text{所有点横坐标伸长为}} y = \left(\dfrac{1}{2}x\right)^{3}$$

$$\xrightarrow[]{\text{沿 } x \text{ 轴向右平移 2 个单位}} y = \left(\dfrac{1}{2}x - 1\right)^{3}$$

$$\xrightarrow[\text{原来的 2 倍（横坐标不变）}]{\text{所有点纵坐标伸长为}} y = 2\left(\dfrac{1}{2}x - 1\right)^{3}$$

$$\xrightarrow[]{\text{关于 } x \text{ 轴对称}} y = -2\left(\dfrac{1}{2}x - 1\right)^{3}$$

$$\xrightarrow[]{\text{沿 } y \text{ 轴向下平移 3 个单位}} y = -2\left(\dfrac{1}{2}x - 1\right)^{3} - 3$$

如图 5.20 中的实线部分所示.

例 5.4.6　作函数 $y = -2\arcsin\left(-\dfrac{1}{3}x + 1\right) + \dfrac{\pi}{2}$ 的图像.

解　$y = -2\arcsin\left(-\dfrac{1}{3}x + 1\right) + \dfrac{\pi}{2} = 2\arcsin\left(\dfrac{1}{3}x - 1\right) + \dfrac{\pi}{2}$ 的图像是由函数 $y = \arcsin x$ 的图像经过下列变换得到的：

$$y = \arcsin x \xrightarrow[\text{原来的 3 倍（纵坐标不变）}]{\text{所有点横坐标伸长为}} y = \arcsin\left(\dfrac{1}{3}x\right)$$

$$\xrightarrow[]{\text{沿 } x \text{ 轴向右平移 3 个单位}} y = \arcsin\left(\dfrac{1}{3}x - 1\right)$$

$$\xrightarrow[\text{原来的 2 倍（横坐标不变）}]{\text{所有点纵坐标伸长为}} y = 2\arcsin\left(\dfrac{1}{3}x - 1\right)$$

$$\xrightarrow[]{\text{沿 } y \text{ 轴向上平移 } \frac{\pi}{2} \text{ 个单位}} y = 2\arcsin\left(\dfrac{1}{3}x - 1\right) + \dfrac{\pi}{2}.$$

如图 5.21 中的实线部分所示.

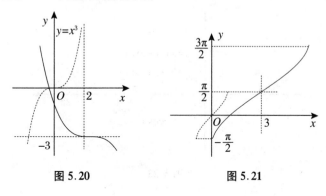

图 5.20　　　　　　　　图 5.21

5.4.2　作函数 $y = f_1(x) + f_2(x)$ 的图像

作函数 $y = f_1(x) + f_2(x)$ 的图像,只要分别作出 $f_1(x)$, $f_2(x)$ 的图像,再对每一个 $x = t$,取 $f_1(t) + f_2(t)$ 为对应于 $x = t$ 的函数值,即得 $y = f_1(x) + f_2(x)$ 图像的各点.

例 5.4.7　作函数 $y = x + \dfrac{1}{x}$ 的图像.

解　(1) 分别作出函数 $f_1(x) = x$, $f_2(x) = \dfrac{1}{x}$ 的图像;(2) 对每一个 $x = t$ 对应的函数值为 $f_1(t) + f_2(t)$,即 $(t, f_1(t) + f_2(t))$ 为 $y = x + \dfrac{1}{x}$ 图像上的点;(3) 将各点 $(t, f_1(t) + f_2(t))$ 用平滑的曲线连接起来,即得 $y = x + \dfrac{1}{x}$ 的图像,如图 5.22 所示.

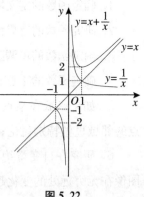

图 5.22

例 5.4.8　作函数 $y = \sin x + \cos x$ 的图像.

解　作法同例 5.4.7,图像如图 5.23 所示.

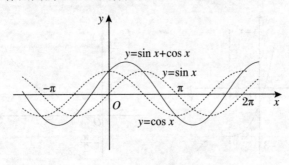

图 5.23

5.4.3　利用函数性质作函数图像

通过函数性质的讨论,可以帮助我们了解图形的轮廓,从而使逐点描迹具有更强的目的性,以保证图形的准确.因此应用函数的性质描图是常用的重要方法.

利用函数的性质绘制函数 $y = f(x)$ 的图像,需要注意:

1. 确定函数的定义域,并在横轴上把这个定义域表示出来;

2. 研究函数的有界性、奇偶性、周期性;

3. 确定函数的单调区间,如果有极值,应该把它求出来;

4. 确定函数的零点和同号区间,并把它在坐标平面上表示出来;

5. 如果函数在某点无意义,而在其邻域内有意义,则需要在这点的邻域里做特别讨论;

6. 研究在自变量绝对值无限增大时,函数变化的情况,以掌握图像在无穷远处的变化趋势.

一般地说,根据上述讨论,就可以知道图形的轮廓,结合描点法就可以作出所求函数的图像.

例 5.4.9 作出函数 $y = \dfrac{1}{\log_a x}$ $(a>1)$ 的图像.

解 函数的定义域为 $(0,1) \bigcup (1, +\infty)$，在 $(0,1)$ 内，$y = \log_a x$ $(a>1)$ 由 $-\infty$ 上升到 0，则 $y = \dfrac{1}{\log_a x}$ $(a>1)$ 由 0 下降到 $-\infty$；在 $(1, +\infty)$ 内，$y = \log_a x$ $(a>1)$ 由 0 上升到 $+\infty$，则 $y = \dfrac{1}{\log_a x}$ $(a>1)$ 由 $+\infty$ 下降到 0（趋于 0），函数的图像如图 5.24 所示.

例 5.4.10 作函数 $y = \sqrt{x^2-1}$ 的图像.

解 函数的定义域为 $(-\infty, -1] \bigcup [1, +\infty)$，且为偶函数，在 $[1, +\infty)$ 上为增函数，且 $\lim\limits_{x \to \infty} \sqrt{x^2-1} = +\infty$，当 $x = \pm 1$ 时，$y = \sqrt{x^2-1}$ 有最小值为 0. 于是函数的图像如图 5.25 所示.

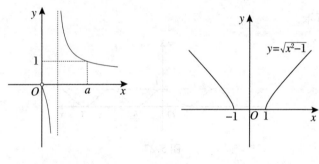

图 5.24   图 5.25

例 5.4.11 作函数 $y = \dfrac{1}{x^2-1}$ 的图像.

解 函数的定义域为 $(-\infty, -1) \bigcup (-1,1) \bigcup (1, +\infty)$，且为偶函数. 在 $[0,1)$ 内，$y<0$，且是减函数；在 $(1, +\infty)$ 内，$y>0$，且是减函数.

当 $x \geqslant 0$ 时，有 $y|_{x=0} = -1$，$\lim\limits_{x \to 1^-} \dfrac{1}{x^2-1} = -\infty$，$\lim\limits_{x \to 1^+} \dfrac{1}{x^2-1} =$

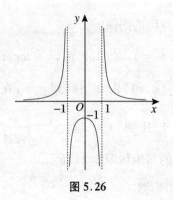

图 5.26

$+\infty$，$\lim\limits_{x\to+\infty}\dfrac{1}{x^2-1}=0$．图像如图 5.26
所示．

例 5.4.12　作函数 $y=\cos^2 x$ 的
图像．

解　$y=\cos^2 x=\dfrac{1}{2}(1+\cos 2x)$，
函数的定义域为 $(-\infty,+\infty)$，且为周
期函数，最小正周期 $T=\pi$．

当 $x\in\left[0,\dfrac{\pi}{2}\right]$ 时，函数 $y=\dfrac{1}{2}(1+\cos 2x)$ 的值由 1 减到 0；当

$x\in\left[\dfrac{\pi}{2},\pi\right]$ 时，函数 $y=\dfrac{1}{2}(1+\cos 2x)$ 的值由 0 增到 1．图像如图

5.27 所示．

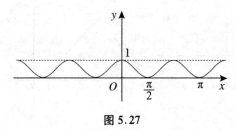

图 5.27

例 5.4.13　讨论函数 $y=\arcsin(\sin x)$，并作出其图像．

解　函数的定义域为 $(-\infty,+\infty)$，且为周期函数，最小正周期

$T=2\pi$，于是只需作出一个周期 $\left[-\dfrac{\pi}{2},\dfrac{3\pi}{2}\right]$ 内的函数图像即可．

当 $x\in\left[-\dfrac{\pi}{2},\dfrac{\pi}{2}\right]$ 时，$y=\arcsin(\sin x)=x$，图像为包括端点的

线段，如图 5.28 中的线段 AB；当 $x\in\left[\dfrac{\pi}{2},\dfrac{3\pi}{2}\right]$ 时，$\pi-x\in$

$\left[-\dfrac{\pi}{2},\dfrac{\pi}{2}\right]$，于是 $y=\arcsin(\sin x)=\arcsin[\sin(\pi-x)]=\pi-x$，图像也为包括端点的线段，如图 5.28 中的线段 BC. 经过平移即可得到 $y=\arcsin(\sin x)$ 的全部图像（见图 5.28）.

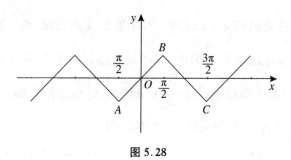

图 5.28

例 5.4.14　讨论函数 $y=x^4-4x^2$，并作出其图像.

解　函数的定义域为 $(-\infty,+\infty)$，且为偶函数，于是只需作出在 $[0,+\infty)$ 内的函数图像即可.

因为 $y=x^4-4x^2=(x^2-2)^2-4$，于是当 $0\leqslant x\leqslant\sqrt{2}$ 时，$y=x^2$ 是正值增函数，且 $y=x^2-2$ 是负值增函数，则 $y=(x^2-2)^2$ 是减函数，从而 $y=x^4-4x^2$ 也是减函数，其值由 0 递减到 -4；当 $x>\sqrt{2}$ 时，$y=x^2$ 是正值增函数，且 $y=x^2-2$ 是正值增函数，则 $y=(x^2-2)^2$ 是增函数，从而 $y=x^4-4x^2$ 也是增函数，其值由 -4 递减到 $+\infty$；令 $y=x^4-4x^2=0$，得 $x=0$ 或 $x=\pm2$.

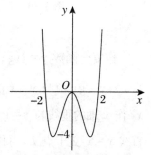

图 5.29

根据上述讨论，可得函数的图像如图 5.29 所示.

例 5.4.15 作函数 $y = 2^{\frac{1}{x}}$ 的图像.

解 函数的定义域为 $(-\infty, 0) \cup (0, +\infty)$.

当 $x > 0$ 时,有 $\frac{1}{x} > 0$,于是 $y = 2^{\frac{1}{x}} > 1$.

我们注意到当 $x = 1$ 时,$y = 2$,如果 x 无限增加,则 $\frac{1}{x}$ 保持正号且单调减少地趋向于 0. 因此,$2^{\frac{1}{x}}$ 单调递减趋向于 1,而且始终大于 1. 当 $x > 0$ 且无限趋于零时,$\frac{1}{x}$ 无限增加,$2^{\frac{1}{x}}$ 也无限增加. 这就使得我们能够画出 $x > 0$ 时函数 $y = 2^{\frac{1}{x}}$ 的草图.

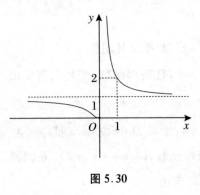

图 5.30

容易证明,当 $x < 0$ 时,不等式 $0 < y < 1$ 成立. 利用类似的论证,也可作出当 $x < 0$ 时的函数图像,如图 5.30 所示.

以上几例是利用函数性质作图像,各例中的函数都是复合函数,可以利用几何作图法作它们的图像.

作复合函数 $y = f(g(x))$ 的简图,先在直角坐标系中分别作 $y = f(x)$,$y = g(x)$ 与 $y = x$ 的图像. 在复合函数的定义域内,任取 x_0,过 x_0 作 x 轴的垂线与 $y = g(x)$ 的图像交于点 A,过 A 作 y 轴的垂线与直线 $y = x$ 交于点 B,再作 BC 垂直于 x 轴交于点 C,则 $OC = BC = g(x_0)$. BC 交 $y = f(x)$ 的图像于点 D,$DC = f(g(x_0))$,过 D 作 x 轴的平行线交过 x_0 的垂线于点 P,则 P 为复合函数 $y = f(g(x))$ 图像上

的一点,如图 5.31 所示,用同样的方法可以得到若干个点,然后再用平滑的曲线依次连接各点,就是 $y = f(g(x))$ 的图像.

例 5.4.16　函数 $y = 2^{\frac{1}{x}}$ 可以看作是 $y = 2^u$ 与 $u = \dfrac{1}{x}$ 复合而成,可用几何作图法绘图像,如图 5.32 所示.

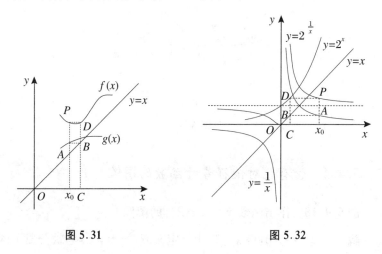

图 5.31　　　　　　　　　　图 5.32

例 5.4.17　作函数 $y = x \sin x$ 的图像.

解　利用所给函数式是乘积这个事实.所需要的图像可由两个辅助函数 $y_1 = x$ 和 $y_2 = \sin x$ 相乘而作出.换句话说,对于自变量的每一个值,相应的纵坐标 y 是对应于同一自变量值的纵坐标 y_1, y_2 的乘积.

因为 $y = x \sin x$,所以,$-x \leqslant y \leqslant x$.

当 $x = k\pi \, (k \in \mathbf{Z})$ 时,$y_2 = 0$,因此 $y = 0$;当 $x = \dfrac{\pi}{2} + 2k\pi$ $(k \in \mathbf{Z})$ 时,$y_2 = 1$,因此 $y = y_1 = x$;当 $x = \dfrac{3\pi}{2} + 2k\pi \, (k \in \mathbf{Z})$ 时,$y_2 =$

-1,因此 $y=-x$. 从而可以确定所求图像上一些点. 又 $(-x)\cdot$ $\sin(-x)=x\sin x$,所以 $y=x\sin x$ 是偶函数,图像关于 y 轴对称,如图 5.33 所示.

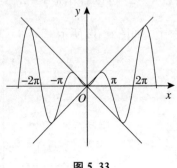

图 5.33

5.4.4 含有绝对值符号的函数的图像

例 5.4.18 作出函数 $y=|2-2^x|$ 的图像.

解 令 $2-2^x=0$,得 $x=1$,于是定义域 $(-\infty,+\infty)$ 被分成了两个区间 $(-\infty,1)$ 和 $[1,+\infty)$,且

$$y=|2-2^x|=\begin{cases}2-2^x, & x\in(-\infty,1),\\ 2^x-2, & x\in[1,+\infty).\end{cases}$$

设 $y_1=2^x-2$,则当 $x\in[1,+\infty)$ 时,函数 y 的图像与 $y_1=2^x-2$ 的图像重合;对于 $x\in(-\infty,1)$,y 的图像是一条与 $y_1=2^x-2$ 的图像关于 x 轴对称的曲线,如图 5.34 所示.

说明 如果已经画出函数 $y_1=f(x)$ 的图像,那么将函数 $y_1=f(x)$ 位于 x 轴之下的那一部分图像,用它关于 x 轴的对称图形来代替,连同 $y_1=f(x)$ 位于 x 轴之上的那一部分就是 $y=|f(x)|$ 的图

像.又如,$y=|x|$ 的图像可由 $y=x$ 的图像得到,如图 5.35 所示.

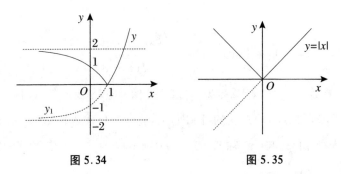

图 5.34　　　　　　　图 5.35

例 5.4.19 作函数 $y=||x+1|-2|$ 的图像.

解 函数 $y_1=|x+1|-2$ 的图像可由下列变换得到:

$$y=|x| \xrightarrow{\text{沿 } x \text{ 轴向左平移 1 个单位}} y=|x+1|$$

$$\xrightarrow{\text{沿 } y \text{ 轴向下平移 2 个单位}} y=|x+1|-2.$$

然后,将 $y=|x+1|-2$ 位于 x 轴上方的图像保留,位于 x 轴下方的图像用其关于 x 轴对称的部分代替,如图 5.36 中的实线部分.

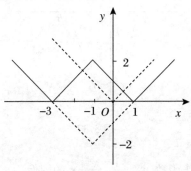

图 5.36

例 5.4.20 作函数 $y = (|x+1|+1)(x-3)$ 的图像.

解

$$y = (|x+1|+1)(x-3) = \begin{cases} (x+2)(x-3), & x \geqslant -1, \\ -x(x-3), & x < -1. \end{cases}$$

函数 $y_1 = (x+2)(x-3)$ 的图像(抛物线)交 x 轴于点 $A(-2,0)$ 和 $B(3,0)$,它的开口向上,将 $x=0$ 代入函数 y_1 的式子中,得抛物线与 y 轴交点 $C(0,-6)$,且抛物线顶点坐标为 $\left(\dfrac{1}{2}, -\dfrac{25}{4}\right)$.

作出函数 y_1 的图像后,我们必须取出对应于自变量的值 $x \geqslant -1$ 的那一部分.

函数 $y_2 = -x(x-3)$ 的图像可用相同方法作出,但只取这条抛物线上对应于 $x < -1$ 的那一部分.函数 $y = (|x+1|+1)(x-3)$ 的图像如图 5.37 中的实线部分.

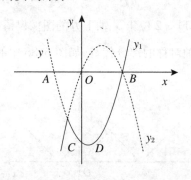

图 5.37

例 5.4.21 作函数 $y = \dfrac{|1-x^2|}{x^2-1}x$ 的图像.

解　因为函数的定义域为 $(-\infty,-1)\bigcup(-1,1)\bigcup(1,+\infty)$，且

$$y = \frac{|1-x^2|}{x^2-1}x = \begin{cases} x, & x\in(-\infty,-1), \\ -x, & x\in(-1,1), \\ x, & x\in(1,+\infty). \end{cases}$$

因此，该函数的图像如图 5.38 所示.

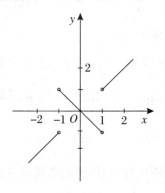

图 5.38

例 5.4.22　作 函 数 $y = |x-1| - |x-2| + |x-3| - |x-4|$ 的图像.

解　分别令每一绝对值符号内的表达式为零，得 $x = 1,2,3,4$，故所分区间如图 5.39 所示.

$$y = |x-1| - |x-2| + |x-3| - |x-4|$$

$$= \begin{cases} -2, & x < 1, \\ 2x-4, & 1 \leqslant x < 2, \\ 0, & 2 \leqslant x < 3, \\ 2x-6, & 3 \leqslant x < 4, \\ 2, & x \geqslant 4. \end{cases}$$

此函数的图像如图 5.40 所示.

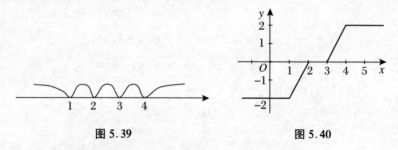

图 5.39　　　　　　　图 5.40

例 5.4.23　作函数 $y = |\sin x| + |\cos x|$ 的图像.

解　易知，$\dfrac{\pi}{2}$ 是函数 $y = |\sin x| + |\cos x|$ 的周期，于是我们只需考虑区间 $\left[0, \dfrac{\pi}{2}\right]$，此时，$y = |\sin x| + |\cos x| = \sqrt{2}\sin\left(x + \dfrac{\pi}{4}\right)$. 作出其图像，然后利用周期性，把所得的曲线延拓到定义域 **R** 内，如图 5.41 所示中的实线部分.

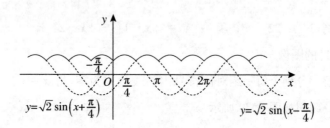

图 5.41

第 2 篇

函数思想及其应用

第6章 函数思想

6.1 函数思想概述

函数的概念从初中代数开始接触,逐步深化,直到高中才引入了精确的函数定义.其实,函数正如初中代数所阐述的"思想",它是变量与变量之间的一种对应思想,或者说是一个集合到另一个集合的一种映射思想,而且研究的是任意两个集合的元素之间的对应关系(不一定是两个数集之间的元素,数与数的对应关系).正是这种函数思想或对应思想,为研究一个集合 A 的元素之间的性质,常可以去研究另一个集合 B 的元素之间的性质.当然,这是需要在这两个集合 A、B 的元素之间建立一一对应的关系,而且集合 B 的元素之间的性质又是我们所熟悉的,这样从集合 B 的元素的性质返回去,就可以判断原来的集合 A 的元素所具有的性质,这种方法就是数学方法论中的 RMI 原则,即"关系—映射—反演"原则.

中学数学中的函数思想包括变数思想,集合的对应(映射)思想,数形结合的思想,研究函数自变量、函数取值范围及若干量之间的关系的不等式控制思想等.变数思想是函数思想的基础,对应思想是函数思想的实质,数形结合思想和不等式控制思想是函数思想的具体体现和应用.

1. 数和点的对应,是一种最基本、最重要的对应

数轴上的点和实数的对应,平面上的点和一对有序实数对的对应,给数形结合展现了广阔的天地.这种对应是我们"代数问题几何化"、"几何问题代数化"的根基.解析几何基于"坐标"的概念,运用代数方法研究几何图形的性质,"方程"与"曲线"的对应是其基本问题.于是在欧氏几何中需要特殊技巧才能证明的难题现在变成一种可按精确的法则和程序进行运算的问题,这预示了几何定理机器证明的可能性.在复数中数、点、向量三者的对应关系,使代数、几何、三角达到了更和谐的统一,从而产生了一些奇异的结果和优美的解法.比如平面几何和三角问题的复数解法,解析几何中的某些关系的复数推导,代数中的某些极值问题的复数解法等等都成为可能.另外,组合计数中有时将有序或无序的数组与具体特殊的模型(空格、盒子等)相对应.

数形结合不但使几何学由于代数化而获得新的面貌和发展,而且给代数(以及分析)提供几何模型,并借助于几何的成果得到进一步的发展,正如著名数学家拉格朗日所言:"代数与几何在它们各自的道路上前进的时候,它们的进展是缓慢的,应用也很有限,但当这两门学科结合起来之后,它们各自向对方吸取新鲜的活力,从此,便以很快的速度向着完美的境地飞跑."例如,虚数正是由于找到它的几何解释而在数学中站稳了脚跟,从而形成有关于复数的新的数学分支.在中学数学中,研究函数的性质往往借助于函数的图像,研究三角函数借助于"单位圆",研究不等关系可以借助于"序轴"等等.这些都是直接体现数形结合思想的方法.

2. 函数思想是中学数学的主线

首先,从初一到高二,代数的基本内容是数、式、方程、函数,这四者之间的联系非常密切.式的运算是基础,数可视为式的特例,方程是关键,函数是核心.实质上,代数式就是所含字母的函数,方程是函数关系的一种特定的相对静止的状态."运算"有两种解释:① 结合法则;② 函数.事实上,函数概念可以看作运算;符号"f"叫作算子,而"$f(x)$"表示对自变量 x 的值施以算子 f 的结果,所以运算可以解释为函数,用现代数学观点讲,映射、对应、变换、算子都是函数的同义语.其次,函数思想的建立是数学从常量数学转入变量数学的枢纽,使数学能有效地揭示事物运动变化的规律,反映事物间的相互联系,它不仅使数学由研究状态进行到研究过程,而且引起了传统的常量数学观点的更新,使许多数学问题的处理达到了统一.

　　中学数学中许多内容渗透了函数思想.例如,代数式可以看作带有变数的函数表达式;求代数式的值,实质上就是求函数值;方程 $f(x)=0$ 的解就是函数值为 0 时自变量 x 的值(函数的零点);不等式 $f(x)>0$ 的解就是函数的值 $f(x)$ 为正时的自变量 x 的取值范围;一元二次方程的根及一元二次不等式的解可利用二次函数的概念、性质从变量变化的角度理解;方程增失根的原因可以从方程定义域的扩大与缩小来理解;无穷数列可以看作是定义域为自然数集的函数;曲线方程 $F(x,y)=0$ 可以理解为隐函数;立体几何、平面几何和解析几何中图形的变化、点的移动都是函数思想的体现;解析几何中的"参数法"(通过曲线的普通方程与参数方程互化来研究解析几何问题的方法),直角坐标系与极坐标系的互化,数学解题中的"构造函数法"、"变量替换法"等实质上都是函数思想的体现.点、线、面的位置关系,有关的角、距离、面积、体积的研究都可以通过空间模型建立函数关系.比如:异面直线距离的函数极值求法更深刻地揭示出异面直线的距离是"两直线上任意两点距离函数最小值"的实质.

3. 不等式控制的思想是函数思想的具体体现

不等式是变量之间互相制约的工具,它反映了变量与变量之间的内在联系,因此它也是数学领域里的一种重要思想.

由以上讨论我们不难概括出函数思想的认知特性.这些特性是:

(1) 整体性,把思考对象始终看作一个有机联系的整体,或一个完整的过程来认识;

(2) 变动性,动态而非静止地看问题;

(3) 关联性,用互相联系、互相制约、互相转化而非孤立的观点看问题.

显然,函数思想是客观辩证法在人脑中的反映,是辩证思维在数学中的具体体现.

6.2 函数思想与中学数学教学

中学阶段函数思想的形成与发展可划分为以下四个阶段:

第一阶段是正式提出函数概念之前的感性认识阶段,以积累关于"集合"、"对应"、"变量"等概念的素材为特征,有意识地渗透函数思想.例如,通过代数式的概念、代数式的恒等变形等内容,可以很好地给学生一些变量间的依存性以及变量的变化范围等方面的初步知识;通过数的概念的发展,来积累学生关于"集合"这一概念的初步思想;通过数轴和坐标的教学积累关于"对应"这一概念的初步思想,此外,教学各种数学用表(如平方表、立方表、平方根表、立方根表以及三角函数表)的使用、方程和不等式的解以及轨迹、几何量的计算等知识,都为学生学习函数知识做了有益的准备.

第二阶段是对"函数及其图像"一章的学习.用变量的观点初步

了解函数概念,掌握正、反比例函数、一次函数和二次函数的性质和图像.

第三阶段通过学习集合、对应等概念,利用集合间元素的对应关系加深对函数的理解,掌握幂函数、指数函数、对数函数、三角函数的概念、图像和性质.

第四阶段利用"极限"工具对函数的性质进行较深入的研究.这一阶段不应只局限于单纯地会求导数、求积分,更重要的是利用微积分的工具去研究函数及初等数学中不能解决的问题.

由上述分析和讨论可知,函数思想渗透于中学数学各个阶段,因此必然会影响到中学数学教学,下面从几个侧面具体分析.

1. 函数思想与双基教学

由以上分析、讨论可见,中学数学课程中函数内容占了相当的比重,而且中学数学课程中很多内容与函数有关,因此加强函数思想的渗透有利于双基教学.

2. 函数思想与思维结构整体性

以函数所反映的运动变化、相互联系的观点来贯穿有关知识,加强知识之间的内在联系,有利于知识的系统化、条理化.例如,平面几何中的锐角、直角、钝角、平角、周角等各个概念,学生不易看出它们之间的内在联系,但若我们用运动变化的观点把它们看作由一边不动而另一边绕定点旋转而成的,就把各个概念在运动过程中统一起来了.而把角的概念的本质,即角的大小不是决定于边的长短,而是决定于两边所张开的程度这一点,进一步地揭露出来了.还可以用类似的思想去研究棱柱、棱台、棱锥;圆柱、圆台、圆锥;柱、锥、台、球的体积公式;圆外、圆周、圆内的角的度量;相似形与全等形;相交弦定理、割线定理、切割线定理、切线定理;二次函数、一元二次方程、一元二次不等式等,这样做便于学生记忆,能帮助学生全面地看问题,掌握数学系统关系的整体性,有利于加强学生数学整体性修养,是发展学生思维结构整体性的基础.

3. 函数思想与能力培养

对中学生来说,从学习数、式、方程等研究常量的计算问题,到学习函数研究变量的变化规律,是认识上的一次重大飞跃,这对培养学生逻辑思维能力具有重大意义.

在中学数学中,对于每一个特殊的初等函数,都是通过一些实际例子概括、抽象出一般形式,然后给出概念.这种从具体到抽象的做法有利于培养和发展学生的抽象思维能力.

借助函数图像研究初等函数的性质是中学数学中研究函数的基本方法之一.这种数形结合的方法有助于培养学生的空间想象能力.例如见到函数 $y = x^2 - 8x + 15$,应使学生立即想到它的图像是开口向上的,且与 x 轴交于 $(3,0)$ 和 $(5,0)$ 两点的抛物线.

函数思想能深刻地反映客观世界的运动和实际的量之间的依赖关系,是培养学生分析、解决实际问题的有力工具.

4. 函数思想与辩证唯物主义思想教育

恩格斯在《自然辩证法》一书中指出:"笛卡儿的变数是数学中的转折点.从此运动和辩证法进入了数学……","函数"是从量的侧面去描述客观世界的运动变化、相互联系,它比常量数学更深刻地反映了客观世界的本来面貌,它从量的侧面反映了现实世界的初态和它们的相互制约性,这意味着函数思想有助于辩证唯物主义的思想教育,例如,常量和变量的相对性实际上蕴含着对立统一规律,反函数的反函数为原来的函数是否定之否定规律的体现;正切函数,当 x 从略小于 $\pi/2$ 变为略大于 $\pi/2$ 时,$\tan x$ 从 $+\infty$ 突变为 $-\infty$,量变产生质变是质量互变规律的反映;研究存在某种相依关系的两个变量的过程,就是用运动变化、相互联系的观点来研究数学内容;函数和函数值之间的关系实质是一般与特殊的关系;通过函数的定义域可说明具体问题具体分析的思想方法等.

5．函数思想与数学教学原则

函数概念及每一个特殊的初等函数的建立,都需要通过对一系列的实际问题进行考察,引进函数概念及初等函数之后,更需要联系有关问题来指出它的应用,这恰到好处地贯彻了理论与实际相结合的原则,也是辩证唯物主义观点的体现.

讨论函数的性质与作出函数的图像是密切联系的,作出的函数图像为讨论函数的性质提供了直观、形象的辅助工具,借助函数图像直观便于发现函数的性质,这种直观化的方法是从具体上升到抽象的辅助手段,它正是抽象与具体相结合原则所要求的.

以上述及的函数思想与思维结构整体性贯彻了巩固与发展相结合原则.

6．函数思想对中学数学课程现代化的影响

函数是近代数学的主要基础,它又和集合、对应等现代数学的基本概念紧密相连,这样它就提供了使中学数学接近现代数学的可能性,有利于数学课程内容的更新,有利于使学生获得基本的、深刻的、有用的数学观念,有利于中学数学课程现代化.综上所述,函数与函数思想在中学数学课程与教学中占有举足轻重的地位,函数思想是中学数学的主导思想之一,具有广泛的运用,加强函数的教学及函数思想的渗透,使学生树立函数思想,具有重大的意义.

先从一道高考题说起.

1990 年全国高考数学(理工农医类)最后一题的第一问是这

样的：

设 $f(x) = \lg \dfrac{1 + 2^x + \cdots + (n-1)^x + n^x a}{n}$，其中 a 是实数，n 是任意给定的自然数，且 $n \geqslant 2$. 如果 $f(x)$ 在 $x \in (-\infty, 1]$ 时有意义，求 a 的取值范围.

大多数考生对此题束手无策，得分率极低，甚至有人说此题难得"残酷". 下面我们用函数思想来分析一下此题的解题思路.

显然，要使函数 $f(x)$ 有意义，必须使

$$\frac{1 + 2^x + \cdots + (n-1)^x + n^x a}{n} > 0, \quad x \in (-\infty, 1], \quad n \geqslant 2,$$

即

$$a > -\left[\left(\frac{1}{n}\right)^x + \left(\frac{2}{n}\right)^x + \cdots + \left(\frac{n-1}{n}\right)^x\right], \quad x \in (-\infty, 1], \quad n \geqslant 2.$$

在高考阅卷中发现，大多数学生"到此为止"，下面怎么解，向何处去，就不知所措了. 事实上，若从函数思想考查，右边的式子是关于 x 的函数，不妨记为 $g(x)$，要使 a 大于右边的式子，即 $a > g(x)$ 在 $x \in (-\infty, 1]$ 上恒成立，只要 a 大于 $g(x)$ 的最大值，即 $a > (g(x))_{\max}$，而 $g(x)$ 的每一项 $\left(\frac{k}{n}\right)^x (k = 1, 2, \cdots, n-1)$ 都是指数函数，又由于 $0 < \frac{k}{n} < 1$，所以 $\left(\frac{k}{n}\right)^x (k = 1, 2, \cdots, n-1)$ 是减函数，于是 $-\left(\frac{k}{n}\right)^x (k = 1, 2, \cdots, n-1)$ 是增函数，考虑到 $x \in (-\infty, 1]$，所以 $x = 1$ 时，$-\left(\frac{k}{n}\right)^x$ 取得最大值 $-\frac{k}{n}$，从而

$$(g(x))_{\max} = g(1) > -\left(\frac{1}{n} + \frac{2}{n} + \cdots + \frac{n-1}{n}\right) = -\frac{n-1}{2},$$

所以,a 的取值范围是 $a > -\dfrac{n-1}{2}$.

以上解法的关键在于充分运用函数思想分析问题,许多考生之所以做不出此题也就在于没有建立函数思想.如果老师提出这样一道题目:判断函数 $y = -\left(\dfrac{k}{n}\right)^x$ $(k = 1,2,\cdots,n-1)$ 的单调性,并求它在 $x \in (-\infty,1]$ 上的最大值.即明确说明这是一个函数最值问题,相信许多同学会很快地解出来.

问题的症结在于本题并没有明确地告诉考生这是一个函数最值问题,结果考生就不会思考.紧接着,要求 a 的取值范围,显然当

$$-\left[\left(\dfrac{1}{n}\right)^x + \left(\dfrac{2}{n}\right)^x + \cdots + \left(\dfrac{n-1}{n}\right)^x\right], x \in (-\infty,1]\text{的最大值小于 } a$$

时,就会使不等式 $a > -\left[\left(\dfrac{1}{n}\right)^x + \left(\dfrac{2}{n}\right)^x + \cdots + \left(\dfrac{n-1}{n}\right)^x\right]$ 在 $x \in$

$(-\infty,1]$ 时恒成立,这又是一个用函数思想思考的问题,即要求 a 的取值范围,把右边看作一个关于 x 的函数,需要求函数的最值,而这一点,没有建立函数思想也是解决不了的.所以说学习了函数,并不一定具备函数思想.著名数学家克莱因说过"一般受教育者在数学课上应该学会的重要事情是用变量和函数来思考".如果仅仅学习了函数的知识,不善于用函数思想去分析,那么在解决问题时往往是被动的,而只有建立了函数思想,以函数思想作为主导,灵活运用函数性质,才能主动地去思考,并且可以使许多数学问题化难为易,化繁为简,函数思想指导解题通常体现在以下几种方法之中:构造函数法、变量代换法、数形结合法、映射法、不等式控制和母函数,以下将结合典型实例分别予以详细阐述.

第 7 章　构 造 函 数

　　由题设条件及所给的数量关系,构想、组合成一种新的函数关系,使问题在新的关系下实现转化,通过对函数的研究使问题获得解决的方法称之为构造函数法.这种解题方法不仅能拓宽思路,提高解题技能和加深对数学内容的理解,而更为重要是,构造函数法本身体现着运动变化、相互联系的辩证思想,这正是函数思想的表现形式之一,也是微积分的基石.

　　我们知道,解题过程实质上是一种转化化归过程,如果给出的题目本质上与函数有关,那么该题就可以考虑运用构造函数法来解决.在微积分中,拉格朗日中值定理的证明是运用构造函数法解决问题的典范.其中,为了转化为可运用罗尔定理的条件,由几何直观的启示构造辅助函数

$$\varphi(x) = f(x) - \frac{f(b) - f(a)}{b - a}x$$

或

$$\varphi(x) = f(x) - f(a) - \frac{f(b) - f(a)}{b - a}(x - a)$$

成为关键的一步,读者不妨重温拉格朗日中值定理的证明,从中体会构造辅助函数的要领.

　　构造函数法可以用来证明等式、证明不等式、解方程、解不等式、求最值、证明存在性问题、证明整除性问题等等.以下结合典型实例

分别予以阐述.

7.1 构造函数证明等式

例 7.1.1 已知 $x \in [-1,1]$,求证:$\arcsin x + \arccos x = \dfrac{\pi}{2}$.

证明 构造函数 $f(x) = \arcsin x + \arccos x, x \in [-1,1]$,则

$$f'(x) = \frac{1}{\sqrt{1-x^2}} - \frac{1}{\sqrt{1-x^2}} = 0,$$

于是 $f(x)$ 是常数函数. 因为 $f(0) = \arcsin 0 + \arccos 0 = \dfrac{\pi}{2}$,所以

$$f(x) = \arcsin x + \arccos x = \frac{\pi}{2},$$ 得证.

例 7.1.2 求证:$\dfrac{(x+a)(x+b)}{(c-a)(c-b)} + \dfrac{(x+b)(x+c)}{(a-b)(a-c)} + \dfrac{(x+c)(x+a)}{(b-c)(b-a)} = 1$.

分析 如果把左边的已知式通分化简,不但计算量大,而且容易出错,但依据欲证等式左边的特点,将"左边-右边"看成一个关于 x 的二次函数,可使证明化繁为简.

解 构造函数

$$f(x) = \frac{(x+a)(x+b)}{(c-a)(c-b)} + \frac{(x+b)(x+c)}{(a-b)(a-c)}$$
$$+ \frac{(x+c)(x+a)}{(b-c)(b-a)} - 1,$$

显然 $f(-a) = f(-b) = f(-c) = 0$,但由定义域知 a, b, c 互不相等,这说明"二次函数" $f(x)$ 的图像与 x 轴有三个不同的交点,所以 $f(x) \equiv 0$,故等式成立.

注 该题的背景是著名的拉格朗日插值公式:设 $f(x)$ 是一个次数不超过 $n-1$ 的多项式, $a_1, a_2, \cdots, a_n$ 是 n 个互不相同的复数,则

$$f(x) \equiv \frac{(x-a_2)(x-a_3)\cdots(x-a_n)}{(a_1-a_2)(a_1-a_3)\cdots(a_1-a_n)}f(a_1)$$

$$+ \frac{(x-a_1)(x-a_3)\cdots(x-a_n)}{(a_2-a_1)(a_2-a_3)\cdots(a_2-a_n)}f(a_2)$$

$$+ \cdots + \frac{(x-a_1)(x-a_2)\cdots(x-a_{n-1})}{(a_n-a_1)(a_n-a_2)\cdots(a_n-a_{n-1})}f(a_n),$$

即

$$f(x) \equiv \sum_{i=1}^{n} \left(\prod_{\substack{j\neq i \\ 1\leqslant j\leqslant n}} \frac{x-a_j}{a_i-a_j} \right) f(a_i).$$

特别地,若 $f(a_1)=f(a_2)=\cdots=f(a_n)=1$,则 $f(x)\equiv1$,于是

$$\frac{(x-a_2)(x-a_3)\cdots(x-a_n)}{(a_1-a_2)(a_1-a_3)\cdots(a_1-a_n)} + \frac{(x-a_1)(x-a_3)\cdots(x-a_n)}{(a_2-a_1)(a_2-a_3)\cdots(a_2-a_n)}$$

$$+ \cdots + \frac{(x-a_1)(x-a_2)\cdots(x-a_{n-1})}{(a_n-a_1)(a_n-a_2)\cdots(a_n-a_{n-1})} \equiv 1.$$

例 7.1.3 设 x 是任意正实数, n 是正整数,则

$$[x] + \left[x+\frac{1}{n}\right] + \left[x+\frac{2}{n}\right] + \cdots + \left[x+\frac{n-1}{n}\right] = [nx].$$

解 构造函数 $f(x) = [nx] - [x] - \left[x+\frac{1}{n}\right] - \left[x+\frac{2}{n}\right] - \cdots$

$- \left[x+\frac{n-1}{n}\right]$,则

$$f\left(x+\frac{1}{n}\right) = [nx+1] - \left[x+\frac{1}{n}\right] - \left[x+\frac{2}{n}\right]$$

$$- \cdots - \left[x+\frac{n-1}{n}\right] - \left[x+\frac{n}{n}\right]$$

$$= [nx] + 1 - \left[x+\frac{1}{n}\right] - \left[x+\frac{2}{n}\right]$$

$$- \cdots - \left[x + \frac{n-1}{n} \right] - [x] - 1$$

$$= [nx] - [x] - \left[x + \frac{1}{n} \right] - \left[x + \frac{2}{n} \right]$$

$$- \cdots - \left[x + \frac{n-1}{n} \right]$$

$$= f(x).$$

这说明 $f(x)$ 是周期为 $\frac{1}{n}$ 的周期函数. 而当 $x \in \left[0, \frac{1}{n} \right]$ 时, 直接计算易得 $f(x) = 0$, 所以对 $\forall x \in \mathbf{R}$, 有 $f(x) = 0$, 即

$$[x] + \left[x + \frac{1}{n} \right] + \left[x + \frac{2}{n} \right] + \cdots + \left[x + \frac{n-1}{n} \right] = [nx].$$

注 本题的结论即为著名的埃尔米特(Hermite)恒等式. 特别地, 当 $n = 2$ 时, 有 $\left[x + \frac{1}{2} \right] = [2x] - [x]$, 该式是一种经典的"裂项求和"结构. 例如, 据此可以得到

$$\sum_{k=0}^{\infty} \left[\frac{n + 2^k}{2^{k+1}} \right] = \sum_{k=0}^{\infty} \left[\frac{n}{2^{k+1}} + \frac{1}{2} \right] = \sum_{k=0}^{\infty} \left(\left[\frac{n}{2^k} \right] - \left[\frac{n}{2^{k+1}} \right] \right) = n.$$

该结果即为第 10 届 IMO 第 6 题.

例 7.1.4 设 $g(x)$ 表示 n 次多项式, 且 $g(s) = \frac{s}{1+s}$ $(s = 0, 1, 2, \cdots, n)$, 求证: $g(n+1) = \frac{n + 1 + (-1)^{n+1}}{n+2}$.

证明 构造 $n + 1$ 次多项式函数 $f(x) = (1 + x)g(x) - x$, 则 $f(x) = 0$ 有 $n + 1$ 个根 $x = 0, 1, 2, \cdots, n$. 于是, 有

$$f(x) = (1 + x)g(x) - x = Ax(x-1)(x-2)\cdots(x-n),$$

其中, A 为待定系数.

令 $x = -1$ 代入上式, 得 $A = \frac{(-1)^{n+1}}{(n+1)!}$, 从而

$$f(x) = (1 + x)g(x) - x = \frac{(-1)^{n+1}}{(n+1)!}x(x-1)(x-2)\cdots(x-n),$$

于是 $g(x) = \dfrac{(-1)^{n+1}x(x-1)(x-2)\cdots(x-n) + (n+1)!\ x}{(n+1)!\ (x+1)}$,

所以 $g(n+1) = \dfrac{(-1)^{n+1} + n + 1}{n+2}$. 故得证.

例 7.1.5 求证:

$$C_m^m + 2C_{m+1}^m + 3C_{m+2}^m + \cdots + nC_{m+n-1}^m = \frac{(m+1)n+1}{m+2}C_{m+n}^{m+1}.$$

证明 由等式左边的特点,考虑构造函数

$$f(x) = (1+x)^m + 2(1+x)^{m+1} + \cdots + n(1+x)^{m+n-1}, \quad ①$$

将式①两边同时乘以 $(1+x)$ 得

$$(1+x)f(x) = (1+x)^{m+1} + 2(1+x)^{m+2} + \cdots + n(1+x)^{m+n}. \quad ②$$

当 $x \neq 0$ 时,式② - 式①并由等比数列求和公式整理得

$$f(x) = \frac{(1+x)^m - (1+x)^{m+n} + nx(1+x)^{m+n}}{x^2},$$

即

$$(1+x)^m + 2(1+x)^{m+1} + \cdots + n(1+x)^{m+n-1}$$
$$= \frac{(1+x)^m - (1+x)^{m+n} + nx(1+x)^{m+n}}{x^2},$$

比较等式两边 x^m 的系数,即得

$$C_m^m + 2C_{m+1}^m + 3C_{m+2}^m + \cdots + nC_{m+n-1}^m = \frac{(m+1)n+1}{m+2}C_{m+n}^{m+1}.$$

例 7.1.6 已知 $n \geqslant 3, n \in \mathbf{N}$,求证: $\displaystyle\sum_{k=0}^{n} \frac{C_n^k}{k+1} = \frac{2^{n+1}-1}{n+1}$.

证明 由二项式定理知

$$(1+x)^n = C_n^0 + C_n^1 x + C_n^2 x^2 + \cdots + C_n^n x^n,$$

上式两边同时在 $[0,1]$ 取定积分得

$$\int_0^1 (1 + x)^n \, \mathrm{d}x = \int_0^1 \sum_{k=0}^n C_n^k x^k \, \mathrm{d}x.$$

由微积分基本定理得 $\displaystyle\sum_{k=0}^n \frac{C_n^k}{k+1} = \frac{2^{n+1} - 1}{n+1}$.

例 7.1.7 已知 $\alpha \neq k\pi + \dfrac{\pi}{2}$，$\beta \neq k\pi\,(k \in \mathbf{Z})$，且 $(3\tan\alpha + \cot\beta)^3$ $+ \tan^3\alpha + 4\tan\alpha + \cot\beta = 0$. 求证：$4\tan\alpha + \cot\beta = 0$.

证明 已知条件等式等价于

$$(3\tan\alpha + \cot\beta)^3 + (3\tan\alpha + \cot\beta) = -(\tan^3\alpha + \tan\alpha).$$

构造函数 $f(x) = x^3 + x$，则由上式得 $f(3\tan\alpha + \cot\beta) = -f(\tan\alpha)$.

又易证 $f(x) = x^3 + x$ 在实数集 $\mathbf{R}$ 上为奇函数且单调递增，于是

$$f(3\tan\alpha + \cot\beta) = -f(\tan\alpha) = f(-\tan\alpha),$$

则 $3\tan\alpha + \cot\beta = -\tan\alpha$，所以 $4\tan\alpha + \cot\beta = 0$.

例 7.1.8 已知 $\alpha, \beta \in \left(0, \dfrac{\pi}{2}\right)$，$\dfrac{\cos\alpha}{\sin\beta} + \dfrac{\cos\beta}{\sin\alpha} = 2$，求证：$\alpha + \beta = \dfrac{\pi}{2}$.

证明 构造函数 $f(x) = \dfrac{\cos x}{\sin\beta} + \dfrac{\cos\beta}{\sin x}$，$x \in \left(0, \dfrac{\pi}{2}\right)$，易知 $f(x)$ 在 $\left(0, \dfrac{\pi}{2}\right)$ 上单调递减. 又因为

$$f\left(\frac{\pi}{2} - \beta\right) = \frac{\cos\left(\dfrac{\pi}{2} - \beta\right)}{\sin\beta} + \frac{\cos\beta}{\sin\left(\dfrac{\pi}{2} - \beta\right)} = 2$$

$$= \frac{\cos\alpha}{\sin\beta} + \frac{\cos\beta}{\sin\alpha} = f(\alpha),$$

所以 $\dfrac{\pi}{2} - \beta = \alpha$，即 $\alpha + \beta = \dfrac{\pi}{2}$.

7.2 构造函数证明不等式

由于函数的单调性、有界性、最值和凹凸性等性质和不等式有着天然的联系,这就使我们有可能依据题设条件及欲证不等式的具体结构特点,以所给的数量关系为对象,构想、组合成一种新的函数、方程或多项式等具体形式,使问题在新的观点下利用函数的性质实现转化而获证.

例 7.2.1 已知 $x>0$,证明不等式:

$$x - \frac{x^2}{2} < \ln(1+x) < x - \frac{x^2}{2(1+x)}.$$

证明 令 $f(x) = \ln(1+x) - x + \frac{x^2}{2}$, $g(x) = \ln(1+x) - x + \frac{x^2}{2(1+x)}$,其中 $x>0$. 则

$$f'(x) = \frac{1}{1+x} - 1 + x = \frac{x^2}{1+x} > 0,$$

$$g'(x) = \frac{1}{1+x} - 1 + \frac{x^2+2x}{2(1+x)^2} = -\frac{x^2}{2(1+x)^2} < 0,$$

所以,$f(x)$ 在 $(0, +\infty)$ 上单调递增,$g(x)$ 在 $(0, +\infty)$ 上单调递减,于是有 $f(x) > f(0) = 0$, $g(x) < g(0) = 0$. 所以,当 $x>0$ 时,有 $x - \frac{x^2}{2} < \ln(1+x) < x - \frac{x^2}{2(1+x)}$.

例 7.2.2 已知 $x \in (0,2)$,求证:

$$\ln(x+1) + \sqrt{x+1} - 1 < \frac{9x}{x+6}.$$

证明 令 $f(x) = \ln(x+1) + \sqrt{x+1} - 1 - \frac{9x}{x+6}$, $x \in (0,2)$.

由均值不等式知,当 $x \in (0,2)$ 时,有

$$\sqrt{x+1} = \sqrt{1 \cdot (x+1)} < \frac{1}{2}x + 1,$$

于是只需证明 $\ln(x+1) + \frac{1}{2}x - \frac{9x}{x+6} < 0$. 令 $g(x) = \ln(x+1) + \frac{1}{2}x - \frac{9x}{x+6}$, $x \in (0,2)$,因为

$$g'(x) = \frac{1}{x+1} + \frac{1}{2} - \frac{54}{(x+6)^2} = \frac{x(x^2 + 15x - 36)}{2(x+1)(x+6)^2},$$

且易知 $x^2 + 15x - 36 < 0$ 在 $x \in (0,2)$ 上恒成立,所以 $g'(x) < 0$,即 $g(x)$ 在 $(0,2)$ 内单调递减,所以 $g(x) < g(0) = 0$,所以 $\ln(x+1) + \sqrt{x+1} - 1 < \frac{9x}{x+6}$.

例 7.2.3　设函数 $f(x)$ 满足:$f(x+1) - f(x) = 2x + 1$ $(x \in \mathbf{R})$,且当 $x \in [0,1]$ 时有 $|f(x)| \leqslant 1$,证明:当 $x \in \mathbf{R}$ 时,有 $|f(x)| \leqslant 2 + x^2$.

证明　由 $f(x+1) - f(x) = 2x + 1 (x \in \mathbf{R})$,知

$$f(x+1) - (x+1)^2 = f(x) - x^2.$$

构造函数 $g(x) = f(x) - x^2$,则 $g(x+1) = g(x)$,即 $g(x)$ 是 $\mathbf{R}$ 上以 1 为周期的周期函数.

又由条件"当 $x \in [0,1]$ 时有 $|f(x)| \leqslant 1$"可得,当 $x \in [0,1]$ 时,有 $|g(x)| = |f(x) - x^2| \leqslant |f(x)| + |x^2| \leqslant 2$. 所以周期函数 $g(x)$ 在 $\mathbf{R}$ 上有 $|g(x)| \leqslant 2$,因此,当 $x \in \mathbf{R}$ 时,有

$$|f(x)| = |g(x) + x^2| \leqslant |g(x)| + |x^2| \leqslant 2 + x^2.$$

例 7.2.4　设 $a > b > 0$,求证:$\sqrt{ab} < \dfrac{a-b}{\ln a - \ln b} < \dfrac{a+b}{2}$.

证明　原不等式左端等价于 $\ln \dfrac{a}{b} < \sqrt{\dfrac{a}{b}} - \sqrt{\dfrac{b}{a}}$,右端等价于

$2\left(\dfrac{a}{b}-1\right)<\left(\dfrac{a}{b}+1\right)\ln\dfrac{a}{b}$,构造函数$f(x)=\ln x^2-x+\dfrac{1}{x}=2\ln x-x$

$+\dfrac{1}{x}$,$g(x)=2x-2-(x+1)\ln x$.其中,$x>1$,则

$$f'(x)=\dfrac{2}{x}-1-\dfrac{1}{x^2}=-\left(\dfrac{1}{x}-1\right)^2<0,$$

$$g'(x)=2-\ln x-\dfrac{x+1}{x}$$

$$=\ln\dfrac{1}{x}+1-\dfrac{1}{x}<0 \quad \left(因为\ln\dfrac{1}{x}\leqslant\dfrac{1}{x}-1\right),$$

所以$f(x)$,$g(x)$在$x>1$时均单调递减,于是$f(x)<f(1)=0$,$g(x)$

$<g(1)=0$.所以 $\ln x^2<x-\dfrac{1}{x}$,$2(x-1)<(x+1)\ln x$. 即$\sqrt{ab}<$

$\dfrac{a-b}{\ln a-\ln b}<\dfrac{a+b}{2}$.

注 本题的结果为著名的对数平均不等式,它给出了两正数的几何平均数与算术平均数之间的一个估计.

例 7.2.5 已知a,b,c,A,B,C都是正数,且$a+A=b+B=c+C=k$,求证:$aB+bC+cA<k^2$.

证明 由于$aB+bC+cA=a(k-b)+b(k-c)+c(k-a)$
$=(k-b-c)a+(b+c)k-bc-k^2$,构造线性函数

$$f(a)=(k-b-c)a+(b+c)k-bc-k^2,$$

其中,$0<a<k$.又因为

$$f(0)=(b+c)k-bc-k^2=-(b-k)(c-k)<0,$$

$$f(k)=(k-b-c)k+(b+c)k-bc-k^2=-bc<0,$$

所以,$f(a)<0$在$0<a<k$内恒成立,即$aB+bC+cA<k^2$.

例 7.2.6 若$0\leqslant a,b,c\leqslant 1$,证明:

$$\frac{a}{b+c+1} + \frac{b}{c+a+1} + \frac{c}{a+b+1} + (1-a)(1-b)(1-c) \leqslant 1.$$

证明　证法 1　不妨设 a,b,c 中的最大者为 a，则

$$\frac{a}{b+c+1} + \frac{b}{c+a+1} + \frac{c}{a+b+1}$$

$$\leqslant \frac{a}{b+c+1} + \frac{b}{c+b+1} + \frac{c}{c+b+1}$$

$$= \frac{a+b+c}{b+c+1}.$$

于是要证原不等式，只需证明

$$\frac{a+b+c}{b+c+1} + (1-a)(1-b)(1-c) - 1 \leqslant 0,$$

构造线性函数

$$f(a) = \frac{a+b+c}{b+c+1} + (1-a)(1-b)(1-c) - 1,$$

其中，$0 \leqslant a \leqslant 1$. 因为 $f(0) = \dfrac{b+c}{b+c+1} - b - c + bc = \dfrac{-(b+c)^2}{b+c+1} + bc$

$\leqslant \dfrac{-4bc}{1+1+1} + bc = -\dfrac{1}{3}bc \leqslant 0, f(1) = 0.$ 所以，$f(a) \leqslant 0$ 在 $0 \leqslant a \leqslant 1$

内恒成立，即

$$\frac{a+b+c}{b+c+1} + (1-a)(1-b)(1-c) - 1 \leqslant 0.$$

证法 2　令 $f(a,b,c) = \dfrac{a}{b+c+1} + \dfrac{b}{c+a+1} + \dfrac{c}{a+b+1} +$

$(1-a)(1-b)(1-c)$，于是欲证不等式转化为证明 $f(a,b,c)$ 在 $0 \leqslant a,b,c \leqslant 1$ 范围内的最大值等于 1.

固定 a,b,c 中任意两个，$f(a,b,c)$ 的 4 项中每一项都是其余一个变量的下凸函数（极限情形是直线）. 例如固定 $a,b,f(a,b,c)$ 的第 1、2 项作为 c 的函数，其图像是双曲线在横轴上方的一支，显然

是下凸函数,第 3、4 项是一次函数,其图像是直线,也可看作是下凸函数;因为下凸函数的和还是下凸函数,所以 $f(a,b,c)$ 是关于 c 的下凸函数. 因此 $f(a,b,c)$ 关于每个变量都是下凸函数,于是 $f(a,b,c)$ 只有当 a,b,c 取极端值 0 或 1 时才能达到最大值,a,b,c 的不同取值有 $2^3=8$ 种,容易得到每一种取法都有 $f(a,b,c)=1$. 所以 $f(a,b,c)$ 在 $0\leqslant a,b,c\leqslant 1$ 范围内的最大值是 1.

注 (1) 该不等式表明左端代数式的上界为 1. 对其下界进行估计可以得到如下结果:若 $0\leqslant a,b,c\leqslant 1$,则有 $\dfrac{a}{b+c+1}+\dfrac{b}{c+a+1}+\dfrac{c}{a+b+1}+(1-a)(1-b)(1-c)>\dfrac{1}{2}$.

(2) 该不等式的结果可以推广到 n 元情形:若 $0\leqslant x_i\leqslant 1$ $(i=1,2,\cdots,n)$,且 $x_1+x_2+\cdots+x_n=s$,证明:$\displaystyle\sum_{i=1}^{n}\dfrac{x_i}{1+s-x_i}+\prod_{i=1}^{n}(1-x_i)\leqslant 1$.

例 7.2.7 设 $0<p\leqslant a,b,c,d,e\leqslant q$,证明:$(a+b+c+d+e)\cdot\left(\dfrac{1}{a}+\dfrac{1}{b}+\dfrac{1}{c}+\dfrac{1}{d}+\dfrac{1}{e}\right)\leqslant 25+6\left[\sqrt{\dfrac{p}{q}}-\sqrt{\dfrac{q}{p}}\right]^2$,并确定等号成立的条件.

证明 构造函数

$$f(a,b,c,d,e)=(a+b+c+d+e)\left(\dfrac{1}{a}+\dfrac{1}{b}+\dfrac{1}{c}+\dfrac{1}{d}+\dfrac{1}{e}\right).$$

那么当 a,b,c,d,e 中有 4 个数固定时,$f(a,b,c,d,e)$ 关于剩下那个变量是下凸函数,所以 $f(a,b,c,d,e)$ 关于每个变量都是下凸函数,于是 $f(a,b,c,d,e)$ 只有当 a,b,c,d,e 取极端值 p,q 时才能达到最大,设 a,b,c,d,e 中有 k 个 p,$5-k$ 个 q,则

$$f(a,b,c,d,e) = \left(kp + (5-k)q\right)\left(\frac{k}{p} + \frac{5-k}{q}\right)$$

$$= k^2 + (5-k)^2 + k(5-k)\left(\frac{p}{q} + \frac{q}{p}\right)$$

$$= k(5-k)\left(\sqrt{\frac{p}{q}} - \sqrt{\frac{q}{p}}\right)^2 + 25.$$

显然,当 $k = 2$ 或 3 时, $k(5-k)$ 取得最大值 6,因此

$$(a + b + c + d + e)\left(\frac{1}{a} + \frac{1}{b} + \frac{1}{c} + \frac{1}{d} + \frac{1}{e}\right)$$

$$\leqslant 25 + 6\left(\sqrt{\frac{p}{q}} - \sqrt{\frac{q}{p}}\right)^2,$$

且当 a, b, c, d, e 中有 2 个或 3 个等于 p 而其余的等于 q 时等号成立.

例 7.2.8 设 $a_1, a_2, a_3, b_1, b_2, b_3$ 为正数,求证:

$$(a_1 b_2 + a_2 b_1 + a_2 b_3 + a_3 b_2 + a_3 b_1 + a_1 b_3)^2$$

$$\geqslant 4(a_1 a_2 + a_2 a_3 + a_3 a_1)(b_1 b_2 + b_2 b_3 + b_3 b_1).$$

分析 从欲证不等式的结构形式来看,它与一元二次方程的判别式相似.因此,可以构造一个二次函数,使它的判别式合于结论的形式,便从考查函数的性质入手进行论证.

证明 构造二次函数

$$f(x) = (a_1 a_2 + a_2 a_3 + a_3 a_1)x^2$$

$$- (a_1 b_2 + a_2 b_1 + a_2 b_3 + a_3 b_2 + a_3 b_1 + a_1 b_3)x$$

$$+ (b_1 b_2 + b_2 b_3 + b_3 b_1)$$

$$= (a_1 x - b_1)(a_2 x - b_2) + (a_2 x - b_2)(a_3 x - b_3)$$

$$+ (a_3 x - b_3)(a_1 x - b_1).$$

不妨设 $\dfrac{b_1}{a_1} \geqslant \dfrac{b_2}{a_2} \geqslant \dfrac{b_3}{a_3}$,则 $f\left(\dfrac{b_2}{a_2}\right) \leqslant 0$,又 $f(x)$ 的二次项系数为正,因而

$f(x)$ 与 x 轴有交点,即 $f(x)=0$ 有实根,则其判别式非负,即有

$$(a_1b_2 + a_2b_1 + a_2b_3 + a_3b_2 + a_3b_1 + a_1b_3)^2$$
$$\geqslant 4(a_1a_2 + a_2a_3 + a_3a_1)(b_1b_2 + b_2b_3 + b_3b_1).$$

注 这里是通过构造二次函数,借助其判别式证明不等式,主要依据有两条:(1) 若二次函数 $ax^2 + bx + c = 0$ 有实根,则其判别式 $\Delta = b^2 - 4ac \geqslant 0$;(2) 对于二次函数 $f(x) = ax^2 + bx + c$,若 $a > 0$,则 "$f(x) \geqslant 0$ 恒成立"等价于"$\Delta = b^2 - 4ac \leqslant 0$".

类似地,可以证明以下各不等式:

(1) (Cauchy 不等式)设 $a_1, a_2, \cdots, a_n$;$b_1, b_2, \cdots, b_n$ 为两组实数,则 $(a_1b_1 + a_2b_2 + \cdots + a_nb_n)^2 \leqslant (a_1^2 + a_2^2 + \cdots + a_n^2) \cdot (b_1^2 + b_2^2 + \cdots + b_n^2)$,当且仅当 $\dfrac{b_1}{a_1} = \dfrac{b_2}{a_2} = \cdots = \dfrac{b_n}{a_n}$(约定 $a_i \neq 0 (i = 1, 2, \cdots, n)$)时上式等号成立.

(2) (Aczel 不等式)设 $a_1, a_2, \cdots, a_n$;$b_1, b_2, \cdots, b_n$ 为两组实数,并且 $b_1^2 - b_2^2 - \cdots - b_n^2 > 0$ 或 $a_1^2 - a_2^2 - \cdots - a_n^2 > 0$,则

$$(a_1^2 - a_2^2 - \cdots - a_n^2)(b_1^2 - b_2^2 - \cdots - b_n^2)$$
$$\leqslant (a_1b_1 - a_2b_2 - \cdots - a_nb_n)^2,$$

当且仅当 $\dfrac{b_1}{a_1} = \dfrac{b_2}{a_2} = \cdots = \dfrac{b_n}{a_n}$(约定 $a_i \neq 0 (i = 1, 2, \cdots, n)$)时上式等号成立.

(3) (Oppenheim 不等式)求证:三个实数 A, B, C 使不等式

$$A(x - y)(y - z) + B(y - z)(z - x) + C(z - x)(x - y) \leqslant 0$$

对一切实数 x, y, z 成立的充要条件是 $A^2 + B^2 + C^2 \leqslant 2(AB + BC + CA)$,且 $A, B, C \geqslant 0$.

(4) (嵌入不等式)设 x, y, z 是任意实数. A, B, C 是任意三角形的三个内角,求证:

$$x^2 + y^2 + z^2 \geqslant 2yz\cos A + 2zx\cos B + 2xy\cos C,$$

当且仅当 $\dfrac{x}{\sin A} = \dfrac{y}{\sin B} = \dfrac{z}{\sin C}$ 时等号成立.

(5)(Polya – Szego 不等式)设 $0 < m_1 \leqslant a_i \leqslant M_1, 0 < m_2 \leqslant b_i \leqslant$

$M_2, i = 1, 2, \cdots, n,$ 则 $\dfrac{\left(\sum\limits_{i=1}^{n} a_i^2\right)\left(\sum\limits_{i=1}^{n} b_i^2\right)}{\left(\sum\limits_{i=1}^{n} a_i b_i\right)^2} \leqslant \dfrac{1}{4}\left(\sqrt{\dfrac{M_1 M_2}{m_1 m_2}} + \sqrt{\dfrac{m_1 m_2}{M_1 M_2}}\right)^2.$

(6)(Beesack 不等式)设 $a_i, b_i \in \mathbf{R}, i = 1, 2, \cdots, n,$ 则

$$\left[(n-1)\sum_{i=1}^{n} a_i b_i - \sum_{1 \leqslant i < j \leqslant n}(a_i b_j - a_j b_i)\right]^2$$

$$\leqslant \left[(n-1)\sum_{i=1}^{n} a_i^2 - 2\sum_{1 \leqslant i < j \leqslant n} a_i a_j\right] \cdot$$

$$\left[(n-1)\sum_{i=1}^{n} b_i^2 - 2\sum_{1 \leqslant i < j \leqslant n} b_i b_j\right].$$

以上几个不等式都涉及两个数组,由于构造了必有实根的二次函数 $f(x)$ 或取值恒非负且其二次项系数为正的二次函数 $f(x)$,为应用二次函数判别式的性质提供了前提,大大减少了运算量,使证明显得直观、简捷.

例 7.2.9 设 a, b, c, d 是实数,且满足 $(a + b + c)^2 \geqslant 2(a^2 + b^2 + c^2) + 4d,$ 求证: $ab + bc + cd \geqslant 3d.$

证明 题设不等式可以变形为 $c^2 - 2(a + b)c + (a^2 + b^2 - 2ab + 4d) \leqslant 0,$ 于是可构造二次函数

$$f(x) = x^2 - 2(a + b)x + a^2 + b^2 - 2ab + 4d.$$

$f(x)$ 是开口向上的抛物线,且 $f(c) \leqslant 0$ 恒成立,从而抛物线与 x 轴

一定有交点,于是 $\Delta = 4(a+b)^2 - 4(a^2 + b^2 - 2ab + 4d) \geqslant 0$,所以,$ab \geqslant d$.

同理可证 $bc \geqslant d$,$ac \geqslant d$,所以 $ab + bc + cd \geqslant 3d$.

例 7.2.10 已知实数 u,v 满足 $u + u^2 + \cdots + u^8 + 10u^9 = v + v^2 + \cdots + v^{10} + 10v^{11} = 8$,求证:$u < v$.

证明 由 $u + u^2 + \cdots + u^8 + 10u^9 = 8$,得 $\dfrac{u - u^9}{1 - u} + 10u^9 = 8$,即

$$10u^{10} - 9u^9 - 9u + 8 = 0. \qquad \text{①}$$

同理可得

$$10v^{12} - 9v^{11} - 9v + 8 = 0. \qquad \text{②}$$

从方程①和②知,$u > 0$,$v > 0$(否则,如果 $u < 0$,则 $10u^{10} + 9(-u)^9 + 9(-u) + 8 > 0$).

构造函数 $f(x) = x + x^2 + \cdots + x^8 + 10x^9 - 8$,$g(x) = x + x^2 + \cdots + x^{10} + 10x^{11} - 8$.显然,当 $x \geqslant 0$ 时,函数 $f(x)$,$g(x)$ 都是单调递增函数,且

$$f(0) < 0, g(0) < 0, f(1) > 0, g(1) > 0.$$

所以,u,v 分别是 $f(x) = 0$,$g(x) = 0$ 在区间 $(0,1)$ 上唯一的实数根.

由方程①知,u 也是 $F(x) = 10x^{10} - 9x^9 - 9x + 8 = (10x - 9)(x^9 - 1) + x - 1$ 的根.因为 $F(0) = 8 > 0$,$F\left(\dfrac{9}{10}\right) = -\dfrac{1}{10} < 0$,所以,$0 < u < \dfrac{9}{10}$.

又由于 $g(u) = f(u) + u^{10} + 10u^{11} - 9u^9 = u^9(10u^2 + u - 9) < u^9\left(\dfrac{81}{10} + \dfrac{9}{10} - 9\right) = 0$,且 $g(1) > 0$,因此 $g(x) = 0$ 在区间 $(0,1)$ 上的唯一根 $v \in (u,1)$,所以 $u < v$.

注 此题的证明用到了连续函数介值定理的推论:若函数 $f(x)$ 在区间 $[a,b]$ 上连续,且 $f(a)f(b)<0$(即 $f(a)$ 与 $f(b)$ 异号),则在开区间 (a,b) 内至少有一点 ξ,使 $F(\xi)=0$.

例 7.2.11 设 $\triangle ABC$ 的三边长分别为 a,b,c,且 $a+b+c=1$,求证: $5(a^2+b^2+c^2)+18abc \geqslant \dfrac{7}{3}$.

证明 **证法 1** 要证不等式关于 a,b,c 对称,不妨设 $a \geqslant b \geqslant c$,由 $1=a+b+c \geqslant 3c$,知 $c \leqslant \dfrac{1}{3}$, $a+b \geqslant \dfrac{2}{3}$.令 $c=\dfrac{1}{3}-t$, $a+b=\dfrac{2}{3}+t$, $0 \leqslant t \leqslant \dfrac{1}{3}$,则

$$
\begin{aligned}
5(a^2+b^2+c^2)+18abc &= 5\big(1-2(ab+bc+ca)\big)+18abc \\
&= 5-10c(a+b)+(18c-10)ab \\
&\geqslant 5-10c(a+b)+(18c-10)\left(\dfrac{a+b}{2}\right)^2 \\
&= -\dfrac{9}{2}t^3+3t^2+\dfrac{7}{3}.
\end{aligned}
$$

令 $f(t)=-\dfrac{9}{2}t^3+3t^2+\dfrac{7}{3}$,则 $f'(t)=-\dfrac{27}{2}t^2+6t=t\left(6-\dfrac{27}{2}t\right) \geqslant 0$ 在 $0 \leqslant t \leqslant \dfrac{1}{3}$ 内恒成立,即 $f(t)$ 在 $0 \leqslant t \leqslant \dfrac{1}{3}$ 内单调递增,于是 $f(t) \geqslant f(0)=\dfrac{7}{3}$,得证.

证法 2 由于 $a^2+b^2+c^2=(a+b+c)^2-2(ab+bc+ca)=1-2(ab+bc+ca)$,所以欲证不等式等价于证明 $\dfrac{5}{9}(ab+bc+ca)-abc \leqslant \dfrac{4}{27}$.

构造函数 $f(x) = (x-a)(x-b)(x-c) = x^3 - x^2 + (ab+bc+ca)x - abc$，则 $f\left(\dfrac{5}{9}\right) = \left(\dfrac{5}{9}\right)^3 - \left(\dfrac{5}{9}\right)^2 + \dfrac{5}{9}(ab+bc+ca) - abc$．

另一方面，因为 a,b,c 为三角形的三边长，所以 $0 < a,b,c < \dfrac{1}{2}$，则 $\dfrac{5}{9} - a, \dfrac{5}{9} - b, \dfrac{5}{9} - c$ 均为正数，利用均值不等式，有

$$f(x) = \left(\dfrac{5}{9} - a\right)\left(\dfrac{5}{9} - b\right)\left(\dfrac{5}{9} - c\right)$$

$$\leqslant \dfrac{1}{27}\left(\left(\dfrac{5}{9} - a\right) + \left(\dfrac{5}{9} - b\right) + \left(\dfrac{5}{9} - c\right)\right) = \dfrac{8}{729},$$

即 $f\left(\dfrac{5}{9}\right) = \left(\dfrac{5}{9}\right)^3 - \left(\dfrac{5}{9}\right)^2 + \dfrac{5}{9}(ab+bc+ca) - abc \leqslant \dfrac{8}{729}$．所以，$\dfrac{5}{9}(ab+bc+ca) - abc \leqslant \dfrac{4}{27}$，原不等式得证．

注 类似地可以证明如下问题：

(1) 设 $x,y,z \in \mathbf{R}^+$，且 $x+y+z = 1$，求证：$x^2 + y^2 + z^2 + 9xyz \geqslant 2(xy+yz+zx)$（2004 年南昌市高中数学竞赛试题）；

(2) 设非负实数 a,b,c 满足 $a+b+c = 1$，求证：$9abc \leqslant ab+bc+ca \leqslant \dfrac{1}{4}(1+9abc)$（2010 年全国高中数学联赛广东省预赛解答题第 3 题）；

(3) 设 $a,b,c \in \mathbf{R}^+$，且 $a+b+c = 3$，求证：$2(a^3 + b^3 + c^3) + 3abc \geqslant 9$（《数学通讯》2010 年 9 月上（学生刊）征解问题第 27 题）．

例 7.2.12 若 $0 < x_i \leqslant \sqrt{\sqrt{5} - 2}$，$i = 1, 2, \cdots, n$，且 $\sum\limits_{i=1}^{n} x_i = t$，则 $\left(\dfrac{1}{x_1} - x_1\right)\left(\dfrac{1}{x_2} - x_2\right)\cdots\left(\dfrac{1}{x_n} - x_n\right) \geqslant \left(\dfrac{n}{t} - \dfrac{t}{n}\right)^n$，当且仅当 $x_1 = x_2$

$= \cdots = x_n = \dfrac{t}{n}$ 时取等号.

证明　因 $0 < x_i \leqslant \sqrt{\sqrt{5}-2} < 1$,故 $\dfrac{1}{x_i} - x_i > 0$,对欲证积式

$$\prod_{i=1}^{n} \left(\frac{1}{x_i} - x_i \right) \geqslant \left(\frac{n}{t} - \frac{t}{n} \right)^n$$

两边取对数得 $\displaystyle\sum_{i=1}^{n} \ln \left(\frac{1}{x_i} - x_i \right) \geqslant n \ln \left(\frac{n}{t} - \frac{t}{n} \right)$.

设 $f(x) = \ln \left(\dfrac{1}{x} - x \right) (0 < x \leqslant \sqrt{\sqrt{5}-2})$,则 $f''(x) = \dfrac{-x^4 - 4x^2 + 1}{x^2 (1-x^2)^2}$.易知 $f''(x) \geqslant 0$ 对于 $0 < x < \sqrt{\sqrt{5}-2}$ 恒成立,故 $f(x)$ 在 $\left(0, \sqrt{\sqrt{5}-2} \right]$ 上是凸函数,则

$$\sum_{i=1}^{n} \ln \left(\frac{1}{x_i} - x_i \right) = \sum_{i=1}^{n} f(x_i) \geqslant nf\left(\frac{x_1 + x_2 + \cdots + x_n}{n} \right)$$

$$= n \ln \left(\frac{n}{t} - \frac{t}{n} \right),$$

取等号的条件易见.故得证.

注　(1) $x = \sqrt{\sqrt{5}-2}$ 是 $f''(x) = 0$ 的一个根,即 $f(x)$ 的一个拐点,由此可见范围 $0 < x_i \leqslant \sqrt{\sqrt{5}-2}$ 不能再扩大.

(2) 类似地,可以证明:设 $x_1, x_2, \cdots, x_n \in \mathbf{R}^+$,且 $x_1 + x_2 + \cdots + x_n = 1$,证明:$\left(x_1 + \dfrac{1}{x_1} \right) \left(x_2 + \dfrac{1}{x_2} \right) \cdots \left(x_n + \dfrac{1}{x_n} \right) \geqslant \left(n + \dfrac{1}{n} \right)^n$.

特别地,当 $n = 3$ 时,即得 2008 年南京大学自主招生试题:若正数 a, b, c 满足 $a + b + c = 1$,求证:$\left(a + \dfrac{1}{a} \right) \left(b + \dfrac{1}{b} \right) \left(c + \dfrac{1}{c} \right) \geqslant \dfrac{1000}{27}$.

(3) 类似地,可以证明:设 $x_1, x_2, \cdots, x_n \in \mathbf{R}^+$,且 $x_1 + x_2 + \cdots + x_n$

$=1$,证明: $\left(x_1+\dfrac{1}{x_1}\right)^2+\left(x_2+\dfrac{1}{x_2}\right)^2+\cdots+\left(x_n+\dfrac{1}{x_n}\right)^2\geqslant\dfrac{(n^2+1)^2}{n}$.

特别地,当 $n=3$ 时,即得 2008 年南开大学自主招生试题:设 a, b,c 为正数,且 $a+b+c=1$,求 $\left(a+\dfrac{1}{a}\right)^2+\left(b+\dfrac{1}{b}\right)^2+\left(c+\dfrac{1}{c}\right)^2$ 的最小值.

例 7.2.13 已知 $n\in\mathbf{N}^+$,求证:

$$1+\frac{1}{\sqrt{2}}+\frac{1}{\sqrt{3}}+\cdots+\frac{1}{\sqrt{n}}\geqslant 2(\sqrt{n+1}-1).$$

证明 设 $f(n)=1+\dfrac{1}{\sqrt{2}}+\dfrac{1}{\sqrt{3}}+\cdots+\dfrac{1}{\sqrt{n}}-2(\sqrt{n+1}-1)$,则

$$f(n+1)-f(n)=\frac{1}{\sqrt{n+1}}-2(\sqrt{n+2}-1)+2(\sqrt{n+1}-1)$$

$$=\frac{(\sqrt{n+2}-\sqrt{n+1})^2}{\sqrt{n+1}}>0,$$

所以,$f(n)$ 在 $\mathbf{N}^+$ 上单调递增.又 $f(1)=1-2(\sqrt{2}-1)=3-\sqrt{8}>0$,则 $f(n)\geqslant f(1)=1-2(\sqrt{2}-1)=3-\sqrt{8}>0$.

所以 $1+\dfrac{1}{\sqrt{2}}+\dfrac{1}{\sqrt{3}}+\cdots+\dfrac{1}{\sqrt{n}}\geqslant 2(\sqrt{n+1}-1)$.

例 7.2.14 求证: $-1<\displaystyle\sum_{k=1}^{n}\frac{k}{k^2+1}-\ln n\leqslant\frac{1}{2}$,$n=1,2,\cdots$.

证明 首先证明不等式 $\dfrac{x}{1+x}<\ln(1+x)<x$,$x>0$.

令 $h(x)=x-\ln(1+x)$,$g(x)=\ln(1+x)-\dfrac{x}{1+x}$,则对于 x >0,有 $h'(x)=1-\dfrac{1}{1+x}>0$,$g'(x)=\dfrac{1}{1+x}-\dfrac{1}{(1+x)^2}=\dfrac{x}{(1+x)^2}$ >0.于是 $h(x)$,$g(x)$ 均在 $(0,+\infty)$ 内单调递增,所以 $h(x)>$

$h(0) = 0, g(x) > g(0) = 0.$ 所以 $\dfrac{x}{1+x} < \ln(1+x) < x, x > 0.$ 在其

中令 $x = \dfrac{1}{n}$，则 $\dfrac{1}{n+1} < \ln\left(1 + \dfrac{1}{n}\right) < \dfrac{1}{n}.$

设 $f(n) = \displaystyle\sum_{k=1}^{n} \dfrac{k}{k^2 + 1} - \ln n$，则

$$f(n+1) - f(n) = \dfrac{n+1}{(n+1)^2 + 1} - \ln\left(1 + \dfrac{1}{n}\right)$$

$$< \dfrac{n+1}{(n+1)^2 + 1} - \dfrac{1}{n+1} < 0.$$

所以，$f(n)$ 在 $\mathbf{N}^+$ 上单调递减，则 $f(n) \leqslant f(1) = \dfrac{1}{2}.$

又因为

$$f(n) = \sum_{k=1}^{n} \dfrac{k}{k^2 + 1} - \ln n$$

$$= \sum_{k=1}^{n} \dfrac{k}{k^2 + 1} - \sum_{k=1}^{n-1} \ln\left(1 + \dfrac{1}{k}\right)$$

$$= \sum_{k=1}^{n-1}\left(\dfrac{k}{k^2 + 1} - \ln\left(1 + \dfrac{1}{k}\right)\right) + \dfrac{n}{n^2 + 1} > \sum_{k=1}^{n-1}\left(\dfrac{k}{k^2 + 1} - \dfrac{1}{k}\right)$$

$$= -\sum_{k=1}^{n-1} \dfrac{1}{(k^2 + 1)k} \geqslant -\sum_{k=1}^{n-1} \dfrac{1}{(k+1)k}$$

$$= -\sum_{k=1}^{n-1}\left(\dfrac{1}{k} - \dfrac{1}{k+1}\right) = -1 + \dfrac{1}{n} > -1,$$

所以

$$-1 < \sum_{k=1}^{n} \dfrac{k}{k^2 + 1} - \ln n \leqslant \dfrac{1}{2}, n = 1, 2, \cdots.$$

7.3 构造函数解方程

例 7.3.1 设 $x \in \mathbf{N}^+, y \in \mathbf{N}^+, x \neq y$, 解方程 $x^y = y^x$.

解 在方程两端同时取自然对数得 $y\ln x = x\ln y$, 即 $\dfrac{\ln x}{x} = \dfrac{\ln y}{y}$.

令 $f(t) = \dfrac{\ln t}{t}, t \in (0, +\infty)$, 则 $f'(t) = \dfrac{1 - \ln t}{t^2}$, 故易知 $f(t)$ 在 $(0, e)$ 上单调递增, 在 $(e, +\infty)$ 上单调递减.

又因为 $x \neq y$, 必有 $x < e, y > e$ 或 $x > e, y < e$. 由对称性, 不妨设 $x > e, y < e$, 因为 $y \in \mathbf{N}^+$, 易知 $y = 1$ 时不合题意, 故必有 $y = 2$, 于是 $x^2 = 2^x$, 且 $x \neq y = 2$, 由图像观察知 $x = 4$, 由单调性, 易证 x 的值唯一.

综上, 原方程的解为 $\begin{cases} x = 4, \\ y = 2 \end{cases}$ 或 $\begin{cases} x = 2, \\ y = 4. \end{cases}$

例 7.3.2 函数列 $\{f_n(x)\}$ 递归地定义如下: $f_1(x) = \sqrt{x^2 + 48}, f_{n+1}(x) = \sqrt{x^2 + 6f_n(x)} \ (n \geqslant 1)$. 对每一个正整数 n, 求出方程 $f_n(x) = 2x$ 的所有实数解.

解 易知 $f_n(x) = 2x$ 的解全是正数, 令 $f_1(x) = \sqrt{x^2 + 48} = 2x$, 解得 $x = 4$, 下面用数学归纳法可以证明:

(1) 当 $0 < x < 4$ 时, $f_n(x) > 2x$;

(2) 当 $x > 4$ 时, $f_n(x) < 2x$;

(3) 当 $x = 4$ 时, $f_n(x) = 2x$.

若以上结论得证, 则对任意正整数 n, $x = 4$ 是方程 $f_n(x) = 2x$ 的唯一解. 下面证明 (1).

当 $n = 1$ 时, 因为 $x < 4$, 所以 $f_1(x) = \sqrt{x^2 + 48} > \sqrt{x^2 + 3x^2} =$

$2x$；假设当 $n = k$ 时结论成立，即当 $x < 4$ 时，$f_k(x) > 2x$，则当 $n = k + 1$ 时，因为 $x < 4$，所以

$$f_{k+1}(x) = \sqrt{x^2 + 6f_k(x)} > \sqrt{x^2 + 12x} > \sqrt{x^2 + 3x^2} = 2x.$$

所以(1)成立.

类似地可以证明(2)和(3). 所以，方程 $f_n(x) = 2x$ 的所有实数解是 $x = 4$.

例 7.3.3 解方程

$$\sqrt{11 - 2\sin x - \cos^2 x} + \sqrt{5 - 2\sin^3 x + \sin^6 x} = 6 - 2\cos^2 x - \sin^4 x.$$

解 构造函数 $f(x) = \sqrt{11 - 2\sin x - \cos^2 x} + \sqrt{5 - 2\sin^3 x + \sin^6 x}$，$g(x) = 6 - 2\cos^2 x - \sin^4 x$，因为 $f(x) = \sqrt{(\sin x - 1)^2 + 9} + \sqrt{(\sin^3 x - 1)^2 + 4} \geqslant 5$，$g(x) = 5 - (\sin^2 x - 1)^2 \leqslant 5$. 当且仅当 $\sin x - 1 = \sin^3 x - 1 = \sin^2 x - 1 = 0$ 时，$f(x) = g(x)$，所以原方程的解集为 $\left\{ x \,\middle|\, x = \dfrac{\pi}{2} + 2k\pi, k \in \mathbf{Z} \right\}$.

例 7.3.4 在实数范围内求解方程 $\sqrt{x + 19} + \sqrt[3]{x + 95} = 12$.

解 构造函数 $f(x) = \sqrt{x + 19} + \sqrt[3]{x + 95}$，易证 $f(x)$ 在定义域 $[-19, +\infty)$ 内单调递增，且 $f(30) = \sqrt{49} + \sqrt[3]{125} = 12$，故原方程仅有一个实根 $x = 30$.

例 7.3.5 解方程 $\sqrt[3]{x - 2} + \sqrt[3]{2x + 1} + 3x - 1 = 0$.

解 原方程可变形为 $\sqrt[3]{2x + 1} + 2x + 1 = -(\sqrt[3]{x - 2} + x - 2)$.

构造函数 $f(x) = \sqrt[3]{x} + x$，则以上方程即为 $f(\sqrt[3]{2x + 1}) = -f(\sqrt[3]{x - 2})$. 易知 $f(x) = \sqrt[3]{x} + x$ 是奇函数，且在 $\mathbf{R}$ 上单调递增，于是以上方程即为 $f(\sqrt[3]{2x + 1}) = f(-\sqrt[3]{x - 2})$. 所以 $\sqrt[3]{2x + 1} =$

$-\sqrt[3]{x-2}$,两边同时立方,解得 $x=\dfrac{1}{3}$.

例 7.3.6 解方程 $2^{\sin^4 x-\cos^2 x}-2^{\cos^4 x-\sin^2 x}=\cos 2x$.

解 方程两端同时乘以 2,得 $2^{\sin^4 x+\sin^2 x}-2^{\cos^4 x+\cos^2 x}=2\cos 2x$.
由于

$$(\sin^4 x+\sin^2 x)-(\cos^4 x+\cos^2 x)$$
$$=(\sin^2 x+\cos^2 x)(\sin^2 x-\cos^2 x)+(\sin^2 x-\cos^2 x)$$
$$=2(\sin^2 x-\cos^2 x)=-2\cos 2x,$$

则以上方程可转化为

$$2^{\sin^4 x+\sin^2 x}-2^{\cos^4 x+\cos^2 x}=-\big((\sin^4 x+\sin^2 x)-(\cos^4 x+\cos^2 x)\big),$$

即 $2^{\sin^4 x+\sin^2 x}+(\sin^4 x+\sin^2 x)=2^{\cos^4 x+\cos^2 x}+(\cos^4 x+\cos^2 x)$.

构造函数 $f(t)=2^t+t$,易知 $f(t)$ 单调递增,于是 $\sin^4 x+\sin^2 x$ $=\cos^4 x+\cos^2 x$,即 $2\cos 2x=0$,所以 $x=\dfrac{(2k+1)\pi}{4}(k\in\mathbf{Z})$.

例 7.3.7 在实数范围内解方程 $\sqrt{\dfrac{3x+1}{x+3}}=\dfrac{3x^2-1}{3-x^2}$.

解 令 $y=\sqrt{\dfrac{3x+1}{x+3}}$,求其反函数得 $y=\dfrac{3x^2-1}{3-x^2}$.由原函数与反函数图像的对称性,它们的交点可能存在于直线 $y=x$ 上.令 $\dfrac{3x^2-1}{3-x^2}=x$,整理得 $x^3+3x^2-3x-1=0$,解之得三个实数解 $x_1=1,x_2=-2+\sqrt{3}$,$x_3=-2-\sqrt{3}$.然后将原方程两端同时平方,并整理为整式方程得

$$6x^5+26x^4+12x^3-12x^2-26x-6=0,$$

即 $(x^3+3x^2-3x-1)(6x^2+8x+6)=0$.因为方程 $6x^2+8x+6=0$ 无实数根,所以原方程的解只可能为 $x_1=1,x_2=-2+\sqrt{3},x_3=-2$ $-\sqrt{3}$.经检验知,只有 $x=1$ 是原方程的唯一实数解.

注 读者可仿照例 3.2.16 的解法解答该题.

例 7.3.8 若关于 x 的方程 $\sin 4x \sin 2x - \sin x \sin 3x = a$ 在 $[0,\pi)$ 上有唯一实数解,求 a 的取值范围.

解 令 $f(x) = \sin 4x \sin 2x - \sin x \sin 3x$,则

$$f(x) = -\frac{1}{2}(\cos 6x - \cos 2x) + \frac{1}{2}(\cos 4x - \cos 2x)$$

$$= -\frac{1}{2}(\cos 6x - \cos 4x) = \sin x \sin 5x.$$

于是

$$f\left(x + \frac{\pi}{2}\right) = \sin\left(x + \frac{\pi}{2}\right)\sin 5\left(x + \frac{\pi}{2}\right) = \cos x \cos 5x,$$

$$f\left(\frac{\pi}{2} - x\right) = \sin\left(\frac{\pi}{2} - x\right)\sin 5\left(\frac{\pi}{2} - x\right) = \cos x \cos 5x,$$

即 $f\left(x + \frac{\pi}{2}\right) = f\left(\frac{\pi}{2} - x\right)$,从而 $f(x)$ 的图像关于 $x = \frac{\pi}{2}$ 对称.

因为 $f(x) = a$ 在 $[0,\pi)$ 上有唯一实数解,所以 a 只可能在 $f(0)$ $= 0$ 与 $f\left(\frac{\pi}{2}\right) = 1$ 中取值.而当 $a = 0$ 时,$x = \frac{\pi}{5}, \frac{2\pi}{5}, \frac{3\pi}{5}, \frac{4\pi}{5}$ 均为方程 $f(x) = \sin x \sin 5x = 0$ 的解,不符合;当 $a = 1$ 时,$x = \frac{\pi}{2}$ 是方程 $f(x)$ $= \sin x \sin 5x = 1$ 的唯一解,符合题意.所以,$a = 1$.

例 7.3.9 如果 $2a^2 < 5b$,那么方程 $x^5 + ax^4 + bx^3 + cx^2 + dx + e = 0$ 的根不可能全是实数.

证明 构造函数 $f(x) = x^5 + ax^4 + bx^3 + cx^2 + dx + e$,假设 $f(x) = 0$ 的根全是实数,即 $f(x) = 0$ 有 5 个实根(重根按重数计算),根据罗尔中值定理,那么 $f'(x) = 0$ 必定有 4 个实根,同样的,$f''(x)$ $= 0, f'''(x) = 0$ 必定分别有 3 个和 2 个实根,因为 $f'''(x) = 60x^2 + 24ax + 6b = 0$,其判别式 $\Delta = 288(2a^2 - 5b) < 0$,故 $f'''(x) = 0$ 无实根,矛盾.从而 $f(x) = 0$ 不可能有 5 个实根.

注　罗尔中值定理的具体内容为：

若函数 $f(x)$ 满足如下条件：(1) $f(x)$ 在闭区间 $[a,b]$ 上连续；(2) $f(x)$ 在开区间 (a,b) 内可导；(3) $f(a)=f(b)$. 则在 (a,b) 内至少存在一点 ξ，使得 $f'(\xi)=0$.

例 7.3.10　解方程组

$$\begin{cases} x_1+x_2+\cdots+x_n=n, \\ x_1^2+x_2^2+\cdots+x_n^2=n, \\ \cdots \\ x_1^n+x_2^n+\cdots+x_n^n=n. \end{cases}$$

解　构造函数 $f(t)=(t-x_1)(t-x_2)\cdots(t-x_n)=t^n+a_1t^{n-1}+a_2t^{n-2}+\cdots+a_{n-1}t+a_n$，则由题设知

$$0=f(x_1)+f(x_2)+\cdots+f(x_n)$$

$$=\sum_{i=1}^n x_i^n+a_1\sum_{i=1}^n x_i^{n-1}+a_2\sum_{i=1}^n x_i^{n-2}+\cdots+a_{n-1}\sum_{i=1}^n x_i+na_n$$

$$=n(1+a_1+a_2+\cdots+a_{n-1}+a_n)=nf(1).$$

于是 $f(1)=0$，这表明 $x_1,x_2,\cdots,x_n$ 中有一个为 1，根据方程的对称性知 $x_1=x_2=\cdots=x_n=1$.

例 7.3.11　解方程组

$$\begin{cases} (1+4^{2x-y})5^{1-2x+y}=1+2^{2x-y+1}, & \text{①} \\ y^3+4x+1+\ln(y^2+2x)=0. & \text{②} \end{cases}$$

解　在方程①中，令 $u=2x-y$，得 $f(u)=5\times\left(\dfrac{1}{5}\right)^u+5\times\left(\dfrac{4}{5}\right)^u-2\times 2^u-1=0$，易知 $f(u)$ 在 **R** 上单调递减，且 $f(1)=0$，所以 $u=1$，即 $2x=y+1$.

将上式代入方程②得 $g(y)=y^3+2y+3+\ln(y^2+y+1)=0$.

由于

$$g'(y) = \frac{(2y+1)^2 + 3y^2\left(y+\dfrac{1}{2}\right)^2 + \dfrac{1}{4}y^2 + 2}{\left(y+\dfrac{1}{2}\right)^2 + \dfrac{3}{4}} > 0,$$

则 $g(y)$ 在 $\mathbf{R}$ 上单调递增,且 $g(-1)=0$,所以 $y=-1$,因此 $x = \dfrac{1}{2}(y+1) = 0$.

经检验,$x=0$,$y=-1$ 是原方程的解.

例 7.3.12　在实数范围内解方程组

$$\begin{cases} \sqrt{x^2 - 2x + 6} \cdot \log_3(6-y) = x, \\ \sqrt{y^2 - 2y + 6} \cdot \log_3(6-z) = y, \\ \sqrt{z^2 - 2z + 6} \cdot \log_3(6-x) = z. \end{cases}$$

解　构造函数 $f(t) = \dfrac{t}{\sqrt{t^2 - 2t + 6}}$,$t < 6$,则原方程组转化为

$$\begin{cases} \log_3(6-y) = f(x), & \text{①} \\ \log_3(6-z) = f(y), & \text{②} \\ \log_3(6-x) = f(z). & \text{③} \end{cases}$$

观察易得 $x = y = z = 3$ 是原方程的一组解. 又由 $f'(t) = \dfrac{6-t}{(t^2 - 2t + 6)^{\frac{3}{2}}}$ 知 $f(t)$ 在 $(-\infty, 6)$ 上单调递增. 下面据此说明原方程组不存在除 $x = y = z = 3$ 之外的解.

(1) 若 $x < 3$,则由式①得 $\log_3(6-y) = f(x) < f(3) = 1$,则 $3 < y < 6$;又由式②得 $\log_3(6-z) = f(y) > f(3) = 1$,则 $z < 3$;又由式③得 $\log_3(6-x) = f(z) < f(3) = 1$,则 $x > 3$,矛盾.

(2) 若 $3 < x < 6$,则由式①得 $\log_3(6-y) = f(x) > f(3) = 1$,则

$y<3$；又由式②得 $\log_3(6-z)=f(y)<f(3)=1$，则 $z>3$；又由式③得 $\log_3(6-x)=f(z)>f(3)=1$，则 $x<3$，矛盾.

综上，只有 $x=3$ 满足原方程，同理只有 $y=3$，$z=3$ 满足原方程组，故原方程组只有唯一一组解 $x=y=z=3$.

7.4 构造函数解不等式

例 7.4.1 解不等式 $\dfrac{x^2-3x+2}{x^2-2x-3}<0$.

解 原不等式可以转化为

$$(x-1)(x-2)(x-3)(x+1)<0.$$

构造函数 $f(x)=(x-1)(x-2)(x-3)(x+1)$，它的图像与 x 轴交点横坐标分别为 $x=1,2,3,-1$，由函数的连续性知 $f(x)$ 的值在 $(-1,1)$ 与 $(2,3)$ 内是小于零的，所以，原不等式的解集为 $(-1,1)\bigcup(2,3)$.

例 7.4.2 解不等式 $4-3x>\dfrac{8x}{1-\sqrt{1-2x}}$.

解 构造函数 $f(x)=4-3x-\dfrac{8x}{1-\sqrt{1-2x}}$，易得其定义域为 $(-\infty,0)\bigcup\left(0,\dfrac{1}{2}\right]$，令 $f(x)=0$，解得 $x=-4$，分别考虑 $f(x)$ 在区间 $(-\infty,-4),(-4,0),\left(0,\dfrac{1}{2}\right]$ 内的取值符号：

取 $x=-\dfrac{15}{2}\in(-\infty,-4)$，则 $f\left(-\dfrac{15}{2}\right)=\dfrac{13}{2}>0$；

取 $x=-\dfrac{3}{2}\in(-4,0)$，则 $f\left(-\dfrac{3}{2}\right)=-\dfrac{7}{2}<0$；

取 $x = \dfrac{3}{8} \in \left(0, \dfrac{1}{2}\right]$，则 $f\left(\dfrac{3}{8}\right) = -\dfrac{25}{2} < 0$.

由于 $f(x)$ 是在 $(-\infty, -4)$ 内连续且恒不为 0 的函数，所以恒有 $f(x) > 0$，所以原不等式的解集为 $(-\infty, -4)$.

例 7.4.3　定义在 **R** 上的函数 $f(x)$ 满足 $f(1) = 2$，且对任意的 x $\in$ **R**，都有 $f'(x) < \dfrac{1}{2}$，求不等式 $f(\log_2 x) > \dfrac{\log_2 x + 3}{2}$ 的解集.

解　构造函数 $g(x) = 2f(x) - x$，由 $f'(x) < \dfrac{1}{2}$ 得，$2f'(x) - 1$ < 0，即 $g'(x) < 0$，于是 $g(x)$ 在 **R** 上为减函数，且 $g(1) = 2f(1) - 1$ $= 3$，不等式 $f(\log_2 x) > \dfrac{\log_2 x + 3}{2}$ 化为 $2f(\log_2 x) - \log_2 x > 3$，即 $g(\log_2 x) > 3 = g(1)$，由 $g(x)$ 的单调性，得 $\log_2 x < 1$，解得 $0 < x < 2$，即原不等式的解集为 $(0, 2)$.

例 7.4.4　解不等式 $\log_2(x^{12} + 3x^{10} + 5x^8 + 3x^6 + 1) < 1 + \log_2(x^4 + 1)$.

解　原不等式等价于

$$\log_2(x^{12} + 3x^{10} + 5x^8 + 3x^6 + 1) < \log_2(2x^4 + 2).$$

由于 $y = \log_2 x$ 为单调递增函数，于是

$$x^{12} + 3x^{10} + 5x^8 + 3x^6 + 1 < 2x^4 + 2,$$

两端同时除以 x^6，并整理得

$$\dfrac{2}{x^2} + \dfrac{1}{x^6} > x^6 + 3x^4 + 3x^2 + 1 + 2x^2 + 2 = (x^2 + 1)^3 + 2(x^2 + 1).$$

构造函数 $g(t) = t^3 + 2t$，则以上不等式转化为 $g\left(\dfrac{1}{x^2}\right) > g(x^2 + 1)$.

显然 $g(t) = t^3 + 2t$ 在 **R** 上为增函数，于是以上不等式等价于 $\dfrac{1}{x^2} >$

$x^2 + 1$,即$(x^2)^2 + x^2 - 1 < 0$,解得 $x^2 < \dfrac{\sqrt{5}-1}{2}$,故原不等式的解集

为$\left(-\sqrt{\dfrac{\sqrt{5}-1}{2}}, \sqrt{\dfrac{\sqrt{5}-1}{2}}\right)$.

7.5　构造函数求最值

例 7.5.1　若实数 a, b, c, d, e 满足 $a + b + c + d + e = 8, a^2 + b^2 + c^2 + d^2 + e^2 = 16$,试确定 e 的取值范围.

解　构造二次函数 $f(x) = (x+a)^2 + (x+b)^2 + (x+c)^2 + (x+d)^2$,即

$$f(x) = 4x^2 + 2(a + b + c + d)x + (a^2 + b^2 + c^2 + d^2).$$

因为 $f(x) \geqslant 0$ 在 **R** 上恒成立,所以

$$\Delta = 4(a + b + c + d)^2 - 16(a^2 + b^2 + c^2 + d^2) \leqslant 0,$$

即 $(8 - e)^2 - 4(16 - e^2) \leqslant 0$,解得 $0 \leqslant e \leqslant \dfrac{16}{5}$.

注　此题的更一般的形式是:已知实数 $x_1, x_2, \cdots, x_n$ 满足 $x_1 + x_2 + \cdots + x_n = a \ (a > 0)$,且 $x_1^2 + x_2^2 + \cdots + x_n^2 = \dfrac{a^2}{n-1}$ $(n \geqslant 2, n \in \mathbf{N})$,求证:$0 \leqslant x_i \leqslant \dfrac{2a}{n} \ (i = 1, 2, \cdots, n)$.

例 7.5.2　设 $a, b, c, d > 0$,且 $a + b + c + d = 1$,求 $\sqrt{4a+1} + \sqrt{4b+1} + \sqrt{4c+1} + \sqrt{4d+1}$ 的最大值.

解　**方法 1**　构造函数 $f(x) = \sqrt{4x+1}, 0 < x < 1$. 由 $f'(x) = \dfrac{2}{\sqrt{4x+1}}, f''(x) = -\dfrac{4}{(4x+1)^{\frac{3}{2}}} > 0$,知 $f(x)$ 为凸函数,由琴生不等

式知 $f(a) + f(b) + f(c) + f(d) \leqslant 4f\left(\dfrac{a+b+c+d}{4}\right) = 4f\left(\dfrac{1}{4}\right) = 4\sqrt{2}$,当且仅当 $a = b = c = d = \dfrac{1}{4}$ 时,有 $\sqrt{4a+1} + \sqrt{4b+1} + \sqrt{4c+1} + \sqrt{4d+1}$ 取得最大值 $4\sqrt{2}$.

方法 2 构造函数 $f(x) = \sqrt{4x+1}, 0 < x < 1$. 由均值不等式知

$$\sqrt{4x+1} = \dfrac{1}{\sqrt{2}}\sqrt{2(4x+1)} \leqslant \dfrac{2+4x+1}{2\sqrt{2}} = \dfrac{4x+3}{2\sqrt{2}},$$

当且仅当 $x = \dfrac{1}{4}$ 时等号成立. 于是

$$\sqrt{4a+1} + \sqrt{4b+1} + \sqrt{4c+1} + \sqrt{4d+1}$$

$$\leqslant \dfrac{4(a+b+c+d)+12}{2\sqrt{2}} = 4\sqrt{2}.$$

所以,当且仅当 $a = b = c = d = \dfrac{1}{4}$ 时,有 $\sqrt{4a+1} + \sqrt{4b+1} + \sqrt{4c+1} + \sqrt{4d+1}$ 取得最大值 $4\sqrt{2}$.

例 7.5.3 已知 $(2x+\sqrt{4x^2+1})(\sqrt{y^2+4}-2) \geqslant y > 0$,求 $x+y$ 的最小值.

解 已知条件可以变形为 $2x + \sqrt{4x^2+1} \geqslant \dfrac{y}{\sqrt{y^2+4}-2} = \dfrac{y(\sqrt{y^2+4}+2)}{y^2} = \dfrac{2}{y} + \sqrt{\dfrac{4}{y^2}+1}$,构造函数 $f(t) = 2t + \sqrt{4t^2+1}$,则以上不等式即为 $f(x) \geqslant f\left(\dfrac{1}{y}\right)$.

由于 $f(t) = 2t + \sqrt{4t^2+1} = \dfrac{1}{\sqrt{4t^2+1}-2t}$,易知 $f(t)$ 在 $[0, +\infty)$ 与 $(-\infty, 0]$ 上均单调递增,所以 $f(t)$ 在 **R** 上单调递增. 所

以由 $f(x) \geqslant f\left(\dfrac{1}{y}\right)$ 知 $,x \geqslant \dfrac{1}{y}$,又因为 $y > 0$,所以 $xy \geqslant 1$,所以 $x + y$

$\geqslant 2\sqrt{xy} = 2$,当且仅当 $x = y = 1$ 时等号成立.

例 7.5.4　已知 $a,b \in \mathbf{R}^{+}$, $a + b = s$ (定值),求 $\left(a + \dfrac{1}{a}\right) \cdot$

$\left(b + \dfrac{1}{b}\right)$ 的最小值.

解　由于 $\left(a + \dfrac{1}{a}\right)\left(b + \dfrac{1}{b}\right) = ab + \dfrac{a^2 + b^2 + 1}{ab} = ab + \dfrac{s^2 + 1}{ab} -$

2 ,构造函数 $f(x) = x + \dfrac{s^2 + 1}{x} - 2$,其中 $x = ab \in \left(0, \dfrac{s^2}{4}\right]$.易知该函

数在 $(0, \sqrt{s^2 + 1}]$ 上单调递减,在 $[\sqrt{s^2 + 1}, +\infty)$ 上单调递增,又 0

$< x \leqslant \dfrac{s^2}{4}$,故分两种情况讨论如下:

(1) 当 $\dfrac{s^2}{4} \leqslant \sqrt{s^2 + 1}$,即 $0 < s \leqslant 2\sqrt{2 + \sqrt{5}}$ 时,函数 $y = x + \dfrac{s^2 + 1}{x}$

-2 在 $\left(0, \dfrac{s^2}{4}\right]$ 上单调递减,故在 $x = \dfrac{s^2}{4}$ 处取得最小值 $\left(\dfrac{s}{2} + \dfrac{2}{s}\right)^2$;

(2) 当 $\dfrac{s^2}{4} > \sqrt{s^2 + 1}$,即 $s > 2\sqrt{2 + \sqrt{5}}$ 时,函数 $y = x + \dfrac{s^2 + 1}{x} - 2$

在 $(0, \sqrt{s^2 + 1}]$ 上单调递减,在 $\left[\sqrt{s^2 + 1}, \dfrac{s^2}{4}\right]$ 上单调递增,故在 $x =$

$\sqrt{s^2 + 1}$ 处取得最小值 $2(\sqrt{s^2 + 1} - 1)$.

综上,

$$y_{\min} = \begin{cases} \left(\dfrac{s}{2} + \dfrac{2}{s}\right)^2, & 0 < s \leqslant 2\sqrt{2 + \sqrt{5}}, \\ 2(\sqrt{s^2 + 1} - 1), & s > 2\sqrt{2 + \sqrt{5}}. \end{cases}$$

注 由此可见,y 的最小值并不总在 $a = b = \dfrac{s}{2}$ 时取得,如当 $s =$

$5 > 2\sqrt{2+\sqrt{5}}$ 时,由 $\begin{cases} a+b=5, \\ ab=\sqrt{26} \end{cases}$ 解得取最小值时的条件为 $\{a, b\}$

$= \left\{ \dfrac{5-\sqrt{25-4\sqrt{26}}}{2}, \dfrac{5+\sqrt{25-4\sqrt{26}}}{2} \right\}$.

例 7.5.5 试在满足 $|x| \leqslant \sqrt{2}$ 的抛物线 $y = \dfrac{1}{2}(x^2-1)$ 的弧上找

出到直线 $x - 2y + 1 = 0$ 的距离最大和最小的点,并求出这个距离.

解 设 $M(x, y)$ 为抛物线上满足 $|x| \leqslant \sqrt{2}$ 的任意一点,它到直

线 $x - 2y + 1 = 0$ 的距离为 $d = \dfrac{|x - 2y + 1|}{\sqrt{1 + (-2)^2}} = \dfrac{|-x^2 + x + 2|}{\sqrt{5}}$.

由此构造二次函数 $f(x) = \dfrac{-x^2 + x + 2}{\sqrt{5}}$,则当 $x = \dfrac{1}{2}$ 时,有

$(f(x))_{\max} = \dfrac{9\sqrt{5}}{20}$. 又因为 $f(\sqrt{2}) = \dfrac{\sqrt{10}}{5}$,$f(-\sqrt{2}) = -\dfrac{\sqrt{10}}{5}$,所以,

满足 $|x| \leqslant \sqrt{2}$ 的抛物线上点 $\left(\dfrac{1}{2}, -\dfrac{3}{8} \right)$ 到直线 $x - 2y + 1 = 0$ 的最大

距离为 $\dfrac{9\sqrt{5}}{20}$;点 $\left(\pm\sqrt{2}, \dfrac{1}{2} \right)$ 到直线 $x - 2y + 1 = 0$ 的最小距离为 $\dfrac{\sqrt{10}}{5}$.

例 7.5.6 已知 $\angle A$ 和这个角内的已知点 P,求过点 P 作直线交 $\angle A$ 的两边于点 B 和 C,使得 $\dfrac{1}{BP} + \dfrac{1}{CP}$ 取得最大值.

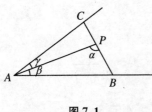

图 7.1

解 设 $\angle APB = \alpha$，$\angle BAP = \beta$，$\angle CAP = \gamma$，由正弦定理得 $\dfrac{AP}{BP} =$

$\dfrac{\sin(\alpha + \beta)}{\sin\beta}$，$\dfrac{AP}{CP} = \dfrac{\sin(\alpha - \gamma)}{\sin\gamma}$. 所以

$$\frac{1}{BP} + \frac{1}{CP} = \frac{1}{AP}\left[\frac{\sin(\alpha + \beta)}{\sin\beta} + \frac{\sin(\alpha - \gamma)}{\sin\gamma}\right]$$

$$= \frac{1}{AP}(\sin\alpha\cot\beta + \cos\alpha + \sin\alpha\cot\gamma - \cos\alpha)$$

$$= \frac{1}{AP}\sin\alpha(\cot\beta + \cot\gamma).$$

因为 β，γ 是定角，所以当 $\sin\alpha = 1$，即 $\alpha = 90°$ 时，$\dfrac{1}{BP} + \dfrac{1}{CP}$ 取得最大值，此时 $BC \perp AP$.

例 7.5.7 正方体 $ABCD\text{-}A_1B_1C_1D_1$ 的棱长为 a，求异面直线 B_1C 与 BD 之间的距离.

解 在 B_1C 上任取一点 P，过 P 作 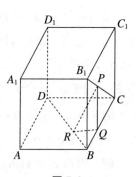 $PQ \perp BC$ 于 Q，过 Q 作 $QR \perp BD$ 于 R. 由三垂线定理可知 $PR \perp BD$，可以看出，当 Q 在 BC 上移动时，P 与 R 两点分别在 B_1C 与 BD 上移动，PR 也随之变化，我们要求出 PR 在变化过程中的最小值，为此

图 7.2

建立函数关系式 $PR = f(x)$. 设 $QC = x$，则 $PQ = x$，$BQ = a - x$，RQ

$= \dfrac{\sqrt{2}}{2}(a - x)$，在 $\text{Rt}\triangle PQR$ 中，

$$PR = f(x) = \sqrt{PQ^2 + QR^2} = \sqrt{x^2 + \left[\frac{\sqrt{2}}{2}(a - x)\right]^2}$$

$$= \sqrt{\frac{3}{2}\left(x - \frac{1}{3}a\right)^2 + \frac{a^2}{3}}.$$

当 $x = \frac{1}{3}a$ 时,PR 取得最小值,且 $(f(x))_{\min} = \frac{\sqrt{3}}{3}a$,此即表明异面

直线 B_1C 与 BD 之间的距离为 $\frac{\sqrt{3}}{3}a$.

7.6　构造函数证明存在性问题

例 7.6.1　设 $f(x),g(x)$ 在 $[a,b]$ 上连续,在 (a,b) 内可导,且 $f(a) = f(b) = 0$,则在 (a,b) 内至少存在一点 ξ,使得 $f'(\xi) + f(\xi)g'(\xi) = 0$.

证明　令 $\varphi(x) = f(x)\mathrm{e}^{g(x)}$,则 $\varphi(a) = \varphi(b) = 0$,且 $\varphi(x)$ 在 $[a,b]$ 上连续,在 (a,b) 内可导,由罗尔中值定理知,存在 $\xi \in (a,b)$,使得 $\varphi'(\xi) = 0$,即 $f'(\xi)\mathrm{e}^{g(\xi)} + f(\xi)g'(\xi)\mathrm{e}^{g(\xi)} = 0$,故 $f'(\xi) + f(\xi)g'(\xi) = 0$.

例 7.6.2　求证方程 $x = a\sin x + b$($a > 0, b > 0$)至少有一个正根,它不超过 $a + b$.

解　设 $f(x) = a\sin x + b - x$,则 $f(x)$ 在 **R** 上连续,且 $f(0) = b > 0$.依题意,$f(a+b) = a\sin(a+b) + b - (a+b) = a(\sin(a+b) - 1) \leqslant 0$.

若 $f(a+b) = 0$,则 $a + b$ 就是原方程的根,且不超过 $a + b$;若 $f(a+b) < 0$,则由连续函数零点存在定理知,在 $(0, a+b)$ 中至少存在一个 x_0 使得 $f(x_0) = 0$,即 $x_0 = a\sin x_0 + b$.由此可知,方程 $x = a\sin x + b$ 至少有一个正根,且不超过 $a + b$.

例7.6.3 证明:对任意正整数 n,方程 $x + x^2 + \cdots + x^n = 1$ 在 $[0,1]$ 上必有且仅有一个根.

证明 构造函数 $f_n(x) = x + x^2 + \cdots + x^n - 1, x \in [0,1]$,只需证明 $f_n(x)$ 在 $[0,1]$ 上存在唯一零点即可.

当 $n = 1$ 时,$f_1(x) = x - 1$,在 $[0,1]$ 上显然存在唯一零点 $x = 1$;当 $n > 1$ 时,$f_n(0) = -1 < 0$,$f_n(1) = n - 1 > 0$,且 $f_n'(x) = 1 + 2x + \cdots + nx^{n-1} > 0$,即 $f_n(x)$ 在 $[0,1]$ 上单调递增,所以 $f_n(x)$ 在 $[0,1]$ 存在唯一零点,得证.

例7.6.4 求证:存在这样的整系数多项式 $p(x)$,对于 $\left[\dfrac{1}{10}, \dfrac{9}{10}\right]$ 中的一切 x,它适合不等式 $\left| p(x) - \dfrac{1}{2} \right| < \dfrac{1}{1000}$.

证明 由 $0.1 \leqslant x \leqslant 0.9$ 知 $0.2 \leqslant 2x \leqslant 1.8$,则 $-0.8 \leqslant 2x - 1 \leqslant 0.8$,即 $|2x - 1| \leqslant 0.8$.要 $\left| p(x) - \dfrac{1}{2} \right| < \dfrac{1}{1000}$,只需 $|2p(x) - 1| < \dfrac{1}{500}$.

令 $Q(x) = 2p(x)$,即 $p(x) = \dfrac{Q(x)}{2}$,要 $p(x)$ 是整系数多项式,必须有 $Q(x)$ 是偶数系数多项式,且满足 $|Q(x) - 1| < \dfrac{1}{500}$.由二项式定理知,当 n 为奇数时,多项式 $(2x-1)^n + 1$ 的各项系数均为偶数,故令 $Q(x) = (2x-1)^n + 1$(n 为奇数),则要使 $|Q(x) - 1| = |2x - 1|^n < \dfrac{1}{500}$,只需 $0.8^n < \dfrac{1}{500} = 0.002$,解得 $n > 27.8$.由于 n 为奇数,可取 $n = 29$,此时,$p(x) = \dfrac{1}{2}\left((2x-1)^{29} + 1\right)$ 即为满足题设条件要求的整系数多项式.

例7.6.5 试证:存在无限多个具有下述性质的正整数 n,若 p 是 $n^2 + 3$ 的一个素因子,则有某个满足 $k^2 < n$ 的整数 k,使 p 也是 k^2

+3 的一个素因子.

证明　构造函数 $f(x) = x^2 + 3$,则

$$f(x)f(x+1) = (x^2 + 3)((x+1)^2 + 3)$$
$$= (x^2 + x + 3)^2 + 3 = f(x^2 + x + 3).$$

对任何非负整数 m,令 $n = (m^2 + m + 2)^2 + (m^2 + m + 2) + 3$,所以

$$f(n) = f((m^2 + m + 2)^2 + (m^2 + m + 2) + 3)$$
$$= f(m^2 + m + 2)f(m^2 + m + 3)$$
$$= f(m^2 + m + 2)f(m)f(m+1).$$

若 p 是 $f(n) = n^2 + 3$ 的一个素因子,则一定有 p 是 $f(m^2 + m + 2)$ 或 $f(m)$ 或 $f(m+1)$ 的素因子.而 $(m^2 + m + 2)^2 < n, m^2 < n, (m+1)^2 < n$,即总有某个满足 $k^2 < n$ 的整数 k,使 p 也是 $k^2 + 3$ 的一个素因子.

例 7.6.6　T 为坐标平面上所有整点的集合(横、纵坐标都是整数的点称为整点),如果两个整点 (x, y),(u, v) 满足 $|x - u| + |y - v| = 1$,则称这两个点为相邻点.试证:存在集合 $S \subseteq T$,使得每个点 $P \in T$,在 P 与 P 的相邻点中恰有一个属于 S.

证明　注意到,对于每一个整点 (u, v) 都有四个相邻的点 $(u+1, v)$,$(u-1, v)$,$(u, v+1)$,$(u, v-1)$.我们设法构造一个函数,使 5 个点对应于不同的整数,就可以找到集合 S.

构造函数 $f(u, v) = u + 2v$,则 $f(u+1, v) = u + 2v + 1$, $f(u-1, v) = u + 2v - 1$,$f(u, v+1) = u + 2v + 2$,$f(u, v-1) = u + 2v - 2$.这 5 个点对应 5 个相连的整数,我们把那个能够被 5 整除的数对应的点集当作集合 S,就符合要求.

7.7　构造函数解决其他问题

例 7.7.1　设 n 是正整数,求证:$512 \mid 3^{2n} - 32n^2 + 24n - 1$.

证明　令 $f(n) = 3^{2n} - 32n^2 + 24n - 1$. 因为 $f(1) = 0$,所以 $512 \mid f(1)$,假设 $512 \mid f(n)$,那么对于 $n+1$,因为 $f(n+1) - f(n) = 8(3^{2n} - 8n - 1)$,所以要证 $512 \mid f(n+1)$,只需证 $512 \mid 8(3^{2n} - 8n - 1)$,即只需证明 $64 \mid (3^{2n} - 8n - 1)$. 为此,令 $g(n) = 3^{2n} - 8n - 1$. 显然有 $64 \mid g(1) = 0$,假设 $64 \mid g(n)$,由于

$$g(n+1) - g(n) = 8(9^n - 1) = 64(9^{n-1} + 9^{n-2} + \cdots + 1),$$

所以,$64 \mid g(n+1)$,由归纳法原理知对一切 n,有 $64 \mid 3^{2n} - 8n - 1$,从而有 $512 \mid f(n+1)$,再由归纳法原理知,对于正整数 n,有 $512 \mid f(n)$.

例 7.7.2　设 $a_0, a_1, \cdots, a_n \in \mathbf{Z}$,$f(x) = a_n x^n + \cdots + a_1 x + a_0$,已知 $f(0)$ 与 $f(1)$ 都不是 3 的倍数,证明:若方程 $f(x) = 0$ 有整数解,则 $3 \mid f(-1)$.

证明　对任意整数 x,都有 $x = 3q + r$,$q \in \mathbf{Z}$,$r = 0, \pm 1$.

(1) 当 $r = 0$ 时,即 $x = 3q$,$q \in \mathbf{Z}$ 时,有 $f(x) = f(3q) = a_n(3q)^n + \cdots + a_1(3q) + a_0 = 3Q_1 + a_0 = 3Q_1 + f(0)$,其中 $Q_1 \in \mathbf{Z}$.

因为 $f(0)$ 不是 3 的倍数,所以 $f(x) = 3Q_1 + f(0)$ 不是 3 的倍数,即 $f(x) = 0$ 无整数解.

(2) 若当 $r = 1$ 时,即 $x = 3q + 1$,$q \in \mathbf{Z}$ 时,有 $f(x) = f(3q + 1) = a_n(3q+1)^n + \cdots + a_1(3q+1) + a_0 = 3Q_2 + a_n + \cdots + a_0 = 3Q_2 + f(1)$,其中 $Q_2 \in \mathbf{Z}$.

因为 $f(1)$ 不是 3 的倍数,所以 $f(x) = 3Q_2 + f(1)$ 不是 3 的倍

数,即 $f(x) = 0$ 无整数解.

因为方程 $f(x) = 0$ 有整数解,所以 $r = -1$,于是有

$$f(x) = f(3q - 1) = a_n (3q - 1)^n + \cdots + a_1(3q - 1) + a_0$$
$$= 3Q_3 + (-1)^n a_n + \cdots + a_0$$
$$= 3Q_2 + f(-1),$$

所以一定有 $3 \mid f(-1)$.

例 7.7.3 求证:$p = \left[\sum_{k=0}^{n} (-1)^k (\sqrt{2014})^k \right] \left[\sum_{k=0}^{n} (\sqrt{2014})^k \right]$

是整数.

证明 构造函数 $f(x) = \sum_{k=0}^{n} x^k$ 及 $F(x) = f(-x)f(x)$.

由于 $F(-x) = f(x)f(-x) = F(x)$,所以,$F(x)$ 是偶函数,可知 $F(x)$ 是只含 x 的偶次项的多项式.

取 $x = \sqrt{2014}$,即得

$$F(\sqrt{2014}) = \left[\sum_{k=0}^{n} (-1)^k (\sqrt{2014})^k \right] \left[\sum_{k=0}^{n} (\sqrt{2014})^k \right] = p$$

是整数.

例 7.7.4 整数 a, b, c 使得 $\dfrac{a}{b} + \dfrac{b}{c} + \dfrac{c}{a}$ 和 $\dfrac{a}{c} + \dfrac{c}{b} + \dfrac{b}{a}$ 仍为整数,求证:$|a| = |b| = |c|$.

证明 构造三次函数 $f(x) = \left(x - \dfrac{a}{b} \right) \left(x - \dfrac{b}{c} \right) \left(x - \dfrac{c}{a} \right)$,将其

展开得 $f(x) = x^3 - \left(\dfrac{a}{b} + \dfrac{b}{c} + \dfrac{c}{a} \right) x^2 + \left(\dfrac{a}{c} + \dfrac{c}{b} + \dfrac{b}{a} \right) x - 1$. 由题设条

件知,$f(x)$ 是一个整系数多项式,$f(x) = 0$ 的三个有理根分别为 $\dfrac{a}{b}$,

$\dfrac{b}{c}, \dfrac{c}{a}$,而由整系数多项式性质知 $f(x)=0$ 的有理根只能为 ± 1,所以

$$\left|\dfrac{a}{b}\right| = \left|\dfrac{b}{c}\right| = \left|\dfrac{c}{a}\right| = 1, 故 |a| = |b| = |c|.$$

注 以下结论是判断整系数多项式方程是否存在有理根及其求解的重要手段:若整系数多项式

$$f(x) = a_n x^n + a_{n-1} x^{n-1} + \cdots + a_1 x + a_0$$

存在有理根 $\dfrac{q}{p}$(p 与 q 互质),则 $p \mid a_n, q \mid a_0$.

推论 首项系数为 1 的整系数多项式

$$f(x) = x^n + a_{n-1} x^{n-1} + \cdots + a_1 x + a_0$$

的有理根必为整数.

有关该结论的证明及应用读者可查阅相关资料.

例 7.7.5 正五边形的每个顶点对应一个整数,使得这五个整数之和为正,若其中三个相连顶点对应的整数分别为 x, y, z,而中间的 $y < 0$,则要进行如下的操作:整数 x, y, z 分别换为 $x+y, -y, z+y$. 只要所得的五个整数中至少还有一个为负,这种操作就继续进行,问:是否这种操作进行有限次之后必定停止.

解 问题的答案是肯定的:操作经过有限次之后必定停止(五个数全为非负的),请注意,这里说的操作不能由我们选择,即只要出现一个负数就必须进行所述的操作,而不是可以在几个负数中选择一个(比如说,绝对值最大的),针对这一个进行操作.

证明的关键是作一个函数:定义在整数上,其值为正整数,并且每进行一次操作,相应的函数的值严格减少,而一个严格递减的正整数数列只能有有限项,所以(操作)过程不能无限继续下去.

设原来的五个整数为 x, y, z, u, v,构造函数

$$f(x,y,z,u,v) = |x| + |y| + |z| + |u| + |v| + |x+y|$$
$$+ |y+z| + |z+u| + |u+v| + |v+x|$$
$$+ |x+y+z| + |y+z+u| + |z+u+v|$$
$$+ |u+v+x| + |v+x+y|$$
$$+ |x+y+z+u| + |y+z+u+v|$$
$$+ |z+u+v+x| + |u+v+x+y|$$
$$+ |v+x+y+z|,$$

即将 (x,y,z,u,v) 这组数与这五个数的绝对值、每相邻两数和的绝对值、每连续三数和的绝对值、每连续四数和的绝对值相加所得的整数对应.

下面证明,$f(x,y,z,u,v)$ 的值随着操作而严格减少,由此便导出我们前面的断言.

事实上,在 $y < 0$ 时,(x,y,z,u,v) 经过操作之后变为 $(x+y,-y,z+y,u,v)$,而容易验证

$$f(x+y,-y,z+y,u,v) - f(x,y,z,u,v)$$
$$= |x+2y+z+u+v| - |x+z+u+v|.$$

因为 $x+z+u+v > -y > 0$,所以

$$|x+2y+z+u+v| - |x+z+u+v|$$
$$= |x+2y+z+u+v| - (x+z+u+v).$$

当 $x+2y+z+u+v \geqslant 0$ 时,有

$$|x+2y+z+u+v| - (x+z+u+v) = 2y < 0;$$

当 $x+2y+z+u+v < 0$ 时,有

$$|x+2y+z+u+v| - (x+z+u+v)$$
$$= -2(x+y+z+u+v) < 0.$$

总之,$f(x+y,-y,z+y,u,v) - f(x,y,z,u,v) < 0$,即经过

操作后，$f(x,y,z,u,v)$的值严格递减.

　　通过以上讨论我们看到，应用构造函数法解题的实质是把欲求解的问题转化为某种新的关系或形式，以便问题按新的观点、新的角度去认识和处理，以促进转化、简化证明、迅速找到解题途径. 当然，构造的过程是抽象的思维过程，它不仅要求我们认真分析问题的结构特点，而且要求我们必须善于观察、善于联想、善于转化，具有良好的基本功和创造性思维能力.

第8章 变量代换

在解答数学问题的过程中,常将某一变量 u 看作另一变量 t 的函数 $u=\varphi(t)$(从简单到复杂),或者把问题中复杂的解析式 $\varphi(x)$ 作为新的变量 y(从复杂到简单)处理,通过函数关系 $u=\varphi(t)$ 或 $x=\varphi^{-1}(y)$ 求得原问题的解. 这种解题方法称之为变量代换法,又称为换元法.

对于一些结构较为复杂、变元较多,并且变元之间的关系比较难理顺的数学问题,我们常常引入一些新的变量进行代换,以简化其结构,达到顺利解决问题的目的. 合理的代换往往能简化题设的信息,使隐性条件显性化,从而有利于沟通量与量之间的联系,对发现解题的思路,优化解题的过程起到积极的推进作用.

利用变量代换法解题,关键在于根据问题的结构特征,选取能以简驭繁、化难为易的函数 $u=\varphi(t)$ 或 $\varphi(x)=y$. 换元的形式是多种多样的,常用的有:比值代换、分式代换、根式代换、常值代换、分母代换、整体代换、增量代换、三角代换、复变量代换和处理三角形不等式的内切圆代换等.

变量代换法作为一种重要的数学方法,在多项式的因式分解,代数式的化简计算,恒等式、条件等式或不等式的证明,方程、方程组、不等式、不等式组或混合组的求解,函数表达式、定义域、值域或极值的探求等问题中都有广泛的应用. 不少数学问题的解决,"难"就"难"

在换元,通过换元,能使令人困惑的题型转化为思路娴熟的常见题.

8.1 比值代换

当题设所给条件为连等式(连不等式)的形式时,我们往往将其设为另一变量 t,进而将题设中所给变量均用 t 来表达,这一代换可使很多问题更加清晰具体.

例 8.1.1 已知 x, y, z 满足 $x - 1 = \dfrac{y+1}{2} = \dfrac{z-2}{3}$,试求 x, y, z 为何值时,$x^2 + y^2 + z^2$ 取得最小值.

分析 求三元函数的最值比较复杂,但根据条件可使用比值代换,通过比例系数将三元函数化为一元函数.

解 设 $x - 1 = \dfrac{y+1}{2} = \dfrac{z-2}{3} = t$,则有 $x = t + 1$,$y = 2t - 1$,$z = 3t + 2$,于是 $x^2 + y^2 + z^2 = (t+1)^2 + (2t-1)^2 + (3t+2)^2 = 14t^2 + 10t + 6$.因此,当 $t = -\dfrac{5}{14}$,即 $x = \dfrac{9}{14}$,$y = -\dfrac{12}{7}$,$z = \dfrac{13}{14}$时,$x^2 + y^2 + z^2$ 取得最小值 $\dfrac{59}{14}$.

例 8.1.2 设 $2012x^3 = 2013y^3 = 2014z^3 > 0$,且

$$\sqrt[3]{2012x^2 + 2013y^2 + 2014z^2} = \sqrt[3]{2012} + \sqrt[3]{2013} + \sqrt[3]{2014}$$

求 $\dfrac{1}{x} + \dfrac{1}{y} + \dfrac{1}{z}$ 的值.

解 设 $2012x^3 = 2013y^3 = 2014z^3 = t > 0$,则 $2012 = \dfrac{t}{x^3}$,$2013 = \dfrac{t}{y^3}$,$2014 = \dfrac{t}{z^3}$.将其代入原等式中得 $\sqrt[3]{\dfrac{t}{x} + \dfrac{t}{y} + \dfrac{t}{z}} = \dfrac{\sqrt[3]{t}}{x} + \dfrac{\sqrt[3]{t}}{y} + \dfrac{\sqrt[3]{t}}{z}$.又

由于 t,x,y,z 均为正数,则 $\dfrac{1}{x}+\dfrac{1}{y}+\dfrac{1}{z}=1$.

例 8.1.3 设 $a_i,b_i\in\mathbf{R}^+$ ($i=1,2,\cdots,n$),$m\in\mathbf{N}$,且满足 $\dfrac{a_1}{b_1}<$

$\dfrac{a_2}{b_2}<\cdots<\dfrac{a_n}{b_n}$,求证:$\dfrac{a_1^m}{b_1^m}<\dfrac{a_1^m+a_2^m+\cdots+a_n^m}{b_1^m+b_2^m+\cdots+b_n^m}<\dfrac{a_n^m}{b_n^m}$.

证明 令 $\dfrac{a_1}{b_1}=k_1>0$,则 $\dfrac{a_1}{b_1}<\dfrac{a_2}{b_2}<\cdots<\dfrac{a_n}{b_n}$,知 $a_2>k_1b_2>0$,

$\cdots$,$a_n>k_1b_n>0$,于是 $a_1^m+a_2^m+\cdots+a_n^m>k_1^m$

$\cdot(b_1^m+b_2^m+\cdots+b_n^m)$,即 $\dfrac{a_1^m+a_2^m+\cdots+a_n^m}{b_1^m+b_2^m+\cdots+b_n^m}>k_1^m>\dfrac{a_1^m}{b_1^m}$.

同理可证 $\dfrac{a_1^m+a_2^m+\cdots+a_n^m}{b_1^m+b_2^m+\cdots+b_n^m}<\dfrac{a_n^m}{b_n^m}$,所以

$$\dfrac{a_1^m}{b_1^m}<\dfrac{a_1^m+a_2^m+\cdots+a_n^m}{b_1^m+b_2^m+\cdots+b_n^m}<\dfrac{a_n^m}{b_n^m}.$$

例 8.1.4 在实数范围内解方程组

$$\begin{cases} xy+yz+zx=1,\\ 5\left(x+\dfrac{1}{x}\right)=12\left(y+\dfrac{1}{y}\right)=13\left(z+\dfrac{1}{z}\right). \end{cases}$$

解 设 $5\left(x+\dfrac{1}{x}\right)=12\left(y+\dfrac{1}{y}\right)=13\left(z+\dfrac{1}{z}\right)=t$,则

$$\dfrac{t}{x+\dfrac{1}{x}}=5,\quad \dfrac{t}{y+\dfrac{1}{y}}=12,\quad \dfrac{t}{z+\dfrac{1}{z}}=13,$$

所以 $\dfrac{1}{\left(x+\dfrac{1}{x}\right)^2}+\dfrac{1}{\left(y+\dfrac{1}{y}\right)^2}=\dfrac{1}{\left(z+\dfrac{1}{z}\right)^2}$,即 $\dfrac{x^2}{(x^2+1)^2}+\dfrac{y^2}{(y^2+1)^2}=$

$\dfrac{z^2}{(z^2+1)^2}$.因为 $x^2+1=x^2+xy+yz+zx=(x+y)(x+z)$,于是

$$\frac{x^2}{(x+y)^2\,(x+z)^2} + \frac{y^2}{(y+z)^2\,(y+x)^2} = \frac{z^2}{(z+x)^2\,(z+y)^2},$$

整理化简得 $2x^2y^2 + 2x^2yz + 2xy^2z = 2xyz^2$，即 $z^2 = 1$. 于是, $z = \pm 1$. 所以,易得原方程的两组解为

$$\begin{cases} x = \dfrac{1}{5}, \\[2mm] y = \dfrac{2}{3}, \\[2mm] z = 1 \end{cases} \quad 或 \quad \begin{cases} x = -\dfrac{1}{5}, \\[2mm] y = -\dfrac{2}{3}, \\[2mm] z = -1. \end{cases}$$

8.2 分式代换

对于含有约束条件 $\displaystyle\sum_{i=1}^{n} x_i = 1$ 的某些不等式,可作分式代换 $x_i = \dfrac{a_i}{\displaystyle\sum_{i=1}^{n} a_i}$；对于含有约束条件 $\displaystyle\prod_{i=1}^{n} x_i = 1$ 的某些不等式,可作分式代换

$x_i = \dfrac{a_{i+1}}{a_i}$ 或 $x_i = \dfrac{a_i a_{i+1}}{a_i^2}$（约定 $a_{n+1} = a_1$）,在这样的代换下有时能使原问题峰回路转,柳暗花明.

例 8.2.1 设 $x, y, z \in \mathbf{R}^+$,且 $\dfrac{1}{x^2+1} + \dfrac{1}{y^2+1} + \dfrac{1}{z^2+1} = 2$,求证:

$$xy + yz + zx \leqslant \frac{3}{2}.$$

证明 由 $\dfrac{1}{x^2+1} + \dfrac{1}{y^2+1} + \dfrac{1}{z^2+1} = 2$,得 $\dfrac{x^2}{x^2+1} + \dfrac{y^2}{y^2+1} + \dfrac{z^2}{z^2+1}$

$= 1$. 令 $\dfrac{x^2}{x^2+1} = \dfrac{a}{a+b+c}$, $\dfrac{y^2}{y^2+1} = \dfrac{b}{a+b+c}$, $\dfrac{z^2}{z^2+1} = \dfrac{c}{a+b+c}$,其中

$a,b,c>0$,则 $x = \sqrt{\dfrac{a}{b+c}}$,$y = \sqrt{\dfrac{b}{c+a}}$,$z = \sqrt{\dfrac{c}{a+b}}$. 于是所证不等式即为

$$\sqrt{\frac{a}{b+c}} \cdot \sqrt{\frac{b}{c+a}} + \sqrt{\frac{b}{c+a}} \cdot \sqrt{\frac{c}{a+b}} + \sqrt{\frac{c}{a+b}} \cdot \sqrt{\frac{a}{b+c}} \leqslant \frac{3}{2}.$$

由二元均值不等式知

$$\sqrt{\frac{a}{b+c}} \cdot \sqrt{\frac{b}{c+a}} + \sqrt{\frac{b}{c+a}} \cdot \sqrt{\frac{c}{a+b}} + \sqrt{\frac{c}{a+b}} \cdot \sqrt{\frac{a}{b+c}}$$

$$\leqslant \frac{1}{2}\left(\frac{a}{b+c} + \frac{b}{c+a}\right) + \frac{1}{2}\left(\frac{b}{c+a} + \frac{c}{a+b}\right) + \frac{1}{2}\left(\frac{c}{a+b} + \frac{a}{b+c}\right)$$

$$= \frac{3}{2}.$$

例 8.2.2 设 $x_1, x_2, \cdots, x_{n+1} \in \mathbf{R}^+$,且 $\dfrac{1}{1+x_1} + \dfrac{1}{1+x_2} + \cdots + \dfrac{1}{1+x_{n+1}} = 1$,求证:$x_1 x_2 \cdots x_{n+1} \geqslant n^{n+1}$.

证明 令 $\dfrac{1}{1+x_1} = \dfrac{a_1}{a_1 + a_2 + \cdots + a_{n+1}}$,$\dfrac{1}{1+x_2} = \dfrac{a_2}{a_1 + a_2 + \cdots + a_{n+1}}$,$\dfrac{1}{1+x_{n+1}} = \dfrac{a_{n+1}}{a_1 + a_2 + \cdots + a_{n+1}}$,其中,$a_1, a_2, \cdots, a_{n+1} \in \mathbf{R}^+$,则

$$x_1 = \frac{a_2 + a_3 + \cdots + a_{n+1}}{a_1} \geqslant n \frac{\sqrt[n]{a_2 a_3 \cdots a_{n+1}}}{a_1},$$

$$x_2 = \frac{a_1 + a_3 + \cdots + a_{n+1}}{a_1} \geqslant n \frac{\sqrt[n]{a_1 a_3 \cdots a_{n+1}}}{a_2},$$

$$\cdots\cdots$$

$$x_{n+1} = \frac{a_1 + a_2 + \cdots + a_n}{a_{n+1}} \geqslant n \frac{\sqrt[n]{a_1 a_2 \cdots a_n}}{a_{n+1}},$$

将上述 n 个不等式相乘,即得 $x_1 x_2 \cdots x_{n+1} \geqslant n^{n+1}$.

注 该题结果可以推广为:设 $x_1, x_2, \cdots, x_{n+1} \in \mathbf{R}^+$,$p \geqslant 1$,且

$$\frac{1}{1+x_1^p} + \frac{1}{1+x_2^p} + \cdots + \frac{1}{1+x_{n+1}^p} = 1,\ 求证:x_1 x_2 \cdots x_{n+1} \geqslant n^{\frac{n+1}{p}}.$$

例 8.2.3 设正实数 x, y, z 满足 $xy + yz + zx = xyz$,求 $x^7(yz-1) + y^7(zx-1) + z^7(xy-1)$ 的最小值.

解 由已知条件得 $\dfrac{1}{x} + \dfrac{1}{y} + \dfrac{1}{z} = 1$. 设

$$x = \frac{a+b+c}{a}, \quad y = \frac{a+b+c}{b}, \quad z = \frac{a+b+c}{c},$$

其中,$a, b, c > 0$,则

$$x^7(yz-1) + y^7(zx-1) + z^7(xy-1)$$

$$= \left(\frac{a+b+c}{a}\right)^7 \left[\frac{(a+b+c)^2}{bc} - 1\right]$$

$$+ \left(\frac{a+b+c}{b}\right)^7 \left[\frac{(a+b+c)^2}{ca} - 1\right]$$

$$+ \left(\frac{a+b+c}{c}\right)^7 \left[\frac{(a+b+c)^2}{ab} - 1\right]$$

$$= \sum \left(\frac{a+b+c}{a}\right)^7 \cdot \frac{a^2 + b^2 + c^2 + ab + ab + bc + ca + ca}{bc}$$

$$\geqslant \sum \frac{3^7 (abc)^{\frac{7}{3}}}{a^7} \cdot \frac{8 a^{\frac{6}{8}} b^{\frac{5}{8}} c^{\frac{5}{8}}}{bc}$$

$$\geqslant 3^7 \cdot 8 \cdot 3 \sqrt[3]{\frac{(abc)^7 a^2 b^2 c^2}{a^9 b^9 c^9}} = 8 \cdot 3^8,$$

当且仅当 $a = b = c$,即 $x = y = z = 3$ 时上式等号成立.

例 8.2.4 已知 a, b, c, d 是非负实数,且 $abcd = 1$,证明:

$$\frac{1+ab}{1+a} + \frac{1+bc}{1+b} + \frac{1+ca}{1+c} + \frac{1+da}{1+d} \geqslant 4.$$

证明　设 $a = \dfrac{y}{x}, b = \dfrac{z}{y}, c = \dfrac{t}{z}, d = \dfrac{x}{t}$，则原不等式化为

$$\frac{x+z}{x+y} + \frac{y+t}{y+z} + \frac{z+x}{z+t} + \frac{t+y}{t+x} \geqslant 4.$$

因为

$$\frac{x+z}{x+y} + \frac{z+x}{z+t} = (x+z)\left(\frac{1}{x+y} + \frac{1}{z+t}\right) \geqslant \frac{4(x+z)}{x+y+z+t}$$

$$\frac{y+t}{y+z} + \frac{t+y}{t+x} \geqslant \frac{4(y+t)}{x+y+z+t},$$

所以 $\dfrac{x+z}{x+y} + \dfrac{y+t}{y+z} + \dfrac{z+x}{z+t} + \dfrac{t+y}{t+x} \geqslant 4.$

例 8.2.5　设 $a, b, c > 0$，证明：$\dfrac{1}{a(b+c)} + \dfrac{1}{b(c+a)} +$

$\dfrac{1}{c(a+b)} \geqslant \dfrac{1}{1+abc}.$

证明　记 $abc = k^3$，并设 $a = \dfrac{ky}{x}, b = \dfrac{kz}{y}, c = \dfrac{kx}{z}$，于是，原不等

式即为 $\dfrac{yz}{zx+kxy} + \dfrac{zx}{xy+kyz} + \dfrac{xy}{yz+kzx} \geqslant \dfrac{3}{1+k}.$ 由排序不等式知

$$\frac{yz}{zx+kxy} + \frac{zx}{xy+kyz} + \frac{xy}{yz+kzx}$$

$$\geqslant \frac{1}{3}(yz+zx+xy)\left(\frac{1}{zx+kxy} + \frac{1}{xy+kyz} + \frac{1}{yz+kzx}\right)$$

$$\geqslant \frac{1}{3}(yz+zx+xy)\frac{9}{(1+k)(xy+yz+zx)} = \frac{3}{1+k},$$

得证.

例 8.2.6　已知 $a, b, c, d > 0$，且 $abcd = 1$，求证：

$$\frac{1}{(1+a)^2} + \frac{1}{(1+b)^2} + \frac{1}{(1+c)^2} + \frac{1}{(1+d)^2} \geqslant 1.$$

证明　设 $a = \dfrac{yz}{x^2}, b = \dfrac{zw}{y^2}, c = \dfrac{wx}{z^2}, d = \dfrac{xy}{w^2}$,于是,原不等式即为

$$\frac{x^4}{(x^2+yz)^2} + \frac{y^4}{(y^2+zw)^2} + \frac{z^4}{(z^2+wx)^2} + \frac{w^4}{(w^2+xy)^2} \geqslant 1.$$

由分式形式的柯西不等式知

$$\frac{x^4}{(x^2+yz)^2} + \frac{y^4}{(y^2+zw)^2} + \frac{z^4}{(z^2+wx)^2} + \frac{w^4}{(w^2+xy)^2}$$

$$\geqslant \frac{(x^2+y^2+z^2+w^2)^2}{(x^2+yz)^2 + (y^2+zw)^2 + (z^2+wx)^2 + (w^2+xy)^2}$$

$$= (x^2+y^2+z^2+w^2)^2/((x^2+y^2+z^2+w^2)^2 - x^2(y-z)^2$$

$$\qquad - y^2(z-w)^2 - z^2(w-x)^2 - w^2(x-y)^2)$$

$$\geqslant 1,$$

得证.

8.3　根式代换

相比于无理式,我们更熟悉有理式及其运算,因而在解题中如何将无理条件转化为有理条件,是应重点考虑的思考方向.根式代换无疑是其中一种常用的方法.

例 8.3.1　求方程 $x^2 + 18x + 30 = 2\sqrt{x^2+18x+45}$ 的所有实根的乘积.

解　设 $\sqrt{x^2+18x+45} = t \geqslant 0$,则原方程可化为 $t^2 - 15 = 2t$,即 $t^2 - 2t - 15 = 0$,解得 $t = 5$($t = -3$ 舍去).

所以 $\sqrt{x^2+18x+45} = 5$,即 $x^2 + 18x + 20 = 0$,所以两根之积

$x_1 x_2 = 20$.

例 8.3.2 在实数范围内解方程 $\sqrt[3]{x^2 + x - 1} + \sqrt[3]{10 - x - x^2} = 3$.

解 设 $a = \sqrt[3]{x^2 + x - 1}, b = \sqrt[3]{10 - x - x^2}$,则 $\begin{cases} a + b = 3, \\ a^3 + b^3 = 9. \end{cases}$ 由

$a^3 + b^3 = (a + b)^3 - 3ab(a + b)$,得 $\begin{cases} a + b = 3, \\ ab = 2, \end{cases}$ 则

$$\begin{cases} a = 2, \\ b = 1, \end{cases} \quad 或 \quad \begin{cases} a = 1, \\ b = 2. \end{cases}$$

于是有

$$\begin{cases} \sqrt[3]{x^2 + x - 1} = 2, \\ \sqrt[3]{10 - x - x^2} = 1, \end{cases} \quad 或 \quad \begin{cases} \sqrt[3]{x^2 + x - 1} = 1, \\ \sqrt[3]{10 - x - x^2} = 2, \end{cases}$$

解得 $x_{1,2} = \dfrac{-1 \pm \sqrt{37}}{2}, x_3 = 1$ 或 $x_4 = -2$.经检验,x_1, x_2, x_3, x_4 均为原方程的根.

例 8.3.3 已知实数 x, y 满足等式 $x - 3\sqrt{x + 1} = 3\sqrt{y + 2} - y$,求 $P = x + y$ 的最大值和最小值.

解 设 $m = \sqrt{x + 1}, n = \sqrt{y + 2}$,则条件化为

$$\left(m - \frac{3}{2}\right)^2 + \left(n - \frac{3}{2}\right)^2 = \frac{15}{2} \quad (m, n \geqslant 0),$$

其图形为圆弧,而 $P = x + y = 3\sqrt{x + 1} + 3\sqrt{y + 2} = 3m + 3n$ 表示斜率为 -1 的直线,结合图像易知

$$P_{\max} = 9 + 3\sqrt{15}, \quad P_{\min} = \frac{9 + 3\sqrt{21}}{2}.$$

例 8.3.4 由 $\sqrt{(x - c)^2 + y^2} + \sqrt{(x + c)^2 + y^2} = 2a$ 推导椭圆的标准方程.

解 构造等差数列 $\sqrt{(x-c)^2+y^2}$, a, $\sqrt{(x+c)^2+y^2}$, 故可设

$$\begin{cases} \sqrt{(x-c)^2+y^2}=a-d, & \text{①} \\ \sqrt{(x+c)^2+y^2}=a+d. & \text{②} \end{cases}$$

由②² − ①², 得 $4cx=4ad$, 则 $d=\dfrac{cx}{a}$, 代入式①中得

$$\sqrt{(x-c)^2+y^2}=a-\frac{cx}{a},$$

两边平方并整理即可得到椭圆的标准方程 $\dfrac{x^2}{a^2}+\dfrac{y^2}{a^2-c^2}=1$.

注 (1) 此法不仅使推导过程更简洁, 而且顺手牵羊地得到椭圆的焦半径公式为 $|PF_1|=a+\dfrac{c}{a}x$, $|PF_2|=a-\dfrac{c}{a}x$.

(2) 可类似地解决 2011 年第 22 届希望杯数学竞赛高二第二试第 15 题: 解方程 $\sqrt{x^2-2\sqrt{5}x+9}+\sqrt{x^2+2\sqrt{5}x+9}=10$, 2010 年全国高中数学联赛浙江省预赛第 11 题: 求满足方程 $\sqrt{x-2009-2\sqrt{x-2010}}+\sqrt{x-2009+2\sqrt{x-2010}}=2$ 的所有实数解.

例 8.3.5 设 $a,b\in\mathbf{R}^+$, $n\in\mathbf{N}^+$, 求证:

$$a\sqrt[n]{\frac{1+b^n}{1+a^n}}+b\sqrt[n]{\frac{1+a^n}{1+b^n}}\leqslant a+b\leqslant a\sqrt[n]{\frac{1+a^n}{1+b^n}}+b\sqrt[n]{\frac{1+b^n}{1+a^n}}.$$

分析及解 该不等式看似吓人, 实则容易, 稍稍一变, 立显本质. 不妨设 $a\leqslant b$, 并记 $x=\sqrt[n]{\dfrac{1+b^n}{1+a^n}}$, $y=\sqrt[n]{\dfrac{1+a^n}{1+b^n}}$, 则 $x\geqslant 1\geqslant y$ 且 $xy=1$, 原不等式即 $ax+by\leqslant a+b\leqslant ay+bx$, 是不是清晰多了? 左端即 $ax+\dfrac{b}{x}\leqslant a+b$, 即 $(x-1)(ax-b)\leqslant 0$, 只需证 $ax-b\leqslant 0$, 即 a

$\sqrt[n]{\dfrac{1+b^n}{1+a^n}} \leqslant b$，$a^n \leqslant b^n$，成立；右端即 $a + b \leqslant \dfrac{a}{x} + bx$，即

$(x-1)(bx-a) \geqslant 0$，显然成立.

例 8.3.6 已知 $x, y, z > 1$，且 $\dfrac{1}{x} + \dfrac{1}{y} + \dfrac{1}{z} = 2$，求证：

$$\sqrt{x+y+z} \geqslant \sqrt{x-1} + \sqrt{y-1} + \sqrt{z-1}.$$

证明　将欲证不等式两端同时平方并整理得

$$\sqrt{x-1} \cdot \sqrt{y-1} + \sqrt{y-1} \cdot \sqrt{z-1} + \sqrt{z-1} \cdot \sqrt{x-1} \leqslant \dfrac{3}{2}.$$

令 $\sqrt{x-1} = a$，$\sqrt{y-1} = b$，$\sqrt{z-1} = c$，则

$$x = a^2 + 1, \quad y = b^2 + 1, \quad z = c^2 + 1,$$

则题设条件及欲证不等式转化为：已知 $\dfrac{1}{a^2+1} + \dfrac{1}{b^2+1} + \dfrac{1}{c^2+1} = 2$，

求证：$ab + bc + ca \leqslant \dfrac{3}{2}$. 该结论在例 8.2.1 中已经证得.

例 8.3.7 已知 $a, b, c \geqslant 0$，$a + b + c = 1$. 求证：

$$\sqrt{a + \dfrac{1}{4}(b-c)^2} + \sqrt{b} + \sqrt{c} \leqslant \sqrt{3}.$$

证明　**证法 1**　不妨设 $b \geqslant c$，令 $\sqrt{b} = x + y$，$\sqrt{c} = x - y$，则

$$b - c = 4xy, \quad a = 1 - b - c = 1 - 2x^2 - 2y^2.$$

于是

$$\sqrt{a + \dfrac{1}{4}(b-c)^2} + \sqrt{b} + \sqrt{c} = \sqrt{1 - 2x^2 - 2y^2 + 4x^2 y^2} + 2x.$$

因为 $a = 1 - 2x^2 - 2y^2 \geqslant 0$，则 $x \leqslant \dfrac{\sqrt{2}}{2}$，所以 $4x^2 y^2 - 2y^2 \geqslant 0$，于是由柯西不等式知 $\sqrt{1 - 2x^2 - 2y^2 + 4x^2 y^2} + 2x \leqslant \sqrt{1 - 2x^2} + 2x \leqslant \sqrt{1^2 + (\sqrt{2})^2} \sqrt{(\sqrt{1 - 2x^2})^2 + (\sqrt{2}x)^2} = \sqrt{3}$. 原不等式得证.

证法 2 令 $\sqrt{a}=u, \sqrt{b}=v, \sqrt{c}=w$, 则 $u^2+v^2+w^2=1$, 于是待

证不等式变为 $\sqrt{u^2+\dfrac{(v^2-w^2)^2}{4}}+v+w\leqslant\sqrt{3}$. 注意到

$$
\begin{aligned}
u^2+\frac{(v^2-w^2)^2}{4} &= 1-(v^2+w^2)+\frac{(v^2-w^2)^2}{4} \\
&= \frac{4-4(v^2+w^2)+(v^2-w^2)^2}{4} \\
&= \frac{4-4(v^2+w^2)+(v^2+w^2)^2-4v^2w^2}{4} \\
&= \frac{(2-v^2-w^2)^2-4v^2w^2}{4} \\
&= \frac{(2-v^2-w^2-2vw)(2-v^2-w^2+2vw)}{4} \\
&= \frac{(2-(v+w)^2)(2-(v-w)^2)}{4} \\
&\leqslant 1-\frac{(v+w)^2}{2},
\end{aligned}
$$

将该结果代入原不等式中得 $\sqrt{1-\dfrac{(v+w)^2}{2}}+v+w\leqslant\sqrt{3}$. 令 $\dfrac{v+w}{2}$

$=x$, 则以上不等式转化为 $\sqrt{1-2x^2}+2x\leqslant\sqrt{3}$, 这由柯西不等式

$\sqrt{1-2x^2}+2x\leqslant\sqrt{1^2+(\sqrt{2})^2}\sqrt{(\sqrt{1-2x^2})^2+(\sqrt{2}x)^2}=\sqrt{3}$ 知显然

成立.

注 证法 2 解释了证法 1 中替换的动机.

例 8.3.8 已知 $a_1=1$, 当 $n\geqslant 1$ 时, 有 $a_{n+1}=\dfrac{1}{16}$

$\cdot(1+4a_n+\sqrt{1+24a_n})$, 求 a_n.

解 令 $b_n=\sqrt{1+24a_n}$, 则有 $a_n=\dfrac{b_n^2-1}{24}$, 于是

$$\frac{b_{n+1}^2 - 1}{24} = \frac{1}{16}\left(1 + 4 \times \frac{b_n^2 - 1}{24} + b_n\right),$$

化简得 $4b_{n+1}^2 = b_n^2 + 6b_n + 9$,即 $(2b_{n+1})^2 = (b_n + 3)^2$. 又因为 $b_n >$

0,所以 $2b_{n+1} = b_n + 3$,即 $b_{n+1} - 3 = \frac{1}{2}(b_n - 3)$. 所以 $b_n - 3 =$

$\left(\frac{1}{2}\right)^{n-1}(b_1 - 3)$. 又因为 $b_1 = 5$,所以 $b_n = 2^{2-n} + 3$. 所以 $a_n =$

$\dfrac{b_n^2 - 1}{24} = \dfrac{(2^{2-n} + 3)^2 - 1}{24}$.

例 8.3.9 已知正数数列 a_n 满足

$$\sqrt{a_n a_{n+1} + a_n a_{n+2}} = 3\sqrt{a_n a_{n+1} + a_{n+1}^2} + 2\sqrt{a_n a_{n+1}}$$

且 $a_1 = 1, a_2 = 3$,求 a_n 的通项公式.

解　两边同时除以 $\sqrt{a_n a_{n+1}}$,得 $\sqrt{1 + \dfrac{a_{n+2}}{a_{n+1}}} = 3\sqrt{1 + \dfrac{a_{n+1}}{a_n}} + 2$.

令 $b_n = \sqrt{1 + \dfrac{a_{n+1}}{a_n}}$,则由上式可得 $b_{n+1} = 3b_n + 2$,即 $b_{n+1} + 1 =$

$3(b_n + 1)$,于是 $b_n + 1 = 3^{n-1}(b_1 + 1)$.

又由于 $b_1 = \sqrt{1 + \dfrac{a_2}{a_1}} = 2$,于是 $b_n = 3^n - 1$,则 $\sqrt{1 + \dfrac{a_{n+1}}{a_n}} = 3^n -$

1,所以 $\dfrac{a_{n+1}}{a_n} = (3^n - 1)^2 - 1 = 3^{2n} - 2 \cdot 3^n$. 再由累乘法知 $a_n =$

$$\prod_{k=1}^{n-1}(3^{2k} - 2 \cdot 3^k).$$

8.4　常值代换

人们习惯于变量代换法,往往认为常数是一个确定的数值,不应对它做任何处理,其实不然,有时我们把常数用字母或函数式表示,把常量暂时看作变量,通过研究变动的、一般的状态来了解确定的特殊的情形,这种看来使问题复杂化了的方法,却往往能导出巧妙的解法.

例 8.4.1 解方程 $\sqrt{x^2+12x+40}+\sqrt{x^2-12x+40}=20$.

分析 对原方程两边平方去根号会出现高次方程而陷入困境. 如何来避免这一情形的出现,我们先对原方程变形,得 $\sqrt{(x+6)^2+4}+\sqrt{(x-6)^2+4}=20$. 此时的结构形式,会使我们联想到距离公式,进一步会想到椭圆的推导过程中的步骤.于是就产生了下面的解法.

解 令 $4=y^2$,则原方程可化为

$$\sqrt{(x+6)^2+y^2}+\sqrt{(x-6)^2+y^2}=20.$$

由椭圆的定义知,这是以 $F_1(-6,0)$,$F_2(6,0)$ 为焦点,长轴之长为 20(短轴之长为 16)的椭圆方程,即 $\dfrac{x^2}{100}+\dfrac{y^2}{64}=1$. 当 $y^2=4$ 时,有 $x=\pm\dfrac{5\sqrt{15}}{2}$.

例 8.4.2 解不等式 $\left|\sqrt{x^2-2x+2}-\sqrt{x^2-10x+26}\right|<2$.

解 令 $1=y^2$,则原不等式化为

$$\left|\sqrt{(x-1)^2+y^2}-\sqrt{(x-5)^2+y^2}\right|<2.$$

由双曲线的定义知,满足上述不等式的 (x,y) 在双曲线 $(x-3)^2-\dfrac{y^2}{3}=1$ 的两支之间的区域内,故不等式同解于

$$\begin{cases}(x-3)^2-\dfrac{y^2}{3}<1,\\ y^2=1.\end{cases}$$ 于是可解得不等式的解集为 $\left(3-\dfrac{2\sqrt{3}}{3},\right.$

$3 + \dfrac{2\sqrt{3}}{3}\Big)$.

例 8.4.3 解方程 $x^3 - \sqrt{3}x^2 - (2\sqrt{3}+1)x + 3 + \sqrt{3} = 0$.

分析 这是一个关于 x 的一元三次方程,若采取因式分解法求解,一时真不知道如何分解;若利用三次方程的求根公式求解,显然十分繁琐,况且考纲也并不要求中学生掌握其求根公式,怎么办? 我们仔细观察原方程的系数,发现 $\sqrt{3}$ 与 3 累次出现,如果把 $\sqrt{3}$ 用 a 表示,则可得到以下解法.

解 令 $\sqrt{3} = a$,则原方程可化为 $x^3 - ax^2 - (2a+1)x + a^2 + a = 0$. 以 a 为主元,则可整理成关于 a 的一元二次方程 $a^2 - (x^2 + 2x - 1)a + x^3 - x = 0$,即 $(a - x + 1)(a - x^2 - x) = 0$,解得 $a = x - 1$ 或 $a = x^2 + x$,即 $\sqrt{3} = x - 1$ 或 $\sqrt{3} = x^2 + x$,从而可求出原方程的根为

$$x_1 = \sqrt{3} + 1, \quad x_2 = \frac{-1 + \sqrt{1 + 4\sqrt{3}}}{2}, \quad x_3 = \frac{-1 - \sqrt{1 + 4\sqrt{3}}}{2}.$$

例 8.4.4 设 $f(x) = (1+a)x^4 + x^3 - (3a+2)x^2 - 4a$,试证明:对任意实数 a,有

(1) 方程 $f(x) = 0$ 总有一个相同的实数根;

(2) 存在 $x_0 \in \mathbf{R}$,恒有 $f(x_0) \neq 0$.

证明 将 $f(x) = 0$ 整理为关于 a 的方程为

$$f(x) = (x^4 - 3x^2 - 4)a + x^4 + x^3 - 2x^2 = 0,$$

即为 $f(x) = (x-2)(x+2)(x^2+1)a + x^2(x-1)(x+2) = 0$. 因此,对任意的实数 a,$x = -2$ 总是方程 $f(x) = 0$ 的根,且存在 $x_0 = 2$,使得 $f(x_0) = 16 \neq 0$,故(1)和(2)得证.

例 8.4.5 证明:对任意实数 k,方程 $x^2 + y^2 - 2kx - (6+2k)y$

$-2k-31=0$ 恒过两定点.

证明 将圆的方程整理为关于 k 的一次函数,即

$$-(2x+2y+2)k+x^2+y^2-6y-31=0,$$

令 $\begin{cases} -(2x+2y+2)=0, \\ x^2+y^2-6y-31=0, \end{cases}$ 解得

$$\begin{cases} x=-6, \\ y=5, \end{cases} \text{或} \begin{cases} x=2, \\ y=-3. \end{cases}$$

于是对任意的实数 k,方程 $x^2+y^2-2kx-(6+2k)y-2k-31=0$ 恒过两个定点 $(-6,5),(2,-3)$.

例 8.4.6 设 $9\cos A+3\sin B+\tan C=0$,$\sin^2 B-4\cos A\tan C=0$,求证:$|\cos A|\leqslant\dfrac{1}{6}$.

证明 令 $3=x$,则等式 $9\cos A+3\sin B+\tan C=0$ 可变为

$$\cos A\cdot x^2+\sin B\cdot x+\tan C=0$$

当 $\cos A=0$ 时,结论显然成立.

当 $\cos A\neq0$ 时,上式为关于 x 的一元二次方程,由条件 $\sin^2 B-4\cos A\tan C=0$ 知方程有两个相等的实根,都是 3.由求根公式知 $x=-\dfrac{\sin B}{2\cos A}=3$.所以 $|\cos A|=\left|\dfrac{-\sin B}{6}\right|\leqslant\dfrac{1}{6}$.

8.5 分母代换

当一个分式的分子较简洁而分母相对复杂时,通过对分母进行代换可以使解题思路变得更顺畅.

例 8.5.1 设 $a>1,b>1$,求证:$\dfrac{a^2}{b-1}+\dfrac{b^2}{a-1}\geqslant8$.

证明　设 $a-1=x, b-1=y$，其中 $x, y > 0$，则 $a=1+x, b=1+y$，于是

$$\frac{a^2}{b-1}+\frac{b^2}{a-1}=\frac{(1+x)^2}{y}+\frac{(1+y)^2}{x}$$

$$\geqslant \frac{2(1+x)(1+y)}{\sqrt{xy}}$$

$$\geqslant \frac{2 \cdot 2\sqrt{x} \cdot 2\sqrt{y}}{\sqrt{xy}}=8.$$

例 8.5.2　设 a, b, c 为正实数，求 $\dfrac{a+3c}{a+2b+c}+\dfrac{4b}{a+b+2c}-\dfrac{8c}{a+b+3c}$ 的最小值.

解　设 $\begin{cases} x=a+2b+c, \\ y=a+b+2c, \\ z=a+b+3c, \end{cases}$ 则 $\begin{cases} a=5y-x-3z, \\ b=z+x-2y, \\ c=z-y. \end{cases}$ 　从而

$$\frac{a+3c}{a+2b+c}+\frac{4b}{a+b+2c}-\frac{8c}{a+b+3c}$$

$$=\frac{2y-x}{x}+\frac{4(z+x-2y)}{y}-\frac{8(z-y)}{z}$$

$$=-17+2\frac{y}{x}+4\frac{x}{y}+4\frac{z}{y}+8\frac{y}{z}$$

$$\geqslant -17+2\sqrt{8}+2\sqrt{32}=-17+12\sqrt{2}.$$

当且仅当 $\begin{cases} \dfrac{2y}{x}=\dfrac{4x}{y}, \\ \dfrac{4z}{y}=\dfrac{8y}{z} \end{cases}$ 时，即 $\begin{cases} y^2=2x^2, \\ z^2=2y^2, \end{cases}$ 即 $\begin{cases} y=\sqrt{2}x, \\ z=2x, \end{cases}$ 亦即

$\begin{cases} b=(1+\sqrt{2})a, \\ c=(4+3\sqrt{2})a, \end{cases}$ 等号成立.

所以所求方程的最小值为 $-17+12\sqrt{2}$.

注 类似地,可以证明如下问题:

(1) 已知 $a,b,c\in \mathbf{R}^+$,求证: $\dfrac{a}{b+c}+\dfrac{b}{c+a}+\dfrac{c}{a+b}\geqslant\dfrac{3}{2}$(第 26 届莫斯科数学奥林匹克试题);

(2) 已知 $x,y,z\in \mathbf{R}^+$,求证: $\dfrac{x}{2x+y+z}+\dfrac{y}{2y+z+x}+\dfrac{z}{2x+x+y}\leqslant\dfrac{3}{4}$(《中等数学》数学奥林匹克问题高 40 题);

(3) 对所有的正实数 a,b,c,d,证明:

$$\frac{a}{b+2c+3d}+\frac{b}{c+2d+3a}+\frac{c}{d+2a+3b}+\frac{d}{a+2b+3c}\geqslant\frac{2}{3}$$

(第 34 届 **IMO** 预选试题).

例 8.5.3 (W.Janous 猜想)设 x,y,z 是正数,求证: $\dfrac{y^2-z^2}{z+x}+\dfrac{z^2-x^2}{x+y}+\dfrac{x^2-z^2}{y+z}\geqslant0$.

证明 设 $z+x=a,x+y=b,y+z=c$,则 $x=\dfrac{1}{2}(a+b-c)$, $y=\dfrac{1}{2}(b+c-a)$, $z=\dfrac{1}{2}(c+a-b)$.故原不等式可化为 $\dfrac{bc}{a}+\dfrac{ca}{b}+\dfrac{ab}{c}\geqslant a+b+c$.根据均值不等式知

$$\frac{bc}{a}+\frac{ca}{b}\geqslant 2c,\quad \frac{ca}{b}+\frac{ab}{c}\geqslant 2a,\quad \frac{ab}{c}+\frac{bc}{a}\geqslant 2b.$$

将这三个不等式相加即得 $\dfrac{bc}{a}+\dfrac{ca}{b}+\dfrac{ab}{c}\geqslant a+b+c$,故 W.Janous 猜想得证.

注 类似地,容易证明:设 x,y,z 是正数,则 $\dfrac{y^2-zx}{z+x}+\dfrac{z^2-xy}{x+y}+$

$\dfrac{x^2-yz}{y+z}\geqslant 0$.

例 8.5.4 设 $a,b,c>0$,且 $\dfrac{a}{b+c}=\dfrac{b}{c+a}-\dfrac{c}{a+b}$,求证:$\dfrac{b}{c+a}$

$\geqslant\dfrac{\sqrt{17}-1}{4}$.

证明 令 $x=a+b,y=b+c,z=c+a$,则 $x,y,z>0$,且

$$a=\frac{1}{2}(x+z-y),\quad b=\frac{1}{2}(y+x-z),\quad c=\frac{1}{2}(z+y-x),$$

从而,由 $\dfrac{a}{b+c}=\dfrac{b}{c+a}-\dfrac{c}{a+b}$,得

$$\frac{x+y}{z}=\frac{y+z}{x}+\frac{z+x}{y}-1\geqslant\frac{z}{x}+\frac{z}{y}+1\geqslant\frac{4z}{x+y}+1.$$

令 $\dfrac{x+y}{z}=t$,则 $t\geqslant\dfrac{4}{t}+1$,因为 $t>0$,解得 $t\geqslant\dfrac{1+\sqrt{17}}{2}$,所以

$$\frac{b}{c+a}=\frac{x+y-z}{2z}=\frac{t}{2}-\frac{1}{2}\geqslant\frac{\sqrt{17}-1}{4}.$$

例 8.5.5 对满足 $x_i>0,y_i>0,x_iy_i-z_i^2>0(i=1,2)$ 的实数 x_1,y_1,z_1,x_2,y_2,z_2,下述不等式成立:

$$\frac{8}{(x_1+x_2)(y_1+y_2)-(z_1+z_2)^2}\leqslant\frac{1}{x_1y_1-z_1^2}+\frac{1}{x_2y_2-z_2^2}.$$

证明 设 $a=x_1y_1-z_1^2,b=x_2y_2-z_2^2$,则

$$(x_1+x_2)(y_1+y_2)-(z_1+z_2)^2$$

$$=a+b+x_1y_2+x_2y_1-2z_1z_2$$

$$=a+b+2\sqrt{ab}+\left(\frac{x_1}{x_2}b+\frac{x_2}{x_1}a-2\sqrt{ab}\right)$$

$$+ \frac{x_1}{x_2} z_1^2 + \frac{x_2}{x_1} z_2^2 - 2 z_1 z_2$$

$$= \left(\sqrt{a} + \sqrt{b} \right)^2 + \left(\sqrt{\frac{x_1}{x_2}} b - \sqrt{\frac{x_2}{x_1}} a \right)^2 + \left(\sqrt{\frac{x_1}{x_2}} z_1 - \sqrt{\frac{x_2}{x_1}} z_2 \right)^2$$

$$\geqslant \left(\sqrt{a} + \sqrt{b} \right)^2,$$

所以

$$\frac{8}{(x_1 + x_2)(y_1 + y_2) - (z_1 + z_2)^2}$$

$$\leqslant \frac{8}{\left(\sqrt{a} + \sqrt{b} \right)^2} \leqslant \frac{2}{\sqrt{ab}} \leqslant \frac{1}{a} + \frac{1}{b}$$

$$= \frac{1}{x_1 y_1 - z_1^2} + \frac{1}{x_2 y_2 - z_2^2}.$$

8.6 整体代换

对于有些问题,整体代换能起到积极有效的作用.即若原问题是由若干个整体组合而成,可将其中每个整体进行整体代换,局部整理,从而使原问题"柳暗花明".

例 8.6.1 求所有的实数 x,使得 $x = \sqrt{x - \dfrac{1}{x}} + \sqrt{1 - \dfrac{1}{x}}$.

解 设 $y = \sqrt{x - \dfrac{1}{x}} - \sqrt{1 - \dfrac{1}{x}}$,于是 $x + y = 2\sqrt{x - \dfrac{1}{x}}$,$xy = x - 1$,所以 $x + 1 - \dfrac{1}{x} = 2\sqrt{x - \dfrac{1}{x}}$,即 $\left(\sqrt{x - \dfrac{1}{x}} - 1 \right)^2 = 0$,则 $x - \dfrac{1}{x} = 1$,即 $x^2 - x - 1 = 0$,得 $x = \dfrac{1 \pm \sqrt{5}}{2}$.因为 $x > 0$,故 $x = \dfrac{1 + \sqrt{5}}{2}$.

例 8.6.2 求证:$\sqrt{2012 + \sqrt{2011 + \sqrt{\cdots + \sqrt{2 + \sqrt{1}}}}} < 46$.

证明　设 $T = \sqrt{2011 + \sqrt{2010 + \sqrt{\cdots + \sqrt{2 + \sqrt{1}}}}}$，则

$$T < \sqrt{2012 + \sqrt{2011 + \sqrt{\cdots + \sqrt{2 + \sqrt{1}}}}} = \sqrt{2012 + T},$$

即 $T^2 < 2012 + T$，解得 $T < 104$，所以 $\sqrt{2012 + T} < \sqrt{2012 + 104}$ $= 46$.

例 8.6.3　设 a, b, c 是三个互不相等的实数，求证：$\dfrac{a^2}{(a-b)^2}$ +

$\dfrac{b^2}{(b-c)^2} + \dfrac{c^2}{(c-a)^2} \geqslant 1$.

证明　设 $x = \dfrac{a}{a-b}$，$y = \dfrac{b}{b-c}$，$z = \dfrac{c}{c-a}$，则 $\dfrac{a}{b} = \dfrac{x}{x-1}$，$\dfrac{b}{c} =$

$\dfrac{y}{y-1}$，$\dfrac{c}{a} = \dfrac{z}{z-1}$，由于 $1 = \dfrac{a}{b} \cdot \dfrac{b}{c} \cdot \dfrac{c}{a} = \dfrac{x}{x-1} \cdot \dfrac{y}{y-1} \cdot \dfrac{z}{z-1} \Rightarrow xy + yz$

$+ zx = x + y + z - 1$. 故

$$\frac{a^2}{(a-b)^2} + \frac{b^2}{(b-c)^2} + \frac{c^2}{(c-a)^2}$$

$$= x^2 + y^2 + z^2$$

$$= (x + y + z)^2 - 2(xy + yz + zx)$$

$$= (x + y + z)^2 - 2(x + y + z) + 2$$

$$= (x + y + z - 1)^2 + 1 \geqslant 1,$$

得证.

例 8.6.4　设 $a, b, c \in \mathbf{R}^+$，求证：$\dfrac{a}{\sqrt{a^2 + 8bc}} + \dfrac{b}{\sqrt{b^2 + 8ca}} +$

$\dfrac{c}{\sqrt{c^2 + 8ab}} \geqslant 1$.

证明　设 $x = \dfrac{a}{\sqrt{a^2 + 8bc}}$，$y = \dfrac{b}{\sqrt{b^2 + 8ca}}$，$z = \dfrac{c}{\sqrt{c^2 + 8ab}}$，则

$$\frac{1-x^2}{x^2} = \frac{8bc}{a^2}, \quad \frac{1-y^2}{y^2} = \frac{8ca}{b^2}, \quad \frac{1-z^2}{z^2} = \frac{8ab}{c^2},$$

以上三式相乘得 $\left(\frac{1-x^2}{x^2}\right)\left(\frac{1-y^2}{y^2}\right)\left(\frac{1-z^2}{z^2}\right) = 512.$

下面利用反证法证明 $x + y + z \geqslant 1$. 假设 $x + y + z < 1$, 则 $0 < x < 1, 0 < y < 1, 0 < z < 1$. 于是有

$$\left(\frac{1-x^2}{x^2}\right)\left(\frac{1-y^2}{y^2}\right)\left(\frac{1-z^2}{z^2}\right)$$

$$= \frac{(1-x^2)(1-y^2)(1-z^2)}{x^2 y^2 z^2}$$

$$> \frac{\big((x+y+z)^2 - x^2\big)\big((x+y+z)^2 - y^2\big)\big((x+y+z)^2 - z^2\big)}{x^2 y^2 z^2}$$

$$= \frac{(y+z)(2x+y+z)(z+x)(2y+z+x)(x+y)(2z+x+y)}{x^2 y^2 z^2}$$

$$\geqslant \frac{2\sqrt{yz} \cdot 4\sqrt[4]{x^2 yz} \cdot 2\sqrt{zx} \cdot 4\sqrt[4]{y^2 zx} \cdot 2\sqrt{xy} \cdot 4\sqrt[4]{z^2 xy}}{x^2 y^2 z^2} = 512,$$

矛盾.

所以, 有 $x + y + z \geqslant 1$, 当且仅当 $x = y = z$, 即 $a = b = c$ 时等号成立, 故原不等式得证.

例 8.6.5 设 a, b, c, d 为正实数, 满足 $ab + cd = 1$, 点 $P_i(x_i, y_i)(i = 1, 2, 3, 4)$ 是以原点为圆心的单位圆周上的四个点, 求证: $(ay_1 + by_2 + cy_3 + dy_4)^2 + (ax_4 + bx_3 + cx_2 + dx_1)^2 \leqslant 2\left(\frac{a^2 + b^2}{ab} + \frac{c^2 + d^2}{cd}\right).$

证明 令 $u = ay_1 + by_2 + cy_3 + dy_4, v = ax_4 + bx_3 + cx_2 + dx_1$, 由柯西不等式知

$$u^2 = (ay_1 + by_2 + cy_3 + dy_4)^2$$

$$\leqslant (ady_1^2 + bcy_2^2 + cdy_3^2 + day_4^2)\left(\frac{a}{d} + \frac{b}{c} + \frac{c}{b} + \frac{d}{a}\right),$$

$$v^2 = (ax_4 + bx_3 + cx_2 + dx_1)^2$$

$$\leqslant (adx_4^2 + bcx_3^2 + cdx_2^2 + dax_1^2)\left(\frac{a}{d} + \frac{b}{c} + \frac{c}{b} + \frac{d}{a}\right),$$

以上两式相加,并利用 $x_i^2 + y_i^2 = 1$($i = 1,2,3,4$),$ab + cd = 1$,得

$$u^2 + v^2 \leqslant (2ad + 2bc)\left(\frac{a}{d} + \frac{b}{c} + \frac{c}{b} + \frac{d}{a}\right)$$

$$= (2ad + 2bc)\left(\frac{ab + cd}{ac} + \frac{ab + cd}{bd}\right)$$

$$= (2ad + 2bc)\left(\frac{1}{ac} + \frac{1}{bd}\right)$$

$$= 2\left(\frac{d}{c} + \frac{a}{b} + \frac{b}{a} + \frac{c}{d}\right)$$

$$= 2\left(\frac{a^2 + b^2}{ab} + \frac{c^2 + d^2}{cd}\right).$$

8.7 增量代换

对于几个有大小关系的变量,有时通过引进增量的方法,建立它们之间的等量关系,可以给解题带来意外的收获.

例 8.7.1 设 $xy = 1$,且 $x > y > 0$,求 $\dfrac{x^2 + y^2}{x - y}$ 的最小值.

解 由于 $x > y > 0$,可设 $x = y + \Delta y (\Delta y > 0)$,则

$$\frac{x^2 + y^2}{x - y} = \frac{(x - y)^2 + 2xy}{x - y} = \frac{(\Delta y)^2 + 2}{\Delta y} \geqslant 2\sqrt{2},$$

当且仅当 $\Delta y = \sqrt{2}$,即 $x = \dfrac{\sqrt{6} + \sqrt{2}}{2}$,$y = \dfrac{\sqrt{6} - \sqrt{2}}{2}$ 时等号成立. 因此,

$\dfrac{x^2 + y^2}{x - y}$ 的最小值为 $2\sqrt{2}$.

例 8.7.2 已知 $a < b$,求证:$a^3 - 3a \leqslant b^3 - 3b + 4$.

证明 由于 $a < b$,可设 $b = a + t\,(t > 0)$,于是只需证明

$$a^3 - 3a \leqslant (a + t)^3 - 3(a + t) + 4,$$

即 $3ta^2 + 3t^2 a + (t^3 - 3t + 4) \geqslant 0$. 又因为 $\Delta = -3t(t^3 - 12t + 16)$ $= -3t(t - 2)^2(t + 4) < 0$ 恒成立,所以原不等式得证.

例 8.7.3 已知 $a \geqslant b \geqslant c \geqslant 0$,且 $a + b + c = 3$,求证:$ab^2 + bc^2 + ca^2 \leqslant \dfrac{27}{8}$.

证明 因为 $a \geqslant b \geqslant c \geqslant 0$,可设 $c = 3x, b = 3x + 3y, a = 3x + 3y + 3z$,其中 $x, y, z \geqslant 0$,则 $3x + 2y + z = 1$,于是,有

$$a = \frac{3x + 3y + 3z}{3x + 2y + z}, \quad b = \frac{3x + 3y}{3x + 2y + z}, \quad c = \frac{3x}{3x + 2y + z}.$$

将其代入所证不等式中并整理得

$$8 \times 27 \times \left((x + y + z)(x + y)^2 + (x + y)x^2 + x(x + y + z)^2 \right)$$
$$\leqslant 27(3x + 2y + z)^3,$$

即

$$3x^3 + z^3 + 6x^2 y + 4xy^2 + 3x^2 z + xz^2 + 4y^2 z + 6yz^2 + 4xyz \geqslant 0.$$

由于 $x, y, z \geqslant 0$,且不同时为 0,从而知等号成立的条件为 $x = z = 0$,即 $c = 0, a = b = \dfrac{3}{2}$.

例 8.7.4 设 $\triangle ABC$ 的三边长为 a, b, c,且 $a \leqslant b \leqslant c$,求证:
$$8abc \geqslant (2a + b - c)(2b + c - a)(2c + a - b).$$

证明 令 $b = a + m, c = b + n$,其中 $m, n > 0$,则
$$8abc - (2a + b - c)(2b + c - a)(2c + a - b)$$

$$= 8b(b-m)(b+n) - (2b-2m-n)$$

$$\cdot (2b+m+n)(2b+2n-m)$$

$$= 2m^2(b-m) + 2bmn + m^2 n + 5mn^2 + 2n^3 \geqslant 0,$$

当且仅当 $m=n=0$,即 $a=b=c$ 时等号成立.

例 8.7.5 求证:在两个连续平方数之间不存在四个自然数 $a<b<c<d$,使得 $ad=bc$.

证明 假设有 $n^2 \leqslant a<b<c<d \leqslant (n+1)^2$,使得 $ad=bc$,令 $b=a+t_1, c=a+t_2, d=a+t_3$,其中,$1 \leqslant t_1<t_2<t_3 \leqslant 2n+1$,且 $t_1, t_2, t_3 \in \mathbf{N}$,于是 $a(a+t_3) = (a+t_1)(a+t_2)$,即 $a(t_3-t_1-t_2) = t_1 t_2$,则 $t_3>t_1+t_2$.又因为 $a \geqslant n^2$,所以 $t_1 t_2 = a(t_3-t_1-t_2) \geqslant n^2$,所以 $t_1+t_2>2\sqrt{t_1 t_2}=2n$,即 $t_1+t_2 \geqslant 2n+1$,则 $t_3>t_1+t_2 \geqslant 2n+1$.这与 $1 \leqslant t_1<t_2<t_3 \leqslant 2n+1$ 矛盾,所以假设不成立,即在两个连续平方数之间不存在四个自然数 $a<b<c<d$,使得 $ad=bc$.

例 8.7.6 求有多少个整数的有序数组 (a,b,c,d),满足 $0<a<b<c<d<500, a+d=b+c$ 和 $bc-ad=93$.

解 令 $b=a+t (t \in \mathbf{N}^+)$,因为 $a+d=b+c$,则 $c=d-t$,代入 $bc-ad=93$,得 $(a+t)(d-t)-ad=t(d-a-t)=3 \times 31$.

当 $t=1$ 时,可得 $b=a+1, c=a+93, d=a+94$.因为 $d=a+94<500$,所以 $0<a<406$,此时有 405 组 (a,b,c,d).

当 $t=3$ 时,可得 $b=a+3, c=a+31, d=a+34$.因为 $d=a+34<500$,所以 $0<a<466$,此时有 465 组 (a,b,c,d).

当 $t=31$ 或 93 时,易知不存在符合条件的 (a,b,c,d).

所以,共有 $405+465=870$ 组满足条件的整数组 (a,b,c,d).

例 8.7.7 设 a, b, c 为已给的正实数,确定所有满足

$$\begin{cases} x + y + z = a + b + c, \\ 4xyz - (a^2x + b^2y + c^2z) = abc \end{cases}$$ 的 x, y, z.

解 不难验证 $x = \dfrac{b+c}{2}$, $y = \dfrac{c+a}{2}$, $z = \dfrac{a+b}{2}$ 是满足要求的一组解,下面证明只有这一组解.

令 $x = \dfrac{b+c}{2} + t_1$, $y = \dfrac{c+a}{2} + t_2$, $z = \dfrac{a+b}{2} + t_3$,代入原方程组中得

$$\begin{cases} t_1 + t_2 + t_3 = 0, \\ 2t_1t_2t_3 + (b+c)t_2t_3 + (c+a)t_3t_1 + (a+b)t_1t_2 = 0. \end{cases} \quad ①$$

若 t_1, t_2, t_3 中至少有一个为 0,不妨设 $t_1 = 0$,则式①转化为

$$\begin{cases} t_2 + t_3 = 0, \\ (b+c)t_2t_3 = 0. \end{cases}$$

因为 a, b, $c > 0$,所以 $t_2 = t_3 = 0$,即 $t_1 = t_2 = t_3 = 0$.

若 t_1, t_2, t_3 都不为 0,这时 t_1, t_2, t_3 中至少有两个同号,不妨设 t_2, t_3 同号,而由式①可得

$$(2t_2 + c + a)t_3^2 + 2t_2t_3a + (2t_3 + a + b)t_2^2 = 0.$$

因为 $2t_2 + c + a = 2y > 0$, $2t_3 + a + b = 2z > 0$, $t_2t_3 > 0$,所以 $(2t_2 + c + a)t_3^2 + 2t_2t_3a + (2t_3 + a + b)t_2^2 > 0$.故矛盾.

所以,原方程组只有一组解

$$x = \frac{b+c}{2}, y = \frac{c+a}{2}, z = \frac{a+b}{2}.$$

例 8.7.8 求最小的实数 a,使得对于任意其和为 1 的非负实数组 x, y, z 都有 $a(x^2 + y^2 + z^2) + xyz \geqslant \dfrac{a}{3} + \dfrac{1}{27}$.

解 令 $I = a(x^2 + y^2 + z^2) + xyz$,不妨设 $x \leqslant y \leqslant z$,令 $x = \frac{1}{3} + t_1$, $y = \frac{1}{3} + t_2$, $z = \frac{1}{3} + t_3$,则 $-\frac{1}{3} \leqslant t_1 \leqslant 0$, $0 \leqslant t_3 \leqslant \frac{2}{3}$, $t_1 + t_2 + t_3 = 0$. 于是

$$I = \frac{a}{3} + \frac{1}{27} + a(t_1^2 + t_2^2 + t_3^2) + \frac{1}{3}(t_1 t_2 + t_2 t_3 + t_3 t_1) + t_1 t_2 t_3.$$

又因为

$$t_1 t_2 + t_2 t_3 + t_3 t_1 = \frac{(t_1 + t_2 + t_3)^2 - (t_1^2 + t_2^2 + t_3^2)}{2}$$

$$= \frac{-(t_1^2 + t_2^2 + t_3^2)}{2},$$

从而 $I = \frac{a}{3} + \frac{1}{27} + \left(a - \frac{1}{6}\right)(t_1^2 + t_2^2 + t_3^2) + t_1 t_2 t_3$.

(1) 若 $a < \frac{2}{9}$,取 $x = 0$, $y = z = \frac{1}{2}$,即 $t_1 = -\frac{1}{3}$, $t_2 = t_3 = \frac{1}{6}$,由于

$$\left(a - \frac{1}{6}\right)(t_1^2 + t_2^2 + t_3^2) + t_1 t_2 t_3 < \frac{1}{18} \times \left(\frac{1}{9} + \frac{2}{36}\right) - \frac{1}{3 \times 36} = 0,$$

此时,$I < \frac{a}{3} + \frac{1}{27}$,不符合.

(2) 若 $a \geqslant \frac{2}{9}$,当 $t_2 \leqslant 0$ 时,则 $t_1 t_2 t_3 \geqslant 0$,$\left(a - \frac{1}{6}\right)(t_1^2 + t_2^2 + t_3^2) \geqslant 0$,则 $I \geqslant \frac{a}{3} + \frac{1}{27}$. 当 $t_2 \geqslant 0$ 时,由 $t_1 = -(t_2 + t_3)$,则

$$I = \frac{a}{3} + \frac{1}{27} + \left(a - \frac{1}{6}\right)(2t_2^2 + 2t_3^2 + 2t_2 t_3) - (t_2 + t_3) t_2 t_3.$$

由 $a \geqslant \frac{2}{9}$,可得 $a - \frac{1}{6} \geqslant \frac{1}{18}$,且 $0 \leqslant t_2 + t_3 = -t_1 \leqslant \frac{1}{3}$,所以

$$I \geqslant \frac{a}{3} + \frac{1}{27}.$$

综上可知最小的实数 $a = \frac{2}{9}$.

8.8 三角代换

三角函数中蕴含着丰富的公式与性质,巧妙地运用这些公式与性质可以顺利地解决许多综合问题. 如三角函数中有以下三个同角平方关系式: $\sin^2 \theta + \cos^2 \theta = 1, 1 + \tan^2 \theta = \sec^2 \theta, 1 + \cot^2 \theta = \csc^2 \theta.$ 利用这三个关系式,可对形如: $x^2 + y^2 = a^2, x^2 - y^2 = a^2$ 的式子进行代换处理,从而将一般的代数问题转化为三角问题. 又如,极坐标系、柱坐标系和球坐标系都与三角函数有关,常见曲线(圆、椭圆、抛物线与双曲线)的参数方程也均与三角函数有关,灵活运用三角代换,威力无穷!

例 8.8.1 解不等式 $\dfrac{1 - x^2}{1 + x^2} + \dfrac{x}{\sqrt{1 + x^2}} > 0$.

解 设 $x = \tan \theta, -\dfrac{\pi}{2} < \theta < \dfrac{\pi}{2}$,则

$$\frac{1 - x^2}{1 + x^2} = \frac{1 - \tan^2 \theta}{1 + \tan^2 \theta} = \frac{\cos^2 \theta - \sin^2 \theta}{\cos^2 \theta + \sin^2 \theta} = \cos 2\theta,$$

$$\frac{x}{\sqrt{1 + x^2}} = \frac{\tan \theta}{\sqrt{1 + \tan^2 \theta}} = \frac{\tan \theta}{\sec \theta} = \sin \theta,$$

则原不等式变形为 $\cos 2\theta + \sin \theta > 0$,即 $2 \sin^2 \theta - \sin \theta - 1 < 0$,解得 $-\dfrac{1}{2} < \sin \theta < 1$,则 $-\dfrac{\pi}{6} < \theta < \dfrac{\pi}{2}$,故原不等式的解集为 $\left(-\dfrac{\sqrt{3}}{3}, +\infty \right)$.

例 8.8.2 设 x,y,z 都是正数,且 $x+y+z=1$,求证:

(1) $\sqrt{\dfrac{yz}{x+yz}}+\sqrt{\dfrac{zx}{y+zx}}+\sqrt{\dfrac{xy}{z+xy}}\leqslant\dfrac{3}{2}$.

(2) $\sqrt{\dfrac{x}{x+yz}}+\sqrt{\dfrac{y}{y+zx}}+\sqrt{\dfrac{z}{z+xy}}\leqslant\dfrac{3\sqrt{3}}{2}$.

(3) $\dfrac{\sqrt{xyz}}{(1-x)(1-y)(1-z)}\leqslant\dfrac{3\sqrt{3}}{8}$.

证明 在 $\triangle ABC$ 中,有恒等式 $\tan\dfrac{A}{2}\tan\dfrac{B}{2}+\tan\dfrac{B}{2}\tan\dfrac{C}{2}+\tan\dfrac{C}{2}\tan\dfrac{A}{2}=1$. 于是由条件 $x+y+z=1$ 可设 $x=\tan\dfrac{B}{2}\tan\dfrac{C}{2}$, $y=\tan\dfrac{C}{2}\tan\dfrac{A}{2}$, $z=\tan\dfrac{A}{2}\tan\dfrac{B}{2}$.

(1) 原不等式等价于

$$\sqrt{\dfrac{\tan^2\dfrac{A}{2}}{1+\tan^2\dfrac{A}{2}}}+\sqrt{\dfrac{\tan^2\dfrac{B}{2}}{1+\tan^2\dfrac{B}{2}}}+\sqrt{\dfrac{\tan^2\dfrac{C}{2}}{1+\tan^2\dfrac{C}{2}}}\leqslant\dfrac{3}{2},$$

即 $\sin\dfrac{A}{2}+\sin\dfrac{B}{2}+\sin\dfrac{C}{2}\leqslant\dfrac{3}{2}$. 又易证 $f(t)=\sin t$ 在 $0<t<\dfrac{\pi}{2}$ 上是凹函数,所以由琴生(Jensen)不等式知 $\sin\dfrac{A}{2}+\sin\dfrac{B}{2}+\sin\dfrac{C}{2}\leqslant 3\sin\dfrac{A+B+C}{6}=\dfrac{3}{2}$. 故得证.

(2) 原不等式等价于

$$\sqrt{\dfrac{1}{1+\tan^2\dfrac{A}{2}}}+\sqrt{\dfrac{1}{1+\tan^2\dfrac{B}{2}}}+\sqrt{\dfrac{1}{1+\tan^2\dfrac{C}{2}}}\leqslant\dfrac{3\sqrt{3}}{2},$$

即 $\cos\dfrac{A}{2}+\cos\dfrac{B}{2}+\cos\dfrac{C}{2}\leqslant\dfrac{3\sqrt{3}}{2}$. 又易证 $f(t)=\cos t$ 在 $0<t<\dfrac{\pi}{2}$ 上

是凹函数,所以由琴生(Jensen)不等式知 $\cos\dfrac{A}{2}+\cos\dfrac{B}{2}+\cos\dfrac{C}{2}\leqslant$

$3\cos\dfrac{A+B+C}{6}=\dfrac{3\sqrt{3}}{2}$,故得证.

(3) 原不等式等价于

$$\dfrac{1}{\left(\tan\dfrac{A}{2}+\tan\dfrac{B}{2}\right)\left(\tan\dfrac{B}{2}+\tan\dfrac{C}{2}\right)\left(\tan\dfrac{C}{2}+\tan\dfrac{A}{2}\right)}\leqslant\dfrac{3\sqrt{3}}{8},$$

由代数恒等式

$$(a+b)(b+c)(c+a)=(a+b+c)(ab+bc+ca)-abc$$

知

$$\left(\tan\dfrac{A}{2}+\tan\dfrac{B}{2}\right)\left(\tan\dfrac{B}{2}+\tan\dfrac{C}{2}\right)\left(\tan\dfrac{C}{2}+\tan\dfrac{A}{2}\right)$$

$$=\tan\dfrac{A}{2}+\tan\dfrac{B}{2}+\tan\dfrac{C}{2}-\tan\dfrac{A}{2}\tan\dfrac{B}{2}\tan\dfrac{C}{2},$$

所以只需证明

$$\tan\dfrac{A}{2}+\tan\dfrac{B}{2}+\tan\dfrac{C}{2}-\tan\dfrac{A}{2}\tan\dfrac{B}{2}\tan\dfrac{C}{2}\geqslant\dfrac{8\sqrt{3}}{9}.$$

又易证 $f(t)=\tan t$ 在 $0<t<\dfrac{\pi}{2}$ 上是凸函数,所以由琴生(Jensen)

不等式知 $\tan\dfrac{A}{2}+\tan\dfrac{B}{2}+\tan\dfrac{C}{2}\geqslant 3\tan\dfrac{A+B+C}{6}=\sqrt{3}.$

又因为

$$\tan\dfrac{A}{2}\tan\dfrac{B}{2}\tan\dfrac{C}{2}$$

$$=\sqrt{\left(\tan\dfrac{A}{2}\tan\dfrac{B}{2}\right)\left(\tan\dfrac{B}{2}\tan\dfrac{C}{2}\right)\left(\tan\dfrac{C}{2}\tan\dfrac{A}{2}\right)}$$

$$\leqslant\sqrt{\left(\dfrac{\tan\dfrac{A}{2}\tan\dfrac{B}{2}+\tan\dfrac{B}{2}\tan\dfrac{C}{2}+\tan\dfrac{C}{2}\tan\dfrac{A}{2}}{3}\right)^3}=\dfrac{\sqrt{3}}{9},$$

所以 $\tan\dfrac{A}{2}+\tan\dfrac{B}{2}+\tan\dfrac{C}{2}-\tan\dfrac{A}{2}\tan\dfrac{B}{2}\tan\dfrac{C}{2}\geqslant\sqrt3-\dfrac{\sqrt3}{9}=\dfrac{8\sqrt3}{9}$. 故得证.

例 8.8.3 设 x,y,z 都是正数,且 $x+y+z=xyz$,求证:

$$\dfrac{1}{\sqrt{1+x^2}}+\dfrac{1}{\sqrt{1+y^2}}+\dfrac{1}{\sqrt{1+z^2}}\leqslant\dfrac{3}{2}.$$

证明 设 $x=\tan A,y=\tan B,z=\tan C$,其中 $0<A,B,C<\dfrac{\pi}{2}$,则由琴生(Jensen)不等式知

$$\dfrac{1}{\sqrt{1+x^2}}+\dfrac{1}{\sqrt{1+y^2}}+\dfrac{1}{\sqrt{1+z^2}}=\cos A+\cos B+\cos C$$

$$\leqslant 3\cos\dfrac{A+B+C}{3}\leqslant\dfrac{3}{2}.$$

注 由条件 $x+y+z=xyz$ 变形得 $\dfrac{1}{xy}+\dfrac{1}{yz}+\dfrac{1}{zx}=1$,故也可以设 $x=\dfrac{1}{\tan\dfrac{A}{2}},y=\dfrac{1}{\tan\dfrac{B}{2}},z=\dfrac{1}{\tan\dfrac{C}{2}}$,则有

$$\dfrac{1}{\sqrt{1+x^2}}+\dfrac{1}{\sqrt{1+y^2}}+\dfrac{1}{\sqrt{1+z^2}}=\sin\dfrac{A}{2}+\sin\dfrac{B}{2}+\sin\dfrac{C}{2}\leqslant\dfrac{3}{2}.$$

例 8.8.4 已知 $x,y,z\in\mathbf{R}^+$,且满足 $x^2+y^2+z^2+xyz=4$,求证:$x+y+z\leqslant3$.

证明 由条件得 $\left(\dfrac{x}{2}\right)^2+\left(\dfrac{y}{2}\right)^2+\left(\dfrac{z}{2}\right)^2+2\cdot\dfrac{x}{2}\cdot\dfrac{y}{2}\cdot\dfrac{z}{2}=1$,联想到三角恒等式 $\cos^2 A+\cos^2 B+\cos^2 C+2\cos A\cos B\cos C=1$,故可设 $\dfrac{x}{2}=\cos A,\dfrac{y}{2}=\cos B,\dfrac{z}{2}=\cos C$,其中 $0<A,B,C<\dfrac{\pi}{2}$,则由琴生不等式知

$$x + y + z = 2(\cos A + \cos B + \cos C) \leqslant 6\cos\frac{A+B+C}{3} = 3.$$

注　（1）若令 $x = 2\sqrt{bc}$，$y = 2\sqrt{ca}$，$z = 2\sqrt{ab}$，便得到 2005 年罗马尼亚数学奥林匹克预选试题：

设 $a,b,c \in \mathbf{R}^+$，且 $ab + bc + ca + 2abc = 1$，求证：$\sqrt{ab} + \sqrt{bc} + \sqrt{ca} \leqslant \frac{3}{2}$.

（2）若令 $x = 2bc$，$y = 2ca$，$z = 2ab$，稍加变形便得到 2007 年伊朗数学奥林匹克试题：

设 $x,y,z \in \mathbf{R}^+$，且 $\dfrac{1}{x^2+1} + \dfrac{1}{y^2+1} + \dfrac{1}{z^2+1} = 2$，求证：$xy + yz + zx \leqslant \frac{3}{2}$.

例 8.8.5　已知 x,y,z 为互不相等的实数，求证：
$$\left| \frac{1+xy}{x-y} + \frac{1+yz}{y-z} + \frac{1+zx}{z-x} \right| \geqslant \sqrt{3}.$$

证明　设 $a = \dfrac{1+xy}{x-y}$，$b = \dfrac{1+yz}{y-z}$，$c = \dfrac{1+zx}{z-x}$，$x = \tan\alpha$，$y = \tan\beta$，$z = \tan\gamma$. 易知 x,y,z 互不相等，则 α,β,γ 也为互不相等的实数. 于是

$$a = \frac{1+xy}{x-y} = \frac{1}{\tan(\alpha-\beta)},$$

$$b = \frac{1+yz}{y-z} = \frac{1}{\tan(\beta-\gamma)},$$

$$c = \frac{1+zx}{z-x} = \frac{1}{\tan(\gamma-\alpha)},$$

也即 $\tan(\alpha-\beta) = \dfrac{1}{a}$，$\tan(\beta-\gamma) = \dfrac{1}{b}$，$\tan(\gamma-\alpha) = \dfrac{1}{c}$. 注意到

$\tan(\gamma - \alpha) = -\tan\big((\alpha - \beta) + (\beta - \gamma)\big)$，则有 $\dfrac{1}{c} = -\dfrac{\dfrac{1}{a} + \dfrac{1}{b}}{1 - \dfrac{1}{ab}}$，整理即

得 $ab + bc + ca = 1$. 又 $(a + b + c)^2 \geqslant 3(ab + bc + ca) = 3$，故 $|a + b + c| \geqslant \sqrt{3}$，得证.

例 8.8.6 已知 $x, y, z > 1$，且 $\dfrac{1}{x} + \dfrac{1}{y} + \dfrac{1}{z} = 2$，求证：

$$\sqrt{x + y + z} \geqslant \sqrt{x - 1} + \sqrt{y - 1} + \sqrt{z - 1}.$$

证明 为了去掉结论中的部分根号，同时兼顾条件中的 $\dfrac{1}{x}, \dfrac{1}{y}$，

$\dfrac{1}{z}$，可设 $x = \dfrac{1}{\cos^2\alpha}$，$y = \dfrac{1}{\cos^2\beta}$，$z = \dfrac{1}{\cos^2\gamma}$，其中，$\alpha, \beta, \lambda \in \left(0, \dfrac{\pi}{2}\right)$. 则

已知条件即为 $\cos^2\alpha + \cos^2\beta + \cos^2\gamma = 2$，即 $\sin^2\alpha + \sin^2\beta + \sin^2\gamma = 1$.

欲证不等式变形为

$$\sqrt{\dfrac{1}{\cos^2\alpha} + \dfrac{1}{\cos^2\beta} + \dfrac{1}{\cos^2\gamma}} \geqslant \dfrac{\sin\alpha}{\cos\alpha} + \dfrac{\sin\beta}{\cos\beta} + \dfrac{\sin\lambda}{\cos\gamma}.$$

由柯西不等式得

$$\sqrt{\dfrac{1}{\cos^2\alpha} + \dfrac{1}{\cos^2\beta} + \dfrac{1}{\cos^2\gamma}}$$

$$= \sqrt{(\sin^2\alpha + \sin^2\beta + \sin^2\gamma)\left(\dfrac{1}{\cos^2\alpha} + \dfrac{1}{\cos^2\beta} + \dfrac{1}{\cos^2\gamma}\right)}$$

$$\geqslant \dfrac{\sin\alpha}{\cos\alpha} + \dfrac{\sin\beta}{\cos\beta} + \dfrac{\sin\lambda}{\cos\gamma},$$

当且仅当 $\sin\alpha\cos\alpha = \sin\beta\cos\beta = \sin\lambda\cos\gamma$，即 $\alpha = \beta = \gamma$，亦即 $x = y$

$= z = \dfrac{3}{2}$ 时，等号成立.

注 (1) 该题还可以这样证明：首先将 $\dfrac{1}{x} + \dfrac{1}{y} + \dfrac{1}{z} = 2$ 变形为

$$\frac{x-1}{x} + \frac{y-1}{y} + \frac{z-1}{z} = 1,$$ 之后用柯西不等式得

$$\sqrt{(x+y+z)\left(\frac{x-1}{x} + \frac{y-1}{y} + \frac{z-1}{z}\right)}$$

$$\geqslant \sqrt{x-1} + \sqrt{y-1} + \sqrt{z-1}.$$

(2) 该题在次数上可以推广为:设 $x,y,z \in \mathbf{R}^+$, 且 $\frac{1}{x^n} + \frac{1}{y^n} + \frac{1}{z^n} = 2, n \in \mathbf{N}^+$, 求证: $\sqrt[n+1]{(x+y+z)^n} \geqslant \sqrt[n+1]{x^n-1} + \sqrt[n+1]{y^n-1} + \sqrt[n+1]{z^n-1}$.

(3) 该题在元数上可以推广为:设 $x_i > 1, i = 1, 2, \cdots, n (n \geqslant 3, n \in \mathbf{N}^+)$, 且 $\sum_{i=1}^{n} \frac{1}{x_i} = n - 1$, 求证: $\sqrt{\sum_{i=1}^{n} x_i} \geqslant \sum_{i=1}^{n} \sqrt{x_i - 1}$.

例 8.8.7 设 $a_1 = 1$, 当 $n \geqslant 2$ 时, $a_n = \dfrac{\sqrt{1+a_{n-1}^2}-1}{a_{n-1}}$, 求证: $a_n > \dfrac{\pi}{2^{n+1}}$.

证明 显然 $a_n > 0$, 令 $a_n = \tan\theta_n, n = 1, 2, 3, \cdots$, 其中 $\theta_n \in \left(0, \dfrac{\pi}{2}\right)$, 则当 $n \geqslant 1$ 时, 有

$$\tan\theta_n = a_n = \frac{\sqrt{1+a_{n-1}^2}-1}{a_{n-1}} = \frac{\sqrt{1+\tan^2\theta_{n-1}}-1}{\tan\theta_{n-1}}$$

$$= \frac{1-\cos\theta_{n-1}}{\sin\theta_{n-1}} = \tan\frac{\theta_{n-1}}{2},$$

所以 $\theta_n = \dfrac{1}{2}\theta_{n-1}$. 由于 $a_1 = \tan\theta_1 = 1$, 则 $\theta_1 = \dfrac{\pi}{4}$, 于是

$$\theta_n = \theta_1 \left(\frac{1}{2}\right)^{n-1} = \frac{\pi}{4} \times \left(\frac{1}{2}\right)^{n-1} = \frac{\pi}{2^{n+1}},$$

所以 $a_n = \tan\theta_n = \tan\dfrac{\pi}{2^{n+1}}$. 容易证明:当 $0 < x < \dfrac{\pi}{2}$ 时,有 $x < \tan x$.

所以 $a_n = \tan\dfrac{\pi}{2^{n+1}} > \dfrac{\pi}{2^{n+1}}$,得证.

例 8.8.8　数列 $\{a_n\}$ 满足 $a_{n+1} = a_n^3 - 3a_n$,且 $a_1 = \dfrac{3}{2}$,求 $\{a_n\}$ 的通项公式.

解　由 $a_{n+1} = a_n^3 - 3a_n$ 得 $\dfrac{a_{n+1}}{2} = 4 \cdot \left(\dfrac{a_n}{2}\right)^3 - 3 \cdot \dfrac{a_n}{2}$. 令 $b_n = \dfrac{a_n}{2}$,则 $b_{n+1} = 4b_n^3 - 3b_n, b_1 = \dfrac{3}{4}$.

下面用数学归纳法证明:对 $n \in \mathbf{N}$,有 $-1 \leqslant b_n \leqslant 1$.

(1) 当 $n = 1$ 时,$-1 \leqslant b_1 = \dfrac{3}{4} \leqslant 1$,显然成立.

(2) 假设当 $n = k$ 时,有 $-1 \leqslant b_k \leqslant 1$,则当 $n = k + 1$ 时,由于 $b_{k+1} - 1 = 4b_k^3 - 3b_k - 1 = (b_k - 1)(2b_k + 1)^2 \leqslant 0$ 则 $b_{k+1} \leqslant 1$;又由于 $b_{k+1} - (-1) = 4b_k^3 - 3b_k + 1 = (b_k + 1)(2b_k - 1)^2 \geqslant 0$ 则 $b_{k+1} \geqslant -1$. 所以 $-1 \leqslant b_{k+1} \leqslant 1$.

又由 $b_{n+1} = 4b_n^3 - 3b_n$ 联想到三倍角公式 $\cos 3\theta = 4\cos^3\theta - 3\cos\theta$,于是可设 $b_n = \cos\theta_n, 0 \leqslant \theta_1 \leqslant \pi$,则 $\cos\theta_{n+1} = b_{n+1} = 4b_n^3 - 3b_n = 4\cos^3\theta_n - 3\cos\theta_n = \cos 3\theta_n$. 于是 $\theta_{n+1} = 3\theta_n + 2m\pi$ 或 $\theta_{n+1} = 2m\pi - 3\theta_n$,其中,$m \in \mathbf{Z}$. 由于我们需要求 $a_n = 2b_n = 2\cos\theta_n$,于是不妨设 $\theta_{n+1} = 3\theta_n$,又由于 $b_1 = \cos\theta_1 = \dfrac{3}{4}$,则 $\theta_1 = \arccos\dfrac{3}{4}$,于是

$$\theta_n = \theta_1 \cdot 3^{n-1} = 3^{n-1}\arccos\dfrac{3}{4},$$

所以 $b_n = \cos\left(3^{n-1}\arccos\dfrac{3}{4}\right), a_n = 2b_n = 2\cos\left(3^{n-1}\arccos\dfrac{3}{4}\right)$.

经检验, $a_n = 2b_n = 2\cos\left(3^{n-1}\arccos\dfrac{3}{4}\right)$ 满足题意.

例 8.8.9 在实数范围内解方程组

$$
\begin{cases}
xy + yz + zx = 1, & ① \\
5\left(x + \dfrac{1}{x}\right) = 12\left(y + \dfrac{1}{y}\right) = 13\left(z + \dfrac{1}{z}\right). & ②
\end{cases}
$$

解 由式②知, x,y,z 同号, 于是我们可首先求正数解.

设在 $\triangle ABC$ 中, $\angle A, \angle B, \angle C$ 的对边分别为 a, b, c, 由式①联想到 $\triangle ABC$ 中有恒等式 $\tan\dfrac{B}{2}\tan\dfrac{C}{2} + \tan\dfrac{C}{2}\tan\dfrac{A}{2} + \tan\dfrac{A}{2}\tan\dfrac{B}{2} = 1$, 故可设 $x = \tan\dfrac{A}{2}$, $y = \tan\dfrac{B}{2}$, $z = \tan\dfrac{C}{2}$, 代入式②中, 并化简整理得 $\dfrac{5}{\sin A} = \dfrac{12}{\sin B} = \dfrac{13}{\sin C}$. 由正弦定理知 $a : b : c = \sin A : \sin B : \sin C = 5 : 12 : 13$; 由余弦定理知 $\cos A = \dfrac{12}{13}$, $\cos B = \dfrac{5}{13}$, $\cos C = 0$. 所以 $x = \tan\dfrac{A}{2} = 5$ 或 $\dfrac{1}{5}$, $y = \tan\dfrac{B}{2} = \dfrac{2}{3}$ 或 $\dfrac{3}{2}$, $z = \tan\dfrac{C}{2} = 1$. 将 $z = 1$ 代入式①, 易知 x, y 均小于 1, 经检验知 $x = \dfrac{1}{5}$, $y = \dfrac{2}{3}$, $z = 1$ 是唯一正数解.

所以, 原方程组有两组解 $x = \dfrac{1}{5}$, $y = \dfrac{2}{3}$, $z = 1$ 或 $x = -\dfrac{1}{5}$, $y = -\dfrac{2}{3}$, $z = -1$.

例 8.8.10 设 $-1 \leqslant x_1 \leqslant 1$, $n \in \mathbf{N}^+$, 在实数范围内解方程组

$$\begin{cases} x_2 = 3x_1 - 4x_1^3, \\ x_3 = 3x_2 - 4x_2^3, \\ \cdots \\ x_{n+1} = 3x_n - 4x_n^3, \\ x_{n+1} = x_1. \end{cases}$$

解 我们可以由数学归纳法证明:当 $1 \leqslant k \leqslant n+1$ 时, $-1 \leqslant x_k \leqslant 1$.

又由 $x_{k+1} = 3x_k - 4x_k^3$ 联想到三倍角公式 $\sin 3\theta = 3\sin\theta - 4\sin^3\theta$,于是可设 $x_1 = \sin\theta, -\dfrac{\pi}{2} \leqslant \theta \leqslant \dfrac{\pi}{2}$,则 $x_2 = \sin 3\theta, x_3 = \sin 3^2\theta$, $\cdots, x_k = \sin 3^{k-1}\theta, \cdots, x_{n+1} = \sin 3^n\theta$,又因为 $x_{n+1} = x_1$,即 $\sin 3^n\theta = \sin\theta$,所以 $3^n\theta = \theta + 2m\pi$ 或 $3^n\theta = (2m+1)\pi - \theta$,其中, $m \in \mathbf{Z}$. 所以 $\theta = \dfrac{2m\pi}{3^n - 1}$ 或 $\theta = \dfrac{(2m+1)\pi}{3^n + 1}$,其中, $m \in \mathbf{Z}$.

所以,原方程组的解为 $x_k = \sin\dfrac{2 \cdot 3^{k-1} m\pi}{3^n - 1}$ 或 $x_k = \sin\dfrac{(2m+1) \cdot 3^{k-1}\pi}{3^n + 1}$,其中, $m \in \mathbf{Z}; k = 1, 2, \cdots, n+1$.

8.9 复变量代换

复变量代换就是通过引进适当的复数,把某些实数看作一个复数的实部或虚部,然后利用复数的性质及其运算来解决问题,它常用于涉及 $\sin x, \cos x$ 的一些对偶命题,或含有 $\sqrt{a^2 + b^2}$ 这样的复数模形式的数学命题.

例 8.9.1 (1) 求证: $\cos 3\theta = 4\cos^3\theta - 3\cos\theta, \sin 3\theta = 3\sin\theta - $

$4 \sin^3 \theta$.

(2) 求证:对任意 $k \in \mathbf{Z}, \cos k\theta$ 必定可以表示为关于 $\cos \theta$ 的多项式.

证明 (1) 由棣莫弗公式知

$$\cos 3\theta + \mathrm{i}\sin 3\theta = (\cos \theta + \mathrm{i}\sin \theta)^3 = \cos^3 \theta - 3\cos \theta \sin^2 \theta$$
$$+ \mathrm{i}(3\cos^2 \theta \sin \theta - \sin^3 \theta),$$

比较两边的实部和虚部,得

$$\cos 3\theta = \cos^3 \theta - 3\cos \theta \sin^2 \theta = \cos^3 \theta - 3\cos \theta (1 - \cos^2 \theta)$$
$$= 4\cos^3 \theta - 3\cos \theta,$$

$$\sin 3\theta = 3\cos^2 \theta \sin \theta - \sin^3 \theta = 3(1 - \sin^2 \theta)\sin \theta - \sin^3 \theta$$
$$= 3\sin \theta - 4\sin^3 \theta.$$

(2) 由棣莫弗公式知 $\cos n\theta + \mathrm{i}\sin n\theta = (\cos \theta + \mathrm{i}\sin \theta)^n$. 又由二项式定理知

$$\cos n\theta = \mathrm{Re}\,(\cos \theta + \mathrm{i}\sin \theta)^n$$
$$= \cos^n \theta - \mathrm{C}_n^2 \cos^{n-2} \theta \sin^2 \theta$$
$$+ \mathrm{C}_n^4 \cos^{n-4} \theta \sin^4 \theta - \mathrm{C}_n^6 \cos^{n-6} \theta \sin^6 \theta + \cdots$$
$$= \cos^n \theta - \mathrm{C}_n^2 \cos^{n-2} \theta (1 - \cos^2 \theta) + \mathrm{C}_n^4 \cos^{n-4} \theta (1 - \cos^2 \theta)^2$$
$$- \mathrm{C}_n^6 \cos^{n-6} \theta (1 - \cos^2 \theta)^3 + \cdots,$$

所以, $\cos k\theta$ 必定可以表示为关于 $\cos \theta$ 的多项式.

例 8.9.2 已知 $r, \theta \in \mathbf{R}$, 且 $r \neq 0, \theta \neq 2m\pi, m \in \mathbf{Z}$, 计算:

(1) $\displaystyle\sum_{k=0}^{n} r^k \cos k\theta$.

(2) $\displaystyle\sum_{k=0}^{n} r^k \sin k\theta$.

解 设 $x = \displaystyle\sum_{k=0}^{n} r^k \cos k\theta, y = \sum_{k=0}^{n} r^k \sin k\theta, z = \cos \theta + \mathrm{i}\sin \theta =$

$e^{i\theta}$，则有

$$x + iy = \sum_{k=0}^{n} r^k (\cos k\theta + i\sin k\theta) = \sum_{k=0}^{n} r^k z^k$$

$$= \frac{1 - (rz)^{n+1}}{1 - rz} = \frac{1 - r^{n+1}e^{i(n+1)\theta}}{1 - re^{i\theta}}$$

$$= \frac{1 - r^{n+1}\cos(n+1)\theta - ir^{n+1}\sin(n+1)\theta}{1 - r\cos\theta - ir\sin\theta}$$

$$= ((1 - r\cos\theta - r^{n+1}\cos(n+1)\theta + r^{n+2}\cos n\theta)$$

$$+ i(r\sin\theta - r^{n+1}\sin(n+1)\theta + r^{n+2}\sin n\theta))$$

$$/(1 + r^2 - 2r\cos\theta)$$

$$= \frac{1 - r\cos\theta - r^{n+1}\cos(n+1)\theta + r^{n+2}\cos n\theta}{1 + r^2 - 2r\cos\theta}$$

$$+ i\frac{r\sin\theta - r^{n+1}\sin(n+1)\theta + r^{n+2}\sin n\theta}{1 + r^2 - 2r\cos\theta},$$

比较等式两端得到

$$x = \sum_{k=0}^{n} r^k \cos k\theta = \frac{1 - r\cos\theta - r^{n+1}\cos(n+1)\theta + r^{n+2}\cos n\theta}{1 + r^2 - 2r\cos\theta},$$

$$y = \sum_{k=0}^{n} r^k \sin k\theta = \frac{r\sin\theta - r^{n+1}\sin(n+1)\theta + r^{n+2}\sin n\theta}{1 + r^2 - 2r\cos\theta}.$$

注　特别地，令 $r = 1$，则

$$1 + \cos\theta + \cos 2\theta + \cdots + \cos n\theta = \frac{1 - \cos\theta - \cos(n+1)\theta + \cos n\theta}{2 - 2\cos\theta},$$

$$\sin\theta + \sin 2\theta + \cdots + \sin n\theta = \frac{\sin\theta - \sin(n+1)\theta + \sin n\theta}{2 - 2\cos\theta}.$$

例 8.9.3　已知 $\cos\alpha + \cos\beta + \cos\gamma = \sin\alpha + \sin\beta + \sin\gamma = 0$，求证：$\cos 2\alpha + \cos 2\beta + \cos 2\gamma = \sin 2\alpha + \sin 2\beta + \sin 2\gamma = 0$.

证明　构造复数 $z_1 = \cos\alpha + i\sin\alpha$，$z_2 = \cos\beta + i\sin\beta$，$z_3 = \cos\gamma$

$+ i\sin\gamma$，则

$$|z_k|^2 = z_k \overline{z_k} = 1 \quad (k = 1,2,3),$$

$$z_1 + z_2 + z_3 = (\cos\alpha + \cos\beta + \cos\gamma) + i(\sin\alpha + \sin\beta + \sin\gamma) = 0,$$

于是 $\overline{z_1 + z_2 + z_3} = \overline{z_1} + \overline{z_2} + \overline{z_3} = 0$. 因为 $|z_k|^2 = z_k \overline{z_k} = 1$ ($k = 1,2,$

3)，所以 $\overline{z_k} = \dfrac{1}{z_k}$ ($k = 1,2,3$)，于是 $\overline{z_1} + \overline{z_2} + \overline{z_3} = \dfrac{1}{z_1} + \dfrac{1}{z_2} + \dfrac{1}{z_3} = 0$，即

$z_1 z_2 + z_2 z_3 + z_3 z_1 = 0$. 因为

$$(z_1 + z_2 + z_3)^2 = (z_1^2 + z_2^2 + z_3^2) + 2(z_1 z_2 + z_2 z_3 + z_3 z_1)$$

所以 $z_1^2 + z_2^2 + z_3^2 = 0$. 由棣莫弗定理 $z_1^2 + z_2^2 + z_3^2 = (\cos 2\alpha + \cos 2\beta + \cos 2\gamma) + i(\sin 2\alpha + \sin 2\beta + \sin 2\gamma) = 0$，所以

$$\cos 2\alpha + \cos 2\beta + \cos 2\gamma = \sin 2\alpha + \sin 2\beta + \sin 2\gamma = 0.$$

例 8.9.4 设实数 a, b, c 满足 $ab + bc + ca = 3$，求证：

$$(3a^2 + 1)(3b^2 + 1)(3c^2 + 1) \geqslant 64.$$

证明 设 $z_1 = \sqrt{3} a + i, z_2 = \sqrt{3} b + i, z_3 = \sqrt{3} c + i$，则原不等式等价于 $|z_1|^2 |z_2|^2 |z_3|^2 \geqslant 64$，即 $|z_1 z_2 z_3| \geqslant 8$.

因为

$$
\begin{aligned}
z_1 z_2 z_3 &= (\sqrt{3} a + i)(\sqrt{3} b + i)(\sqrt{3} c + i)\\
&= ((3ab - 1) + \sqrt{3}(a + b)i)(\sqrt{3} c + i)\\
&= (\sqrt{3} c(3ab - 1) - \sqrt{3}(a + b)) + (3(ab + bc + ca) - 1)i\\
&= (\sqrt{3} c(3ab - 1) - \sqrt{3}(a + b)) + 8i,
\end{aligned}
$$

所以 $|z_1 z_2 z_3| \geqslant 8$，所以 $(3a^2 + 1)(3b^2 + 1)(3c^2 + 1) \geqslant 64$.

例 8.9.5 对正整数 n，令 S_n 为 $\sum_{k=1}^{n} \sqrt{(2k - 1)^2 + a_k^2}$ 的最小值，其中 $a_1, a_2, \cdots, a_n$ 为正整数，其和为 17，若存在唯一的 n 使得 S_n

也为整数,求 n.

解　设 $z_k = (2k-1) + a_k\mathrm{i}(k = 1,2,\cdots,n)$,则由复数模不等式知

$$\sum_{k=1}^{n} \sqrt{(2k-1)^2 + a_k^2}$$

$$= |1 + a_1\mathrm{i}| + |3 + a_2\mathrm{i}| + \cdots + |(2n-1) + a_n\mathrm{i}|$$

$$\geqslant \left| (1 + 3 + \cdots + (2n-1)) + (a_1 + a_2 + \cdots + a_n)\mathrm{i} \right|$$

$$= |n^2 + (a_1 + a_2 + \cdots + a_n)\mathrm{i}| = \sqrt{n^4 + 17^2}.$$

由题设条件,应用 $n^4 + 17^2 = m^2$ ($m \in \mathbf{N}^+, m = S_n$),可以化为 $(m - n^2)(m + n^2) = 289$,所以 $m - n^2 = 1, m + n^2 = 289$,解得 $n = 12$.

8.10　三角形不等式的一种代换方法

关于三角形的三边、内角、面积、外接圆半径、内切圆半径等几何元素构成的不等式属于几何不等式,处理这类题型最主要的技巧是做变量代换,使几何问题代数化,这已成为一种比较固定的代换模式.

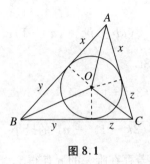

图 8.1

因为任意三角形总有内切圆,所以存在 x,y,z,使得 $a = y + z, b = z + x, c = x + y$.如图 8.1 所示.

因为任意三个正数 a,b,c 可表示为上面的形式,易见 $a + b > c, b + c > a, c + a > b$,因而 a,b,c 可以是一个三角形的三边长.故 a,b,c 是三角形三边长的充要条

件是 $\begin{cases} a = y + z, \\ b = z + x, \\ c = x + y. \end{cases}$

于是,三角形三边长不等式 $f(a,b,c) \geqslant 0 \Leftrightarrow$ $f(y+z, z+x, x+y) \geqslant 0$,这样就将几何不等式 $f(a,b,c) \geqslant 0$ 转化成了代数不等式 $f(y+z, z+x, x+y) \geqslant 0$,并且如果有 $a \geqslant b \geqslant c > 0$,则相应地有 $z \geqslant y \geqslant x > 0$.

例 8.10.1 设 $\triangle ABC$ 的三边长为 a, b, c,$\angle A, \angle B, \angle C$ 为各边所对应的角(用弧度做单位),求证:$\dfrac{aA + bB + cC}{a + b + c} < \dfrac{\pi}{2}$.

证明 设 $a = y + z, b = z + x, c = x + y$,则

$$\frac{(y+z)A + (z+x)B + (x+y)C}{2(x+y+z)}$$

$$< \frac{(x+y+z)(A+B+C)}{2(x+y+z)} = \frac{\pi}{2}.$$

例 8.10.2 (费恩斯列尔–哈德维格尔不等式)设 $\triangle ABC$ 的三边长为 a, b, c,面积为 S,求证:

$$a^2 + b^2 + c^2 \geqslant 4\sqrt{3}S + (a-b)^2 + (b-c)^2 + (c-a)^2.$$

证明 设 $a = y + z, b = z + x, c = x + y$,由海伦公式知

$$S = \sqrt{p(p-a)(p-b)(p-c)} = \sqrt{xyz(z+y+z)},$$

其中,$p = \dfrac{a+b+c}{2}$.则原不等式等价于

$$(y+z)^2 + (z+x)^2 + (x+y)^2$$

$$\geqslant 4\sqrt{3xyz(x+y+z)} + (y-x)^2 + (z-y)^2 + (x-z)^2,$$

即 $xy + yz + zx \geqslant \sqrt{3xyz(x+y+z)}$,也即

$$x^2y^2 + y^2z^2 + z^2x^2 \geqslant x^2yz + y^2zx + z^2xy.$$

由

$$\frac{x^2 y^2 + y^2 z^2}{2} \geqslant xy^2 z, \qquad \frac{y^2 z^2 + z^2 x^2}{2} \geqslant xyz^2, \qquad \frac{z^2 x^2 + x^2 y^2}{2} \geqslant x^2 yz,$$

三式相加即为上式,原不等式得证.

注 (1) 该不等式中等号成立的充要条件是 $\triangle ABC$ 为等边三角形.

(2) 由此容易得到 $a^2 + b^2 + c^2 \geqslant 4\sqrt{3}S$. 这个不等式称为外森比克不等式,它曾被用作第 3 届 IMO 试题.

例 8.10.3 设 $\triangle ABC$ 的三边长为 a, b, c,求证:

$$a^2 b(a - b) + b^2 c(b - c) + c^2 a(c - a) \geqslant 0.$$

证明 设 $a = y + z, b = z + x, c = x + y$,则原不等式等价于

$$(y + z)^2 (z + x)(y - x) + (z + x)^2 (x + y)(z - y)$$
$$+ (x + y)^2 (y + z)(x - z) \geqslant 0,$$

展开化简后即为 $\dfrac{x^2}{y} + \dfrac{y^2}{z} + \dfrac{z^2}{x} \geqslant x + y + z$. 由柯西不等式,有

$$(x + y + z)^2 = \left(\frac{x}{\sqrt{y}} \cdot \sqrt{y} + \frac{y}{\sqrt{z}} \cdot \sqrt{z} + \frac{z}{\sqrt{x}} \cdot \sqrt{x} \right)^2$$

$$\leqslant (x + y + z) \left(\frac{x^2}{y} + \frac{y^2}{z} + \frac{z^2}{x} \right),$$

所以 $\dfrac{x^2}{y} + \dfrac{y^2}{z} + \dfrac{z^2}{x} \geqslant x + y + z$. 原不等式得证.

例 8.10.4 设 a, b, c 为三角形的三边长,求证:

$$\frac{(a + c - b)^4}{a(a + b - c)} + \frac{(b + a - c)^4}{b(b + c - a)} + \frac{(c + b - a)^4}{c(c + a - b)} \geqslant ab + bc + ca.$$

证明 令 $a = y + z, b = z + x, c = x + y$,则欲证不等式即为

$$\frac{8y^4}{z(y + z)} + \frac{8z^4}{x(z + x)} + \frac{8x^4}{y(x + y)}$$

$$\geqslant x^2 + y^2 + z^2 + 3(xy + yz + zx).$$

由分式形式的柯西不等式知

$$\frac{8y^4}{z(y+z)} + \frac{8z^4}{x(z+x)} + \frac{8x^4}{y(x+y)}$$

$$\geqslant \frac{8(x^2 + y^2 + z^2)^2}{x^2 + y^2 + z^2 + xy + yz + zx}$$

$$\geqslant \frac{8(x^2 + y^2 + z^2)^2}{2(x^2 + y^2 + z^2)} = 4(x^2 + y^2 + z^2)$$

$$\geqslant x^2 + y^2 + z^2 + 3(xy + yz + zx),$$

得证.

例 8.10.5　设 R 和 r 分别为 $\triangle ABC$ 的外接圆和内切圆半径,求证:$R \geqslant 2r$.

证明　设 $\triangle ABC$ 的三边长为 a,b,c,面积为 S,且 $a = y + z, b = z + x, c = x + y$,则

$$R = \frac{abc}{4S} = \frac{(y+z)(z+x)(x+y)}{4\sqrt{xyz(x+y+z)}},$$

$$r = \frac{S}{\frac{1}{2}(a+b+c)} = \frac{\sqrt{xyz(x+y+z)}}{x+y+z},$$

则证明原不等式等价于证明

$$\frac{(y+z)(z+x)(x+y)}{4\sqrt{xyz(x+y+z)}} \geqslant \frac{2\sqrt{xyz(x+y+z)}}{x+y+z},$$

即 $(y+z)(z+x)(x+y) \geqslant 8xyz$. 由于 $x + y \geqslant 2\sqrt{xy}, y + z \geqslant 2\sqrt{yz}, z + x \geqslant 2\sqrt{zx}$,三式相乘即得上式,原不等式得证.

例 8.10.6　在 $\triangle ABC$ 中,求证:$\dfrac{\sin B \sin C}{\sin A} \leqslant \dfrac{1}{2}\cot\dfrac{A}{2}$.

证明　设 $\triangle ABC$ 的三边长为 a,b,c,且 $a = y + z, b = z + x, c$

$= x + y$, 则同上例知

$$R = \frac{(y+z)(z+x)(x+y)}{4\sqrt{xyz(x+y+z)}}, \quad r = \frac{\sqrt{xyz(x+y+z)}}{x+y+z},$$

则

$$\frac{\sin B \sin C}{\sin A} = \frac{bc}{2Ra} = \frac{2\sqrt{xyz(x+y+z)}}{(y+z)^2},$$

$$\cot \frac{A}{2} = \frac{x}{r} = \frac{x(x+y+z)}{\sqrt{xyz(x+y+z)}}.$$

于是原不等式等价于

$$\frac{2\sqrt{xyz(x+y+z)}}{(y+z)^2} \leqslant \frac{x(x+y+z)}{2\sqrt{xyz(x+y+z)}},$$

即 $4yz \leqslant (y+z)^2$, 即 $(y-z)^2 \geqslant 0$, 显然成立, 原不等式得证.

　　以上我们通过一些典型例题说明了变量代换的一些常见形式, 它是借助于引入新变量来实现问题转化的一种解题方法, 新变量的引入没有固定的形式, 它依赖于问题本身的结构和特点. 变量代换通常有三个作用: 一是简化问题的形式, 避免复杂的运算, 这通常表现在用一个字母去取代一个固定的表达式; 二是化归, 将每一个式子看作一个变量, 便可将新的问题化归为已经解决的问题, 例如通过根式代换将无理方程转化为有理方程就是如此; 三是促进问题的转化, 将某一个系统中的问题对应地转化到另一个系统中去解决, 如通过三角代换将代数问题转化为三角问题, 这是变量代换最本质的作用, 也是函数思想的体现.

第9章　数形结合法

　　数学是研究数量关系与空间形式及它们之间关系的一门科学."数"具有概括性、抽象化的特点,而"形"则具有具体化、形象化的特点,两者之间没有不可逾越的鸿沟.数形结合是数学解题的基本策略之一.通过平面直角坐标系(点集与数偶集合之间的一种对应)既可以使几何问题转化为代数问题,又可使代数问题转化为几何问题;既能发挥代数的优势,又可充分利用几何直观,借助形象思维获得出奇制胜的精巧解法.华罗庚教授说得好:"数与形,本是相倚依,焉能分作两边飞? 数缺形时少直观,形少数时难入微.数形结合百般好,隔离分家万事休.切莫忘,几何代数统一体,永远联系,切莫分离."华老先生的这些话对我们的数学解题以极深刻的启示.数形结合解题常使我们的思维豁然开朗,视野格外开阔.不少精巧的解法正是数形相辅相成的产物.

9.1　代数问题的几何解法

　　许多代数问题,直接根据数量关系求解显得较为繁难,但如果能将欲解(证)问题转化为与之相关的图形问题,使数量关系形象化,再根据图形的性质和特点进行解题,常常能回避大量繁杂的计算,使问题的解答简洁直观,别具一格.

9.1.1 解方程或不等式

对方程式或不等式的讨论,特别是对含有参数的这类问题,若用常规方法求解,固然能培养学生严密的逻辑推理能力,但从某种意义上讲,却又不利于激发学生的创造性思维,其结果是在不加分析地采用一般方法中进行艰难地演算,容易错解或漏解;若用几何解法,常能收到事半功倍之效.

给出一个方程 $F(x)=0$ 或不等式 $F(x)\geqslant 0$,一般地,总可以改写为等价关系式 $f_1(x)=f_2(x)$ 或 $f_1(x)\geqslant f_2(x)$,分别作出 $f_1(x)$,$f_2(x)$ 的图像,从这两个图像之间的关系发掘解题信息,可避免一些繁杂的运算或未知量的讨论,使问题的求解顺畅、准确.

例 9.1.1 若方程 $|x^2-4x+3|=px$ 有 4 个根,求实数 p 的取值范围.

解 在同一直角坐标系中分别作出 $y=|x^2-4x+3|$,$y=px$ 的图像,如图 9.1 所示.问题转化为若两函数图像有 4 个交点,求实数 p 的取值范围.由图易知,直线族 $y=px$ 应落入从 x 轴正方向按逆时针方向旋转到切线 l 的区域内.容易求得切线 l 的斜率为 $4-2\sqrt{3}$,所以 $0<p<4-2\sqrt{3}$ 时,方程有 4 个不同的根.

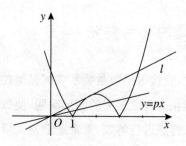

图 9.1

例 9.1.2　设 $a > 0, a \neq 1$，试求方程 $\log_a(x - ak) = \log_{a^2}(x^2 - a^2)$ 有解的 k 的取值范围.

解　易知，原方程等价于 $x -$ $ak = \sqrt{x^2 - a^2} > 0$. 在同一直角坐标系中分别作出 $y = x - ak \, (y > 0)$，$y = \sqrt{x^2 - a^2} \, (y > 0)$ 的图像，如图 9.2 所示. 因为直线 $y = x - ak$ 与双曲线的渐近线平行，所以当直线 $y = x - ak$ 的横截距 ak 满足 $ak < -a$ 或 $0 < ak < a$ 时才能与双曲线的上

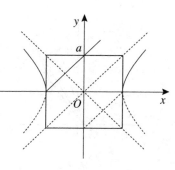

图 9.2

半支有交点，即原方程此时才有解，故 k 的取值范围是 $k < -1$ 或 $0 < k < 1$.

例 9.1.3　设在 $0 \leqslant x \leqslant \pi$ 范围内方程 $\cos 2x + 4a \sin x + a - 2 = 0$ 有两个不同的实数解，试求 a 的取值范围.

解　原方程等价于 $2\sin^2 x - 4a \sin x + 1 - a = 0$.

令 $\sin x = t \, (0 \leqslant t < 1)$，则有 $2t^2 - 4at + 1 - a = 0$，即 $2t^2 + 1 = 4a\left(t + \dfrac{1}{4}\right)$. 要使得原方程在 $0 \leqslant x \leqslant \pi$ 有两个不同的实数解，只需上述关于 t 的一元二次方程在 $0 \leqslant t < 1$ 范围内只有一个实根即可，在同一直角坐标系内分别作出 $y = 2t^2 + 1$ 及 $y = 4a\left(t + \dfrac{1}{4}\right)$ 的图像，如图 9.3 所示.

当直线 $y = 4a\left(t + \dfrac{1}{4}\right)$ 与半抛物线 $y = 2t^2 + 1$ 相切时，即 $\Delta = 2a^2 + a - 1 = 0$，所以 $a = \dfrac{1}{2}$ 或 $a = -1$（舍去），即 $a = \dfrac{1}{2}$ 时，有直线与

半抛物线的交点为 $\left(\dfrac{1}{2}, \dfrac{3}{2}\right)$，符合题意．

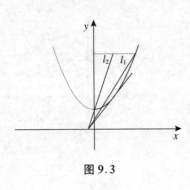

图 9.3

当直线 $y = 4a\left(t + \dfrac{1}{4}\right)$ 经过点 $(1,3)$，即图 9.3 中 l_1 位置时，求得 $a = \dfrac{3}{5}$；当直线 $y = 4a\left(t + \dfrac{1}{4}\right)$ 经过点 $(0,1)$，即图 9.3 中 l_2 位置时，求得 $a = 1$．且当直线 $y = 4a\left(t + \dfrac{1}{4}\right)$ 在 l_1 与 l_2 之间时与半抛物线仅有一个交点．所以，a 的取值范围是 $a = \dfrac{1}{2}$ 或 $\dfrac{3}{5} \leqslant a \leqslant 1$．

注 本题也能用"参变分离"的思想方法解决，得到 $a = \dfrac{2t^2 + 1}{4t + 1}$，即只需 $y = a$ 与 $y = \dfrac{2t^2 + 1}{4t + 1}$ 在 $0 \leqslant t < 1$ 的范围内仅有一个交点，易得 $a = \dfrac{1}{2}$ 或 $\dfrac{3}{5} \leqslant a \leqslant 1$，但都比直接分类讨论处理相单简单．

例 9.1.4 设 a, b 分别是方程 $\log_2 x + x - 3 = 0$ 和 $2^x + x - 3 = 0$ 的根，求 $a + b$ 及 $\log_2 a + 2^b$ 的值．

解 在同一直角坐标系中作出 $y = 2^x$ 和 $y = \log_2 x$ 的图像，如图 9.4 所示．方程 $\log_2 x + x - 3 = 0$ 的根 a 就是直线 $y = -x + 3$ 与对数曲线 $y = \log_2 x$ 的交点 A 的横坐标，方程 $2^x + x - 3 = 0$ 的根 b 就是直线 $y = -x + 3$ 与指数曲线 $y = 2^x$ 的

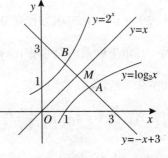

图 9.4

交点 B 的横坐标.

由于 $y = 2^x$ 与 $y = \log_2 x$ 互为反函数,故它们的图像关于直线 $y = x$ 对称. 设 $y = -x + 3$ 与 $y = x$ 的交点为 M,则 M 的坐标为 $\left(\dfrac{3}{2}, \dfrac{3}{2}\right)$,所以 $a + b = 2x_M = 3, \log_2 a + 2^b = 2y_M = 3$.

例9.1.5　已知 $f(x) = |1 - 2x|$,$x \in [0,1]$,求方程 $f(f(f(x))) = \dfrac{x}{2}$ 的实数解的个数.

解　先作出 $f(x) = |1 - 2x|$ 的图像(图 9.5(a)中实线部分),然后将 $f(x)$ 图像上所有点的纵坐标扩大 2 倍而横坐标不变,再将所得图像向下平移 1 个单位,并保留 x 轴上方的部分,将 x 轴下方的部分对称地翻折到 x 轴上方,得 $f(f(x)) = |2f(x) - 1|$ 的图像,如图 9.5(b)所示.

同样的方法可作函数 $f(f(f(x))) = |2f(f(x)) - 1|$ 的图像,如图 9.5(c)所示,它与直线 $y = \dfrac{x}{2}$ 在 $[0,1]$ 上有 8 个交点. 所以,原方程在 $[0,1]$ 上有 8 个实数解.

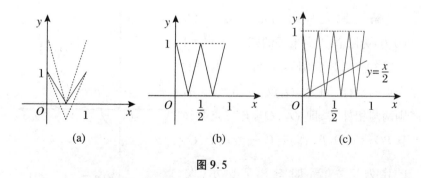

(a)　　　　　　(b)　　　　　　(c)

图9.5

例9.1.6　已知 $a \in \mathbf{R}$,解关于 x 的不等式 $|x - a| + |x| < 2$.

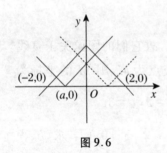

图 9.6

解 原不等式即为 $|x-a|<2-|x|$,在同一直角坐标系中作出 $y=|x-a|,y=2-|x|$ 的图像,如图 9.6 所示.

由图可知,当 $a\leqslant-2$ 或 $a\geqslant2$ 时,原不等式解集为 $\varnothing$;当 $-2<a<2$ 时,解方程 $|x-a|=2-|x|$,得 $x_1=\dfrac{a}{2}-1,x_2=\dfrac{a}{2}+1$,于是原不等式的解集为 $\left\{x\left|\dfrac{a}{2}-1<x<\dfrac{a}{2}+1\right.\right\}$.

由以上几例可见代数问题几何化不仅避免了繁杂的计算,对于一些利用通常方法很难找到解答的问题,还可以利用图像之间的关系,通过分析,直接求得答案.

9.1.2 解方程或方程组

例 9.1.7 解方程组 $\begin{cases} x^2+y^2=1, \\ x^2+y^2-6x-8y+9=0. \end{cases}$

解 原方程组的解即为以 O_1 $(0,0)$ 为圆心、1 为半径的圆 $x^2+y^2=1$ 与以 $O_2(3,4)$ 为圆心、4 为半径的圆的交点的坐标.因为 $|O_1O_2|=5=1+4$,则两圆相外切,即 O_1,O_2,P 三点共线且 $PO_2=4O_1P$,即点 P 分线段 O_1O_2 的比为 $\lambda=\dfrac{1}{4}$,如图 9.7 所示,设 $P(x,y)$,由定比分点公式得

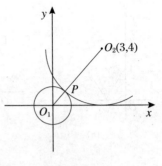

图 9.7

$$x = \frac{0 + \frac{1}{4} \cdot 3}{1 + \frac{1}{4}} = \frac{3}{5}, \quad y = \frac{0 + \frac{1}{4} \cdot 4}{1 + \frac{1}{4}} = \frac{4}{5},$$

所以原方程的解为 $x = \frac{3}{5}, y = \frac{4}{5}$.

例 9.1.8　解方程组

$$\begin{cases} 9x^2 + 25y^2 - 100y = 125, & ① \\ (x - 4)^2 + (y - 2)^2 = 9. & ② \end{cases}$$

解　将方程①变形为 $\frac{x^2}{25} +$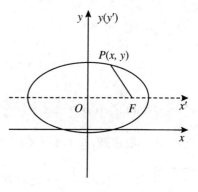

$\frac{(y-2)^2}{9} = 1$,表示以 $(0,2)$ 为中心,长半轴长是 5,短半轴长是 3 的椭圆,如图 9.8 所示.设 $P(x,y)$ 是椭圆上任意一点,方程②表示动点 $P(x,y)$ 到定点 $(4,2)$ 的距离等于 3,而易知定点 $(4,2)$ 是椭圆的右焦点,因而 $|PF|$ 是椭圆的焦半径,于

图 9.8

是 $|PF| = a - ex = 5 - \frac{4}{5}x = 3$,则 $x = \frac{5}{2}$,解得 $y = \pm\frac{3\sqrt{3}}{2} + 2$.

所以,原方程的解为

$$\begin{cases} x = \frac{5}{2}, \\ y = \frac{3\sqrt{3}}{2} + 2, \end{cases} \quad 或 \quad \begin{cases} x = \frac{5}{2}, \\ y = -\frac{3\sqrt{3}}{2} + 2. \end{cases}$$

例 9.1.9　在实数范围内解方程 $\sqrt{x - \frac{1}{x}} + \sqrt{1 - \frac{1}{x}} = x$.

解 由于

$$\left(\sqrt{x-\frac{1}{x}}\right)^2 + \left(\sqrt{\frac{1}{x}}\right)^2 = x, \quad \left(\sqrt{1-\frac{1}{x}}\right)^2 + \left(\sqrt{\frac{1}{x}}\right)^2 = 1.$$

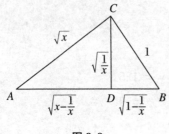

图 9.9

于是可构造两个有公共边 $\sqrt{\frac{1}{x}}$ 的 Rt$\triangle ACD$ 和 Rt$\triangle BCD$,如图 9.9 所示,则 $AB = \sqrt{x-\frac{1}{x}} + \sqrt{1-\frac{1}{x}} = x$.

又因为

$$S_{\triangle ABC} = \frac{1}{2} CA \cdot CB \cdot \sin\angle ACB = \frac{1}{2} AB \cdot CD,$$

即 $\frac{1}{2}\sqrt{x}\sin\angle ACB = \frac{1}{2} x \cdot \sqrt{\frac{1}{x}}$,则 $\sin\angle ACB = 1$,所以 $\angle ACB = 90°$. 由勾股定理,知 $CA^2 + CB^2 = AB^2$,即 $1^2 + (\sqrt{x})^2 = x^2$,解得 $x = \frac{1 \pm \sqrt{5}}{2}$. 经检验,$x = \frac{1+\sqrt{5}}{2}$ 是原方程的根.

例 9.1.10 设正实数 a, b, c 满足 $\begin{cases} a^2 + b^2 = 3, \\ a^2 + c^2 + ac = 4, \\ b^2 + c^2 + \sqrt{3}bc = 7, \end{cases}$ 求 a, b, c 的值.

解 如图 9.10 所示,以 O 为出发点,分别作长度为 a, b, c 的三条线段 OA, OB, OC,使得 $\angle AOB = 90°$,$\angle AOC = 120°$,那么 $\angle COB = 150°$,由余弦定理知 $AB = \sqrt{a^2 + b^2} = \sqrt{3}$,$AC =$

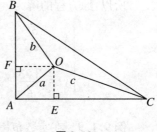

图 9.10

$$\sqrt{a^2 + c^2 - 2ac\cos 120°} = 2, BC = \sqrt{b^2 + c^2 - 2bc\cos 150°} = \sqrt{7}.$$

因为 $AB^2 + AC^2 = BC^2$，则 $\angle CAB = 90°$，过 O 作 $OE \perp AC$，OF

$\perp AB$，设 $AE = m$，$OE = n$，由于 $\angle ABO = \angle OAE$，所以 $\dfrac{OF}{BF} = \dfrac{OE}{AE}$，

即 $\dfrac{n}{m} = \dfrac{m}{\sqrt{3} - n}$．

又因为 $\angle AOC = 120°$，且 $\tan \angle AOE = \dfrac{m}{n}$，$\tan \angle COE = \dfrac{2-m}{n}$，

所以 $\tan \angle AOC = \tan(\angle AOE + \angle COE) = \dfrac{\dfrac{m}{n} + \dfrac{2-m}{n}}{1 - \dfrac{m}{n} \cdot \dfrac{2-m}{n}} = -\sqrt{3}$，

解得 $m = \dfrac{30}{37}$，$n = \dfrac{12\sqrt{3}}{37}$，所以 $a = \dfrac{6\sqrt{37}}{37}$，$b = \dfrac{5\sqrt{111}}{37}$，$c = \dfrac{8\sqrt{37}}{37}$．

例 9.1.11　已知 a, b, c 是正实数，满足 $\sqrt{a} + \sqrt{b} + \sqrt{c} = \dfrac{\sqrt{3}}{2}$，在

实数范围内解方程组

$$\begin{cases} \sqrt{y-a} + \sqrt{z-a} = 1, \\ \sqrt{z-a} + \sqrt{x-a} = 1, \\ \sqrt{x-a} + \sqrt{y-a} = 1. \end{cases}$$

解　如图 9.11 所示，作边长为 1
的等边 $\triangle PQR$，由面积法易知其内部
任意一点 O' 到三边距离之和恒等于
高 $\dfrac{\sqrt{3}}{2}$．易知 $\triangle PQR$ 内存在点 O 到其三
边的距离依次为 $OA = \sqrt{a}$，$OB = \sqrt{b}$，
$OC = \sqrt{c}$，记点 O 到点 P, Q, R 的距

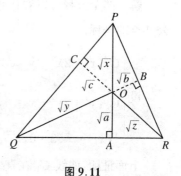

图 9.11

离分别为 $\sqrt{x}$,$\sqrt{y}$,$\sqrt{z}$.由条件知,(x,y,z) 即可满足题设条件.下面求解 (x,y,z).

在 $\triangle AOB$ 中,易知 $\angle AOB = 120°$,由余弦定理,知 $AB^2 = a + b + \sqrt{ab}$.由正弦定理,知 $\dfrac{AB}{\sin 120°} = 2R = \sqrt{z}$,即 $AB = \dfrac{\sqrt{3z}}{2}$,所以 $z = \dfrac{4(a + b + \sqrt{ab})}{3}$.同理可得

$$x = \frac{4(b + \sqrt{bc} + c)}{3}, \quad y = \frac{4(c + \sqrt{ca} + a)}{3}.$$

下面再证这组解(记为 (x_0, y_0, z_0))是原方程组的唯一解.若原方程有解 (x', y', z'),而 $x' > x_0$,则由原方程组的第三式可得 $y' < y_0$,由第一式又可得 $z' > z_0$,由第二式又可得 $x' < x_0$,引出矛盾.同理,由 $x' < x_0$ 也引出矛盾.所以,$x' = x_0$.同理,有 $y' = y_0$,$z' = z_0$.

例 9.1.12 求所有的实数对 (x,y) 满足

$$\begin{cases} x^4 + 2x^3 - y = \sqrt{3} - \dfrac{1}{4}, \\ y^4 + 2y^3 - x = -\sqrt{3} - \dfrac{1}{4}. \end{cases}$$

解 两个方程可以看作直角坐标平面内的两条曲线,其解即为公共点的坐标.

设 $\begin{cases} C_1 : x^4 + 2x^3 - y = \sqrt{3} - \dfrac{1}{4}, \\ C_2 : y^4 + 2y^3 - x = -\sqrt{3} - \dfrac{1}{4}, \quad \text{图像如图 9.12 所示.} \\ l : x - y - \sqrt{3} = 0, \end{cases}$

下面证明:曲线 C_1 在直线 l 的上方,曲线 C_2 在直线 l 的下方,

且均与直线 l 相切于点 $\left(\dfrac{\sqrt{3}-1}{2},\, -\dfrac{\sqrt{3}+1}{2}\right)$.

　　因为直线 l 的斜率为 1,所以要证明曲线 C_1 在直线 l 的上方,只需证明当 x 相同时,有 $y_{C_1} \geqslant y_l$,因为

$$x^4 + 2x^3 - \sqrt{3} + \frac{1}{4} \geqslant x - \sqrt{3}, \quad 即 \quad \left(x^2 + x - \frac{1}{2}\right)^2 \geqslant 0$$

故得证.且可得两曲线的切点坐标为

$$\left(\frac{\sqrt{3}-1}{2},\, -\frac{\sqrt{3}+1}{2}\right) \quad 或 \quad \left(-\frac{\sqrt{3}+1}{2},\, -\frac{3\sqrt{3}+1}{2}\right).$$

要证明曲线 C_2 在直线 l 的下方,只需证明当 y 相同时,$x_{C_2} \geqslant x_l$,即

$$y^4 + 2y^3 + \sqrt{3} + \frac{1}{4} \geqslant y + \sqrt{3}, \quad 即 \quad \left(y^2 + y - \frac{1}{2}\right)^2 \geqslant 0$$

故得证.且可得两曲线的切点坐标为

$$\left(\frac{\sqrt{3}-1}{2},\, -\frac{\sqrt{3}+1}{2}\right) \quad 或 \quad \left(\frac{3\sqrt{3}-1}{2},\, \frac{\sqrt{3}-1}{2}\right),$$

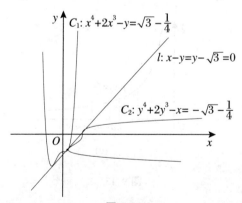

图 9.12

所以,直线 l 与曲线 C_1,C_2 均相切于点 $\left(\dfrac{\sqrt{3}-1}{2},\, -\dfrac{\sqrt{3}+1}{2}\right)$,所以原方

程组有唯一解 $x = \dfrac{\sqrt{3}-1}{2}, y = -\dfrac{\sqrt{3}+1}{2}$.

9.1.3 证明不等式

数形结合是基本的解题思路与策略,在有些不等式的证明中,构造相关的辅助图形,可形象地揭示一些量之间的制约关系,简化某些繁琐的运算.

例 9.1.13 设 $a > b > 0, m > 0$,求证:$\dfrac{b+m}{a+m} > \dfrac{b}{a}$.

证明 如图 9.13 所示,以下 3 种构图方式均可以证明该不等式.

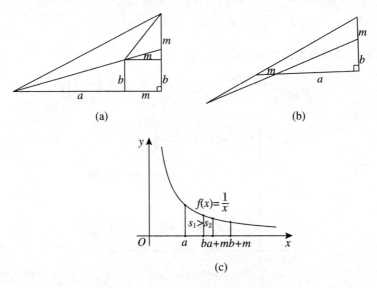

图 9.13

例 9.1.14 设 $a_1, a_2, \cdots, a_n \in \mathbf{R}^+, b_1, b_2, \cdots, b_n \in \mathbf{R}^+$,求证:

$$\min_{1 \leqslant i \leqslant n} \frac{a_i}{b_i} \leqslant \frac{a_1 + a_2 + \cdots + a_n}{b_1 + b_2 + \cdots + b_n} \leqslant \max_{1 \leqslant i \leqslant n} \frac{a_i}{b_i}.$$

证明　由对称性,不妨设 $\dfrac{a_1}{b_1} \leqslant \dfrac{a_2}{b_2} \leqslant \cdots \leqslant \dfrac{a_n}{b_n}$,将欲证不等式与斜率联系起来,如图 9.14 所示,易知

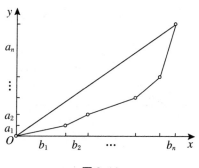

图 9.14

$$\min_{1\leqslant i \leqslant n}\frac{a_i}{b_i} = \frac{a_1}{b_1} \leqslant \frac{a_1 + a_2 + \cdots + a_n}{b_1 + b_2 + \cdots + b_n} \leqslant \frac{a_n}{b_n} = \max_{1\leqslant i \leqslant n}\frac{a_i}{b_i},$$

得证.

例 9.1.15　已知 $0<\beta<\alpha<\dfrac{\pi}{2}$,求证:$\dfrac{\sin\alpha}{\sin\beta}<\dfrac{\alpha}{\beta}<\dfrac{\tan\alpha}{\tan\beta}$.

证明　由于正弦函数 $y = \sin x$ 在 $\left(0,\dfrac{\pi}{2}\right)$ 上为凹函数,正比例函数 $y = \dfrac{\sin\alpha}{\alpha}x$ 经过点 $(0,0)$ 和 $(\alpha,\sin\alpha)$,于是在 $(0,\alpha)$ 内 $y = \dfrac{\sin\alpha}{\alpha}x$ 的图像恒在 $y = \sin x$ 下方,如图 9.15 所示.所以,当 $x = \beta \in (0,\alpha)$ 时,有 $\sin\beta>\dfrac{\sin\alpha}{\alpha}\beta$,即 $\dfrac{\sin\alpha}{\sin\beta}<\dfrac{\alpha}{\beta}$.

同理,在 $(0,\alpha)$ 内 $y = \dfrac{\tan\alpha}{\alpha}x$ 的图像恒在 $y = \tan x$ 上方,所以,当 $x = \beta \in (0,\alpha)$ 时,有 $\dfrac{\tan\alpha}{\alpha}\beta>\tan\beta$,即 $\dfrac{\alpha}{\beta}<\dfrac{\tan\alpha}{\tan\beta}$.

所以 $\dfrac{\sin \alpha}{\sin \beta} < \dfrac{\alpha}{\beta} < \dfrac{\tan \alpha}{\tan \beta}$.

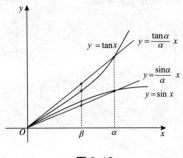

图 9.15

注　将原不等式变形为 $\dfrac{\sin \alpha}{\alpha} < \dfrac{\sin \beta}{\beta}, \dfrac{\tan \beta}{\beta} < \dfrac{\tan \alpha}{\alpha}$, 于是可构造

正数 $f(x) = \dfrac{\sin x}{x}, g(x) = \dfrac{\tan x}{x}, 0 < x < \dfrac{\pi}{2}$. 分别证明 $f(x)$ 在

$\left(0, \dfrac{\pi}{2}\right)$ 内单调递减, $g(x)$ 在 $\left(0, \dfrac{\pi}{2}\right)$ 内单调递增.

例 9.1.16　设 $a, b > 0$, 则

$$\dfrac{2}{\dfrac{1}{a} + \dfrac{1}{b}} \leqslant \sqrt{ab} \leqslant \dfrac{a+b}{2} \leqslant \sqrt{\dfrac{a^2 + b^2}{2}},$$

当且仅当 $a = b$ 时, 等号成立.

证明　**证法 1**　如图 9.16(a) 所示, 由对称性, 不妨设 $a \geqslant b$. 当 $a = b$ 时, 不等式显然成立, 且等号取得. 当 $a > b$ 时, 如图 9.16(a) 所示, 构造 $\mathrm{Rt}\triangle ABC, \mathrm{Rt}\triangle ABD$, 其中

$$AC = BD = \dfrac{a - b}{2}, \quad AB = \dfrac{a + b}{2},$$

$$BC = \sqrt{AC^2 + AB^2} = \sqrt{\dfrac{a^2 + b^2}{2}},$$

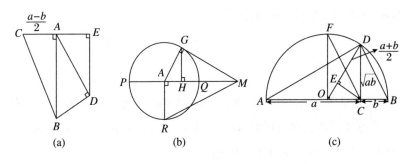

图 9.16

$$AD = \sqrt{AB^2 - BD^2} = \sqrt{ab}.$$

由 $\triangle ADE \backsim \triangle BAD$，知 $\dfrac{DE}{AD} = \dfrac{AD}{AB}$，则 $DE = \dfrac{2}{\dfrac{1}{a} + \dfrac{1}{b}}$. 因为 $ED < DA <$

$AB < BC$，所以

$$\frac{2}{\dfrac{1}{a} + \dfrac{1}{b}} < \sqrt{ab} < \frac{a + b}{2} < \sqrt{\frac{a^2 + b^2}{2}}.$$

证法 2　如图 9.16(b)所示，由对称性，不妨设 $a \geqslant b$. 当 $a = b$ 时，不等式显然成立，且等号取得. 当 $a > b$ 时，构造如图 9.16(b)所示图形，其中 $PM = a$，$QM = b$，则

$$AR = \frac{a - b}{2}, \quad AM = AQ + QM = \frac{a + b}{2},$$

$$RM = \sqrt{AM^2 + AR^2} = \sqrt{\frac{a^2 + b^2}{2}}.$$

由射影定理知 $AG^2 = AH \cdot AM$，则 $AH = \dfrac{(a - b)^2}{2(a + b)}$，则 $HM = AM -$

$AH = \dfrac{2}{\dfrac{1}{a} + \dfrac{1}{b}}$. 由射影定理知 $GM^2 = MH \cdot MA$，则 $GM = \sqrt{ab}$. 由于

$HM < GM < AM < RM$，所以

$$\frac{2}{\dfrac{1}{a} + \dfrac{1}{b}} < \sqrt{ab} < \frac{a + b}{2} < \sqrt{\frac{a^2 + b^2}{2}}.$$

证法 3　如图 9.16(c)所示，由对称性，不妨设 $a \geqslant b$. 当 $a = b$ 时，不等式显然成立，且等号取得. 当 $a > b$ 时，构造如图 9.16(c)所示图形，其中，$AC = a$，$CB = b$，则

$$OF = \frac{a + b}{2}, \quad CD = \sqrt{CA \cdot CB} = \sqrt{ab},$$

$$OC = OB - CB = \frac{a - b}{2},$$

$$FC = \sqrt{OC^2 + OF^2} = \sqrt{\frac{a^2 + b^2}{2}},$$

$$DE = \frac{DC^2}{OD} = \frac{2}{\dfrac{1}{a} + \dfrac{1}{b}}.$$

因为 $ED < DC < DO = OF < FC$，所以

$$\frac{2}{\dfrac{1}{a} + \dfrac{1}{b}} < \sqrt{ab} < \frac{a + b}{2} < \sqrt{\frac{a^2 + b^2}{2}}.$$

例 9.1.17　设 $a, b, c > 0$，求证：

$$\sqrt{2}(a + b + c) \leqslant \sqrt{a^2 + b^2} + \sqrt{b^2 + c^2} + \sqrt{c^2 + a^2}$$

$$\leqslant 2(a + b + c).$$

证明　构造如图 9.17 所示图形，显然有

$$\sqrt{2}(a + b + c)$$

$$\leqslant \sqrt{a^2 + b^2} + \sqrt{b^2 + c^2} + \sqrt{c^2 + a^2}$$

$$\leqslant 2(a + b + c).$$

注　类似地,如图 9.18 所示,可以证明闵可夫斯基不等式:设 $a_i, b_i > 0 (i = 1, 2, \cdots, n)$,求证:

$$\sqrt{\left(\sum_{i=1}^{n} a_i\right)^2 + \left(\sum_{i=1}^{n} b_i\right)^2} \leqslant \sum_{i=1}^{n} \sqrt{a_i^2 + b_i^2}.$$

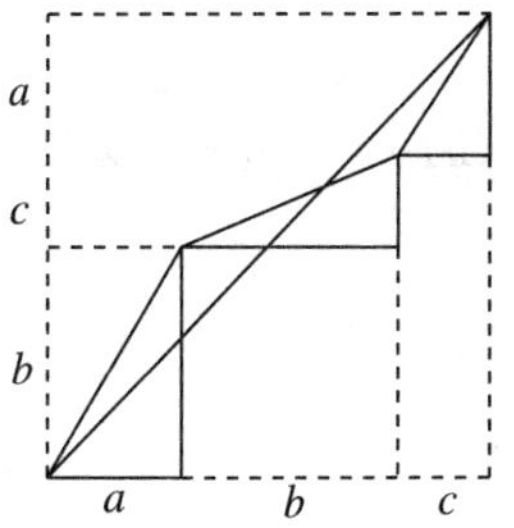

图 9.17

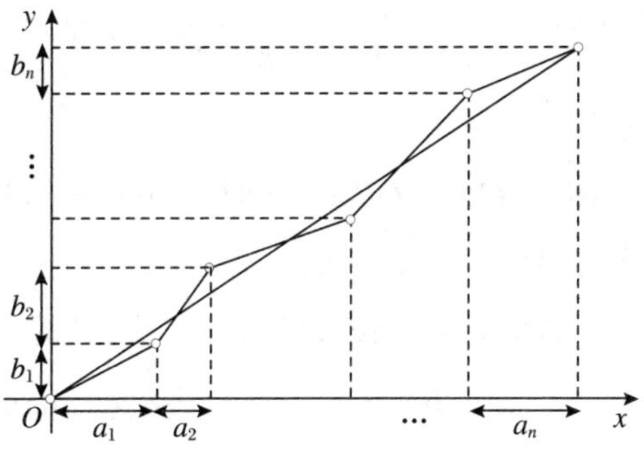

图 9.18

例 9.1.18　已知 $a, b, c > 0$,求证:

$$\sqrt{(a+c)^2 + (b+d)^2} \leqslant \sqrt{a^2 + b^2} + \sqrt{c^2 + d^2}$$

$$\leqslant \sqrt{(a+c)^2 + (b+d)^2}$$

$$+ \frac{2|ad - bc|}{\sqrt{(a+c)^2 + (b+d)^2}}.$$

证明　分析欲证不等式的几何背景,问题是由点 $O(0,0)$,$A(a,b)$,$B(-c,-d)$ 构成 $\triangle OAB$ 的三边 OA,OB,AB 的关系式,由于点 A 在第一象限内,点 B 在第三象限内,知 $\triangle OAB$ 为钝角三角形(或 O、A、B 三点共线),如图 9.19 所示.

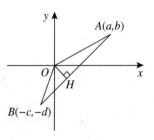

图 9.19

在△OAB中,直线AB的方程为

$$y - b = \frac{b + d}{a + c}(x - a),$$

即$(b+d)x - (a+c)y - (ad-bc) = 0$,则点$O$到直线$AB$的距离

为$OH = \dfrac{|ad - bc|}{\sqrt{(a+c)^2 + (b+d)^2}}$. 于是,该题的几何意义就清楚了,

可得

$$AB \leqslant OA + OB \leqslant (OH + AH) + (OH + BH) = AB + 2OH.$$

从而,原不等式链获证.

例 9.1.19 设 a,b,c 是△ABC 的三边长,求证:

$$a + b - (2 - \sqrt{2 - 2\cos C})\max(a,b)$$
$$\leqslant c \leqslant a + b - (2 - \sqrt{2 - 2\cos C})\min(a,b).$$

证明 不妨设 $a \leqslant b$,如图 9.20 所示,设点 D 在边 AC 上且 CD $= a$,$AD = b - a$,延长 CB 至点 E 使得 $BE = b - a$,$CE = b$,设 $BD =$ x,由相似三角形知,$AE = \dfrac{bx}{a}$.

在△BCD 中,由余弦定理知 $x^2 = a^2 + a^2 - 2a^2\cos C$,于是 $x =$ $a\sqrt{2 - 2\cos C}$.

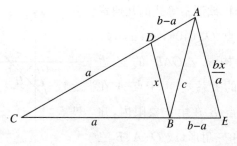

图 9.20

在 $\triangle ABD$ 中, 有 $c \leqslant b - a + x = a + b - (2a - x) = a + b - (2 - \sqrt{2 - 2\cos C})a$, 所以

$$a + b - (2 - \sqrt{2 - 2\cos C})\max(a, b)$$
$$\leqslant c \leqslant a + b - (2 - \sqrt{2 - 2\cos C})\min(a, b).$$

例 9.1.20　设 $x, y \geqslant 0$, 求证:

$$\sqrt{x^2 - x + 1}\,\sqrt{y^2 - y + 1} + \sqrt{x^2 + x + 1}\,\sqrt{y^2 + y + 1} \geqslant 2(x + y).$$

证明　当 $x = 0$ 或 $y = 0$ 时, 不等式容易证明.

当 $x > 0, y > 0$ 时, 如图 9.21 所示, 设 $AO = OC = 1, OD = x, OB = y, \angle AOD = 120°$, 那么由余弦定理知

$$AD = \sqrt{x^2 + x + 1}, \quad CD = \sqrt{x^2 - x + 1},$$
$$AB = \sqrt{y^2 - y + 1}, \quad CB = \sqrt{y^2 + y + 1}.$$

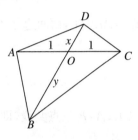

图 9.21

由托勒密定理, 知 $AB \cdot CD + AD \cdot BC \geqslant AC \cdot BD$, 即

$$\sqrt{x^2 - x + 1}\,\sqrt{y^2 - y + 1} + \sqrt{x^2 + x + 1}\,\sqrt{y^2 + y + 1} \geqslant 2(x + y),$$

得证.

例 9.1.21　设 a, b, c 为正数, 证明:

$$\sqrt{a^2 + ab + b^2} + \sqrt{a^2 + ac + c^2}$$
$$\geqslant 4\sqrt{\left(\frac{ab}{a + b}\right)^2 + \left(\frac{ab}{a + b}\right)\left(\frac{ac}{a + c}\right) + \left(\frac{ac}{a + c}\right)^2}.$$

证明　由 $(a + b)^2 \geqslant 4ab, (a + c)^2 \geqslant 4ac$, 得

$$\frac{ab}{a + b} \leqslant \frac{a + b}{4}, \quad \frac{ac}{a + c} \leqslant \frac{a + c}{4}.$$

因此只需证明

$$\sqrt{a^2 + ab + b^2} + \sqrt{a^2 + ac + c^2}$$
$$\geqslant \sqrt{(a + b)^2 + (a + b)(a + c) + (a + c)^2}.$$

如图 9.22,$ABCD$ 是边长为 a 且有一个内角为 $60°$ 的菱形,分别延长 CB,CD 至点 F,E,使得 $BF = b,DE = c$,则由余弦定理知,

$$AE = \sqrt{a^2 + ab + b^2},$$
$$AF = \sqrt{a^2 + ac + c^2},$$
$$EF = \sqrt{(a + b)^2 + (a + b)(a + c) + (a + c)^2},$$

在 $\triangle AEF$ 中,由两边之和大于第三边,得

$$\sqrt{a^2 + ab + b^2} + \sqrt{a^2 + ac + c^2}$$
$$\geqslant \sqrt{(a + b)^2 + (a + b)(a + c) + (a + c)^2},$$

当 E,A,F 三点共线,即 $\dfrac{b}{a + b} = \dfrac{a}{a + c}$,也即 $a^2 = bc$ 时等号成立,原不等式得证.

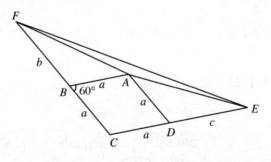

图 9.22

例 9.1.22 设 $a_1,a_2,\cdots,a_{100}$ 都是正数,满足条件

$$a_1 + a_2 + \cdots + a_{100} = 300, \quad a_1^2 + a_2^2 + \cdots + a_{100}^2 > 10000,$$

求证:$a_1,a_2,\cdots,a_{100}$ 中必有三个数的和大于 100.

证明 由对称性,不妨设 $a_1 \geqslant a_2 \geqslant \cdots \geqslant a_{100}$,下面我们证明 $a_1 + a_2 + a_3 > 100$.

作如图 9.23 所示的三个边长都为 100 的正方形,拼成一个矩形,由于 $a_1 + a_2 + \cdots + a_{100} = 300$,我们可以将边长为 a_i($i = 1, 2, \cdots, 100$)的小正方形(从大矩形的左上角)依次地放入矩形中.

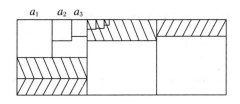

图 9.23

因为 $a_1 \geqslant a_2 \geqslant \cdots \geqslant a_{100}$,故位于中间大正方形中的所有小正方形都包含于长为 100、宽为 a_2 的小矩形中;位于最右边的大正方形中的所有小正方形都包含在长为 100、宽为 a_3 的小矩形中.现在若将这两个小矩形依次移到最左边的大正方形中边长为 a_1 的正方形下方.

假设 $a_1 + a_2 + a_3 \leqslant 100$,则这 100 个小正方形可以互不重叠地放入边长为 100 的正方形之中,因此它们的面积之和

$$a_1^2 + a_2^2 + \cdots + a_{100}^2 < 100^2 = 10000.$$

这与已知条件矛盾,所以 $a_1 + a_2 + a_3 > 100$.

例 9.1.23 设正数 α, β, γ 满足 $\alpha + \beta + \gamma < \pi$,其中 α, β, γ 中任一个小于其他两者之和.求证:$\sin \alpha, \sin \beta, \sin \gamma$ 可以组成一个三角形,其面积 $S \leqslant \dfrac{1}{8}(\sin 2\alpha + \sin 2\beta + \sin 2\gamma)$.

证明 构造一个三面角,三个平面角分别为 $2\alpha, 2\beta, 2\gamma$,再在三

条棱上各取 $\dfrac{1}{2}$ 个单位长构成一个三棱锥,其底面边长为 $\sin\alpha,\sin\beta,$

$\sin\gamma$ 的三角形的面积不大于三个侧面面积的和,即 $S\leqslant\dfrac{1}{8}(\sin2\alpha+$

$\sin2\beta+\sin2\gamma)$,得证.

例 9.1.24　设 x,y,z 为实数,$0<x<y<z<\dfrac{\pi}{2}$,试证:

$$\dfrac{\pi}{2}+2\sin x\cos y+2\sin y\cos z>\sin2x+\sin2y+\sin2z.$$

证明　只需证

$$\dfrac{\pi}{4}+\sin x\cos y+\sin y\cos z>\sin x\cos x+\sin y\cos y+\sin z\cos z,$$

即证

$$\sin x(\cos x-\cos y)+\sin y(\cos y-\cos z)+\sin z\cos z<\dfrac{\pi}{4}.$$

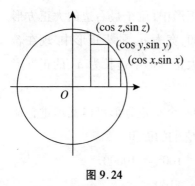

图 9.24

上式右端含有 $(\cos x,\sin x)$,$(\cos y,\sin y)$,$(\cos z,\sin z)$,联想到在平面直角坐标系中构造以原点为圆心的单位圆,如图 9.24 所示,$(\cos x,\sin x)$,$(\cos y,\sin y)$,$(\cos z,\sin z)$ 为单位圆上三个点,分别通过这三个点作 x 轴、y 轴的垂线得到图 9.24 中的三个矩形.事实上,上式右端是图 9.24 中三个矩形的面积之和,它显然小于 $\dfrac{\pi}{4}$.

注　这一证法妙在解题者善于将代数问题与几何直观相联系,而这种联系并不是凭空产生的,是建立在解题者所具有的较宽阔的知识领域和一定的形象思维能力的基础之上.

例 9.1.25 求证：不等式

$$-1 < \sum_{k=1}^{n} \frac{k}{k^2+1} - \ln n \leqslant \frac{1}{2} \quad (n = 1,2,\cdots).$$

证明 首先证明 $\displaystyle\sum_{k=1}^{n-1} \frac{1}{k+1} < \ln n < \sum_{k=1}^{n-1} \frac{1}{k}\, (n > 1)$.

因为函数 $y = \dfrac{1}{x}$ 在 $\mathbf{R}^+$ 上是下凸的，如图 9.25 所示，所以 $y = \dfrac{1}{x}$

的图像与 $y = 0, x = 1, x = n$ 所围成的面积 S 满足：

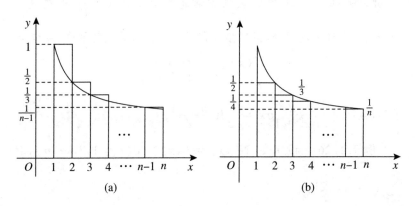

(a)   (b)

图 9.25

（1）小于以 $1, \dfrac{1}{2}, \cdots, \dfrac{1}{n-1}$ 为高、以 1 为长的矩形面积之和（图

9.25(a)）；（2）大于以 $\dfrac{1}{2}, \dfrac{1}{3}, \cdots, \dfrac{1}{n}$ 为高，以 1 为长的矩形面积之和

（图 9.25(b)）. 则

$$\frac{1}{2} + \frac{1}{3} + \cdots + \frac{1}{n} < \int_1^n \frac{1}{x}\mathrm{d}x < 1 + \frac{1}{2} + \cdots + \frac{1}{n-1} \quad (n > 1),$$

即 $\displaystyle\sum_{k=1}^{n-1} \frac{1}{k+1} < \ln n < \sum_{k=1}^{n-1} \frac{1}{k}$. 故

$$\ln n - 1 < \ln(n+1) - 1 < \sum_{k=1}^{n} \frac{1}{k+1} < \sum_{k=1}^{n} \frac{k}{k^2+1}$$

$$< \frac{1}{2} + \sum_{k=2}^{n} \frac{1}{k} < \frac{1}{2} + \ln n \quad (n > 2).$$

而当 $n = 1$ 时,不等式显然成立. 则 $-1 < \sum_{k=1}^{n} \frac{k}{k^2+1} - \ln n \leqslant \frac{1}{2}$.

注 本题运用了微积分方法. 此类题目应注意被积函数的凹凸性,并以此寻求不等关系. 其实本题也可对函数 $y = \dfrac{x}{x^2+1}$ 在区间 $[1, n]$ 上直接求定积分,但直接找该函数的原函数比较困难,可结合

$$\int_a^b \frac{f'(x)}{g(x)} \mathrm{d}x = \int_a^b \frac{\mathrm{d}f(x)}{g(x)}$$

求解,最终得 $\displaystyle\int_1^n \frac{x}{x^2+1} \mathrm{d}x = \frac{1}{2} \ln \frac{n^2+1}{2}$.

例 9.1.26 设 $n \in \mathbf{N}^+$, $x_0 = 0$, $x_i > 0 (i = 1, 2, \cdots, n)$,且 $\displaystyle\sum_{i=1}^{n} x_i = 1$,求证:

$$1 \leqslant \sum_{i=1}^{n} \frac{x_i}{\sqrt{1 + x_0 + x_1 + \cdots + x_{i-1}} \cdot \sqrt{x_i + \cdots + x_n}} < \frac{\pi}{2}.$$

证明 令 $\sin \theta_i = x_0 + x_1 + \cdots + x_i$,则

$$\sum_{i=1}^{n} \frac{x_i}{\sqrt{1 + x_0 + x_1 + \cdots + x_{i-1}} \cdot \sqrt{x_i + \cdots + x_n}}$$

$$= \sum_{i=1}^{n} \frac{x_i}{\sqrt{1 + \sin \theta_{i-1}} \cdot \sqrt{1 - \sin \theta_{i-1}}}$$

$$= \sum_{i=1}^{n} \frac{x_i}{|\cos \theta_{i-1}|} \geqslant \sum_{i=1}^{n} x_i = 1,$$

当且仅当 $n = 1$ 时等号成立.

由题设知，$0 = \theta_0 < \theta_1 < \cdots < \theta_{n-1} < \theta_n = \dfrac{\pi}{2}$，且点 $A_i(\cos\theta_i, \sin\theta_i)$ 在平面直角坐标系的单位圆弧上，如图 9.26 所示，记多边形 $A_0 A_1 \cdots A_n O$ 的面积为 S.

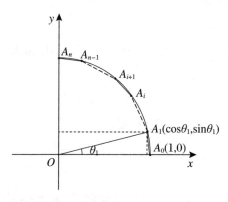

图 9.26

由于可将多边形 $A_0 A_1 \cdots A_n$ 分割成一系列小梯形，且 $S < \dfrac{\pi}{4}$，则

$$S = \sum_{i=1}^{n} \frac{1}{2}(\cos\theta_{i-1} - \cos\theta_i)(\sin\theta_i + \sin\theta_{i-1})$$

$$= \sum_{i=1}^{n} \frac{1}{2}(\sin\theta_i - \sin\theta_{i-1})(\cos\theta_i + \cos\theta_{i-1}),$$

于是 $2S = \displaystyle\sum_{i=1}^{n}(\sin\theta_i\cos\theta_{i-1} - \cos\theta_i\sin\theta_{i-1}) < \dfrac{\pi}{2}$. 由前面知

$$\sum_{i=1}^{n} \frac{x_i}{\sqrt{1 + x_0 + x_1 + \cdots + x_{i-1}} \cdot \sqrt{x_i + \cdots + x_n}}$$

$$= \sum_{i=1}^{n} \frac{x_i}{|\cos\theta_{i-1}|} = \sum_{i=1}^{n} \frac{\sin\theta_i - \sin\theta_{i-1}}{\cos\theta_{i-1}},$$

于是只要证明

$$\sum_{i=1}^{n} \frac{\sin\theta_i - \sin\theta_{i-1}}{\cos\theta_{i-1}} < \sum_{i=1}^{n} (\sin\theta_i \cos\theta_{i-1} - \cos\theta_i \sin\theta_{i-1}),$$

只需证明

$$\frac{\sin\theta_i - \sin\theta_{i-1}}{\cos\theta_{i-1}} < \sin\theta_i \cos\theta_{i-1} - \cos\theta_i \sin\theta_{i-1},$$

即

$$\sin\theta_i - \sin\theta_{i-1} < \sin\theta_i \cos^2\theta_{i-1} - \cos\theta_i \sin\theta_{i-1}\cos\theta_{i-1},$$

也即

$$\cos(\theta_i - \theta_{i-1}) < 1.$$

这显然是成立的,故原不等式获证.

例 9.1.27　设 $n \in \mathbf{N}^+$,求证: $\sum_{i=1}^{n} \left[\sqrt[3]{\dfrac{n}{i}}\right] < \dfrac{5}{4}n$.

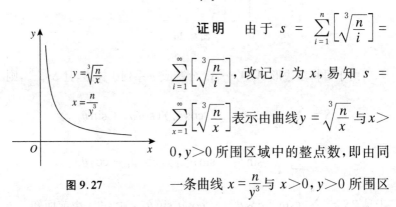

图 9.27

证明　由于 $s = \sum_{i=1}^{n} \left[\sqrt[3]{\dfrac{n}{i}}\right] = \sum_{i=1}^{\infty} \left[\sqrt[3]{\dfrac{n}{i}}\right]$,改记 i 为 x,易知 $s = \sum_{x=1}^{\infty} \left[\sqrt[3]{\dfrac{n}{x}}\right]$ 表示由曲线 $y = \sqrt[3]{\dfrac{n}{x}}$ 与 $x > 0, y > 0$ 所围区域中的整点数,即由同一条曲线 $x = \dfrac{n}{y^3}$ 与 $x > 0, y > 0$ 所围区域中的整点数,如图 9.27 所示,因此

$$s = \sum_{y=1}^{\infty} \left[\frac{n}{y^3}\right] \leqslant \sum_{y=1}^{\infty} \frac{n}{y^3} = n\left(\frac{1}{1^3} + \frac{1}{2^3} + \frac{1}{3^3} + \cdots\right)$$

由归纳法易得,$\forall n \in \mathbf{N}^+$,$\sum_{k=1}^{n} \dfrac{1}{k^3} \leqslant \dfrac{5}{4} - \dfrac{1}{4n}$,由此 $s < \dfrac{5}{4}n$.

注　本例与第 1 章 1.3.11 解法的基本思路一致.

例 9.1.28 设 $x, y, z \in \mathbf{R}^+$,且 $x + y + z = 1$,求证:

$$\frac{1}{1 + x + x^2} + \frac{1}{1 + y + y^2} + \frac{1}{1 + z + z^2} \geqslant \frac{27}{13}.$$

证明 如图 9.28 所示,先求得 $f(t) = \dfrac{1}{1 + t + t^2}(0 < t < 1)$ 在 $t = \dfrac{1}{3}$ 处的切线方程为

$$g(t) = \frac{135}{169}\left(\frac{6}{5} - t\right),$$

再证明

$$f(t) = \frac{1}{1 + t + t^2} \geqslant g(t) = \frac{135}{169}\left(\frac{6}{5} - t\right)$$

$$\Leftrightarrow t^3 - \frac{1}{5}t^2 - \frac{1}{5}t + \frac{7}{135} \geqslant 0$$

$$\Leftrightarrow \left(t - \frac{1}{3}\right)^2 \left(t + \frac{7}{15}\right) \geqslant 0.$$

最后累加得

$$f(x) + f(y) + f(z) \geqslant g(x) + g(y) + g(z) = \frac{27}{13}.$$

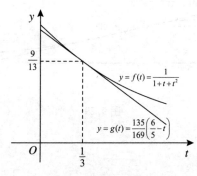

图 9.28

例9.1.29 设实数 a,b,c 满足 $a+b+c=3$，求证：

$$\frac{1}{5a^2-4a+11}+\frac{1}{5b^2-4b+11}+\frac{1}{5c^2-4c+11}\leqslant\frac{1}{4}.$$

分析 设 $f(x)=\dfrac{1}{5x^2-4x+11}$，$x\in\mathbf{R}$，则

$$f'(x)=\frac{4-10x}{(5x^2-4x+11)^2},\quad f''(x)=\frac{6(25x^2-20x-13)}{(5x^2-4x+11)^3},$$

而 $f''(x)$ 在 $\mathbf{R}$ 上的正负性不确定，即 $f(x)$ 不是凸（凹）函数，上面利用函数凸凹性证明不等式的方法不再适用，故考虑使用"构造切线法"证明此对称不等式.

证明 设 $f(x)=\dfrac{1}{5x^2-4x+11}$，$x\in\mathbf{R}$，则 $f'(x)=$

$\dfrac{4-10x}{(5x^2-4x+11)^2}$. 求得曲线 $y=f(x)$ 在均值 $x=1$ 处的切线方程为

$g(x)=-\dfrac{1}{24}x+\dfrac{1}{8}$，如图9.29所示.

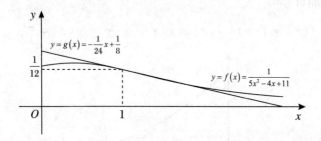

图9.29

然后证明

$$f(x)\leqslant g(x)\Leftrightarrow\frac{1}{5x^2-4x+11}\leqslant-\frac{1}{24}x+\frac{1}{8}$$

$$\Leftrightarrow(x-1)^2(5x-9)\leqslant0$$

$$\Leftrightarrow x \leqslant \frac{9}{5}.$$

到此发现 $f(x) \leqslant g(x)$ 并非对所有的 $x \in \mathbf{R}$ 都成立,下面分情况讨论:

(1) 当 a, b, c 都不大于 $\frac{9}{5}$ 时,由 $\dfrac{1}{5x^2 - 4x + 11} \leqslant -\dfrac{1}{24}x + \dfrac{1}{8}$ $\left(x \leqslant \dfrac{9}{5}\right)$,得

$$\frac{1}{5a^2 - 4a + 11} + \frac{1}{5b^2 - 4b + 11} + \frac{1}{5c^2 - 4c + 11}$$

$$\leqslant -\frac{1}{24}(a + b + c) + \frac{3}{8} = \frac{1}{4}.$$

(2) 当 a, b, c 有一个大于 $\frac{9}{5}$ 时,不妨设 $a > \dfrac{9}{5}$,则

$$5a^2 - 4a + 11 = 5\left(a - \frac{2}{5}\right)^2 + \frac{51}{5} > 20,$$

故 $\dfrac{1}{5a^2 - 4a + 11} < \dfrac{1}{20}$,则 $b < \dfrac{9}{5}$,有

$$5b^2 - 4b + 11 = 5\left(b - \frac{2}{5}\right)^2 + \frac{51}{5} > 10,$$

故 $\dfrac{1}{5b^2 - 4b + 11} < \dfrac{1}{10}$;同理

$$\frac{1}{5b^2 - 4b + 11} < \frac{1}{10} \cdot \frac{1}{5a^2 - 4a + 11} + \frac{1}{5b^2 - 4b + 11}$$

$$+ \frac{1}{5c^2 - 4c + 11}$$

$$< \frac{1}{20} + \frac{1}{10} + \frac{1}{10} = \frac{1}{4}.$$

综上,有

$$\frac{1}{5a^2 - 4a + 11} + \frac{1}{5b^2 - 4b + 11} + \frac{1}{5c^2 - 4c + 11} \leqslant \frac{1}{4},$$

当且仅当 $a = b = c = 1$ 时等号成立.

例 9.1.30 求证:若对满足 $0 \leqslant x \leqslant 1$ 的所有实数 x,不等式 $\left| \sqrt{1 - x^2} - px - q \right| \leqslant \frac{\sqrt{2} - 1}{2}$ 成立,则实数 $p = -1, q = \frac{1 + \sqrt{2}}{2}$.

证明 先将问题中的不等式变形为

$$\sqrt{1 - x^2} - \frac{\sqrt{2} - 1}{2} \leqslant px + q \leqslant \sqrt{1 - x^2} + \frac{\sqrt{2} - 1}{2}.$$

在平面直角坐标系中,我们分别以点 $O_1 \left(0, \frac{\sqrt{2} - 1}{2} \right)$,

$O_2 \left(0, -\frac{\sqrt{2} - 1}{2} \right)$ 为圆心,作半径为 1 的两个四分之一圆弧 l_1, l_2(均

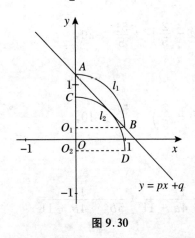

图 9.30

为右上部分的四分之一),如图 9.30 所示,记圆弧 l_1 的两个端点分别为 $A \left(0, \frac{\sqrt{2} + 1}{2} \right)$, $B \left(1, \frac{\sqrt{2} - 1}{2} \right)$;记圆弧 l_2 的两个端点分别为 $C \left(0, \frac{3 - \sqrt{2}}{2} \right)$, $D \left(1, -\frac{\sqrt{2} - 1}{2} \right)$. 这样,原不等式就意味着:对 $0 \leqslant x \leqslant 1$,直线 $y = px + q$ 位于圆弧 l_1, l_2 之间.

为了确定 p, q,只需注意连接圆弧 l_1 的两个端点的直线恰好与圆弧 l_2 相切.因此,直线 $y = px + q$ 必须经过圆弧 l_1 的两个端点才

符合要求,从而易知 $p = -1, q = \dfrac{1+\sqrt{2}}{2}$.

9.1.4 求函数最值

有些最值问题,所给的条件含蓄、复杂,用代数法求解难以寻得思路,若对问题赋予几何解释,构造相应的几何图形,并运用"形"的性质求解,会找到一些巧妙的解法.

例 9.1.31 求函数 $y = \sqrt{x^2 - 2x + 5} + \sqrt{x^2 - 4x + 13}$ 的最小值.

解 原函数化为 $y = \sqrt{(x-1)^2 + (0-2)^2} + \sqrt{(x-2)^2 + (0-3)^2}$,

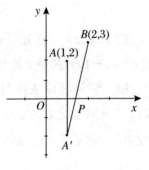

其几何意义是表示点 $P(x,0)$ 到点 A $(1,2)$ 与 $B(2,3)$ 距离之和的最小值,如图 9.31 所示.因为点 $A(1,2)$ 关于 x 轴的对称点为 $A'(1,-2)$,故 $|A'B| = |AP| + |PB|$ 为最小,则 $y_{\min} = |A'B| = \sqrt{(1-2)^2 + (-2-3)^2} = \sqrt{26}$.

注 两个根式的和或差,通常可以考虑结合两点间距离公式寻求几何意义,看作动点到两定点距离的和或差的最值.

图 9.31

例 9.1.32 求函数 $f(x) = \sqrt{x^4 - 3x^2 - 6x + 13} - \sqrt{x^4 - x^2 + 1}$ 的最大值.

解 由于

$$f(x) = \sqrt{x^4 - 3x^2 - 6x + 13} - \sqrt{x^4 - x^2 + 1}$$

$$= \sqrt{(x^2 - 2)^2 + (x - 3)^2} - \sqrt{(x^2 - 1)^2 + (x - 0)^2},$$

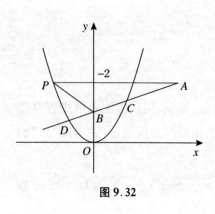

图 9.32

于是原问题可转化为求点 P (x,x^2) 到点 A $(3,2)$ 与点 B $(0,1)$ 距离之差的最大值,而点 P 在抛物线 $y = x^2$ 上.

如图 9.32 所示,由 A,B 位置知直线 AB 与抛物线 $y = x^2$ 交于第一象限内一点 C,第二象限内一点 D. 由三角形两边之差小于第三边知,$|PA| - |PB| <$ $|AB|$,点 P 位于点 D 时,$f(x)$ 才能取得最大值,且最大值为 $AB =$ $\sqrt{(3-0)^2 + (2-1)^2} = \sqrt{10}$.

例 9.1.33 已知 $\sqrt{x^2 + y^2} + \sqrt{(x-8)^2 + (y-6)^2} = 20$,求 $|3x - 4y - 100|$ 的最大值与最小值.

解 满足题设条件的点 $P(x,y)$ 的轨迹是到定点 $O(0,0)$,$A(8,6)$ 的距离之和为定长 20 的椭圆,此椭圆的长半轴长 $a = 10$,$2c = OB = \sqrt{8^2 + 6^2} = 10$,即 $c = 5$,所以椭圆的短半轴长 $b = \sqrt{a^2 - c^2} = 5\sqrt{3}$.

又因为椭圆长轴所在直线方程为 $y = \dfrac{3}{4}x$,如图 9.33 所示,使得椭圆与直线 $y = \dfrac{3}{4}x + m$ 有公共点的实数 m 的约束条件是原点到直线 $y = \dfrac{3}{4}x + m$ 的距离不超过 $b = 5\sqrt{3}$,

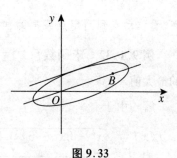

图 9.33

即 $\dfrac{|3 \cdot 0 - 4 \cdot 0 + 4m|}{\sqrt{3^2 + 4^2}} \leqslant 5\sqrt{3}$，解得 $-\dfrac{25\sqrt{3}}{4} \leqslant m \leqslant \dfrac{25\sqrt{3}}{4}$.

椭圆上任意一点 $P(x,y)$ 均满足 $-\dfrac{25\sqrt{3}}{4} \leqslant y - \dfrac{3}{4}x \leqslant \dfrac{25\sqrt{3}}{4}$，即

$$-100 - 25\sqrt{3} \leqslant 3x - 4y - 100 \leqslant 25\sqrt{3} - 100 < 0,$$

所以

$$100 - 25\sqrt{3} \leqslant |3x - 4y - 100| \leqslant 100 + 25\sqrt{3},$$

故 $|3x - 4y - 100|$ 的最大值是 $100 + 25\sqrt{3}$，最小值是 $100 - 25\sqrt{3}$.

注 本题也能利用椭圆的参数方程进行三角代换予以解答.

例 9.1.34 求函数 $f(x) = 2\sqrt{x^2 - 3x + 2} + \sqrt{4 + 3x - x^2}$ 的值域.

解 由 $\begin{cases} x^2 - 3x + 2 \geqslant 0, \\ 4 + 3x - x^2 \geqslant 0, \end{cases}$ 得 $-1 \leqslant x \leqslant 1$.

又因为 $(\sqrt{x^2 - 3x + 2})^2 + (\sqrt{4 + 3x - x^2})^2 = 6 = (\sqrt{6})^2$，则可作

以 $AC = \sqrt{6}$ 为直径的圆 O，且以 $BA = \sqrt{x^2 - 3x + 2}$，$BC = \sqrt{4 + 3x - x^2}$ 为两条弦，且 $CD = \dfrac{2\sqrt{6}}{\sqrt{5}}$，$AD = \dfrac{\sqrt{6}}{\sqrt{5}}$ 也为两条弦，如图 9.34 所示.

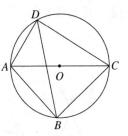

图 9.34

注意到托勒密定理，有

$$f(x) = 2\sqrt{x^2 - 3x + 2} + \sqrt{4 + 3x - x^2}$$

$$= 2AB + BC = \frac{\sqrt{5}}{\sqrt{6}}(AB \cdot CD + BC \cdot AD)$$

$$= \frac{\sqrt{5}}{\sqrt{6}} AC \cdot BD = \sqrt{5} BD,$$

于是原问题转化为求 BD 的值域.

当 $x = 1$ 时,$AB = 0$,即 B 与 A 重合,此时 $BD = \frac{\sqrt{6}}{\sqrt{5}} < \sqrt{6}$. 当 $x = -1$ 时,$BC = 0$,即 B 与 C 重合,此时 $BD = \frac{2\sqrt{6}}{\sqrt{5}}$.

由图 9.34 知,BD 最长应为 $\sqrt{6}$,故 $\frac{\sqrt{6}}{\sqrt{5}} \leqslant BD \leqslant \sqrt{6}$. 当 $BD = \sqrt{6}$ 时,$BC = AD$,即 $\sqrt{4 + 3x - x^2} = \frac{\sqrt{6}}{\sqrt{5}}$,求得 $x = \frac{15 \pm \sqrt{505}}{10}$. 故 $f(x) = \sqrt{5} BD$ 的值域为 $\left[\sqrt{6}, \sqrt{30}\right]$.

注　本题可仿照第 4 章例 4.3.8 利用三角代换解答.

例 9.1.35　已知 $x, y \in \mathbf{R}$,且满足 $(x - 3)^2 + (y - 3)^2 = 6$,求 $\frac{y}{x}$ 的最大值与最小值.

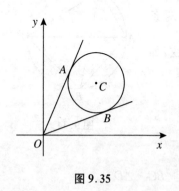

图 9.35

解　已知条件 $(x - 3)^2 + (y - 3)^2 = 6$ 表示圆心在 $(3, 3)$,半径为 $\sqrt{6}$ 的圆. $\frac{y}{x}$ 是过原点与动点 (x, y) 的动直线的斜率,如图 9.35 所示,显然当直线与圆相切时,斜率 k 取得最值. 故 $\frac{|3 - 3k|}{\sqrt{1 + k^2}} = \sqrt{6}$,即 $k^2 - 6k + 1 = 0$,解得 $k = 3 \pm 2\sqrt{2}$.

所以，$\dfrac{y}{x}$ 的最大值是 $3 + 2\sqrt{2}$，最小值是 $3 - 2\sqrt{2}$.

注 求 $\dfrac{y}{x}$ 的最值，可看作是满足约束条件的点（区域内或曲线上）与原点连线的斜率的最值.

例 9.1.36 设 $f(x) = \min\{3 + \log_{\frac{1}{4}} x, \log_2 x\}$，其中 $\min\{p, q\}$ 表示 p, q 中的较小者，求 $f(x)$ 的最大值.

解 易知 $f(x)$ 的定义域是 $(0, +\infty)$，在同一平面直角坐标系中作出函数 $y = 3 + \log_{\frac{1}{4}} x$，$y = \log_2 x$ 的图像. 因为当 $3 + \log_{\frac{1}{4}} x = \log_2 x$ 时，$x = 4$，所以由图 9.36 可知

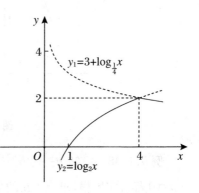

图 9.36

$$f(x) = \begin{cases} 3 + \log_{\frac{1}{4}} x, & x \geqslant 4, \\ \log_2 x, & 0 < x < 4. \end{cases}$$

所以，当 $x = 4$ 时，$f(x)$ 取得最大值 2.

例 9.1.37 设 $f(x) = \max\{|x + 1|, |x^2 - 5|\}$，其中 $\max\{p, q\}$ 表示 p, q 中的较大者，求 $f(x)$ 的最小值.

解 在同一平面直角坐标系中分别作出 $y = |x + 1|$ 与 $y = |x^2 - 5|$ 的图像，如图 9.37 所示. 两图像有 4 个交点 A, B, C, D，它们的横坐标可由方程 $|x + 1| = |x^2 - 5|$ 解得，即图中 A, B, C, D 的横坐标分别为

$$x_1 = \frac{-1 - \sqrt{17}}{2}, \quad x_2 = -2, \quad x_3 = \frac{-1 + \sqrt{17}}{2}, \quad x_4 = 3.$$

按照 $f(x)$ 的定义，它的图像是图 9.37 中的实线部分，点 B 的纵坐标

为函数 $f(x)$ 的最小值,即 $f(-2)=1$.

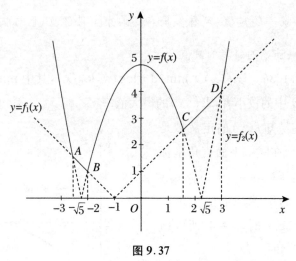

图 9.37

例 9.1.38 已知 $a>0, b>0$,方程 $x^2+ax+2b=0$ 与 $x^2+2bx+a=0$ 都有实数根,求 $a+b$ 的最小值.

解 由题意,有 $\begin{cases} a>0, \\ b>0, \\ a^2-8b\geqslant 0, \\ b^2-a\geqslant 0. \end{cases}$

以 a 为横坐标,b 为纵坐标建立直角坐标系,如图 9.38 所示. 于是动点 $P(a, b)$ 既在抛物线 $a^2=8b$ 的上或下方,又在抛物线 $b^2=a$ 的上或上方,还位于第一象限,故动点 $P(a, b)$ 在图 9.38 中的阴影区域 G(包括边界).

设 $a+b=m$,则 $b=-a+m$,$a+b$ 的最小值就是斜率为 -1 的直线的纵截距的最小值,显然过这两条抛物线的交点 $M(4, 2)$ 的

斜率为 −1 的直线的纵截距最小,这时, $a = 4$, $b = 2$,即 $(a+b)_{\min} = 4+2 = 6$.

注　凡是求 $x+y$ 的最值,可以看作是过约束条件区域 D 内任意一点作斜率为 −1 的直线,求此直线在 y 轴上截距的最值.再看一个通过变量替换可转化为这种类型的例子.

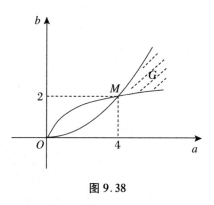

图 9.38

例 9.1.39　若实数 x,y 满足 $\begin{cases} y \geqslant x^2, \\ 2x^2+2xy+y^2 \leqslant 5, \end{cases}$ 求函数 $w = 2x+y$ 的最大值与最小值.

解　令 $u = x$, $v = x+y$,则原问题就转化为在约束条件 $\begin{cases} u^2+u \leqslant v, \\ u^2+v^2 \leqslant 5 \end{cases}$ 下,求函数 $w = u+v$ 的最大值与最小值.

把约束条件在 uOv 坐标平面上表示出来,它就是如图 9.39 所示的阴影部分(包括边界).

令 $u+v = b$,即 $v = -u+b$,它是倾斜角为 $\dfrac{3}{4}\pi$ 的直线系,b 为它的纵截距,我们把问题又转化为在直线系:$v = -u+b$ 中确定这样的直线,它通过图 9.39 所示的闭区域中的至少一个点,且使得纵截距取得最大值与最小值.

从图 9.39 中可以看出,与抛物线 $v = u^2+u$ 相切于 T 点的直线 l_1 所对应的 b_1 最小,过抛物线与圆的右边的一个交点 P 的直线 l_2

所对应的 b_2 最大,从 $\begin{cases} u+v=b_1, \\ v=u^2+u \end{cases}$ 中消去 v 得,$u^2+2u-b_1=0$,则

$\Delta=4+4b_1=0$,故 $b_1=-1$.

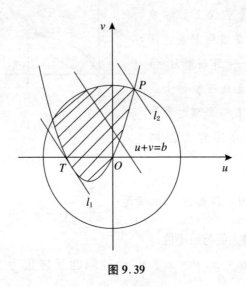

图 9.39

解方程组 $\begin{cases} v=u^2+u, \\ u^2+v^2=5, \end{cases}$ 得 P 点的坐标为 $(1,2)$,因为 l_2 经过点

P,故 $b_2=1+2=3$.

综上所述,$w=2x+y$ 的最大值为 3,最小值为 -1.

例 9.1.40 已知 $\begin{cases} x=1+t\cos\alpha, \\ y=3+t\sin\alpha, \end{cases}$ 其中 $\alpha\in[0,\pi)$. 当 α 为何值

时,$f(x,y)=x^2+3y^2$ 有最小值 25.

解 从已知方程消去 t 即得直线方程 $y-3=\tan\alpha(x-1)$,即 $x=\cot\alpha(y-3)+1$,这时题目的几何意义可以这样理解:

椭圆曲线族 $x^2+3y^2=f$ 与直线 $x=\cot\alpha(y-3)+1$ 有公共点,

且使椭圆的长轴长 $2\sqrt{f}$ 最小,当 f 取得最小值 25 时,求 α 的值.

显然,当族中的某椭圆与直线相切时,能使得 f 最小.将 $x = \cot\alpha(y-3)+1$ 代入 $x^2+3y^2=25$ 中,得

$(\cot^2\alpha + 3)y^2 + 2\cot\alpha(1 - 3\cot\alpha)y + (9\cot^2\alpha - 6\cot\alpha - 24) = 0$

令 $\cot\alpha = m$,并由 $\Delta = 0$,得 $m^2(1-3m)^2 - 3(m^2+3)(3m^2 - 2m - 8) = 0$,解得 $m = -3$ 或 $m = 12$,如图 9.40 所示.所以 $\alpha = \pi + \arctan\left(-\dfrac{1}{3}\right)$ 或 $\alpha = \arctan\dfrac{1}{12}$.

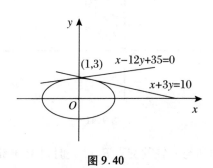

图 9.40

注 目标函数约束条件中含有形如 $ax^2 + by^2$ 的式子的最值问题,可考虑构造同中心或等离心率的椭圆族,若 $a = b$,则构造同心圆族.

例 9.1.41 复数 z 满足 $|z| \leqslant \dfrac{1}{3}$,求复数 $3z + 2i$ 的幅角最值和模的最值.

解 设复数 $3z,2i,3z+2i$ 所对应的复平面上的点分别为 P,A,W,由 $OW = OA + OP$ 知四边形 $OAWP$ 为平行四边形,从而 $|AW| = |OP| = |3z| \leqslant 1$,即 W 是以 $A(0,2i)$ 为圆心、1 为半径的圆内或圆上的点.因此,当 W 沿圆周运动到 M 或 N 处,使得 OM,ON 与圆

A 相切时，$3z + 2i$ 的幅角达到最小值与最大值，如图 9.41 所示，其值各为 $\left(\arg(3z + 2i)\right)_{\min} = \dfrac{\pi}{3}$，$\left(\arg(3z + 2i)\right)_{\max} = \dfrac{2\pi}{3}$.

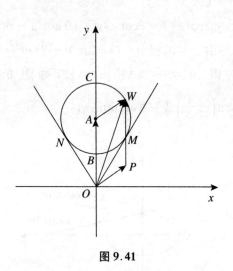

图 9.41

当 W 运动到与 y 轴的交点 B，C 处时，$|3z + 2i|$ 达到最小值或最大值，其值分别为

$$|3z + 2i|_{\min} = 1, \quad |3z + 2i|_{\max} = 3.$$

注　凡涉及复数方面的最值问题，可考虑复数的模、幅角、对应向量和、差、积运算的几何意义等，然后从几何的角度解决，再看一例.

例 9.1.42　设 P_1，P_2 是复平面上的点集：

$$P_1 = \{ z \mid z \cdot \bar{z} - 3\mathrm{i}(z - \bar{z}) + 5 = 0, z \in \mathbf{C} \},$$

$$P_2 = \{ \omega \mid \omega = 2\mathrm{i}z, z \in P_1 \}.$$

若 $z_1 \in P_1$，$z_2 \in P_2$，求 $|z_1 - z_2|$ 的最大值与最小值.

解　设 $z = x + y\mathrm{i}(x, y \in \mathbf{R})$，代入 P_1 可得：$x^2 + (y + 3)^2 = 4$，

故 P_1 是以 $A(0,-3)$ 为圆心、$r_1 = 2$ 为半径的圆,如图 9.42 所示.

同理,设 $\omega = x + yi\,(x,y \in \mathbf{R})$,由 $\omega = 2iz$,得 $z = \dfrac{\omega}{2i} = \dfrac{1}{2}(y - xi)$,代入 P_1 可得 $(x - 6)^2 + y^2 = 16$,故 P_2 是以 $B(6,0)$ 为圆心、$r_2 = 4$ 为半径的圆,如图 9.42 所示.

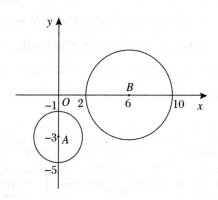

图 9.42

因为两圆圆心距 $|AB| = 3\sqrt{5} > r_1 + r_2$,所以两圆相离,由图可知 $|z_1 - z_2|_{\max} = 3\sqrt{5} + 6$,$|z_1 - z_2|_{\min} = 3\sqrt{5} - 6$.

以上我们介绍了几何法求最值问题的一些常见技巧,由以上数列我们看到,几何方法求最值是一种颇有特色,简捷明了且很有实用价值的方法之一.

9.2　几何问题的代数解法

平面几何题的代数解法主要有:坐标法、复数法、向量法、三角法等,从原则上讲,所有的平面几何问题都可以用这些方法求解.但为了避免陷入繁杂的计算,我们仅在可以简明优化解法时,才用到这些方法.

9.2.1　坐标法

坐标法又称解析法,它是数形几何思想的光辉代表,借助于坐标系使平面上的点与实数对一一对应,从而可以用代数方法研究平面图形的形状、大小及位置关系等.坐标法的基本思想在于几何问题代数化,图形性质坐标化,把有关图形的问题"翻译"成相应的代数问题,然后用代数知识进行演算、论证.最后把所得的结果"翻译"成几何图形的性质,以达到证明几何问题的目的.用框图表示如图 9.43 所示.

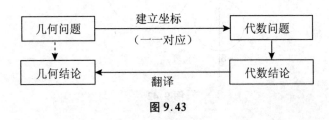

图 9.43

中学数学中的坐标系仅指平面直角坐标系和极坐标系,运用坐标法的前提是引进坐标系——在所讨论的图形上画出坐标系,其中原点、坐标轴的选取要兼顾简单性、对称性与轮换性.

使用坐标法的常规步骤是:

第一步:引进坐标系.

第二步:已知条件坐标化.

第三步:坐标系内的推理演算.这是技巧性最强的一步,在策略上要特别注意如下知识或技巧的灵活运用:消元法、代数方程知识(特别是韦达定理与判别式)、参数、曲线系、平面几何结论.

第四步:将坐标化的结论转换回所求的几何结论.

坐标法处理平面几何问题的优势是有一定的章程可以遵循,具有一般性和程序性,不需要挖空心思寻找解法、刻意寻求辅助线,缺点是有些题目演算太繁.

例 9.2.1 设 A,B,C,D 表示空间中的四个点,AB 表示点 A 与点 B 之间的距离,求证:$AC^2 + BD^2 + AD^2 + BC^2 \geqslant AB^2 + CD^2$.

证明 设这四点的直角坐标分别为 (x_i,y_i,z_i),$i = 1,2,3,4$,我们可以证明

$$(x_1 - x_3)^2 + (x_2 - x_4)^2 + (x_1 - x_4)^2 + (x_2 - x_3)^2$$
$$\geqslant (x_1 - x_2)^2 + (x_3 - x_4)^2,$$
$$(y_1 - y_3)^2 + (y_2 - y_4)^2 + (y_1 - y_4)^2 + (y_2 - y_3)^2$$
$$\geqslant (y_1 - y_2)^2 + (y_3 - y_4)^2,$$
$$(z_1 - z_3)^2 + (z_2 - z_4)^2 + (z_1 - z_4)^2 + (z_2 - z_3)^2$$
$$\geqslant (z_1 - z_2)^2 + (z_3 - z_4)^2.$$

而上面的不等式等价于

$$(x_1 + x_2 - x_3 - x_4)^2 \geqslant 0,$$
$$(y_1 + y_2 - y_3 - y_4)^2 \geqslant 0,$$
$$(z_1 + z_2 - z_3 - z_4)^2 \geqslant 0,$$

故原不等式得证,当且仅当四边形 $ABCD$ 为平行四边形时等号成立.

例 9.2.2 平面上给定一个锐角 $\triangle ABC$,以 AB 为直径的圆与 AB 边上的高线 CC' 及其延长线交于点 M,N,以 AC 为直径的圆与 AC 边上的高线 BB' 及其延长线交于点 P,Q,求证:M,N,P,Q 四点共圆.

证明 要证明 M,N,P,Q 四点共圆,只需证明 $AM = AP$,下面

用解析法予以证明.

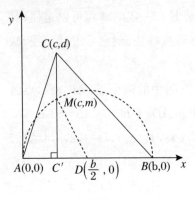

图 9.44

如图 9.44 所示,把锐角 $\triangle ABC$ 放在第一象限内,顶点坐标分别为 $A(0,0)$,$B(b,0)$,$C(c,d)$.于是以 AB 为直径的圆的圆心为 $D\left(\dfrac{b}{2},0\right)$,半径为 $\dfrac{b}{2}$,点 M 的横坐标与点 C 的横坐标相同,都是 c,所以点 M 的纵坐标满足 $\left(c-\dfrac{b}{2}\right)^2 + m^2 = \left(\dfrac{b}{2}\right)^2$,即 c^2

$+\, m^2 = bc$,即 $AM^2 = AB \cdot AC\cos A$.同样的,$AP^2 = AB \cdot AC\cos A$,所以 $AM = AP$.

9.2.2　复数法或向量法

通过复平面,使复数、复平面上的点和复平面内以原点为起点的向量,三者之间建立了一一对应的关系,即如图 9.45 所示.

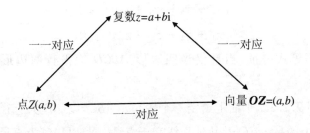

图 9.45

这样就为利用复数或向量解几何题提供了可能.

用复数或向量解几何题,首先要把几何条件转换成复数或向量关系,然后利用复数或向量的性质,或通过复数或向量的运算,得出新的复数关系或向量关系,再将它们重新化为几何事实,从而巧妙地导出所需的结果.

例 9.2.3 求证:若三角形重心与其外心重合,则该三角形必为正三角形.

证明 以三角形的相重合的外心(重心)为原点 O 建立起复平面上的直角坐标系. 设 z_1, z_2, z_3 表示三角形的三个顶点对应的复数. 因为 O 为外心,故 $|z_1| = |z_2| = |z_3| = r$,又 O 为重心,故 $\dfrac{z_1 + z_2 + z_3}{3} = 0$,即 $z_1 + z_2 + z_3 = 0$,于是由 $z_1 + z_2 = -z_3$,得

$$z_3^2 = |z_1 + z_2|^2 = (z_1 + z_2)(\overline{z_1 + z_2})$$
$$= |z_1|^2 + |z_2|^2 + z_1 \overline{z_2} + \overline{z_1} z_2.$$

于是 $z_1 \overline{z_2} + \overline{z_1} z_2 = -r^2$,所以

$$|z_1 - z_2|^2 = (z_1 - z_2)(\overline{z_1 - z_2})$$
$$= |z_1|^2 + |z_2|^2 - z_1 \overline{z_2} - \overline{z_1} z_2 = 3r^2,$$

所以 $|z_1 - z_2| = \sqrt{3}\, r$,同理可得 $|z_2 - z_3| = |z_3 - z_1| = \sqrt{3}\, r$,即 z_1, z_2, z_3 在复平面上构成的三角形是正三角形.

例 9.2.4 若四边形 $ABCD$ 内部有一点 P,使得 $\triangle PAB$,$\triangle PBC$,$\triangle PCD$,$\triangle PDA$ 的面积相等,求证:P 点必在对角线 AC 或 BD 上.

分析 用复数表示三角形的面积,形式非常简单,设 $z_1 = r_1 \mathrm{e}^{\mathrm{i}\theta_1}$,$z_2 = r_2 \mathrm{e}^{\mathrm{i}\theta_2}$,则 $S_{\triangle z_1 z_2 O} = \dfrac{1}{2} r_1 r_2 |\sin(\theta_1 - \theta_2)|$. 由于

$$z_1 \overline{z_2} = r_1 r_2 (\cos(\theta_1 - \theta_2) + \mathrm{i}\sin(\theta_1 - \theta_2)),$$

$$S_{\triangle z_1 z_2 O} = \dfrac{1}{2} |\mathrm{Im}(z_1 \overline{z_2})|.$$

本题取 P 为复平面的原点，A,B,C,D 对应的复数分别为 z_A,z_B，z_C,z_D，则由 4 个三角形面积相等得

$$\text{Im}(\overline{z_A}z_B) = \text{Im}(\overline{z_B}z_C) = \text{Im}(\overline{z_C}z_D) = \text{Im}(\overline{z_D}z_A)$$

又因为 $\text{Im}(\overline{z_A}z_B) = \dfrac{\overline{z_A}z_B - z_A\overline{z_B}}{2i}$，$\text{Im}(\overline{z_B}z_C) = \dfrac{\overline{z_B}z_C - z_B\overline{z_C}}{2i}$，所以

$\overline{z_A}z_B - z_A\overline{z_B} = \overline{z_B}z_C - z_B\overline{z_C}$，即

$$z_B(\overline{z_A} + \overline{z_C}) = \overline{z_B}(z_A + z_C).$$

同理可得 $z_D(\overline{z_A} + \overline{z_C}) = \overline{z_D}(z_A + z_C)$.

若 $z_A + z_C = 0$，则 $z_A = -z_C$，这说明 P 点为对角线 AC 的中点；若 $z_A + z_C \neq 0$，则 $\dfrac{z_B}{z_D} = \dfrac{\overline{z_B}}{\overline{z_D}}$，这说明 P 点为对角线 BD 的中点. 所以 P 点必在对角线 AC 或 BD 上.

例 9.2.5 在任意四边形 $ABCD$ 中，E,F,G,H 分别为边 AB，CD,BC,AD 的中点，求证：

$$EF^2 - GH^2 = \frac{1}{2}(AD^2 + BC^2 - AB^2 - CD^2).$$

证明 因为 $EF = \dfrac{1}{2}(AD + BC)$，$GH = \dfrac{1}{2}(BA + CD)$，于是有

$$EF^2 - GH^2 = \frac{1}{4}(AD + BC)^2 - \frac{1}{4}(BA + CD)^2$$

$$= \frac{1}{4}(AD^2 + BC^2 - AB^2 - CD^2)$$

$$\quad + \frac{1}{2}(AD \cdot BC + BA \cdot CD)$$

$$= \frac{1}{2}(AD^2 + BC^2 - AB^2 - CD^2)$$

$$\quad - \frac{1}{4}((AD - BC)^2 - (BA + DC)^2).$$

又由向量形式的平方差公式,得

$$(AD - BC)^2 - (BA + DC)^2 = (AD - BC + BA + DC)$$
$$\cdot (AD - BC - BA - DC) = 0,$$

所以 $EF^2 - GH^2 = \dfrac{1}{2}(AD^2 + BC^2 - AB^2 - CD^2)$,得证.

注　(1)由以上证明过程可得到重要等式

$$AD \cdot BC + BA \cdot DC = \dfrac{1}{2}(AD^2 + BC^2 - AB^2 - CD^2).$$

(2)在上例中,若令 $D \to A$,则任意四边形 $ABCD$ 退化为 $\triangle ABC$,此时

$$AD = 0, \quad CD = AC, \quad HG = AG, \quad EF = \dfrac{1}{2}BC,$$

于是有 $\dfrac{1}{4}BC^2 - AG^2 = \dfrac{1}{2}(BC^2 - AB^2 - AC^2)$,便得到 $\triangle ABC$ 的 BC 边上中线长公式

$$AG^2 = \dfrac{\sqrt{2AB^2 + 2AC^2 - BC^2}}{2}.$$

9.2.3　三角法

几何中的两个基本量是:线段的长度和角的大小,三角函数的本质是用线段长度之比表示角的大小,从而将两个基本量联系在一起,因此三角函数就不可避免地渗透到几何问题中,使我们可以借助三角函数来解决一些较难的几何问题,这种运用三角知识解答几何问题的方法称作三角法.

用三角法求解几何问题,其基本思想是利用三角函数的定义,利用正弦定理、余弦定理等三角形的重要定理或常用公式,把线段和角的关系式,转化为三角函数的关系式,即几何问题三角化,从而通过三角变

形、三角计算、解三角方程或证明三角不等式来完成几何问题的解答.

例 9.2.6 已知四边形 $ABCD$ 是圆内接四边形，求证：

$$|AB - CD| + |AD - BC| \geqslant 2|AC - BD|.$$

证明 设四边形 $ABCD$ 的外接圆圆心为 O，圆 O 的半径为 1，$\angle AOB = 2\alpha$，$\angle BOC = 2\beta$，$\angle COD = 2\gamma$，$\angle DOA = 2\delta$，并不妨设 $\alpha \geqslant \gamma$，$\beta \geqslant \delta$，则 $\alpha + \beta + \gamma + \delta = \pi$，故 $AB = 2\sin\alpha$，$BC = 2\sin\beta$，$CD = 2\sin\gamma$，$DA = 2\sin\delta$，所以

$$|AB - CD| = 2|\sin\alpha - \sin\gamma| = 4\left|\sin\frac{\alpha - \gamma}{2}\cos\frac{\alpha + \gamma}{2}\right|$$

$$= 4\left|\sin\frac{\alpha - \gamma}{2}\sin\frac{\beta + \delta}{2}\right|.$$

同理可知，$|AD - BC| = 4\left|\sin\frac{\beta - \delta}{2}\sin\frac{\alpha + \gamma}{2}\right|$，$|AC - BD| = 4\left|\sin\frac{\beta - \delta}{2}\sin\frac{\alpha - \gamma}{2}\right|$. 所以

$$|AB - CD| - |AC - BD|$$

$$= 4\left|\sin\frac{\alpha - \gamma}{2}\right|\left(\left|\sin\frac{\beta + \delta}{2}\right| - \left|\sin\frac{\beta - \delta}{2}\right|\right)$$

$$= 4\left|\sin\frac{\alpha - \gamma}{2}\right|\left(\sin\frac{\beta + \delta}{2} - \sin\frac{\beta - \delta}{2}\right) \quad (由于 \beta \geqslant \delta)$$

$$= 4\left|\sin\frac{\alpha - \gamma}{2}\right|\left(2\sin\frac{\delta}{2}\cdot\cos\frac{\beta}{2}\right).$$

又因为 $0 < \delta \leqslant \beta < \pi$，则 $0 < \dfrac{\delta}{2} \leqslant \dfrac{\beta}{2} < \dfrac{\pi}{2}$，所以 $4\left|\sin\dfrac{\alpha - \gamma}{2}\right|\left(2\sin\dfrac{\delta}{2}\cdot\cos\dfrac{\beta}{2}\right) \geqslant 0$，故 $|AB - CD| \geqslant |AC - BD|$. 同理可证 $|AD - BC| \geqslant |AC - BD|$. 所以

$$|AB - CD| + |AD - BC| \geqslant 2|AC - BD|.$$

例 9.2.7 设 P 为 $\triangle ABC$ 内任意一点，过点 P 作三边垂线，BC，AC，AB 边上的垂足分别为 D,E,F，求证：

$$PA + PB + PC \geqslant 2(PD + PE + PF),$$

当且仅当 P 为等边 $\triangle ABC$ 的中心时等号成立.

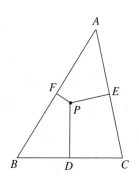

图 9.46

证明 如图 9.46，注意到 $\angle DPE = 180° - \angle C$，由余弦定理知

$$DE = \sqrt{PD^2 + PE^2 + 2PD \cdot PE\cos C}$$

$$= \sqrt{PD^2 + PE^2 + 2PD \cdot PE\sin A\sin B - 2PD \cdot PE\cos A\cos B}$$

$$= \sqrt{(PD\sin B + PE\sin A)^2 + (PD\cos B - PE\cos A)^2}$$

$$\geqslant \sqrt{(PD\sin B + PE\sin A)^2}$$

$$= PD\sin B + PE\sin A.$$

又因为点 P,D,C,E 四点共圆，则线段 CP 为这圆的直径，于是

$$PC = \frac{DE}{\sin C} \geqslant PD \cdot \frac{\sin B}{\sin C} + PE \cdot \frac{\sin A}{\sin C}.$$

同理可得

$$PA \geqslant PF \cdot \frac{\sin B}{\sin A} + PE \cdot \frac{\sin C}{\sin A},$$

$$PB \geqslant PF \cdot \frac{\sin A}{\sin B} + PD \cdot \frac{\sin C}{\sin B}.$$

以上三式相加便得

$$PA + PB + PC$$

$$\geqslant PD \cdot \left(\frac{\sin B}{\sin C} + \frac{\sin C}{\sin B}\right) + PE \cdot \left(\frac{\sin A}{\sin C} + \frac{\sin C}{\sin A}\right)$$

$$+ PF \cdot \left(\frac{\sin B}{\sin A} + \frac{\sin A}{\sin B} \right)$$

$$\geqslant 2(PD + PE + PF),$$

当且仅当 $PD\cos B = PE\cos A$，且 $\sin^2 A = \sin^2 B = \sin^2 C$ 时等号成立，即当且仅当 P 为等边 $\triangle ABC$ 的中心时等号成立.

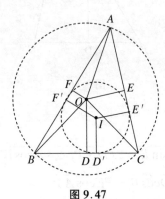

图 9.47

例 9.2.8 已知点 O 为 $\triangle ABC$ 的外心，I 是 $\triangle ABC$ 的内心，R 为其外接圆半径，r 为其内切圆半径，求证：$3R \geqslant AI + BI + CI \geqslant 6r$.

证明 如图 9.47 所示，过外心 O 作 $\triangle ABC$ 三边的垂线 OD，OE，OF，过内心 I 作 $\triangle ABC$ 三边的垂线 ID'，IE'，IF'. 由于

$$S_{\triangle ABC} = \frac{1}{2}(a + b + c)r = \frac{1}{2}bc\sin A,$$

则 $\dfrac{r}{\sin A} = \dfrac{bc}{a + b + c}$，则

$$AI = \frac{r}{\sin \dfrac{A}{2}} = \frac{2r\cos \dfrac{A}{2}}{\sin A} = \frac{2bc\cos \dfrac{A}{2}}{a + b + c} = \frac{4R\sin B\sin C\cos \dfrac{A}{2}}{\sin A + \sin B + \sin C}.$$

又由于

$$\sin A + \sin B + \sin C$$

$$= 2\sin \frac{A + B}{2}\cos \frac{A - B}{2} + 2\sin \frac{A + B}{2}\cos \frac{A + B}{2}$$

$$= 2\sin \frac{A + B}{2}\left(\cos \frac{A - B}{2} + \cos \frac{A + B}{2} \right)$$

$$= 4\cos \frac{A}{2}\cos \frac{B}{2}\cos \frac{C}{2},$$

于是

$$AI = \frac{4R\sin B\sin C\cos\dfrac{A}{2}}{\sin A + \sin B + \sin C} = \frac{R\sin B\sin C}{\cos\dfrac{B}{2}\cos\dfrac{C}{2}} = 4R\sin\frac{B}{2}\sin\frac{C}{2}.$$

同理可得

$$BI = 4R\sin\frac{C}{2}\sin\frac{A}{2}, \quad CI = 4R\sin\frac{A}{2}\sin\frac{B}{2},$$

所以

$$AI + BI + CI = 4R\left(\sin\frac{A}{2}\sin\frac{B}{2} + \sin\frac{B}{2}\sin\frac{C}{2} + \sin\frac{C}{2}\sin\frac{A}{2}\right).$$

又因为

$$\sin\frac{A}{2}\sin\frac{B}{2} + \sin\frac{B}{2}\sin\frac{C}{2} + \sin\frac{C}{2}\sin\frac{A}{2}$$

$$\leqslant \sin^2\frac{A}{2} + \sin^2\frac{B}{2} + \sin^2\frac{C}{2} \leqslant \frac{3}{4},$$

于是

$$AI + BI + CI \leqslant 3R.$$

又由厄尔多斯-摩德尔不等式知

$$AI + BI + CI \geqslant 2(ID' + IE' + IF') = 6r.$$

综上所述，$3R \geqslant AI + BI + CI \geqslant 6r$.

注　(1) 证明过程中用到了重要三角不等式 $\sin^2\dfrac{A}{2} + \sin^2\dfrac{B}{2} + \sin^2\dfrac{C}{2} \leqslant \dfrac{3}{4}$，读者可尝试给出其证明.

(2) 由 $3R \geqslant AI + BI + CI \geqslant 6r$ 可得欧拉不等式：$R \geqslant 2r$. 即该例题可以看作欧拉不等式的一种加强.

第10章 映 射 法

设 A, B 是两个非空有限集,易知下列事实成立:

(1) 若存在 A 到 B 的单射,则 $|A| \leqslant |B|$;

(2) 若存在 A 到 B 的满射,则 $|A| \geqslant |B|$;

(3) 若存在 A 到 B 的双射(一一映射),则 $|A| = |B|$.

上述事实是解决计数问题的重要依据,通常称为映射法.

应用映射法解题的关键在于找一个能与集合 A 建立映射关系且又便于计算其元素个数的集合 B,从而使原问题转化为较易求解的问题. 如何寻求 B,如何建立 A 到 B 的映射,往往需要相当的技巧. 下面通过具体实例,说明映射法在解题中的应用,望读者认真体会下述例题中建立映射的过程.

例 10.1 圆周上有 $n(n \geqslant 6)$ 个点,每两点间连一条线段,如果其中任意三条线段在圆内均不共点,求由这些线段确定的且顶点在圆内的三角形的个数.

分析 这是一个计数问题,如果直接按照题目要求计算圆内交点个数,再计算以这些交点为顶点、弦为边的三角形的个数,这样就势必给计算带来麻烦,也不易计算准确,原因在于圆内每条弦上都有若干个点,而同一直线上的各点不能组成三角形,一种思路是:每一个圆内三角形与圆上的点有什么对应关系,这种思路就是映射法.

解 如图 10.1 所示,圆的三条弦恰好在圆内相交组成一个三角

形,因此每一个三角形与圆上的 6 个不同的点构成一个映射:

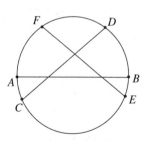

图 10.1

$$f:\{圆内三角形\} \rightarrow \{圆上的 6 点组\}$$

在圆周上任取 6 个点,顺次间隔 2 个点连线得到的三条线段总可以在圆内组成一个三角形(因为任意三条线段在圆内不共点),即确定 6 个点就可以确定一个三角形;反之,在圆内的一个三角形延长它的三边总可以和圆相交于 6 个点,也就是说由一个给定的圆内三角形可以确定圆周上的 6 个点. 所以映射 f 是双射,由于圆上的 n($n \geqslant 6$)个点可构成 C_n^6 个不同的 6 点组,因此可组成 C_n^6 个题目要求的三角形.

注 类似这样的计数问题,运用映射法解决就显得很简便.

例 10.2 将正整数 n 写成三个正整数之和,有多少种写法?

解 方法 1 此题等价于方程 $x + y + z = n$ 有多少组正整数解. 因为 $z \geqslant 1$,故 $x + y = n - z \leqslant n - 1$,每一满足给定方程的解 (x, y, z) 与坐标平面上满足

$$x + y \leqslant n - 1, \quad x > 0, \quad y > 0$$

的格点(坐标为整数的点)之间一一对应,这些格点组成了以 $n - 2$ 个点为直角边的等腰直角三角形,所以这些格点共有 $1 + 2 + 3 + \cdots + (n - 2) = \frac{1}{2}(n - 1)(n - 2) = C_{n-1}^2$ 个,即方程 $x + y + z = n$ 共有 C_{n-1}^2 组正整数解,因此共有 C_{n-1}^2 种写法.

方法 2 把 n 写成 n 个 1 的和:$n = 1 + 1 + \cdots + 1$,在式中的 $n - 1$ 个加号中任意挑选 2 个加号,就得到 n 的一个符合条件的写法,反

之亦然. 这种对应是一对一的, 于是所求写法种数等于 $n-1$ 个加号中挑选 2 个的方法数 C_{n-1}^2.

一般地, 将正整数 n 写成 m 个正整数之和通常叫作正整数 n 的一个拆分(剖分), 和式中项的次序不同被认为是不同的分拆, 因此这种分拆也叫有序分拆, 所有不同分拆个数称为分拆数.

例 10.3　试证: 周长为 $2n$, 边长为整数的三角形的个数, 等于把数 n 分拆成三项的有序分拆数.

证明　设 n 的一个有序分拆 $n = x + y + z$, 那么

$$2(x + y + z) = (x + y) + (y + z) + (z + x) = 2n,$$

其中, $(x + y) + (y + z) = 2y + (x + z) > x + z$. 同理可得

$$(y + z) + (z + x) > x + y, \quad (z + x) + (x + y) > y + z.$$

因此, $x + y, y + z, z + x$ 可以组成一个三角形, 且周长为 $2n$.

反之, 设一个周长为 $2n$ 的三角形, 其三条边长 a, b, c 是正整数, 则 $n = \dfrac{a + b + c}{2}$, 设 $x = n - a, y = n - b, z = n - c$, 显然 x, y, z 都是正整数, 而

$$x + y + z = n - a + n - b + n - c = 3n - (a + b + c) = n$$

即构成 n 的一个分拆, 得证.

例 10.4　试证: 把一个数 n 分拆成 m 项的分拆数等于把数 $n - m$ 分拆成不多于 m 项的分拆数.

证明　设 $n = a_1 + a_2 + \cdots + a_m$ 是数 n 的一个 m 项分拆, 并假定 $a_1 \geqslant a_2 \geqslant \cdots \geqslant a_m \geqslant 1$, 那么

$$(a_1 - 1) + (a_2 - 1) + \cdots + (a_m - 1) = n - m$$

是数 $n - m$ 的一个分拆, 且项数不超过 m.

反之, 设 $a_1 + a_2 + \cdots + a_r = n - m (r \leqslant m)$ 是 $n - m$ 的一个分

拆,那么

$$\underbrace{(a_1+1)+(a_2+1)+\cdots+(a_r+1)}_{r\text{项}}+\underbrace{1+1+\cdots+1}_{m-r\text{项}}$$

$$=(n-m+r)+(m-r)=n$$

是 n 的一个 m 项分拆,于是这两种分拆一一对应,故其分拆数相等.

例 10.5　设 $m\in\mathbf{N}^+$,不定方程 $x_1+x_2+\cdots+x_n=m$ 的非负整数解的个数为 C_{m+n-1}^m.

证明　对于方程的一个非负整数解 $(x_1,x_2,\cdots,x_n)$,作 $0-1$ 序列

$$\underbrace{00\cdots01}_{x_1\text{个}0}\underbrace{00\cdots0}_{x_2\text{个}0}1\underset{\cdots}{0\cdots0}1\underbrace{00\cdots0}_{x_n\text{个}0}.$$

序列中恰有 m 个 0,$(n-1)$ 个 1,即由 $(x_1,x_2,\cdots,x_n)$ 可得一种 $0-1$ 序列.反之,任给一个恰有 m 个 0,$n-1$ 个 1 的 $0-1$ 序列,将第 1 个 1 前面零的个数记为 x_1,第 1 个 1 与第 2 个 1 之间零的个数记为 x_2,$\cdots$,将第 $n-1$ 个 1 后面零的个数记为 x_n,则有

$$x_1+x_2+\cdots+x_n=m.$$

从而知 $(x_1,x_2,\cdots,x_n)$ 是不定方程 $x_1+x_2+\cdots+x_n=m$ 的一个非负整数解.这样,我们在不定方程 $x_1+x_2+\cdots+x_n=m$ 的非负整数解构成的集合与恰有 m 个 0,$n-1$ 个 1 的 $0-1$ 序列构成的集合之间建立了双射.由于恰有 m 个 0,$n-1$ 个 1 的 $0-1$ 序列可按如下方式给定:先在 $m+n-1$ 个位置上选 m 个位置安排 0,再在其余位置上安排 1,所以,这样的 $0-1$ 序列共有 C_{m+n-1}^m 个,从而知不定方程 $x_1+x_2+\cdots+x_n=m$ 的非负整数解共有 C_{m+n-1}^m 个.

注　(1)该题的结果是一个重要的计数模型,许多计数问题可化归成形如不定方程 $x_1+x_2+\cdots+x_n=m$ 的非负整数解的个数问题.

（2）若要求不定方程 $x_1 + x_2 + \cdots + x_n = m$ 的正整数解的个数，我们只需令 $y_i = x_i - 1$，则问题等价于求不定方程 $y_1 + y_2 + \cdots + y_n = m - n$ 的非负整数解的个数，即 $C_{m-1}^{m-n} = C_{m-1}^{n-1}$ 个.利用该结论可快速解答例 10.2.

例 10.6　某工人在一个月内休息 4 天，但每两个休息日之间至少间隔 5 天.设每月有 30 天，问该工人在该月有多少种选择休息日的方式.

解　设休息日按由小到大次序排列为：i_1, i_2, i_3, i_4，则应有

$$i_2 - i_1 > 5, \quad i_3 - i_2 > 5, \quad i_4 - i_3 > 5, \quad i_4 \leqslant 30.$$

令 $j_1 = i_1, j_2 = i_2 - 5, j_3 = i_3 - 10, j_4 = i_4 - 15$，则 j_1, j_2, j_3, j_4 是 1，2，3，$\cdots$，15 中的一种选择；反之，对 1，2，3，$\cdots$，15 中的一种选择 j_1，$j_2, j_3, j_4 (j_1 < j_2 < j_3 < j_4)$，令 $i_1 = j_1, i_2 = j_2 + 5, i_3 = j_3 + 10, i_4 = j_4 + 15$，则 i_1, i_2, i_3, i_4 为 1，2，3，$\cdots$，30 中满足 $i_k - i_{k-1} > 5$（$k = 2, 3, 4$）的一种选择.故两种选择之间存在双射，而后者共有 C_{15}^4 种选择，故满足题目要求的选择方式共有 $C_{15}^4 = 1365$ 种.

例 10.7　n 个元素排成一列，从中取出 r 个，并要求这 r 个元素中没有两个原来是相邻的，问有多少种选法？

解　我们把这 n 个元素依次记为 1，2，$\cdots$，n，如果选出的 r 个元素为 $1 \leqslant a_1 < a_2 < \cdots < a_r \leqslant n$.由于每两个元素不相邻，于是

$$1 \leqslant a_1 < a_2 - 1 < a_3 - 2 \cdots < a_r - (r-1) \leqslant n - (r-1),$$

将 $\{a_1, a_2 - 1, a_3 - 2, \cdots, a_r - (r-1)\}$ 与 $\{a_1, a_2, \cdots, a_r\}$ 对应，前者是从 $n - (r-1)$ 个元素 1，2，$\cdots$，$n - (r-1)$ 中取 r 个的一个组合.

反过来，从 $n - (r-1)$ 个元素 1，2，$\cdots$，$n - (r-1)$ 中取 r 个的一个组合

$$1 \leqslant b_1 < b_2 < \cdots < b_r \leqslant n - (r-1),$$

也恰好对应于一个符合题意的组合

$$1 \leqslant b_1 < b_2 + 1 < \cdots < b_r + (r-1) \leqslant n.$$

因为这里 $b_1, b_2+1, \cdots, b_r+(r-1)$ 中每两个的差大于 1，于是这里的对应是一一对应，两者的个数相等，所以有 $C_{n-(r-1)}^r = C_{n-r+1}^r$ 种选法.

注　此题是组合数学中有名的 **Kaplansky** 定理. 该结果容易进一步推广为：n 个元素排成一列，从中取出 r 个，并要求这 r 个元素中在原来排列中至少相隔 k 个元素，则选法数共有 C_{n-kr+k}^r 个.

例 10.8　一个盒子被锁上了若干把锁，不同的锁钥匙不同. 盒子上的所有锁被打开后盒子才能打开. 现有 9 个人，每个人都有其中某些锁的钥匙. 已知他们中的任何 5 个人均不能打开盒子，而任何 6 个人均能打开盒子，试问这个盒子上最少要锁上多少把锁，并求此时每把锁要配多少把钥匙.

分析　因为任何 5 人组都至少有一把锁不能打开，任何 6 人组都能打开所有的锁. 因此可考虑建立 5 人组与锁之间的对应关系.

解　令 C 为这 9 个人构成的集合，B 是盒子上所有锁构成的集合，$A = \{X \mid X \subseteq C$ 且 $|X| = 5\}$. 我们规定 A 到 B 的映射 f 如下：$\forall X \in A$，设 X 中的 5 个人不能打开锁 y，则令 $f(X) = y$（当 X 中的 5 个人不能打开的锁有多把时，任取一把锁 y 即可），下证 f 是 A 到 B 的单射. 事实上，若有 $X_1, X_2 \in A, X_1 \neq X_2$，使得

$$f(X_1) = f(X_2) = y_0,$$

则 $X_1 \cup X_2$ 中的人均不能打开锁 y_0，又 $|X_1 \cup X_2| \geqslant 6$，这与题设矛盾.

因为 f 是 A 到 B 的单射，所以 $|B| \geqslant |A| = C_9^5$. 又当盒子上的

锁为 C_9^5 把时，f 是 A 到 B 的双射，此时对于每一把锁 $y\in B$，必有唯一的 $X\in A$，使得 X 中的 5 个人均不能打开锁 y；又因为任意 6 个人均能打开锁 y，从而知剩下的 4 个人均能打开锁 y，所以锁 y 应配 4 把钥匙.

综上可知，盒子上至少应锁上 C_9^5 把锁，每把锁应配 4 把钥匙.

例 10.9　在一个 6×6 的棋盘上放置了 11 块 1×2 的骨牌，每一个骨牌恰好覆盖两个方格，试证：无论这 11 块骨牌怎么放置，总能再放入一块骨牌.

证明　若有某一行存在 4 个空格，由于每行仅有 6 格，必有两空格是相邻的，可放置一块骨牌，否则每行至多有 3 个空格.

如果这 11 块骨牌放置以后，不能再放入一块骨牌，考虑两个集合

$X = \{$下面 5×6 的空格集合$\}$，　$Y = \{$上面 5×6 的骨牌集合$\}$，

则必有：

（1）空格的上方必须对应骨牌，否则，若空格的上方还是空格，则连续两个空格可以放置一块骨牌.

（2）不同的空格必定对应不同的骨牌，否则，若两个不同的空格对应同一块骨牌，这两个空格必相邻，因而这两个空格可以放置一块骨牌.

于是，这种空格与骨牌的对应构成了 X 到 Y 的映射：

$$f: X \to Y,$$

显然，该映射为单射. 所以 $|X|\leqslant|Y|\leqslant11$. 由于整个棋盘上共有 $6\times6-11\times2=14$ 个，除最上面一行可能有的空格外，应有 $|X|\geqslant11$，故 $|X|=|Y|=11$. 这说明，这种空格与骨牌的对应构成了从 X 到 Y 的一一映射. 于是，集合 Y 中有 11 块骨牌，即棋盘上面的 5×6 上

有 11 块,从而棋盘的最后一行全是空格,这又导致矛盾.

例 10.10 设集合 $S_n = \{1, 2, \cdots, n\}$,若 X 是集合 S_n 的子集,把 X 中所有数之和称为 X 的"容量"(规定空集的容量为 0).若 X 的容量为奇(偶)数,则称 X 为 S_n 的奇(偶)子集.求证:S_n 的奇子集和偶子集个数相等.

证明 对于 S_n 的任意一个偶子集 B,令 $A = \begin{cases} B \cup \{1\}, & 1 \notin B, \\ B/\{1\}, & 1 \in B, \end{cases}$ 于是,A 为 S_n 的奇子集.反之,对 S_n 的任意一个奇子集,取 $B = \begin{cases} A \cup \{1\}, & 1 \notin A, \\ A/\{1\}, & 1 \in A, \end{cases}$ 于是,B 为 S_n 的偶子集.

这表明,S_n 的奇子集与偶子集之间建立了一个一一对应关系.所以,S_n 的奇子集和偶子集个数相等.

例 10.11 用 n 个数(允许重复)组成一个长为 N 的数列,且 $N \geqslant 2^n$,试证:可在这个数列中找出若干个连续的项,它们的乘积是一个完全平方数.

证明 设 n 个数 $a_1, a_2, \cdots, a_n$ 组成长为 N 的数列 $b_1, b_2, \cdots, b_n$,其中,$b_i \in \{a_1, a_2, \cdots, a_n\}(i = 1, 2, \cdots, N)$.

作映射 $f: B = \{b_1, b_2, \cdots, b_n\} \rightarrow \{v_1, v_2, \cdots, v_n\}$,其中 $v_j = (c_1, c_2, \cdots, c_n)$,对于每个 $j (1 \leqslant j \leqslant n)$,我们赋值

$$c_i = \begin{cases} 0, & \text{若 } a_i \text{ 在 } b_1, b_2, \cdots, b_j \text{ 中出现偶数次;} \\ 1, & \text{若 } a_i \text{ 在 } b_1, b_2, \cdots, b_j \text{ 中出现奇数次.} \end{cases}$$

如果每个 $v_j = \{0, 0, \cdots, 0\}$,那么,在乘积 $b_1 b_2 \cdots b_j$ 中,每个 a_i 都出现偶数次,所以乘积为完全平方数.

如果 $v_j = (0, 0, \cdots, 0)$,那么,由于集合 $\{(c_1, c_2, \cdots, c_n) \mid c_i = 0$ 或 $1, i = 1, 2, \cdots, n\}$ 恰有 $2^n - 1$ 个元素,由题设有 $N \geqslant 2^n > 2^n - 1$,所

以必有 h 和 $k(1\leqslant k<h\leqslant N)$ 满足 $v_k=v_h$. 这时,在乘积 $b_1b_2\cdots b_h$ 和 $b_1b_2\cdots b_k$ 中每个 a_i 出现的次数具有相同的奇偶性,从而它们的商 $b_{k+1}b_{k+2}\cdots b_h$ 中每个 a_i 出现偶数次,亦即 $b_{k+1}b_{k+2}\cdots b_h$ 为完全平方数.

例 10.12　设 n 是正整数,我们说集合 $\{1,2,\cdots,2n\}$ 的一个排列 $(x_1,x_2,\cdots,x_{2n})$ 具有性质 P,如果在 $\{1,2,\cdots,2n-1\}$ 中至少有一个 i,使得 $|x_i-x_{i+1}|=n$,求证:对于任何正整数 n,具有性质 P 的排列比不具有性质 P 的排列多.

证明　考察如下的三个集合

$$A=\left\{(x_1,x_2,\cdots,x_{2n})\,\middle|\,\begin{matrix}(x_1,x_2,\cdots,x_{2n})\\ \text{具有性质 }P\end{matrix}\right\},$$

$$B=\left\{(y_1,y_2,\cdots,y_{2n})\,\middle|\,\begin{matrix}(y_1,y_2,\cdots,y_{2n})\\ \text{不具有性质 }P\end{matrix}\right\},$$

$$C=\left\{(x_1,x_2,\cdots,x_{2n})\,\middle|\,\begin{matrix}\text{恰有一个 }i,\\ \text{使得 }|x_i-x_{i+1}|=n\text{ 且 }i\neq1\end{matrix}\right\}.$$

显然,C 是 A 的真子集,例如 $(n+1,1,2,\cdots,n,2n,n+2,n+3,\cdots,2n-1)$ 这个排列在 A 中而不在 C 中.

我们来建立 B 与 C 之间的一个一一映射,任取 $Y=(y_1,y_2,\cdots,y_{2n})\in B$,有 $|y_1-y_2|\neq n$,因与 y_1 之差的绝对值为 n 的数是唯一的,一定有某个 $y_k(k>2)$,将 y_1 放在 y_k 的左边,得到一个新的排列 $Y'=(y_2,\cdots,y_{k-1},y_1,y_k,\cdots,y_{2n})$,这个排列显然是 C 的排列,令 $f(Y)=Y'$. 反过来,对 C 中任一排列 $Z'=(z_1,z_2,\cdots,z_i,z_{i+1},\cdots,z_{2n})$,在 Z' 中有唯一一个 $i>1$,使得 $|z_i-z_{i+1}|=n$,将这个 z_i 移到第一位,成为 $Z=(z_i,z_1,z_2,\cdots,z_{i+1},\cdots,z_{2n})$,$Z$ 中显然不存在 j,使得 $|z_j-z_{j+1}|=$

n, 故 $Z \in B$. 令 $Z = f^{-1}(Z')$. 可见 f 是 B 与 C 之间的一一映射, 所以 $|B| = |C|$, 从而知 A 的元素比 B 的元素多.

注 在此题中, 我们实际上证明了存在 B 到 A 的单射(非满射)的映射, 如果按照一般的想法, 不用"对应"的解法, 而用排列组合的办法进行计算, 就要复杂得多.

第 11 章 不等式控制法

一个数学问题中,往往同时存在着若干个量,研究它们彼此间的关系,常常归结于不等式问题.作为一种工具,不等式广泛地运用于解决数学问题之中,如求函数的定义域、值域、函数单调性的判断、最值问题、曲线的存在性问题等,这种在解题过程中,根据题设条件,设法建立不等式,控制变量,经过讨论,从而获得结论的方法,可用于研究众多的数学问题.应用这一方法往往需要相等与不等的相互转化,下面分几个方面讨论.

11.1 方程问题

方程与不等式有着天然的联系,例如一元二次方程根的判别式、方程根的分布与不等式密切相关,不等式估计是求解不定方程问题重要而有效的方法,复数模不等式是处理复杂复数方程问题的常用策略等,这就使我们有可能依据题设条件对某些问题利用不等式控制变量或利用不等式分析讨论,使问题获得解决.

例 11.1.1 求证:不存在四个互不相同的正整数 x,y,z,t,使得 $x^x + y^y = z^z + t^t$.

证明 由对称性,不妨设 x,y,z,t 中 x 最大,则有 $x-1 \geqslant z,x-1 \geqslant t$,于是

$$x^x + y^y > x^x = x \cdot x^{x-1} \geqslant x^{x-1} + x^{x-1} \geqslant x^z + x^t > z^z + t^t,$$

所以,方程 $x^x + y^y = z^z + t^t$ 无互不相同的正整数解.

例 11.1.2 求方程 $\dfrac{xy}{z} + \dfrac{yz}{x} + \dfrac{zx}{y} = 3$ 的所有整数解.

解 原方程可化为

$$x^2 y^2 + y^2 z^2 + z^2 x^2 = 3xyz, \qquad ①$$

由三元均值不等式知

$$3xyz = x^2 y^2 + y^2 z^2 + z^2 x^2 \geqslant 3 \sqrt[3]{x^4 y^4 z^4} = 3xyz \sqrt[3]{xyz},$$

由式①知,$xyz > 0$,所以 $\sqrt[3]{xyz} \leqslant 1$,即 $0 < xyz \leqslant 1$.

又因为 x, y, z 为整数且不为 0,所以 $xyz = 1$,故原方程组有 4 组解

$$\begin{cases} x_1 = 1, & y_1 = 1, & z_1 = 1; \\ x_2 = 1, & y_2 = -1, & z_2 = -1; \\ x_3 = -1, & y_3 = 1, & z_3 = -1; \\ x_4 = -1, & y_4 = -1, & z_4 = 1. \end{cases}$$

经检验,它们都是原方程的解.

例 11.1.3 求出不定方程

$$x^3 + x^2 y + xy^2 + y^3 = 8(x^2 + xy + y^2 + 1)$$

的全部整数解.

解 原不定方程等价于

$$(x^2 + y^2)(x + y - 8) = 8(xy + 1).$$

(1) 当 $x + y - 8 \geqslant 6$ 时,则 $x + y \geqslant 14$,从而 $x^2 + y^2 \geqslant \dfrac{(x+y)^2}{2} > 4$,则

$$(x^2 + y^2)(x + y - 8) \geqslant 6(x^2 + y^2)$$

$$= 4(x^2 + y^2) + 2(x^2 + y^2) > 8(xy + 1),$$

故此时不定方程无整数解.

(2) 当 $x + y - 8 \leqslant -4$ 时,则 $x + y \leqslant 4$,因此

$$(x^2 + y^2)(x + y - 8) \leqslant -4(x^2 + y^2) \leqslant -4 \times 2 |xy| < 8(xy + 1),$$

故此时不定方程也无整数解.

所以,不定方程的整数解 (x, y) 应满足 $-3 \leqslant x + y - 8 \leqslant 5$.另一方面,因为 $8(xy + 1)$ 为偶数,则 x, y 必定奇偶性相同(否则, $(x^2 + y^2)(x + y - 8)$ 为奇数,矛盾.).所以, $x + y - 8$ 只可能是 -2, $0, 2, 4$,通过检验不难得知,所求的正整数解为 $x = 2, y = 8$ 或 $x = 8, y = 2$.

例 11.1.4　解方程

$$(x_1^2 + 1)(x_2^2 + 2^2) \cdots (x_n^2 + n^2) = 2^n \cdot n! \ x_1 x_2 \cdots x_n,$$

其中, $n \in \mathbf{N}, x_1, x_2, \cdots, x_n \in \mathbf{R}^+$.

解　已知方程含有 n 个未知数,应用解方程的一般方法求解十分困难,必须另找新的途径,考虑到

$$x_1^2 + 1 \geqslant 2x_1, \quad x_2^2 + 2^2 \geqslant 2 \cdot 2x_2, \quad \cdots, \quad x_n^2 + n^2 \geqslant 2 \cdot nx_n,$$

等号分别当且仅当 $x_1 = 1, x_2 = 2, \cdots, x_n = n$ 时成立.将这些不等式相乘得

$$(x_1^2 + 1)(x_2^2 + 2^2) \cdots (x_n^2 + n^2) \geqslant 2^n \cdot n! x_1 x_2 \cdots x_n,$$

由已知方程知上述不等式中仅有等号成立,所以原方程的解为

$$x_1 = 1, \quad x_2 = 2, \quad \cdots, \quad x_n = n.$$

例 11.1.5　求出所有的自然数 n,使得方程

$$a_{n+1} x^2 - 2x \sqrt{a_1^2 + a_2^2 + \cdots + a_{n+1}^2} + a_1 + a_2 + \cdots + a_n = 0$$

对所有实数 $a_1, a_2, \cdots, a_n, a_{n+1}$ 有实数解.

解　(1) 若 $a_{n+1} = 0$,当 $\sum\limits_{i=1}^{n+1} a_i^2 = 0$ 时,$a_1 = a_2 = \cdots = a_n =$ $a_{n+1} = 0$,任何实数 x 都是原方程的解. 当 $\sum\limits_{i=1}^{n+1} a_i^2 \neq 0$ 时,则原方程有实数解

$$x = \frac{a_1 + a_2 + \cdots + a_n}{2\sqrt{a_1^2 + a_2^2 + \cdots + a_{n+1}^2}} = \frac{\sum\limits_{i=1}^{n} a_i}{2\sqrt{\sum\limits_{i=1}^{n} a_i^2}}.$$

(2) 若 $a_{n+1} \neq 0$,原方程有实数解当且仅当 $\Delta \geqslant 0$,即 $\sum\limits_{i=1}^{n+1} a_i^2 \geqslant$ $a_{n+1} \sum\limits_{i=1}^{n} a_i$,也即 $\left(a_{n+1} - \dfrac{1}{2}\sum\limits_{i=1}^{n} a_i\right)^2 + \sum\limits_{i=1}^{n} a_i^2 - \dfrac{1}{4}\left(\sum\limits_{i=1}^{n} a_i\right)^2 \geqslant 0$,此式对所有实数 $a_1, a_2, \cdots, a_n$ 和 $a_{n+1} \neq 0$ 成立,当且仅当 $\sum\limits_{i=1}^{n} a_i^2 -$ $\dfrac{1}{4}\left(\sum\limits_{i=1}^{n} a_i\right)^2 \geqslant 0$.

特别地,上式对 $(a_1, a_2, \cdots, a_n) = (1, 1, \cdots, 1)$ 一定成立,所以, $n - \dfrac{1}{4}n^2 \geqslant 0$,即 $n \leqslant 4$,由柯西不等式,有

$$\left(\sum_{i=1}^{n} a_i\right)^2 \leqslant \left(\sum_{i=1}^{n} 1^2\right) \cdot \left(\sum_{i=1}^{n} a_i^2\right) \leqslant 4\left(\sum_{i=1}^{n} a_i^2\right),$$

对所有的 $a_1, a_2, \cdots, a_n$ 成立,这显然与 $\sum\limits_{i=1}^{n} a_i^2 - \dfrac{1}{4}\left(\sum\limits_{i=1}^{n} a_i\right)^2 \geqslant 0$ 等价,所以 $n = 1, 2, 3, 4$.

例 11.1.6　在实属范围内解方程组

$$\begin{cases} 2x(1 + y + y^2) = 3(1 + y^4), \\ 2y(1 + z + z^2) = 3(1 + z^4), \\ 2z(1 + x + x^2) = 3(1 + x^4). \end{cases}$$

解 已知方程组比较复杂,若按通常的方法处理,则陷入困境,考虑到已知方程组的对称性及所隐含的不等式(如 $1+y+y^2>0$, $1+y^4>0$ 等),可考略用不等式控制法求解.

因为 $1+x+x^2>0$, $1+x^4>0$,所以 $z>0$,同理可得 $x>0$, $y>0$. 不妨设 $x\geqslant y\geqslant z$,则

$$2x(1+x+x^2)\geqslant 2z(1+x+x^2)=3(1+x^4),$$

即 $(x-1)^2(3x^2+4x+3)\leqslant 0$,故 $x=1$.同理可得 $y=1$, $z=1$,即原方程组的解为 $x=1$, $y=1$, $z=1$.

例 11.1.7 已知方程组

$$\begin{cases} a_{11}x_1+a_{12}x_2+a_{13}x_3=0, \\ a_{21}x_1+a_{22}x_2+a_{23}x_3=0, \\ a_{31}x_1+a_{32}x_2+a_{33}x_3=0 \end{cases}$$

的系数满足下列条件:(1) a_{11}, a_{22}, a_{33} 是正数;(2) 所有其他系数都是负数;(3) 每一个方程组的系数和为正.求证:$x_1=x_2=x_3=0$ 是此方程的唯一解.

证明 显然 $x_1=x_2=x_3=0$ 满足方程组.下面证明这是唯一解,假设有一组非零解 x_1,x_2,x_3,在 $|x_1|$, $|x_2|$, $|x_3|$ 中必有最大者,不妨设为 $|x_1|$,则 $|x_1|\geqslant|x_2|$, $|x_1|\geqslant|x_3|$,又由 $a_{11}x_1=-a_{12}x_2-a_{13}x_3$,得

$$a_{11}|x_1|=|a_{12}x_2+a_{13}x_3|\leqslant|a_{12}x_2|+|a_{13}x_3|$$
$$=-a_{12}|x_2|-a_{13}|x_3|\leqslant-a_{12}|x_1|-a_{13}|x_1|.$$

两边除以 $|x_1|$ 得 $a_{11}\leqslant-a_{12}-a_{13}$,即 $a_{11}+a_{12}+a_{13}\leqslant0$,与(3)相矛盾,得证.

注 本题可以通过证明方程组的系数行列式

$$\begin{vmatrix} a_{11} & a_{12} & a_{13} \\ a_{21} & a_{22} & a_{23} \\ a_{31} & a_{32} & a_{33} \end{vmatrix} \neq 0$$

来证,有兴趣的读者可尝试.

例 11.1.8 已知复变量方程 $11z^{10} + 10iz^9 + 10iz - 11 = 0$,求证:$|z| = 1$.

证明 令 $z = a + bi$,由已知得 $z^9 = \dfrac{11 - 10iz}{11z + 10i}$,则

$$|z^9| = \left| \frac{11 - 10iz}{11z + 10i} \right| = \sqrt{\frac{11^2 + 220b + 10^2(a^2 + b^2)}{10^2 + 220b + 11^2(a^2 + b^2)}}.$$

由于 $(11^2 + 220b + 10^2(a^2 + b^2)) - (10^2 + 220b + 11^2(a^2 + b^2)) = 21(1 - a^2 - b^2)$,于是分析如下:

当 $a^2 + b^2 > 1$ 时,有 $11^2 + 220b + 10^2(a^2 + b^2) < 10^2 + 220b + 11^2(a^2 + b^2)$,则 $|z^9| < 1$,这与 $|z| = \sqrt{a^2 + b^2} > 1$ 相矛盾,不可能.

当 $a^2 + b^2 < 1$ 时,有 $11^2 + 220b + 10^2(a^2 + b^2) > 10^2 + 220b + 11^2(a^2 + b^2)$,则 $|z^9| > 1$,这与 $|z| = \sqrt{a^2 + b^2} < 1$ 相矛盾,不可能.

所以,只有 $a^2 + b^2 = 1$,即 $|z| = 1$.

例 11.1.9 求正整数 n 的最小值,使得

$$\sqrt{\frac{n - 2011}{2012}} - \sqrt{\frac{n - 2012}{2011}} < \sqrt[3]{\frac{n - 2013}{2011}} - \sqrt[3]{\frac{n - 2011}{2013}}$$

解 由已知得,必有 $n \geq 2013$,此时有

$$\sqrt{\frac{n - 2011}{2012}} < \sqrt{\frac{n - 2012}{2011}} \Leftrightarrow 2011(n - 2011) < 2012(n - 2012)$$

$$\Leftrightarrow n > 4023, \qquad\qquad ①$$

$$\sqrt[3]{\frac{n - 2013}{2011}} \geq \sqrt[3]{\frac{n - 2011}{2013}} \Leftrightarrow 2013(n - 2013) \geq 2011(n - 2011)$$

$$\Leftrightarrow n \geqslant 4024. \qquad\qquad ②$$

由式①和式②知,当 $n \geqslant 4024$ 时,有

$$\sqrt{\frac{n-2011}{2012}} - \sqrt{\frac{n-2012}{2011}} < 0 \leqslant \sqrt[3]{\frac{n-2013}{2011}} - \sqrt[3]{\frac{n-2011}{2013}};$$

当 $2013 \leqslant n \leqslant 4023$ 时,有

$$\sqrt{\frac{n-2011}{2012}} - \sqrt{\frac{n-2012}{2011}} \geqslant 0 > \sqrt[3]{\frac{n-2013}{2011}} - \sqrt[3]{\frac{n-2011}{2013}}.$$

综上可知,满足条件的正整数 n 的最小值为 4024.

11.2　多项式问题

在多项式问题中有一类问题与不等式密切相关,这类问题要么已知条件中有不等式出现,要么已知条件或结论中隐含有不等关系.在解决这类问题时,若恰当地运用不等式进行分类比较,则比较容易找到解题途径.

例 11.2.1　设 $P(x)$ 是首项系数为 1 的 4 次多项式, $P(x)$ 的 4 个不同的根均在 (a,b) 上,求证:对任意 $x \in \mathbf{R}$,都有 $P(x) > -\dfrac{(b-a)^2}{4}$.

解　设 $P(x)$ 的四个根分别为 $x_1, x_2, x_3, x_4 \in (a,b)$,则
$$P(x) = (x-x_1)(x-x_2)(x-x_3)(x-x_4).$$
易知,当 $x \in (-\infty, x_1) \bigcup (x_2, x_3) \bigcup (x_4, +\infty)$ 时,有
$$P(x) > 0 > -\frac{(b-a)^2}{4};$$
当 $x \in (x_1, x_2)$ 时,由均值不等式,有
$$(x-x_1)(x_2-x) \leqslant \left(\frac{(x-x_1)+(x_2-x)}{2} \right)^2 = \frac{(b-a)^2}{4}.$$

又因为 $x_3 - x < b - a$，$x_4 - x < b - a$，三式相乘即得

$$(x - x_1)(x_2 - x)(x_3 - x)(x_4 - x) < \frac{(b-a)^4}{4},$$

即 $P(x) > -\frac{(b-a)^2}{4}$. 所以，对任意 $x \in \mathbf{R}$，都有 $P(x) > -\frac{(b-a)^2}{4}$.

例 11.2.2 已知 $a < 2$，实系数多项式 $P(x) = x^2 + ax + b$ 满足 $P(P(x)) = 0$ 有 4 个不同的实根，其中有两个根的和不超过 -1，试证：对于任意非负实数 x, y，有 $P(x + y) \geqslant P(x) + P(y)$.

分析 $P(x + y) = P(x) + P(y) + 2xy - b$，要证 $P(x + y) \geqslant P(x) + P(y)$，只需证 $b \leqslant 0$ 即可.

证明 设 α, β 是方程

$$P(x) = 0 \qquad\qquad ①$$

的两个根，x_1, x_2 是方程

$$P(x) = \alpha \qquad\qquad ②$$

的两个根，x_3, x_4 是方程

$$P(x) = \beta \qquad\qquad ③$$

的两个根. 由式②、式③及判别式，知

$$a^2 - 4(b - \alpha) > 0, \quad a^2 - 4(b - \beta) > 0,$$

此两式相加得

$$4b < a^2 + 2(\alpha + \beta) = a^2 - 2a = a(a - 2). \qquad ④$$

(1) 若 $x_1 + x_2 \leqslant -1$，则有 $-a \leqslant -1$，所以 $a \geqslant 1$，又已知 $a < 2$，从而有 $1 \leqslant a < 2$，由式④知 $b < 0$. 同理可证当 $x_3 + x_4 \leqslant -1$ 时，也有 $b < 0$.

(2) 若 $x_1 + x_3 \leqslant -1$，则当 $a \geqslant 0$ 时，由式④知 $b < 0$. 当 $a < 0$ 时，

因为 $x_1^2 + b = -ax_1 + \alpha, x_3^2 + b = -ax_3 + \beta$,所以

$$2b + x_1^2 + x_3^2 = -a(x_1 + x_3) + (\alpha + \beta) = -a(x_1 + x_3) - a$$
$$= -a(x_1 + x_3 + 1) \leqslant 0,$$

所以

$$2b < 2b + x_1^2 + x_3^2 \leqslant 0, \quad 即 \quad b < 0.$$

综上可知,总有 $b<0$,故结论成立.

例 11.2.3 设 $f(x) = x^n + a_1 x^{n-1} + a_2 x^{n-2} + \cdots + a_{n-1}x + a_n$ 是实系数多项式,且 $a_1^2 < \dfrac{2n}{n-1}a_2$,试证:$f(x) = 0$ 不可能有 n 个实根.

证明 反设 $f(x) = 0$ 有 n 个实根 $\alpha_1, \alpha_2, \cdots, \alpha_n$,则由韦达定理知

$$a_1 = -(\alpha_1 + \alpha_2 + \cdots + \alpha_n), \quad a_2 = \sum_{1 \leqslant i < j \leqslant n} \alpha_i \alpha_j.$$

又由题设知 $(n-1)a_1^2 - 2na_2 < 0$,而又因

$$(n-1)a_1^2 - 2na_2$$
$$= (n-1)\left(\alpha_1^2 + \alpha_2^2 + \cdots + \alpha_n^2 + 2\sum_{1 \leqslant i < j \leqslant n} \alpha_i \alpha_j\right) - 2n \sum_{1 \leqslant i < j \leqslant n} \alpha_i \alpha_j$$
$$= \sum_{1 \leqslant i < j \leqslant n} (\alpha_i - \alpha_j)^2 \geqslant 0,$$

矛盾,故得证.

注 (1)第 12 届美国数学奥林匹克试题是此题的特例:设 a, b 是实数,$2a^2 < 5b$,试证:5 次方程 $x^5 + ax^4 + bx^3 + cx^2 + dx + e = 0$ 的根不能都是实数.

(2)此题综合运用了反证法与不等式控制,使问题得以顺利解决.

例 11.2.4 已知 $P(x), Q(x)$ 为两个实系数多项式,且对一切

实数 x 恒有 $P(Q(x)) = Q(P(x))$. 求证:若方程 $P(x) = Q(x)$ 无实数根,则方程 $P(P(x)) = Q(Q(x))$ 也无实数根.

证明 假若此题只从题中的恒等式或方程出发进行推导,是无法得证的,必须抓住"实系数"和"无实数根"的条件. 由方程 $P(x) = Q(x)$ 无实数根,可知多项式 $P(x) - Q(x)$ 在实数范围内可分解为

$$P(x) - Q(x) = A \prod_{j=1}^{n} ((x - a_j)^2 + b_j^2),$$

其中,$b_j \neq 0, j = 1, 2, \cdots, m$.

不妨设 $A > 0$,在上式中分别以 $P(x), Q(x)$ 代替 x,得

$$P(P(x)) - Q(P(x)) = A \prod_{j=1}^{n} ((P(x) - a_j)^2 + b_j^2),$$

$$P(Q(x)) - Q(Q(x)) = A \prod_{j=1}^{n} ((Q(x) - a_j)^2 + b_j^2),$$

以上两式相加得

$$P(P(x)) - Q(Q(x)) = A \prod_{j=1}^{n} ((P(x) - a_j)^2 + b_j^2)$$
$$+ A \prod_{j=1}^{n} ((Q(x) - a_j)^2 + b_j^2) > 0.$$

所以,$P(P(x)) > Q(Q(x))$,即 $P(P(x)) = Q(Q(x))$ 无实数根.

注 此题运用分解的技巧证明 $P(P(x)) > Q(Q(x))$,从而推出方程 $P(P(x)) = Q(Q(x))$ 无实数解. 这是证明实系数对象(或方程)时无实根的常用手段之一. 为了进一步熟悉分解与不等式控制联用的多项式问题,我们再看一个例子.

例 11.2.5 设复变量多项式

$$P(z) = z^n + c_1 z^{n-1} + c_2 z^{n-2} + \cdots + c_{n-1} z + c_n$$

满足 $|P(\mathrm{i})|<1$,其中,系数 $c_i(k=0,1,2,\cdots,n)$ 是实数.求证:存在实数 a,b,使得 $P(a+b\mathrm{i})=0$ 且 $(a^2+b^2+1)^2<4b^2+1$.

证明　设方程 $P(z)=0$ 的根是 $r_1,r_2,\cdots,r_n$,则
$$P(z)=(z-r_1)(z-r_2)\cdots(z-r_n),$$
于是 $|P(\mathrm{i})|<1$ 即为 $|(\mathrm{i}-r_1)(\mathrm{i}-r_2)\cdots(\mathrm{i}-r_n)|<1$.

因为对任意实数 r,有 $|\mathrm{i}-r|=\sqrt{1+r^2}\geqslant 1$,所以对非实数 r_j 一定有 $\prod\limits_{j}|\mathrm{i}-r_j|<1$. 又多项式是实系数的,所以虚根 r_j 与它的共轭虚数 $\overline{r_j}$ 成对出现,从而对某些 $r_j=a+b\mathrm{i}(a,b\in\mathbf{R})$ 必有 $|\mathrm{i}-r_j||\mathrm{i}-\overline{r_j}|<1$,故 $P(a+b\mathrm{i})=0$,且
$$1>|\mathrm{i}-(a+b\mathrm{i})|\cdot|\mathrm{i}-(a-b\mathrm{i})|$$
$$=\sqrt{a^2+(1-b)^2}\cdot\sqrt{a^2+(1+b)^2}$$
$$=\sqrt{a^2+b^2+1-2b}\cdot\sqrt{a^2+b^2+1+2b}$$
$$=\sqrt{(a^2+b^2+1)^2-4b^2}$$
所以,$(a^2+b^2+1)^2<4b^2+1$.

例 11.2.6　设 $P_1,P_2,\cdots,P_n$ 是单位圆周上的 n 个不同的点,且
$$d_j=|P_jP_1|\cdot|P_jP_2|\cdots|P_jP_{j-1}|\cdot|P_jP_{j+1}|\cdots|P_jP_n|,$$
求证:$\sum\limits_{j=1}^{n}\dfrac{1}{d_j}\geqslant 1$.

证明　设点 P_j 对应的复数为 $a_j(j=1,2,\cdots,n)$,经过 n 个点 $(a_j,1)(j=1,2,\cdots,n)$ 的多项式为 $P(x)\equiv 1$,由拉格朗日插值公式,该多项式也可以表达为
$$P(x)\equiv\frac{(x-a_2)(x-a_3)\cdots(x-a_n)}{(a_1-a_2)(a_1-a_3)\cdots(a_1-a_n)}$$

$$+ \frac{(x-a_1)(x-a_3)\cdots(x-a_n)}{(a_2-a_1)(a_2-a_3)\cdots(a_2-a_n)} + \cdots$$

$$+ \frac{(x-a_1)(x-a_2)\cdots(x-a_{n-1})}{(a_n-a_1)(a_n-a_2)\cdots(a_n-a_{n-1})}.$$

令 $x=0$，则

$$1 = P(0) = \sum_{i=1}^{n}\Big(\prod_{\substack{1\leqslant j\leqslant n \\ j\neq i}}\frac{(-1)^{n-1}a_j}{a_j-a_i}\Big).$$

因为 $a_j(j=1,2,\cdots,n)$ 在单位圆上，则 $|a_j|=1$，两端同时取模得

$$1 = \Big|\sum_{i=1}^{n}\Big(\prod_{\substack{1\leqslant j\leqslant n \\ j\neq i}}\frac{(-1)^{n-1}a_j}{a_j-a_i}\Big)\Big| \leqslant \sum_{i=1}^{n}\Big(\prod_{\substack{1\leqslant j\leqslant n \\ j\neq i}}\frac{|a_j|}{|a_j-a_i|}\Big)$$

$$= \sum_{j=1}^{n}\frac{1}{|a_j-a_1||a_j-a_2|\cdots|a_j-a_{j-1}||a_j-a_{j+1}|\cdots|a_j-a_n|},$$

也即 $\sum\limits_{j=1}^{n}\dfrac{1}{d_j}\geqslant 1$，得证.

例 11.2.7 试证：对任何整系数多项式 $P(x)$，不存在不同的整数 $x_1,x_2,\cdots,x_n(n\geqslant 3)$，使得 $P(x_1)=x_2,P(x_2)=x_3,\cdots,P(x_{n-1})=x_n,P(x_n)=x_1$.

证明 反设结论不成立，易证当 $a\neq b$ 时，必有 $a-b|P(a)-P(b)$，所以 $|a-b|\leqslant|P(a)-P(b)|$.

依次取 a,b 为 $x_i,x_{i+1}(i=1,2,\cdots,n)(x_{n+1}=x_1)$，则

$$|x_1-x_2|\leqslant|x_2-x_3|\leqslant\cdots\leqslant|x_{n-1}-x_n|$$

$$\leqslant|x_n-x_1|\leqslant|x_1-x_2|$$

所以，只有 $|x_1-x_2|=|x_2-x_3|=\cdots=|x_{n-1}-x_n|=|x_n-x_1|$ 成立.

当 $n\geqslant 3$ 时，若 i 使得 $x_{i-1}-x_i$ 与 x_i-x_{i+1} 异号，则由上式即知 $x_{i-1}-x_i=-(x_i-x_{i+1})$，从而 $x_{i-1}=x_{i+1}$，这与题设矛盾，因而对

于任何 i，均有 $x_{i-1} - x_i = x_i - x_{i+1}$.

此时，若 $x_1 \geqslant x_2$，则 $x_1 \geqslant x_2 \geqslant \cdots \geqslant x_n \geqslant x_1$，因而 $x_1 = x_2 = \cdots = x_n$，矛盾. 若 $x_1 < x_2$，则 $x_1 < x_2 < \cdots < x_n < x_1$，也矛盾，得证.

注 这里我们又一次看到了反证法与不等式控制联用的威力. 在此题中取 $n = 3$，即为第 3 届美国数学奥林匹克第 1 题.

例 11.2.8 设多项式 $f(x) = a_0 x^n + a_1 x^{n-1} + a_2 x^{n-2} + \cdots + a_{n-1} x + a_n$ 的零点都是实数，其中 $a_i = 1$ 或 $-1 (i = 0, 1, 2, \cdots, n)$，求具有这种性质的多项式全体.

解 不妨设首项系数 $a_0 = 1$，设其 n 个零点为 $x_1, x_2, \cdots, x_n$，由根与系数知

$$\sum_{i=1}^{n} x_i = -a_1, \qquad \text{①}$$

$$\sum_{1 \leqslant i, j \leqslant n} x_i x_j = a_2, \qquad \text{②}$$

$$x_1 x_2 \cdots x_n = (-1)^n a_n. \qquad \text{③}$$

由式①和式②得

$$\sum_{i=1}^{n} x_i^2 = \left(\sum_{i=1}^{n} x_i \right)^2 - 2 \sum_{1 \leqslant i, j \leqslant n} x_i x_j$$

$$= (-a_1)^2 - 2a_2 = 1 - 2a_2 \geqslant 0,$$

于是，$a_2 \leqslant \dfrac{1}{2}$，所以 $a_2 = -1$. 从而 $\sum\limits_{i=1}^{n} x_i^2 = 3$.

又由式③得，$x_1^2 x_2^2 \cdots x_n^2 = a_n^2 = 1$，由平均值不等式知

$$3 = \sum_{i=1}^{n} x_i^2 \geqslant n \sqrt[n]{x_1^2 x_2^2 \cdots x_n^2} = n,$$

所以，n 的可能取值为 $1, 2, 3$. 符合要求的全体多项式如下：

$\pm (x - 1)$，$\quad \pm (x + 1)$，$\quad \pm (x^2 + x - 1)$，$\quad \pm (x^2 - x + 1)$，

$$\pm (x^3 + x^2 - x - 1), \quad \pm (x^3 - x^2 - x + 1).$$

注　此题中我们应用不等式控制,求出了 n 的取值范围,进而求出 n 的值,确定出符合题设条件的全体多项式.

例 11.2.9　设多项式 $f(x) = x^n + nx^{n-1} + a_2 x^{n-2} + \cdots + a_{n-1} x + a_n$ 的所有零点为 $r_1, r_2, \cdots, r_n$,若 $|r_1|^{16} + |r_2|^{16} + \cdots + |r_n|^{16} = n$,求这些零点.

解　设 $a_1, a_2, \cdots, a_n, b_1, b_2, \cdots, b_n$ 为复数,则有柯西不等式

$$\left| \sum_{i=1}^{n} a_i b_i \right| \leqslant \sum_{i=1}^{n} |a_i|^2 + \sum_{i=1}^{n} |b_i|^2. \qquad ①$$

当且仅当有常数 $k \in \mathbf{C}$,使得 $a_i = kb_i (i = 1, 2, \cdots, n)$ 时,式① 等号成立.

由韦达定理知 $r_1 + r_2 + \cdots + r_n = -n$.由式① 知

$$n^2 = |r_1 + r_2 + \cdots + r_n|^2$$
$$\leqslant n(|r_1|^2 + |r_2|^2 + \cdots + |r_n|^2), \qquad ②$$

$$n^4 = |r_1 + r_2 + \cdots + r_n|^4 \leqslant n^2(|r_1|^2 + |r_2|^2 + \cdots + |r_n|^2)$$
$$\leqslant n^3(|r_1|^4 + |r_2|^4 + \cdots + |r_n|^4), \qquad ③$$

$$n^8 = |r_1 + r_2 + \cdots + r_n|^8 \leqslant n^6(|r_1|^4 + |r_2|^4 + \cdots + |r_n|^4)$$
$$\leqslant n^7(|r_1|^8 + |r_2|^8 + \cdots + |r_n|^8), \qquad ④$$

$$n^{16} \leqslant n^{14}(|r_1|^8 + |r_2|^8 + \cdots + |r_n|^8)$$
$$\leqslant n^{15}(|r_1|^{16} + |r_2|^{16} + \cdots + |r_n|^{16}), \qquad ⑤$$

但 $|r_1|^{16} + |r_2|^{16} + \cdots + |r_n|^{16} = n$,故式⑤中等号成立,从而

$$|r_1|^8 + |r_2|^8 + \cdots + |r_n|^8 = n.$$

同理,依次推得

$$|r_1|^4 + |r_2|^4 + \cdots + |r_n|^4 = n,$$
$$|r_1|^2 + |r_2|^2 + \cdots + |r_n|^2 = n.$$

由式②中等号成立条件知，$r_1 = r_2 = \cdots = r_n$，所以 $r_1 = r_2 = \cdots = r_n = -1$.

11.3　函数问题

我们知道函数的定义域、值域、单调性、有界性、凹凸性等与不等式密切相关，因此某些函数问题的处理可考虑建立不等式，利用不等式控制变量，以寻求问题的解决.

例 11.3.1　求函数 $f(x) = \dfrac{9x^2 \sin^2 x + 4}{x \sin x}$ 在 $0 < x < \pi$ 上的最小值.

解

$$f(x) = 9x\sin x + \frac{4}{x\sin x} \geqslant 2\sqrt{9x\sin x \cdot \frac{4}{x\sin x}} = 12,$$

其中等号当且仅当 $9x\sin x = \dfrac{4}{x\sin x}$，即 $x^2 \sin^2 x = \dfrac{4}{9}$ 时成立.

因为 $x^2 \sin^2 x$ 在当 $x = 0$ 时为 0，当 $x = \dfrac{\pi}{2}$ 时大于 1，所以当 $0 < x < \pi$ 时，存在某个 x_0，使得 $x_0^2 \sin^2 x_0 = \dfrac{4}{9}$，因此，$f(x)$ 在 $0 < x < \pi$ 上的最小值为 12.

注　不等式与函数的最值是密切联系的，不等式是求最值的重要工具之一，许多不等式可以解释为最大值和最小值问题的解，例如，算术平均值不等式 $\dfrac{a_1 + a_2 + \cdots + a_n}{n} \geqslant \sqrt[n]{a_1 a_2 \cdots a_n}$ 可以解释为两个对偶问题：

(1) "和定积最大"：设 n 个正数 $a_1, a_2, \cdots, a_n$ 的和为常数 A，当

且仅当 $a_1 = a_2 = \cdots = a_n = \dfrac{A}{n}$ 时，这 n 个数的积取得最大值 $\left(\dfrac{A}{n}\right)^n$；

(2)"积定和最小"：设 n 个正数 $a_1, a_2, \cdots, a_n$ 的积为常数 B，当且仅当 $a_1 = a_2 = \cdots = a_n = \sqrt[n]{B}$ 时，这 n 个数的和取得最小值 $n\sqrt[n]{B}$.

反之，由一个最值问题的解，也可以得到一个不等式，例如，若 $f(x)$ 在 $[a, b]$ 上的最大值及最小值分别是 M, m，则有 $m \leqslant f(x) \leqslant M\,(a \leqslant x \leqslant b)$.

例 11.3.2　设函数 $y = f(x)$ 定义在 $\mathbf{R}$ 上，当 $x > 0$ 时，$f(x) > 1$，且对任意 $a, b \in \mathbf{R}$，有 $f(a + b) = f(a)f(b)$.

(1) 求证：$f(0) = 1$；

(2) 证明：$y = f(x)$ 在 $\mathbf{R}$ 上是增函数；

(3) 若 $f(1) = 2, A = \{(m, n) \mid f(n)f(2m - m^2) > \sqrt{2}, m, n \in \mathbf{Z}\}$，$B = \{(m, n) \mid f(n - m) = 16, m, n \in \mathbf{Z}\}$，求 $A \cap B$.

解　(1) 在 $f(a + b) = f(a)f(b)$ 中，令 $a = b = 0$，得 $f(0) = f(0)f(0)$，则 $f(0) = 0$ 或 $f(0) = 1$.

若 $f(0) = 0$，当 $a > 0$ 时，$f(a) = f(a + 0) = f(a)f(0) = 0$，这与当 $x > 0$ 时，$f(x) > 1$ 相矛盾，故 $f(0) = 1$.

(2) 先证明 $f(x)$ 在 $\mathbf{R}$ 恒为正.

当 $x > 0$ 时，$f(x) > 1$；当 $x < 0$ 时，$-x > 0$，则 $f(-x) > 1$.

在 $f(a + b) = f(a)f(b)$ 中，令 $a = x, b = -x$，则有
$$1 = f(0) = f(x - x) = f(x)f(-x),$$

于是 $f(x) = \dfrac{1}{f(-x)}$. 因为当 $x < 0$ 时，$f(-x) > 1$，所以当 $x < 0$ 时，$0 < f(x) < 1$. 又因为当 $x > 0$ 时，$f(x) > 1$，且 $f(0) = 1$，所以，$f(x)$ 在 $\mathbf{R}$ 恒为正.

再证 $f(x)$ 是 **R** 上的增函数. 设 $x_1, x_2 \in \mathbf{R}, x_2 > x_1$, 则 $x_2 - x_1 > 0$, 故 $f(x_2 - x_1) > 1$, 令 $a = x_1, a + b = x_2$, 则 $b = x_2 - x_1$, 代入 $f(a + b) = f(a)f(b)$, 得 $f(x_2) = f(x_1)f(x_2 - x_1)$.

因为 $f(x_1) > 0, f(x_2 - x_1) > 1$, 所以 $f(x_2) > f(x_1)$, 故 $f(x)$ 是 **R** 上的增函数.

(3) 在 $f(a + b) = f(a)f(b)$ 中, 令 $b = a$, 则

$$f(2a) = f(a + a) = f(a)f(a) = \big(f(a)\big)^2,$$

所以

$$f(4) = \big(f(2)\big)^2 = \big(f(1)\big)^4 = 2^4, \quad f(1) = \left[f\left(\frac{1}{2}\right)\right]^2$$

因为 $f\left(\dfrac{1}{2}\right) > 0$, 所以 $f\left(\dfrac{1}{2}\right) = \sqrt{f(1)} = \sqrt{2}$, 于是有

$$\begin{cases} f(n)f(2m - m^2) > \sqrt{2}, \\ f(n - m) = 16, \end{cases} \quad \text{即} \quad \begin{cases} f(n + 2m - m^2) > f\left(\dfrac{1}{2}\right), \\ f(n - m) = f(4). \end{cases}$$

因为 $f(x)$ 是 **R** 上的增函数, 所以

$$\begin{cases} n + 2m - m^2 > \dfrac{1}{2}, \\ n - m = 4. \end{cases}$$

则 $m + 4 + 2m - m^2 > \dfrac{1}{2}$, 解得 $\dfrac{3 - \sqrt{23}}{2} < m < \dfrac{3 + \sqrt{23}}{2}$.

因为 $m \in \mathbf{Z}$, 所以 $m = 0, 1, 2, 3$. 所以 $A \bigcap B = \{(0,4),(1,5),(2,6),(3,7)\}$.

注　本题是比较典型的确定函数性质类型的题目, 解答过程中多次用赋值法和不等式进行讨论.

例 11.3.3　设 $f(x)$ 是定义域在 $(1, +\infty)$ 上且在 $(1, +\infty)$ 中取

值的函数,满足条件:对任何 $x,y>1$ 及 $u,v>0$ 都有

$$f(x^u y^v) \leqslant (f(x))^{\frac{1}{4u}} (f(y))^{\frac{1}{4v}} \qquad ①$$

成立,试确定所有这样的函数 $f(x)$.

解　对任意取定的 $x,y>1$ 及 $u>0$,可选择 v,使 $x^u y^v = x$,即 $v = \dfrac{(1-u)\ln x}{\ln y}$,代入式①,得

$$f(x) \leqslant (f(x))^{\frac{1}{4u}} (f(y))^{\frac{\ln y}{4(1-u)\ln x}},$$

即

$$(f(x))^{(1-\frac{1}{4u})\ln x} \leqslant (f(y))^{\frac{\ln y}{4(1-u)}}.$$

令 $u = \dfrac{1}{2}$,得 $(f(x))^{\ln x} \leqslant (f(y))^{\ln y}$. 由对称性,得 $(f(y))^{\ln y} \leqslant (f(x))^{\ln x}$,所以 $(f(x))^{\ln x} = (f(y))^{\ln y}$.

由 x,y 的任意性,知 $(f(x))^{\ln x} = C$,其中 $C>1$,即 $f(x) = C^{\frac{1}{\ln x}}$ $(C>1)$.

而由不等式 $\dfrac{1}{a} + \dfrac{1}{b} \geqslant \dfrac{4}{a+b}$ $(a,b>0)$ 知

$$f(x^u y^v) = C^{\frac{1}{u\ln x + v\ln y}} \leqslant C^{\frac{1}{4u\ln x}} C^{\frac{1}{4v\ln y}} = (f(x))^{\frac{1}{4u}} (f(y))^{\frac{1}{4v}}$$

成立,故 $f(x) = C^{\frac{1}{\ln x}}$ $(C>1)$ 为所求的一切解.

注　本例中利用题目结构的对称性导出"$A \geqslant B$ 且 $A \leqslant B$",从而 $A = B$,比较巧妙. 这种通过不等式来证不等式,由"不等导相等"的技巧在许多情形下都适用,让我们再来看两个例子.

例 11.3.4　设 $f(x)$ 是定义在 $(0,1)$ 上的实函数,如果:

(1) 对任何 $x \in (0,1)$,有 $f(x)>0$;

(2) 对任何 $x,y \in (0,1)$,有 $\dfrac{f(x)}{f(y)} + \dfrac{f(1-x)}{f(1-y)} \leqslant 2$.

求证：$f(x)$ 必定是常数函数.

证明　由于当 $x \in (0,1)$，有 $f(x) > 0$，所以当 $y \in (0,1)$ 时，有 $f(y) > 0, f(1-y) > 0$，由(2)得

$$f(x)f(1-y) + f(y)f(1-x) \leqslant 2f(y)f(1-y).$$

令 $x = 1 - y$，则

$$\big(f(x)\big)^2 - 2f(x)f(1-x) + \big(f(1-x)\big)^2 \leqslant 0,$$

即 $\big(f(x) - f(1-x)\big)^2 \leqslant 0$，所以 $f(x) = f(1-x)$，于是(2)即为

$\dfrac{2f(x)}{f(y)} \leqslant 2$，即 $f(x) \leqslant f(y)$.

同理，令 $y = 1 - x$，则有 $f(y) \leqslant f(x)$.所以 $f(x) = f(y)$ 对所有的 $x, y \in (0,1)$ 成立，即 $f(x)$ 为 $(0,1)$ 上的常数函数.

例 11.3.5　设 $f(n)$ 是定义在正整数集上且取正整数值的严格递增函数，$f(2) = 2$，当 m, n 互素时，有 $f(mn) = f(m)f(n)$，求证：对一切正整数 n，$f(n) = n$ 成立.

证明　因为

$$f(3)f(7) = f(21) < f(22) = f(2)f(11)$$
$$= 2f(11) < 2f(14) = 2f(2)f(7) = 4f(7),$$

所以 $f(3) < 4$.又因为 $f(3) > f(2) = 2$，所以 $f(3) = 3$.

若结论不成立，设使 $f(n) \neq n$ 的最小正整数为 n_0，则 $n_0 \geqslant 4$.因为 $f(n_0) > f(n_0 - 1) = n_0 - 1$，且 $f(n_0) \neq n_0$，所以 $f(n_0) > n_0$.由于 $f(n)$ 是严格递增的，故当 $n \geqslant n_0$ 时，有 $f(n) > n$.

当 n_0 为奇数时，2 与 $n_0 - 2$ 互素，故

$$f(2(n_0 - 2)) = f(2)f(n_0 - 2) = 2(n_0 - 2).$$

由于 $n_0 \geqslant 4$，所以 $2(n_0 - 2) = 2n_0 - 4 = n_0 + (n_0 + 4) \geqslant n_0$，则

$f\big(2(n_0-2)\big)>2(n_0-2)$,矛盾.

当 n_0 为偶数时,2 与 n_0-1 互素,故

$$f\big(2(n_0-1)\big) = f(2)f(n_0-1) = 2(n_0-1).$$

因为 $n_0\geqslant 4$,所以 $2(n_0-1)>n_0$,则 $f\big(2(n_0-1)\big)>2(n_0-1)$,矛盾.

综上可知,$\forall\, n\in\mathbf{N}^+$,有 $f(n)=n$.

例 11.3.6 设 $f(n)$ 是一个在自然数集上定义,并在这个数集中取值的函数.试证:如果对每一个 n,不等式 $f(n+1)>f\big(f(n)\big)$ 都成立,那么,对于每一个 n,等式 $f(n)=n$ 都成立.

证明 我们先用数学归纳法证明引理:对于任意自然数 k,只要 $n\geqslant k$,则 $f(n)\geqslant k$ 成立.

当 $k=1$ 时,由于 1 是 $f(n)$ 的值中最小的数,所以引理成立.

假设引理对于某自然数 k 成立,则当 $n\geqslant k+1$ 时,$n-1\geqslant k$,由假设,$f(n-1)\geqslant k$,于是 $f\big(f(n-1)\big)\geqslant k$,由已知 $f(n+1)>f\big(f(n)\big)$ 得,$f(n)>k$,因而有 $f(n)\geqslant k+1$,引理得证.

在引理中,令 $k=n$,则有 $f(n)\geqslant n$;令 $n=f(k)$,则 $f\big(f(k)\big)\geqslant f(k)$.

因为 $f(k+1)>f\big(f(k)\big)$,于是 $f(k+1)>f(k)$,这表明 $f(k)$ 是单调递增函数.

因为对于任意的正整数 n,有 $f(n+1)>f\big(f(n)\big)$,由 $f(n)$ 的单调性,可得 $n+1>f(n)$,即 $f(n)\leqslant n$.所以 $f(n)=n$.

例 11.3.7 求所有函数 $f:\mathbf{N}^+\to\mathbf{N}^+$,使得 $\forall\, n\in\mathbf{N}^+$,有
$$f(f(f(n)))+f(f(n))+f(n) = 3n.$$

解　$\forall m, n \in \mathbf{N}^+$, 若 $f(m) = f(n)$, 则

$$f(f(m)) = f(f(n)), \quad f(f(f(m))) = f(f(f(n))),$$

所以

$$f(f(f(m))) + f(f(m)) + f(m)$$

$$= f(f(f(n))) + f(f(n)) + f(n),$$

即 $3m = 3n$, 所以 $m = n$, 故 f 是 $f: \mathbf{N}^+ \to \mathbf{N}^+$ 的单射. 下证 $f(n) = n$.

当 $n = 1$ 时, 则

$$f(f(f(1))) + f(f(1)) + f(1) = 3$$

因为上式左边 3 个数均为正整数, 所以只能全为 1, 故 $f(1) = 1$, 即 $n = 1$ 时结论成立.

假设 $n \leqslant k$ 时, 有 $f(k) = k$, 那么当 $n = k + 1$ 时, 由 f 是单射知 $f(k+1) > k$, 从而有 $f(f(k+1)) > k$, 进而有 $f(f(f(k+1))) > k$, 即

$$f(k+1) \geqslant k+1, \tag{①}$$

$$f(f(k+1)) \geqslant k+1, \tag{②}$$

$$f(f(f(k+1))) \geqslant k+1. \tag{③}$$

将上式①~式③相加, 得

$$f(f(f(k+1))) + f(f(k+1)) + f(k+1) \geqslant 3(k+1).$$

又因为 $f(f(f(k+1))) + f(f(k+1)) + f(k+1) = 3(k+1)$, 从而知以上不等式全取等号, 故 $f(k+1) = k+1$, 即对于 $n = k+1$ 结论成立. 由归纳法原理, 知 $f(n) = n, n \in \mathbf{N}^+$.

11.4　几何问题

有些几何问题也可从不等式的角度出发去考虑.

例 11.4.1　$\triangle PQR$ 的边长是 p,q,r,已知对任意整数 n,有以 p^n,q^n,r^n 为边的三角形存在,试证:$\triangle PQR$ 是等腰三角形.

证明　不妨设 $p \leqslant q \leqslant r$,由于对所有整数 n,有

$$r^n < p^n + q^n \leqslant 2q^n,$$

即对所有整数 n,有 $\left(\dfrac{q}{r}\right)^n > \dfrac{1}{2}$.

若 $q < r$,则 $\dfrac{q}{r} < 1$,于是当整数 n 足够大时,有 $\left(\dfrac{q}{r}\right)^n < \dfrac{1}{2}$,与 $\left(\dfrac{q}{r}\right)^n > \dfrac{1}{2}$ 矛盾. 从而只能 $q = r$,即 $\triangle PQR$ 是等腰三角形.

例 11.4.2　在一个面积为 32 cm^2 的平面凸四边形中,两条对边和一条对角线的长度和为 16 cm,试确定另一条对角线的所有可能长度.

解　如图 11.1 所示,设四边形 $ABCD$ 为凸四边形,其面积 $S = 32 \text{ cm}^2$,为不失一般性,设 $AB + BD + DC = 16 \text{ cm}$,则有

$$32 \text{ cm}^2 = S = S_{\triangle ABD} + S_{\triangle BCD}$$

$$= \frac{1}{2} AB \cdot BD \sin \angle ABD + \frac{1}{2} CD \cdot BD \sin \angle CDB$$

$$\leqslant \frac{1}{2} (AB + CD) \cdot BD \leqslant \frac{1}{2} \left(\frac{AB + CD + BD}{2}\right)^2$$

$$= \frac{1}{2} \left(\frac{16}{2}\right)^2 = 32 \text{ cm}^2.$$

因此式中不等式应取等号,从而知 $S_{\triangle ABD} = \dfrac{1}{2}AB \cdot BD$, $S_{\triangle BCD}$

$= \dfrac{1}{2}CD \cdot BD$,即应为 $AB \perp CD$, $CD \perp BD$.

又由 $AB + CD = BD$,得 $AB + CD = BD = 8$,这时,另一条对角线 AC 唯一可能的长度是 $AC = \sqrt{(AB+CD)^2 + BD^2} = \sqrt{128} = 8\sqrt{2}$.

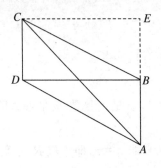

图 11.1

注　此题通过"两边夹",逼出等号成立,耐人寻味.

例 11.4.3　锐角 $\triangle ABC$ 的三边长满足不等式 $AB < AC < BC$,点 I 为 $\triangle ABC$ 的内心,点 O 为外心,求证:直线 IO 与线段 AB 及 BC 相交.

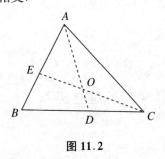

图 11.2

证明　锐角 $\triangle ABC$ 的外心 O 在三角形内,如图 11.2 所示,延长 AO, CO 交对边于 D, E,今证点 I 在 $\triangle AOE$ 内,从而直线 IO 与线段 AE 及 CD 相交.

由于 $\angle AOC = 2\angle B$,则

$$\angle OAC = \frac{180^\circ - \angle AOC}{2}$$

$$= 90^\circ - \angle B < 90^\circ - \angle C \quad (\angle A > \angle B > \angle C),$$

但$90^\circ - \angle B + 90^\circ - \angle C = \angle A$，所以$\angle OAC < \frac{1}{2}\angle A$，即点 I 在 $\angle BAD$ 内.

又因为$\angle OCA = 90^\circ - \angle B > 90^\circ - \angle A$，同理有$\angle OCA > \frac{1}{2}\angle C$，故点 I 在$\angle ACE$ 内，即点 I 在$\triangle AOE$ 内，得证.

注　本题通过不等关系巧妙地论证了线与线的相交.

例 11.4.4　设 l 是经过点 C 且平行于$\triangle ABC$ 的边 AB 的直线，$\angle A$ 的内角平分线交边 BC 于点 D，交直线 l 于点 E；$\angle B$ 的内角平分线交边 AC 于点 F，交直线 l 于点 G，如果 $GF = DE$，求证：$AC = BC$.

证明　如图 11.3 所示，设 $BC = a$，$CA = b$，$AB = c$，$\angle A = 2\alpha$，$\angle B = 2\beta$. 因为$\frac{CF}{FA} = \frac{a}{c}$，则 $CF = \frac{ab}{a+c}$. 同理，$CD = \frac{ab}{b+c}$.

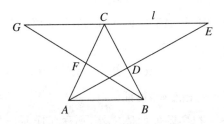

图 11.3

若 $\alpha > \beta$，则 $\sin\alpha > \sin\beta$，$\sin 2\alpha > \sin 2\beta$.

在$\triangle CFG$ 中，$\frac{GF}{\sin 2\alpha} = \frac{CF}{\sin\beta}$，所以 $GF = \frac{ab\sin 2\alpha}{(a+b)\sin\beta}$.

在△CED中,$\dfrac{CD}{\sin\alpha}=\dfrac{ED}{\sin2\beta}$,所以 $ED=\dfrac{ab\sin2\beta}{(b+c)\sin\alpha}$.

由 $GF=EC$ 知,$(b+c)\sin\alpha\sin2\alpha=(a+c)\sin\beta\sin2\beta$.

又因为$\dfrac{b}{\sin2\beta}=\dfrac{a}{\sin2\alpha}$,所以

$$c(\sin\alpha\sin2\alpha-\sin\beta\sin2\beta)+a\sin2\beta(\sin\alpha-\sin\beta)=0.$$

而上式左边>0,矛盾,所以 $\alpha\leqslant\beta$.同理可知 $\alpha\geqslant\beta$,故 $\alpha=\beta$.

例 11.4.5　求证:任意一个四面体总有一个顶点,由这个顶点出发的三条棱可以构成一个三角形的三边.

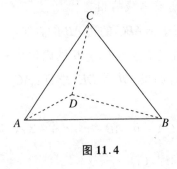

图 11.4

证明　如图 11.4 所示,设 $A,B,$ C,D 是任意一个四面体的顶点,并设 AB 是最长的棱,如果由任意一个顶点出发的三条棱都不能构成一个三角形,则由 A 出发的三条棱有 $AB\geqslant AC+AD$.又由 B 点出发的三条棱有 $BA\geqslant BC+BD$.于是

$$2AB\geqslant AC+BC+AD+BD. \tag{①}$$

但在△ABC 中,有 $AB<AC+BC$;在△ABD 中,有 $AB<AD+BD$,于是

$$2AB<AC+BC+AD+BD. \tag{②}$$

式①、式②两不等式相矛盾,得证.

例 11.4.6　求证:除四面体之外,不存在任何一个凸多面体,它的每一个顶点与所有其他顶点之间都有棱相连.

证明　假设存在凸多面体,它的 n 个顶点彼此都有棱相连,则该多面体共有 C_n^2 条棱,因为每一面至少有三条棱组成,每一条棱属于

两个面的交集，所以该多面体的面数不超过 $\frac{2}{3}C_n^2$ 个，由欧拉定理

$$\frac{2}{3}C_n^2 + n \geqslant C_n^2 + 2,$$

即 $n^2 - 7n + 12 \leqslant 0$，所以 $3 \leqslant n \leqslant 4$. 但 n 为整数，所以 n 的值只能是 3 或 4，但是多面体至少有 4 个顶点，可见 $n \neq 3$，所以 $n = 4$.

第 12 章 母 函 数

设 $\{a_n\}(n=0,1,2,\cdots)$ 为一给定数列,则形式幂级数

$$f(x) = a_0 + a_1 x + a_2 x^2 + \cdots + a_n x^n + \cdots$$

称为数列 $\{a_n\}$ 的母函数.

例如:数列 $a_n = 1(n=0,1,2,\cdots)$ 的母函数是

$$1 + x + x^2 + \cdots + x^n + \cdots;$$

数列 $a_n = n(n=0,1,2,\cdots)$ 的母函数是

$$0 + x + 2x^2 + \cdots + nx^n + \cdots;$$

数列 $C_n^0, C_n^1, C_n^2, \cdots, C_n^n$ 的母函数是

$$C_n^0 + C_n^1 x + C_n^2 x^2 + \cdots + C_n^n x^n = (1 + x)^n.$$

通过这一概念,把离散的数列变换为形式幂级数 $f(x) = \sum\limits_{k=0}^{\infty} a_k x^k$,从而有可能把离散数列的研究转化为对函数的研究,一旦求出生成幂级数的函数 $f(x)$,那么数列 $\{a_n\}$ 的结构就完全清楚了.

这一方法的思想是:要研究或找出有关离散数列 $\{a_n\}$ 的结构特征,先利用这个数列作为系数构造一个幂级数,把离散数列和幂级数一一对应起来,把离散数列间的相互结合关系,对应为幂级数间的运算关系,最后由幂级数的形式来确定离散数列 $\{a_n\}$ 的结构,其思路如图 12.1 所示.

关于形式幂级数有下列定理:

图 12.1

定理 1 两个幂级数

$$\sum_{n=0}^{\infty} a_n x^n \quad \text{与} \quad \sum_{n=0}^{\infty} b_n x^n$$

相等,当且仅当 $a_n = b_n (n = 0, 1, 2, \cdots)$.

定理 2 两个幂级数

$$\sum_{n=0}^{\infty} a_n x^n \quad \text{与} \quad \sum_{n=0}^{\infty} b_n x^n$$

的和是一个以 $a_n + b_n$ 为系数的形式幂级数,即

$$\sum_{n=0}^{\infty} a_n x^n + \sum_{n=0}^{\infty} b_n x^n = \sum_{n=0}^{\infty} (a_n + b_n) x^n.$$

定理 3 常数 α 和形式幂级数 $\sum\limits_{n=0}^{\infty} a_n x^n$ 的乘积是一个以 αa_n 为系数的形式幂级数,即

$$\alpha \sum_{n=0}^{\infty} a_n x^n = \sum_{n=0}^{\infty} (\alpha a_n) x^n.$$

定理 4 两个形式幂级数

$$\sum_{n=0}^{\infty} a_n x^n \quad \text{与} \quad \sum_{n=0}^{\infty} b_n x^n$$

的乘积为形式幂级数 $\sum\limits_{n=0}^{\infty} c_n x^n$,其中系数 c_n 满足 $c_n = \sum\limits_{k=0}^{n} a_k b_{n-k}$,即

$$\left(\sum_{n=0}^{\infty} a_n x^n \right) \cdot \left(\sum_{n=0}^{\infty} b_n x^n \right) = \sum_{n=0}^{\infty} c_n x^n.$$

定理 5　设

$$f(x) = \sum_{n=0}^{\infty} a_n x^n, \quad g(x) = \sum_{n=0}^{\infty} b_n x^n, \quad h(x) = \sum_{n=0}^{\infty} c_n x^n$$

是三个形式幂级数,如果 $f(x) = g(x)h(x)$,则称 $f(x)$ 被 $g(x)$ 除的

商是 $h(x)$,记为 $\dfrac{f(x)}{g(x)} = h(x)$.

为了方便应用,我们不加证明地给出下列两个重要公式:

公式 I

$$(1-x)^{-n} = \sum_{k=0}^{\infty} \mathrm{C}_{n+k-1}^{k} x^k = \sum_{k=0}^{\infty} \mathrm{C}_{n+k-1}^{n-1} x^k, \quad |x| < 1,$$

特别地,在公式 I 中令 $n = 1$ 时,有

$$\frac{1}{1-x} = 1 + x + x^2 + \cdots + x^n + \cdots, \quad |x| < 1.$$

公式 II

$$(1+x)^{\frac{1}{2}} = 1 + \sum_{k=1}^{\infty} \frac{(-1)^{k-1}}{k \cdot 2^{2k-1}} \mathrm{C}_{2k-2}^{k-1} x^k, \quad |x| < 1.$$

母函数是组合数学中求解计数问题的基本手法之一,这里仅就组合恒等式的证明、求解递推数列的通项和计数问题中的应用做一概略介绍,更丰富的内容读者可参见组合数学教材.

例 12.1　求证:$\mathrm{C}_n^k = \mathrm{C}_n^{n-k}$,$k = 0, 1, 2, \cdots, n$.

证明　数列 $\mathrm{C}_n^0, \mathrm{C}_n^1, \mathrm{C}_n^2, \cdots, \mathrm{C}_n^n$ 的母函数是 $(1+x)^n$;数列 C_n^n,

$\mathrm{C}_n^{n-1}, \cdots, \mathrm{C}_n^1, \mathrm{C}_n^0$ 的母函数是

$$\mathrm{C}_n^n + \mathrm{C}_n^{n-1}x + \cdots + \mathrm{C}_n^1 x^{n-1} + \mathrm{C}_n^0 x^n$$

$$= x^n \left(\mathrm{C}_n^n \frac{1}{x^n} + \mathrm{C}_n^{n-1} \frac{1}{x^{n-1}} + \cdots + \mathrm{C}_n^1 \frac{1}{x} + \mathrm{C}_n^0 \right)$$

$$= x^n \left(1 + \frac{1}{x} \right)^n = (1+x)^n.$$

这说明两者有相同的母函数,因而这两个数列是相同的,即 $C_n^k = C_n^{n-k}$, $k = 0, 1, 2, \cdots, n$.

从上面的证明过程可以看出,应用母函数来证明组合恒等式的基本思想是证明恒等式两端具有相同的母函数.

例 12.2 求证:$\displaystyle\sum_{k=0}^{n} (C_n^k)^2 = C_{2n}^n$.

证明 因为 $(1 + x)^n = \displaystyle\sum_{k=0}^{n} C_n^k x^k$,所以

$$(1 + x)^{2n} = \Big(\sum_{k=0}^{n} C_n^k x^k \Big) \Big(\sum_{k=0}^{n} C_n^k x^k \Big),$$

这个乘积中 x^n 的系数为

$$\sum_{k=0}^{n} C_n^k C_n^{n-k} = \sum_{k=0}^{n} (C_n^k)^2,$$

但从展开式 $(1 + x)^{2n} = \displaystyle\sum_{k=0}^{2n} C_{2n}^k x^k$ 知 x^n 的系数为 C_{2n}^n,因此

$$\sum_{k=0}^{n} (C_n^k)^2 = C_{2n}^n.$$

例 12.3 (斐波那契数列)设 $f_0 = 1$, $f_1 = 1$, $f_n = f_{n-1} + f_{n-2}$ ($n = 2, 3, \cdots$),求数列 $\{f_n\}$ 的通项公式.

解 数列 $f_0, f_1, f_2, \cdots, f_n, \cdots$ 的母函数为

$$F(x) = f_0 + f_1 x + f_2 x^2 + \cdots + f_n x^n + \cdots,$$

将其两端乘以 x, x^2 后,分别得

$$xF(x) = f_0 x + f_1 x^2 + f_2 x^3 + \cdots + f_n x^{n+1} + \cdots,$$

$$x^2 F(x) = f_0 x^2 + f_1 x^3 + f_2 x^4 + \cdots + f_n x^{n+2} + \cdots.$$

两式相加,并结合题设条件,有

$$xF(x) + x^2 F(x) = f_0 x + (f_1 + f_0) x^2 + (f_2 + f_1) x^3$$
$$+ \cdots + (f_n + f_{n-1}) x^{n+1} + \cdots$$

$$= f_1 x + f_2 x^2 + f_3 x^3 + \cdots + f_{n+1} x^{n+1} + \cdots$$
$$= F(x) - 1,$$

所以，$F(x) = \dfrac{1}{1 - x - x^2}$.

又因为 $1 - x - x^2 = \left(\dfrac{\sqrt{5}+1}{2} + x \right)\left(\dfrac{\sqrt{5}-1}{2} - x \right)$，于是，如果记 r_1

$= \dfrac{\sqrt{5}+1}{2}, r_2 = \dfrac{\sqrt{5}-1}{2}$，则有

$$F(x) = \frac{1}{r_1 + r_2}\left(\frac{1}{r_1 + x} + \frac{1}{r_2 - x} \right)$$

$$= \frac{1}{\sqrt{5}}\left[\frac{1}{r_1} \sum_{n=0}^{\infty} \left(-\frac{1}{r_1} \right)^n x^n + \frac{1}{r_2} \sum_{n=0}^{\infty} \left(\frac{1}{r_2} \right)^n x^n \right]$$

$$= \sum_{n=0}^{\infty} \frac{1}{\sqrt{5}}\left[(-1)^n \left(\frac{1}{r_1} \right)^{n+1} + \left(\frac{1}{r_2} \right)^{n+1} \right] x^n.$$

因此，得

$$f_n = \frac{1}{\sqrt{5}}\left((-1)^n \left(\frac{1}{r_1} \right)^{n+1} + \left(\frac{1}{r_2} \right)^{n+1} \right)$$

$$= \frac{1}{\sqrt{5}}\left(\left(\frac{1+\sqrt{5}}{2} \right)^{n+1} - \left(\frac{1-\sqrt{5}}{2} \right)^{n+1} \right) \quad (n = 0,1,2,\cdots).$$

例 12.4　(河内塔问题)n 个圆盘依半径大小自下(大)而上(小)套在柱 A 上，如图 12.2(a)所示，每次只允许移动一个圆盘到柱 B 或柱 C 上，而且不允许大盘放在小盘上面，若要求把柱 A 上的 n 个圆盘转移到柱 C 上，试求要移动盘的次数 a_n.

解　当 $n=1$ 时，转移盘的次数为 $a_1 = 1$.

当 $n=2$ 时，先将小盘转移到柱 B 上，再将大盘移动到柱 C 上，转移的盘次为 $a_2 = 2a_1 + 1 = 3$.

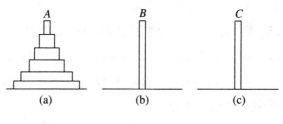

图 12.2

类似地,先将 $n-1$ 个盘子转移到柱 B 上,共移动了 a_{n-1} 次,然后将第 n 个盘子自柱 A 转移到柱 C 上,最后,仿前将柱 B 上的 $n-1$ 个盘子转移到柱 C 上,总共转移的盘次为 $a_n = 2a_{n-1} + 1$.

设

$$f(x) = a_1 x + a_2 x^2 + \cdots + a_n x^n + \cdots, \qquad ①$$

则

$$-2x f(x) = -2a_1 x^2 - 2a_2 x^3 - \cdots - 2a_n x^{n+1} - \cdots, \qquad ②$$

式①、式②相加得

$$(1 - 2x)f(x) = a_1 x + (a_2 - 2a_1)x^2 + \cdots$$
$$+ (a_n - 2a_{n-1})x^n + \cdots$$
$$= x + x^2 + \cdots + x^n + \cdots = \frac{x}{1-x},$$

所以

$$f(x) = \frac{x}{(1-x)(1-2x)} = \frac{1}{1-2x} - \frac{1}{1-x}$$
$$= (1 + 2x + 2^2 x^2 + \cdots + 2^n x^n + \cdots)$$
$$- (1 + x + x^2 + \cdots + x^n + \cdots)$$
$$= \sum_{n=1}^{\infty} (2^n - 1)x^n,$$

所以 $a_n = 2^n - 1$.

例 12.5 设 $\{x_n\}$, $\{y_n\}$ 为如下定义的两个整数数列

$$x_0 = 1, \quad x_1 = 1, \quad x_{n+1} = x_n + 2x_{n-1}, \quad n = 1,2,3,\cdots;$$

$$y_0 = 1, \quad y_1 = 7, \quad y_{n+1} = 2y_n + 3y_{n-1}, \quad n = 1,2,3,\cdots.$$

于是,这两个数列的前几项为

$$\{x_n\}: \quad 1,1,3,5,11,21,\cdots;$$

$$\{y_n\}: \quad 1,7,17,55,161,487,\cdots.$$

求证:除了"1"这项外,不存在同时出现在 $\{x_n\}$, $\{y_n\}$ 中的项.

证明 设 $S(t) = x_0 + x_1 t + x_2 t^2 + \cdots + x_n t^n + \cdots$,在这个级数的收敛区间内,有

$$2tS(t) = 2x_0 t + 2x_1 t^2 + 2x_2 t^3 + \cdots + 2x_n t^{n+1} + \cdots,$$

$$-\frac{1}{t}S(t) = -\frac{x_0}{t} - x_1 - x_2 t - \cdots - x_{n+1} t^n - \cdots,$$

以上三式相加,并注意到 $x_{n+1} = x_n + 2x_{n-1}, n = 1,2,3,\cdots$,得

$$\left(1 + 2t - \frac{1}{t}\right)S(t) = x_0 - \frac{x_0}{t} - x_1 = -\frac{1}{t}.$$

于是

$$S(t) = \frac{1}{1 - t - 2t^2} = \frac{2}{3(1 - 2t)} + \frac{1}{3(1 + t)}$$

$$= \frac{2}{3}(1 + 2t + 2^2 t^2 + \cdots) + \frac{1}{3}(1 - t + t^2 - \cdots),$$

x_n 是 $S(t)$ 展开式中的系数,于是

$$x_n = \frac{2}{3} \cdot 2^n + \frac{1}{3} \cdot (-1)^n = \frac{2^{n+1} + (-1)^n}{3}.$$

同理,我们可以得到,$y_n = 2 \cdot 3^n - (-1)^n$.

为了使得 $x_m = y_n$,且 $m > 0, n > 0$,必须有

$$\frac{2^{m+1} + (-1)^m}{3} = 2 \cdot 3^n - (-1)^n,$$

即 $2(3^{n+1} - 2^m) = (-1)^m + 3(-1)^n$. 易知, m, n 必须奇偶性不同, 否则上式右端能够被 4 整除, 而左端不能.

当 m 是偶数, 而 n 是奇数时, 令 $m = 2p, n = 2q - 1, p, q \in \mathbf{N}^+$, 则

$$2(3^{2q} - 2^{2p}) = 1 - 3 = -2, 即 3^{2q} + 1 = 2^{2p}.$$

但由 $p, q \in \mathbf{N}^+$ 知, 2^{2p} 被 4 整除, 而 $3^{2q} + 1 = (4-1)^{2q} + 1$ 被 4 除余 2, 矛盾.

当 m 是奇数, 而 n 是偶数时, 令 $m = 2p + 1, n = 2q, p, q \in \mathbf{N}^+$, 则 $2(3^{2q+1} - 2^{2p+1}) = -1 + 3 = 2$, 即 $3^{2q+1} - 1 = 2^{2p+1}$. 但由 $p, q \in \mathbf{N}^+$ 知, 2^{2p+1} 被 4 整除, 而 $3^{2q+1} - 1 = (4-1)^{2q+1} - 1$ 被 4 除余 2, 矛盾.

所以, 除了 "1" 这项外, 不存在同时出现在 $\{x_n\}, \{y_n\}$ 中的项.

例 12.6 设 $A_1, A_2, \cdots, A_n$ 是非负整数集的子集, 对于 $n \geq 0$ 不定方程

$$x_1 + x_2 + \cdots + x_m = n \tag{①}$$

满足条件 $x_i \in A_i (i = 1, 2, \cdots, m)$ 的整数解的个数记为 a_n, 则 $\{a_n\}$ 的母函数为

$$\sum_{n \geq 0} a_n x^n = \left(\sum_{i_1 \in A_1} x^{i_1} \right) \left(\sum_{i_2 \in A_2} x^{i_2} \right) \cdots \left(\sum_{i_m \in A_m} x^{i_m} \right). \tag{②}$$

证明 将式②右边展开后比较左右两边 x^n 的系数, 设 $i_1 \in A_1$, $i_2 \in A_2, \cdots, i_m \in A_m$, 且 $x^{i_1} x^{i_2} \cdots x^{i_m} = x^n$, 则 $i_1 + i_2 + \cdots + i_m = n$, 即 $(i_1, i_2, \cdots, i_m)$ 是不定方程①满足条件 $x_j \in A_j (j = 1, 2, \cdots, m)$ 的一个解; 反之, 设 $(i_1, i_2, \cdots, i_m)$ 是不定方程①满足条件 $x_j \in A_j$ $(j = 1, 2, \cdots, m)$ 的一个解, 则 $x^{i_1} x^{i_2} \cdots x^{i_m} = x^n$, 因此, 式②右边展

开后 x^n 的项数是不定方程①满足条件 $x_j \in A_j$ $(j = 1, 2, \cdots, m)$ 的解的个数,所以合并后 x^n 的系数为 a_n.

注 该题结论有如下重要推论:设 $S = \{b_1, b_2, \cdots, b_m\}$,$A_1$,$A_2, \cdots, A_m$ 均为非负整数集的子集,集合 S 的满足条件 b_i $(i = 1, 2, \cdots, m)$ 出现的次数属于 A_i $(i = 1, 2, \cdots, m)$ 的 n 可重根组合的个数为 a_n,则 $\{a_n\}_{n \geqslant 0}$ 的母函数为

$$\sum_{n \geqslant 0} a_n x^n = \left(\sum_{i_1 \in A_1} x^{i_1} \right) \left(\sum_{i_2 \in A_2} x^{i_2} \right) \cdots \left(\sum_{i_m \in A_m} x^{i_m} \right).$$

例 12.7 袋中有红、白、黑三种颜色的球各 10 个,从中抽出 16 个,要求三种颜色的球都有,问有多少种不同的取法?

分析 用 x_1, x_2, x_3 分别表示取出的红、白、黑三种颜色的球数,则 $x_1 + x_2 + x_3 = 16$,$x_1, x_2, x_3 \in \{1, 2, \cdots, 10\}$,故可用上题结论求解.

解 设取出的 n 个球的取法个数为 a_n $(n \geqslant 1)$,由定理 2 知 $\{a_n\}_{n \geqslant 1}$ 的母函数为

$$\sum_{n \geqslant 1} a_n x^n = (x + x^2 + \cdots + x^{10})(x + x^2 + \cdots + x^{10})$$

$$\cdot (x + x^2 + \cdots + x^{10})$$

$$= (x + x^2 + \cdots + x^{10})^3 = \frac{x^3(1 - x^{10})^3}{(1 - x)^3}$$

$$= x^3(1 - 3x^{10} + 3x^{20} - x^{30}) \sum_{n \geqslant 0} C_{n+2}^2 x^n,$$

比较 x^{16} 的系数得 $a_{16} = C_{13+2}^2 - 3C_{3+2}^2 = 75$.

例 12.8 一副三色牌共 32 张,其中红、黄、蓝每种颜色的牌各 10 张,编号分别是 $1, 2, 3, \cdots, 10$,另有大小王各一张,编号为 0,从这副牌中抽出若干张牌,然后按如下规则计算分值,每张编号为 k 的牌计为 2^k 分,若它的分值之和等于 2004,就称这些牌为一个"好"牌组,

试求好牌组的个数.

分析 用 x_1,x_2,x_3 分别表示三张 1 为好牌组提供的分数,用 x_4,x_5,x_6 表示三张 2 为好牌组提供的分数……用 x_{28},x_{29},x_{30} 分别表示三张 10 为好牌组提供的分数,用 x_{31},x_{32} 分别表示大小王为好牌组提供的分数,则有 $x_1+x_2+\cdots+x_{30}+x_{31}+x_{32}=2004$,其中 $x_1,x_2,x_3\in\{0,2^1\};x_4,x_5,x_6\in\{0,2^2\};\cdots;x_{28},x_{29},x_{30}\in\{0,2^{10}\};x_{31},x_{32}\in\{0,2^0\}$.只需利用上题的结果求出该不定方程有多少组正整数解即可.

解 用 a_n 表示分值之和等于 n 的牌组数目,由以上分析及定理 2 知,数列 $\{a_n\}_{n\geqslant1}$ 的母函数为

$$\sum_{n\geqslant1}a_nx^n=(1+x^{2^1})(1+x^{2^1})(1+x^{2^1})(1+x^{2^2})(1+x^{2^2})(1+x^{2^2})$$
$$\cdots(1+x^{2^{10}})(1+x^{2^{10}})(1+x^{2^{10}})(1+x^{2^0})(1+x^{2^0})-1$$
$$=(1+x^{2^1})^3(1+x^{2^2})^3(1+x^{2^3})^3\cdots(1+x^{2^{10}})^3(1+x)^2-1$$
$$=\left((1-x^2)^3(1+x^2)^3(1+x^{2^2})^3(1+x^{2^3})^3\right.$$
$$\left.\cdots(1+x^{2^{10}})^3(1+x)^2\right)/\left((1-x^2)^3\right)-1$$
$$=\frac{1}{(1+x)(1-x)^3}(1-x^{2^{11}})^3-1,$$

即

$$\sum_{n\geqslant1}a_nx^n=\frac{1}{(1+x)(1-x)^3}(1-x^{2^{11}})^3-1.$$

比较上式两边 x^{2004} 的系数,因为 $2004<2^{11}$,所以上式右边 x^{2004} 的系数等于 $\dfrac{1}{(1+x)(1-x)^3}$ 的展开式中 x^{2004} 的系数.

又因为

$$\frac{1}{(1+x)(1-x)^3} = \frac{1}{(1-x^2)(1-x)^2} = \left(\sum_{i\geqslant0} x^{2i}\right)\left(\sum_{j\geqslant0} C_{j+1}^1 x^j\right),$$

所以

$$a_{2004} = C_{2005}^1 + C_{2003}^1 + \cdots + C_3^1 + C_1^1$$

$$= 2005 + 2003 + \cdots + 3 + 1$$

$$= 1003^2,$$

所以"好"牌组数为 1003^2.

练习题及参考答案

练习题

1. 已知 $x \in [-1,1]$,求证:$\arctan\sqrt{\dfrac{1-x}{1+x}} + \dfrac{1}{2}\arcsin x = \dfrac{\pi}{4}$.

2. 已知 $(x + \sqrt{x^2+1})(y + \sqrt{y^2+1}) = 1$,求证:$x + y = 0$.

3. 设 $n \in \mathbf{N}^+$,求证:$C_n^1 - 2C_n^2 + 3C_n^3 - \cdots + (-1)^n n C_n^n = 0$.

4. 设 $m > n > \mathrm{e}$,求证:$m^n < n^m$.

5. 设 $n \in \mathbf{N}^+$,求证:$\sqrt{2\sin\dfrac{1}{n} - \sin^2\dfrac{1}{n}} < \sqrt{\dfrac{2}{n} - \dfrac{1}{n^2}}$.

6. 已知 a,b,c 为三角形的三边,且 $a^2 + b^2 = c^2$,n 为正整数,且 $n > 2$,求证:$c^n > a^n + b^n$.

7. 设 $0 \leqslant a,b,c \leqslant 1$,求证:
$$a^2 + b^2 + c^2 \leqslant a^2 b + b^2 c + c^2 a + 1.$$

8. 设 $x_1,x_2,x_3,y_1,y_2,y_3 \in \mathbf{R}$,且满足 $x_1^2 + x_2^2 + x_3^2 \leqslant 1$,求证:
$$(x_1 y_1 + x_2 y_2 + x_3 y_3 - 1)^2$$
$$\geqslant (x_1^2 + x_2^2 + x_3^2 - 1)(y_1^2 + y_2^2 + y_3^2 - 1).$$

9. 设 $a > b > c$,且 $a + b + c = 1$,$a^2 + b^2 + c^2 = 1$,求证:$1 < a + b < \dfrac{4}{3}$.

10. 已知当 $x \in [0,1]$ 时,不等式 $x^2 \cos\theta - x(1-x) + (1-x)^2 \sin\theta > 0$ 恒成立,其中 $0 \leqslant \theta \leqslant 2\pi$,求 θ 的取值范围.

11. 设 $x > 0, y > 0, x + y = 1, n \in \mathbf{N}^+$,求证:$x^{2n} + y^{2n} \geqslant \dfrac{1}{2^{2n-1}}$.

12. 设 $x, y \in \mathbf{R}^+$,且 $x + y = 1$,求证:$\left(1 + \dfrac{1}{x}\right)\left(1 + \dfrac{1}{y}\right) \geqslant 9$.

13. 设 $x_1, x_2, \cdots, x_n \in \mathbf{R}^+$,且 $x_1 + x_2 + \cdots + x_n = 1$,求证:

$$\frac{x_1}{\sqrt{1-x_1}} + \frac{x_2}{\sqrt{1-x_2}} + \cdots + \frac{x_n}{\sqrt{1-x_n}} \geqslant \frac{\sqrt{x_1} + \sqrt{x_2} + \cdots + \sqrt{x_n}}{\sqrt{n-1}}.$$

14. 求证:$\left(\dfrac{1}{n}\right)^n + \left(\dfrac{2}{n}\right)^n + \left(\dfrac{3}{n}\right)^n + \cdots + \left(\dfrac{n}{n}\right)^n < \dfrac{\mathrm{e}}{\mathrm{e}-1}$ $(n \in \mathbf{N})$.

15. 若方程 $\sin x + \cos x = k$ 在 $0 \leqslant x \leqslant \pi$ 上有两解,求 k 的取值范围.

16. 解方程:$\sin x \cdot \sin 3x = -1$.

17. 解方程:$x = \sqrt{x + 2\sqrt{x + \cdots + 2\sqrt{x + 2\sqrt{3x}}}}$($n$ 重根号).

18. 在实数范围内求解方程 $\sqrt{3x+1} + \sqrt{4x-3} = \sqrt{5x+4}$.

19. 解方程 $x + \sqrt{x} + \sqrt{x+2} + \sqrt{x^2+2x} = 3$.

20. 求证:方程 $[x] + [2x] + [4x] + [8x] + [16x] + [32x] = 12345$ 无实数解,其中,$[a]$ 表示不超过 a 的最大整数.

21. 解方程组 $\begin{cases} x^3 = y^2 + y + \dfrac{1}{3}, \\[2mm] y^3 = z^2 + z + \dfrac{1}{3}, \\[2mm] z^3 = x^2 + x + \dfrac{1}{3}. \end{cases}$

22. 在实数范围内解方程组

$$\begin{cases} \sqrt{\sin^2 x + \dfrac{1}{\sin^2 x}} + \sqrt{\cos^2 y + \dfrac{1}{\cos^2 y}} = \sqrt{\dfrac{20x}{x+y}}, \\[4mm] \sqrt{\sin^2 y + \dfrac{1}{\sin^2 y}} + \sqrt{\cos^2 x + \dfrac{1}{\cos^2 x}} = \sqrt{\dfrac{20y}{x+y}}. \end{cases}$$

23. 解不等式 $\dfrac{8}{(x+1)^3} + \dfrac{10}{x+1} - x^3 - 5x > 0$.

24. 设 OX, OY 是给定的两条射线, A, B 是 OX 上的两个定点(见题 24 图), P 点在 OY 上移动, 问: P 点在怎样的位置时, 才能使 $PA^2 + PB^2$ 取得最小值?

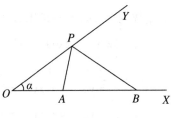

题 24 图

25. 设函数 $f(x)$ 在 $[a, b]$ 上连续, 在 (a, b) 内可导, 求证: 存在 $\xi \in (a, b)$, 使得 $\dfrac{bf(b) - af(a)}{b - a} = f(\xi) + \xi f'(\xi)$.

26. 设 $x + y + z = a, \dfrac{1}{x} + \dfrac{1}{y} + \dfrac{1}{z} = \dfrac{1}{a}$, 求证: x, y, z 中必有一个等于 a.

27. 要使满足 $\dfrac{x+y}{2} = \dfrac{y+z}{3} = \dfrac{z+x}{7}$ 的一切实数 x, y, z 也满足不等式

$$x^2 + y^2 + z^2 + a(x + y + z) > -1,$$

求实数 a 的取值范围.

28. 在实数范围内求解方程 $\sqrt[4]{10 + x} + \sqrt[4]{7 - x} = 3$.

29. 在实数范围内解方程 $\sqrt{x - \dfrac{1}{x}} + \sqrt{1 - \dfrac{1}{x}} = x$.

30. 已知 $x, y \geqslant 0, x + y = 2$, 求证: $x^2 y^2 (x^2 + y^2) \leqslant 2$.

31. 证明:

$$\frac{a - b}{1 + ab} + \frac{b - c}{1 + bc} + \frac{c - a}{1 + ca} = \frac{(a - b)(b - c)(c - a)}{(1 + ab)(1 + bc)(1 + ca)}.$$

32. 给定正数 M 和正整数 n, 对满足条件 $a_1^2 + a_{n+1}^2 \leqslant M$ 的所有等差数列 $a_1, a_2, \cdots$, 试求 $S = a_{n+1} + a_{n+2} + \cdots + a_{2n+1}$ 的最大值.

33. 设 $x, y, z \in \mathbf{R}^+$, 且 $x + y + z = 1$, 求证:

(1) $\dfrac{1}{x + yz} + \dfrac{1}{y + zx} + \dfrac{1}{z + xy} \leqslant \dfrac{3}{4} \sqrt{\dfrac{3}{xyz}}$;

(2) $\dfrac{x - yz}{x + yz} + \dfrac{y - zx}{y + zx} + \dfrac{z - xy}{z + xy} \leqslant \dfrac{3}{2}$;

(3) $\sqrt{\dfrac{x}{x + yz}} + \sqrt{\dfrac{y}{y + zx}} + \sqrt{\dfrac{z}{z + xy}} > 2$.

34. 设 $x, y, z \in \mathbf{R}^+$, 且 $\dfrac{1}{x^2 + 1} + \dfrac{1}{y^2 + 1} + \dfrac{1}{z^2 + 1} = 2$, 求证: $xy + yz + zx \leqslant \dfrac{3}{2}$.

35. 设 $a, b, c > 0, \lambda \geqslant 0$, 求证:

$$\frac{\sqrt{a^2 + \lambda b^2}}{a} + \frac{\sqrt{b^2 + \lambda c^2}}{b} + \frac{\sqrt{c^2 + \lambda a^2}}{c} \geqslant 3\sqrt{1 + \lambda}.$$

36. 设实数 a, b, c, m, n 满足: a, b, c 互不相等, 且 $m + n \neq 0$, 求证: $\left(\dfrac{ma + nb}{a - b}\right)^2 + \left(\dfrac{mb + nc}{b - c}\right)^2 + \left(\dfrac{mc + na}{c - a}\right)^2 \geqslant m^2 + n^2$.

37. 在 $\triangle ABC$ 中, 试证:

(1) $\sin^2 B + \sin^2 C - 2\sin B \sin C \cos A = \sin^2 A$;

(2) $\cos^2 B + \cos^2 C + 2\cos B \cos C \cos A = \sin^2 A$.

38. 若 a_1, b_1, c_1 与 a_2, b_2, c_2 分别为两个三角形的三边长,当 x 取任何实数(但 $a_2 x^2 + b_2 x + c_2 \neq 0$)时,式子 $\dfrac{a_1 x^2 + b_1 x + c_1}{a_2 x^2 + b_2 x + c_2}$ 的值恒定不变,求证:这两个三角形相似.

39. 设 $x \in \mathbf{R}$,求证:

$$\sqrt{e^x} + \frac{1}{\sqrt{e^x}} - \sqrt{e^x + \frac{1}{e^x} + 1} \leqslant 2 - \sqrt{3}.$$

40. 已知实数 α, β, γ 满足 $\alpha + \beta + \gamma = \pi$,且

$$\tan \frac{\beta + \gamma - \alpha}{4} + \tan \frac{\gamma + \alpha - \beta}{4} + \tan \frac{\alpha + \beta - \gamma}{4} = 1,$$

证明: $\cos \alpha + \cos \beta + \cos \gamma = 1$.

41. 设 $k \geqslant 9$,解关于 x 的方程 $x^3 + 2kx^2 + k^2 x + 9k + 27 = 0$.

42. 在 $\triangle ABC$ 中,求证: $\dfrac{1}{(p-a)^2} + \dfrac{1}{(p-b)^2} + \dfrac{1}{(p-c)^2} \geqslant \dfrac{1}{r^2}$.

43. 设函数 $f_0(x) = |x|$, $f_1(x) = |f_0(x) - 1|$, $f_2(x) = |f_1(x) - 2|$,求函数 $y = f_2(x)$ 的图像与 x 轴所围图形中的封闭部分的面积.

44. 已知关于 x 的方程 $x^2 - 2|x| + 3 = k$ 有四个互不相等的实数根,求实数 k 的值.

45. 已知 $a > 0$,解不等式 $\sqrt{x^2 + 1} - ax \leqslant 1$.

46. 设 $a, b, c > 0$,证明: $\sqrt{a^2 - ab + b^2} + \sqrt{b^2 - bc + c^2} \geqslant \sqrt{a^2 + ac + c^2}$.

参 考 答 案

1. **证明**　构造函数 $f(x) = \arctan\sqrt{\dfrac{1-x}{1+x}} + \dfrac{1}{2}\arcsin x$，$x \in [-1,1]$，则

$$f'(x) = \frac{1}{1+\dfrac{1-x}{1+x}} \cdot \frac{1}{2\sqrt{\dfrac{1-x}{1+x}}} \cdot \frac{-2}{(1+x)^2} + \frac{1}{2}\frac{1}{\sqrt{1-x^2}}$$

$$= \frac{-1}{2\sqrt{1-x^2}} + \frac{1}{2\sqrt{1-x^2}} = 0,$$

于是 $f(x)$ 是常数函数. 因为 $f(0) = \arctan 1 + \arccos 0 = \dfrac{\pi}{4}$，所以

$\arctan\sqrt{\dfrac{1-x}{1+x}} + \dfrac{1}{2}\arcsin x = \dfrac{\pi}{4}$，得证.

2. **证明**　构造函数 $f(x) = \ln(x + \sqrt{x^2+1})$，其定义域为 **R**. 因为

$$f(-x) = \ln(\sqrt{x^2+1} - x) = \ln\frac{1}{\sqrt{x^2+1}+x}$$

$$= -\ln(\sqrt{x^2+1} + x) = -f(x),$$

所以 $f(x) = \ln(x + \sqrt{x^2+1})$ 为奇函数，且易知 $f(x)$ 在 $(0, +\infty)$ 为单调递增函数，所以 $f(x)$ 在 **R** 内单调递增.

由条件知 $f(x) + f(y) = 0$，即 $f(x) = -f(y) = f(-y)$，所以 $x = -y$，即 $x + y = 0$.

3. **证明**　由等式左边的特点，联想到二项式定理，构造函数 $f(x) = (1+x)^n$，展开得

$$(1 + x)^n = C_n^0 + C_n^1 x + C_n^2 x^2 + \cdots + C_n^n x^n,$$

两边关于 x 求导,得

$$n(1 + x)^{n-1} = C_n^1 + 2C_n^2 x + 3C_n^3 x^2 + \cdots + nC_n^n x^{n-1}, \qquad ①$$

令 $x = -1$ 得

$$C_n^1 - 2C_n^2 + 3C_n^3 - \cdots + (-1)^n nC_n^n = 0.$$

注 若在式①中,令 $x = 1$,则有 $C_n^1 + 2C_n^2 + 3C_n^3 + \cdots + nC_n^n = n \cdot 2^{n-1}$.

4. **证明** 不等式两端同时取自然对数得 $n\ln m < m\ln n$,即 $\dfrac{\ln m}{m} < \dfrac{\ln n}{n}$. 构造函数 $f(x) = \dfrac{\ln x}{x}(x > \mathrm{e})$,因为 $f'(x) = \dfrac{1 - \ln x}{x^2} < 0$,则 $f(x) = \dfrac{\ln x}{x}$ 在 $x > \mathrm{e}$ 时单调递减. 又因为 $m > n > \mathrm{e}$,所以 $f(m) < f(n)$,即 $\dfrac{\ln m}{m} < \dfrac{\ln n}{n}$,原不等式得证.

5. **证明** 令 $f(x) = \sqrt{2x - x^2}, 0 < x \leqslant 1$,则原不等式等价于 $f\left(\sin\dfrac{1}{n}\right) < f\left(\dfrac{1}{n}\right)$.

因为 $f'(x) = \dfrac{1 - x}{\sqrt{2x - x^2}} > 0$,所以 $f(x)$ 在 $0 < x \leqslant 1$ 内单调递增,又容易证得 $n \in \mathbf{N}^+$ 时,$\sin\dfrac{1}{n} < \dfrac{1}{n}$,所以 $f\left(\sin\dfrac{1}{n}\right) < f\left(\dfrac{1}{n}\right)$,原不等式得证.

6. **证明** 由 $a^2 + b^2 = c^2$ 知,$0 < a < c, 0 < b < c$,于是 $0 < \dfrac{a}{c} < 1, 0 < \dfrac{b}{c} < 1$.

构造函数 $f(x) = \left(\dfrac{a}{c}\right)^x + \left(\dfrac{b}{c}\right)^x$,$x > 2$,易知 $f(x)$ 在

$(2, +\infty)$ 上是减函数,所以,当 $n > 2$ 时,$f(n) < f(2)$,即 $\left(\dfrac{a}{c}\right)^n +$

$\left(\dfrac{b}{c}\right)^n < \left(\dfrac{a}{c}\right)^2 + \left(\dfrac{b}{c}\right)^2 = 1$,所以 $c^n > a^n + b^n$.

7. 证明

$$a^2 + b^2 + c^2 - (a^2 b + b^2 c + c^2 a + 1)$$
$$= a^2(1 - b) + b^2(1 - c) + c^2(1 - a) - 1$$
$$\leqslant a(1 - b) + b(1 - c) + c(1 - a) - 1$$
$$= (1 - b - c)a + b + c - bc - 1,$$

构造线性函数 $f(a) = (1 - b - c)a + b + c - bc - 1$,其中 $0 \leqslant a \leqslant 1$.
因为 $f(0) = b + c - bc - 1 = -(1 - b)(1 - c) \leqslant 0$,$f(1) = -bc \leqslant 0$,
所以 $f(a) \leqslant 0$ 在 $0 \leqslant a \leqslant 1$ 内恒成立,因此 $a^2 + b^2 + c^2 \leqslant a^2 b + b^2 c$
$+ c^2 a + 1$.

8. 证明 当 $y_1^2 + y_2^2 + y_3^2 \geqslant 1$ 时,左边 $\geqslant 0$,右边 $\leqslant 0$,故原不等式
成立.

当 $y_1^2 + y_2^2 + y_3^2 < 1$ 时,构造二次函数

$$f(t) = (x_1^2 + x_2^2 + x_3^2 - 1)t^2 - 2(x_1 y_1 + x_2 y_2 + x_3 y_3 - 1)t$$
$$+ y_1^2 + y_2^2 + y_3^2 - 1$$
$$= (x_1 t - y_1)^2 + (x_2 t - y_2)^2 + (x_3 t - y_3)^2 - (t - 1)^2,$$

这是一个开口向下的抛物线,又因为

$$f(1) = (x_1 - y_1)^2 + (x_2 - y_2)^2 + (x_3 - y_3)^2 \geqslant 0.$$

所以,该抛物线的图像与 x 轴一定有交点,于是

$$\Delta = 4(x_1 y_1 + x_2 y_2 + x_3 y_3 - 1)^2 - 4(x_1^2 + x_2^2 + x_3^2 - 1) \cdot$$
$$(y_1^2 + y_2^2 + y_3^2 - 1) \geqslant 0,$$

即

$$(x_1 y_1 + x_2 y_2 + x_3 y_3 - 1)^2$$

$$\geqslant (x_1^2 + x_2^2 + x_3^2 - 1)(y_1^2 + y_2^2 + y_3^2 - 1).$$

注　本题的结果可以推广到 n 元的情形(证明类似)：

设 $x_1, x_2, \cdots, x_n, y_1, y_2, \cdots, y_n \in \mathbf{R}(n \geqslant 2)$，且满足 $x_1^2 + x_2^2 + \cdots + x_n^2 \leqslant 1$，求证：$(x_1 y_1 + x_2 y_2 + \cdots + x_n y_n - 1)^2 \geqslant (x_1^2 + x_2^2 + \cdots + x_n^2 - 1)(y_1^2 + y_2^2 + \cdots + y_n^2 - 1)$.

9. **证明**　由条件得

$$a + b = 1 - c,$$

$$ab = \frac{(a + b)^2 - a^2 - b^2}{2} = \frac{(1 - c)^2 - (1 - c^2)}{2} = c^2 - c,$$

构造二次函数 $f(x) = x^2 - (1 - c)x + c^2 - c$，因为 $a > b > c$，所以

$$\begin{cases} 1 - c > 0, \\ \Delta = (1 - c)^2 - 4(c^2 - c) > 0, \\ f(c) > 0, \end{cases}$$

解得 $-\dfrac{1}{3} < c < 0$，于是 $1 < 1 - c < \dfrac{4}{3}$，即 $1 < a + b < \dfrac{4}{3}$.

10. **解**　令 $f(x) = x^2 \cos\theta - x(1 - x) + (1 - x)^2 \sin\theta$，则

$$f(x) = x^2 \cos\theta - x(1 - x) + (1 - x)^2 \sin\theta$$

$$= (1 + \sin\theta + \cos\theta)x^2 - (1 + 2\sin\theta)x + \sin\theta.$$

又 $f(1) = \cos\theta > 0, f(0) = \sin\theta > 0$，故

$$2k\pi < \theta < \frac{\pi}{2} + 2k\pi \quad (k \in \mathbf{Z}). \qquad ①$$

因为 $1 + \sin\theta + \cos\theta > 0$ 且 $0 < \dfrac{1 + 2\sin\theta}{2(1 + \sin\theta + \cos\theta)} < 1$，所以要

使 $f(x) > 0$ 恒成立，只需 $\Delta < 0$ 即可，即

$$\Delta = (1 + 2\sin\theta)^2 - 4\sin\theta(1 + \sin\theta + \cos\theta) < 0,$$

即 $\sin 2\theta > \dfrac{1}{2}$，于是

$$\frac{\pi}{12} + k\pi < \theta < \frac{5\pi}{12} + k\pi \quad (k \in \mathbf{Z}). \qquad ②$$

由式①、式②知，θ 的取值范围为 $\left(\dfrac{\pi}{12} + 2k\pi, \dfrac{5\pi}{12} + 2k\pi\right)$，$k \in \mathbf{Z}$.

11. 证明　构造函数 $f(x) = x^{2n}$，$n \in \mathbf{N}^+$，先证明它是凸函数.

事实上，$f'(x) = 2nx^{2n-1}$，$f''(x) = 2n(2n-1)x^{2n-2} \geqslant 0$，故 $f(x)$ $= x^{2n}$，$n \in \mathbf{N}^+$ 是 $\mathbf{R}$ 上的凸函数，从而

$$\frac{x^{2n} + y^{2n}}{2} \geqslant \left(\frac{x+y}{2}\right)^{2n} = \left(\frac{1}{2}\right)^{2n} \Rightarrow x^{2n} + y^{2n} \geqslant \frac{1}{2^{2n-1}},$$

证毕.

12. 证明　原不等式等价于 $\ln\left(1 + \dfrac{1}{x}\right) + \ln\left(1 + \dfrac{1}{y}\right) \geqslant \ln 9$.

令 $f(t) = \ln\left(1 + \dfrac{1}{t}\right)$，$t \in (0, 1)$，则 $f''(t) = \dfrac{2t+1}{t^2 (t+1)^2} > 0$，$f(t)$

为 $(0, 1)$ 上的凸函数，故 $\dfrac{f(x) + f(y)}{2} \geqslant f\left(\dfrac{x+y}{2}\right)$，即 $\ln\left(1 + \dfrac{1}{x}\right) +$

$\ln\left(1 + \dfrac{1}{y}\right) \geqslant \ln 9$，所以 $\left(1 + \dfrac{1}{x}\right)\left(1 + \dfrac{1}{y}\right) \geqslant 9$.

13. 证明　设 $f(x) = \dfrac{x}{\sqrt{1-x}}$，$0 < x < 1$，则 $f''(x) = \dfrac{4-x}{4(1-x)^{\frac{5}{2}}}$

> 0，故 $f(x)$ 在 $(0, 1)$ 上是凹函数，且 $x_1 + x_2 + \cdots + x_n = 1$，于是

$$\frac{x_1}{\sqrt{1-x_1}} + \frac{x_2}{\sqrt{1-x_2}} + \cdots + \frac{x_n}{\sqrt{1-x_n}}$$

$$= f(x_1) + f(x_2) + \cdots + f(x_n)$$

$$\geqslant nf\left(\frac{x_1 + x_2 + \cdots + x_n}{n}\right)$$

$$= nf\left(\frac{1}{n}\right) = \sqrt{\frac{n}{n-1}}.$$

又设 $g(x)=\sqrt{x},0<x<1$,则 $g''(x)=-\dfrac{1}{4}x^{-\frac{3}{2}}<0$,故 $f(x)$ 在

$(0,1)$ 上是凸函数,且 $x_1+x_2+\cdots+x_n=1$,于是

$$\frac{\sqrt{x_1}+\sqrt{x_2}+\cdots+\sqrt{x_n}}{\sqrt{n-1}}$$

$$=\frac{g(x_1)+g(x_2)+\cdots+g(x_n)}{\sqrt{n-1}}$$

$$\geqslant \frac{ng\left(\dfrac{x_1+x_2+\cdots+x_n}{n}\right)}{\sqrt{n-1}}$$

$$=\frac{ng\left(\dfrac{1}{n}\right)}{\sqrt{n-1}}=\sqrt{\frac{n}{n-1}},$$

所以 $\dfrac{x_1}{\sqrt{1-x_1}}+\dfrac{x_2}{\sqrt{1-x_2}}+\cdots+\dfrac{x_n}{\sqrt{1-x_n}}\geqslant \sqrt{\dfrac{n}{n-1}}$

$$\geqslant \frac{\sqrt{x_1}+\sqrt{x_2}+\cdots+\sqrt{x_n}}{\sqrt{n-1}}.$$

14. 分析　此题看起来有一定的难度,好像无从入手.首先右边可以变形为

$$\frac{e}{e-1}=\frac{1}{1-\dfrac{1}{e}}>\left(\frac{1}{e}\right)^0+\left(\frac{1}{e}\right)^1+\cdots+\left(\frac{1}{e}\right)^{n-1}$$

$$=e^{1-n}+e^{2-n}+\cdots+e^{n-n}.$$

如果能够证明

$$\left(\frac{1}{n}\right)^n+\left(\frac{2}{n}\right)^n+\left(\frac{3}{n}\right)^n+\cdots+\left(\frac{n}{n}\right)^n\leqslant e^{1-n}+e^{2-n}+\cdots+e^{n-n},$$

由不等式的传递性,则问题得以解决.同时,左边是数列 $\{a_k\}:a_k=\left(\dfrac{k}{n}\right)^n$ 的前 n 项和,右边是数列 $\{b_k\}:b_k=e^{k-n}$ 的前 n 项和,只要证

明 $a_k \leqslant b_k$，即 $\left(\dfrac{k}{n}\right)^n \leqslant e^{k-n}$，取对数变形为 $\ln \dfrac{k}{n} \leqslant \dfrac{k}{n} - 1$，设 $x = \dfrac{k}{n}$，其中 $0 < x \leqslant 1$，于是可以构造函数解决.

证明　设 $f(x) = \ln x - x + 1$，其中 $0 < x \leqslant 1$. $f'(x) = \dfrac{1}{x} - 1 \geqslant 0$，所以 $f(x)$ 在 $(0,1]$ 上为增函数，则 $f(x) \leqslant f(1) = 0$，即当 $0 < x \leqslant 1$ 时，$\ln x \leqslant x - 1$.

取 $x = \dfrac{k}{n}$，其中 $1 < k \leqslant n$，得到 $\left(\dfrac{k}{n}\right)^n \leqslant e^{k-n}$，所以

$$\left(\dfrac{1}{n}\right)^n + \left(\dfrac{2}{n}\right)^n + \left(\dfrac{3}{n}\right)^n + \cdots + \left(\dfrac{n}{n}\right)^n$$

$$\leqslant e^{1-n} + e^{2-n} + \cdots + e^{n-n} < \dfrac{1}{1 - \dfrac{1}{e}} = \dfrac{e}{e - 1}.$$

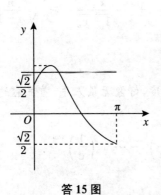

答 15 图

15. **解**　在同一直角坐标系中作出函数 $f(x) = \sin\left(x + \dfrac{\pi}{4}\right)$，$g(x) = \dfrac{k}{\sqrt{2}}$ 在 $0 \leqslant x \leqslant \pi$ 上的图像，如答 15 图所示. 由图易知，当 $\dfrac{\sqrt{2}}{2} \leqslant \dfrac{k}{\sqrt{2}} < 1$ 时，函数 $g(x) = \dfrac{k}{\sqrt{2}}$ 与函数 $f(x) = \sin\left(x + \dfrac{\pi}{4}\right)$ 在 $0 \leqslant x \leqslant \pi$ 上有两个交点，所以 k 的取值范围为 $1 \leqslant k < \sqrt{2}$.

16. **解**　考察函数 $f(x) = \sin x$，$g(x) = \sin 3x$，其值域均为 $[-1,1]$，故欲使 $\sin x \cdot \sin 3x = -1$ 成立，必须有

$$\begin{cases} \sin x = 1, \\ \sin 3x = -1, \end{cases} \quad \text{或} \quad \begin{cases} \sin x = -1, \\ \sin 3x = 1, \end{cases}$$

所以 $x = 2k\pi \pm \dfrac{\pi}{2}(k \in \mathbf{Z})$，即 $x = k\pi + \dfrac{\pi}{2}(k \in \mathbf{Z})$．

17. 解　构造函数列 $f_{n+1}(x) = \sqrt{x + 2f_n(x)}$，$f_1(x) = \sqrt{3x}$，原方程即为 $x = f_n(x)$．易知 $f_n(x) = 2x$ 的解为 $x \geqslant 0$．

当 $n = 1$ 时，原方程即为 $x = \sqrt{3x}$，解得 $x = 0$ 或 $x = 3$．

下面用数学归纳法可以证明：

(1) 当 $0 < x < 3$ 时，$f_n(x) > x$；

(2) 当 $x > 3$ 时，$f_n(x) < x$；

(3) 当 $x = 0$ 或 $x = 3$ 时，$f_n(x) = x$．

所以，对任意正整数 n，$x = 0$ 或 $x = 3$ 是方程 $f_n(x) = x$ 的唯一解．下面证明(1)．

当 $n = 1$ 时，因为 $0 < x < 3$，所以 $f_1(x) = \sqrt{3x} > \sqrt{x \cdot x} = x$，成立；假设当 $n = k$ 时结论成立，即当 $0 < x < 3$ 时，$f_k(x) > x$，则当 $n = k + 1$ 时，因为 $0 < x < 3$，所以

$$f_{k+1}(x) = \sqrt{x + 2f_k(x)} > \sqrt{x + 2x} = \sqrt{3x} > x,$$

所以(1)成立．类似地可以证明(2)、(3)也成立．

18. 解　构造函数

$$f(x) = \sqrt{\dfrac{3x+1}{5x+4}} + \sqrt{\dfrac{4x-3}{5x+4}}$$

$$= \sqrt{\dfrac{3}{5} - \dfrac{7}{5(5x+4)}} + \sqrt{\dfrac{4}{5} - \dfrac{31}{5(5x+4)}},$$

则 $f(x)$ 在定义域 $\left[\dfrac{3}{4}, +\infty\right)$ 内单调递增，又由于 $f(1) = 1$，故原方程仅有一个实数根 $x = 1$．

19. 解　设函数 $f(x) = x + \sqrt{x} + \sqrt{x+2} + \sqrt{x^2 + 2x}$，则 $f(x)$

在$[0, +\infty)$上为增函数, 又观察知$f\left(\dfrac{1}{4}\right) = 3$, 故原方程有唯一解 x

$= \dfrac{1}{4}$.

20. 证明 设$f(x) = [x] + [2x] + [4x] + [8x] + [16x] + [32x]$, 则 $12345 = f(x) \leqslant [x + 2x + 4x + 8x + 16x + 32x] \leqslant [63x] \leqslant 63x$, 于是

$$x \geqslant \dfrac{12345}{63} \approx 195.952,$$

又由 $f(196) = 63 \times 196 = 12348$ 及$f(x)$为非递减函数知, 如果方程 $f(x) = 12345$ 有实数解, 它的解只能在区间$(195, 196)$内.

设 $x = 195 + y, y = x - [x], y \in (0, 1)$, 则

$$f(x) = f(195 + y) = 195 \times 63 + f(y) = 12285 + f(y).$$

另一方面

$$f(y) = [y] + [2y] + [4y] + [8y] + [16y] + [32y]$$
$$< 0 + 1 + 3 + 7 + 15 + 31 = 57,$$

则$f(x) = 12285 + f(y) < 12285 + 57 = 12342 < 12345$, 矛盾, 故原方程无实数解.

21. 解 由 $x^3 = y^2 + y + \dfrac{1}{3} \geqslant \dfrac{1}{12}$知 $x > 0$, 同理 $y, z > 0$. 记函数

$f(t) = t^2 + t + \dfrac{1}{3}$, 它在$(0, +\infty)$上单调递增, 则方程组变为

$$\begin{cases} x^3 = f(y), \\ y^3 = f(z), \\ z^3 = f(x). \end{cases}$$

下面用反证法证明必须有 $x = y = z$.

若 $x > y$, 则 $f(x) > f(y)$, 即 $z^3 > x^3$, 即 $z > x$, 则 $f(z) > f(x)$,

即 $y^3 > z^3$,即 $y > z$.于是, $x > y > z > x$,矛盾.

若 $x < y$,则 $f(x) < f(y)$,即 $z^3 < x^3$,即 $z < x$,则 $f(z) < f(x)$,即 $y^3 < z^3$,即 $y < z$.于是, $x < y < z < x$,矛盾.

综上, $x = y$.同理可证 $y = z$,于是 $x = y = z$.

下面就是解方程 $x^3 = x^2 + x + \dfrac{1}{3}$.也许你会说:这是三次方程,超出我能力范围了,不会解啊! 不要这么快就否定自己,不妨做个变形,马上就解决了.

$$x^3 = x^2 + x + \frac{1}{3} \iff 3x^3 = 3x^2 + 3x + 1 \iff 4x^3 = (x+1)^3,$$

所以 $x = y = z = \dfrac{1}{\sqrt[3]{4} - 1}$.

22. **解**　将两方程相乘得

$$\left(\sqrt{\sin^2 x + \frac{1}{\sin^2 x}} + \sqrt{\cos^2 y + \frac{1}{\cos^2 y}} \right)$$

$$\cdot \left(\sqrt{\sin^2 y + \frac{1}{\sin^2 y}} + \sqrt{\cos^2 x + \frac{1}{\cos^2 x}} \right)$$

$$= 20 \sqrt{\frac{xy}{(x+y)^2}},$$

由平均值不等式知

$$20 \sqrt{\frac{xy}{(x+y)^2}} \leqslant 20 \sqrt{\frac{xy}{4xy}} = 10,$$

由柯西不等式知

$$\left(\sin^2 x + \frac{1}{\sin^2 x} \right) \cdot \left(\cos^2 x + \frac{1}{\cos^2 x} \right)$$

$$\geqslant \left(|\sin x \cos x| + \frac{1}{|\sin x \cos x|} \right)^2$$

$$= \left(\frac{|\sin 2x|}{2} + \frac{1}{2|\sin 2x|} + \frac{3}{2|\sin 2x|} \right)^2$$

$$\geqslant \left(2\sqrt{\frac{|\sin 2x|}{2} \cdot \frac{1}{2|\sin 2x|}} + \frac{3}{2} \right)^2$$

$$= \frac{25}{4}.$$

同理可知

$$\left(\sin^2 y + \frac{1}{\sin^2 y} \right) \cdot \left(\cos^2 y + \frac{1}{\cos^2 y} \right) \geqslant \frac{25}{4}.$$

又因为

$$\left(\sqrt{\sin^2 x + \frac{1}{\sin^2 x}} + \sqrt{\cos^2 y + \frac{1}{\cos^2 y}} \right) \cdot$$

$$\left(\sqrt{\sin^2 y + \frac{1}{\sin^2 y}} + \sqrt{\cos^2 x + \frac{1}{\cos^2 x}} \right)$$

$$\geqslant 4\sqrt{\sqrt{\sin^2 x + \frac{1}{\sin^2 x}} \cdot \sqrt{\cos^2 y + \frac{1}{\cos^2 y}} \cdot}$$

$$\sqrt{\sqrt{\sin^2 y + \frac{1}{\sin^2 y}} \cdot \sqrt{\cos^2 x + \frac{1}{\cos^2 x}}}$$

$$= 4\sqrt[4]{\left(\sin^2 x + \frac{1}{\sin^2 x} \right)\left(\cos^2 x + \frac{1}{\cos^2 x} \right)\left(\sin^2 y + \frac{1}{\sin^2 y} \right)\left(\cos^2 y + \frac{1}{\cos^2 y} \right)}$$

$$\geqslant 4\sqrt[4]{\left(\frac{25}{4} \right)^2} = 10 \geqslant 20\sqrt{\frac{xy}{(x+y)^2}},$$

当且仅当 $x = y$，$|\sin 2x| = |\sin 2y| = 1$ 时，即 $x = y = \dfrac{(2k+1)\pi}{4}$

$(k \in \mathbf{Z})$ 时等号成立. 所以，原方程组的所有解为 $x = y = \dfrac{(2k+1)\pi}{4}(k \in \mathbf{Z})$.

23. **解** 原不等式等价于 $\left(\dfrac{2}{x+1}\right)^3 + 5 \cdot \dfrac{2}{x+1} > x^3 + 5x$，构造函数 $f(t) = t^3 + 5t$，则以上不等式转化为 $f\left(\dfrac{1}{x+2}\right) > f(x)$.

因为 $f'(t) = 3t^2 + 5 > 0$，所以 $f(t)$ 在 **R** 上为增函数，于是以上不等式等价于 $\dfrac{1}{x+2} > x$，解得 $-1 < x < 2$ 或 $x < -2$，所以原不等式的解集为 $(-\infty, -2) \bigcup (-1, 2)$.

24. **解** 设 $\angle XOY = \alpha$，$OA = a$，$OB = b$，$OP = t$，其中 α, a, b 是定值，t 是变量，由余弦定理知

$$PA^2 = a^2 + t^2 - 2at\cos\alpha, \quad PB^2 = b^2 + t^2 - 2bt\cos\alpha.$$

构造函数 $f(t) = PA^2 + PB^2 = 2t^2 - 2(a+b)t\cos\alpha + a^2 + b^2$，所以，当 $t = \dfrac{(a+b)\cos\alpha}{2}$ 时，$f(t)$ 取得最小值.

作图：取 AB 的中点 D，则 $OD = \dfrac{a+b}{2}$，过 D 作 $DP \perp OY$ 于 P，则 P 点即为所求的点，如答 24 图所示.

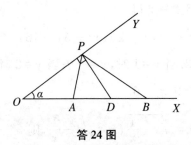

答 24 图

25. **证明** 令 $F(x) = xf(x)$，由已知条件知 $F(x)$ 在 $[a, b]$ 上连续，在 (a, b) 内可导，由拉格朗日中值定理知，存在 $\xi \in (a, b)$，使得 $\dfrac{bf(b) - af(a)}{b - a} = F'(\xi) = f(\xi) + \xi f'(\xi)$.

26. **证明**　构造函数 $f(t) = (t-x)(t-y)(t-z)$，因为 $x +$ $y + z = a$，$xy + yz + zx = \dfrac{xyz}{a}$，所以

$$f(t) = t^3 - at^2 + \dfrac{xyz}{a}t - xyz,$$

所以，$f(a) = 0$，所以 x, y, z 中必有一个等于 a.

27. **解**　令 $\dfrac{x+y}{2} = \dfrac{y+z}{3} = \dfrac{z+x}{7} = t$，则 $x = 3t$，$y = -t$，$z = 4t$，代入 $x^2 + y^2 + z^2 + a(x+y+z) > -1$ 中，得

$$26t^2 + 6at + 1 > 0.$$

因为对一切实数 x, y, z 都成立，即等价于对一切实数 t 也要成立，于是 $\Delta = 36a^2 - 4 \times 26 < 0$，解得 $-\dfrac{\sqrt{26}}{3} < a < \dfrac{\sqrt{26}}{3}$.

28. **解**　设 $y = \sqrt[4]{10+x}$，则 $x = y^4 - 10$，于是方程转化为

$$y + \sqrt[4]{17 - y^4} = 3, \quad 即 \quad \sqrt[4]{17 - y^4} = 3 - y,$$

两端 4 次方并由因式分解得

$$(y-1)(y-2)(y^2 - 3y + 16) = 0,$$

所以 $y = 1$ 或 $y = 2$. 当 $y = 1$ 时，$x = -9$；当 $y = 2$ 时，$x = 6$. 即原方程有两个解为 $x_1 = -9$，$x_2 = 6$.

29. **解**　设 $a = \sqrt{x - \dfrac{1}{x}}$，$b = \sqrt{1 - \dfrac{1}{x}}$，则 $a^2 - b^2 = x - 1$，又因为 $a + b = x$，所以 $a - b = \dfrac{x-1}{x}$，于是 $2a = x + \dfrac{x-1}{x} = x - \dfrac{1}{x} + 1$，即

$$x - \dfrac{1}{x} + 1 = 2\sqrt{x - \dfrac{1}{x}}，即 \left(\sqrt{x - \dfrac{1}{x}} - 1\right)^2 = 0，则 \ x - \dfrac{1}{x} = 1，即 \ x^2 -$$

$x - 1 = 0$,得 $x = \dfrac{1 \pm \sqrt{5}}{2}$. 经检验,$x = \dfrac{1 + \sqrt{5}}{2}$ 是原方程的根.

30. **证明** 设 $x = 2\cos^2\theta, y = 2\sin^2\theta$,于是

$$x^2 y^2 (x^2 + y^2) = 2 - 2\cos^4 2\theta \leqslant 2,$$

得证.

31. **证明** 设 $a = \tan\alpha, b = \tan\beta, c = \tan\gamma$,则

$$\frac{a - b}{1 + ab} = \tan(\alpha - \beta),$$

$$\frac{b - c}{1 + bc} = \tan(\beta - \gamma),$$

$$\frac{c - a}{1 + ca} = \tan(\gamma - \alpha).$$

因为 $(\alpha - \beta) + (\beta - \gamma) + (\gamma - \alpha) = 0$,所以

$$\tan(\gamma - \alpha) = -\tan\big((\alpha - \beta) + (\beta - \gamma)\big)$$

$$= -\frac{\tan(\alpha - \beta) + \tan(\beta - \gamma)}{1 - \tan(\alpha - \beta)\tan(\beta - \gamma)},$$

整理得

$$\tan(\alpha - \beta) + \tan(\beta - \gamma) + \tan(\gamma - \alpha)$$

$$= \tan(\alpha - \beta)\tan(\beta - \gamma)\tan(\gamma - \alpha),$$

即

$$\frac{a - b}{1 + ab} + \frac{b - c}{1 + bc} + \frac{c - a}{1 + ca} = \frac{(a - b)(b - c)(c - a)}{(1 + ab)(1 + bc)(1 + ca)}.$$

32. **解** 由条件 $a_1^2 + a_{n+1}^2 \leqslant M$ 知,可设 $a_1 = r\cos\theta, a_{n+1} = r\sin\theta$,其中 $0 \leqslant r \leqslant \sqrt{M}$,于是

$$S = a_{n+1} + a_{n+2} + \cdots + a_{2n+1}$$

$$= \frac{(n+1)(a_{n+1}+a_{2n+1})}{2} = \frac{(n+1)(3a_{n+1}-a_1)}{2}$$

$$= \frac{(n+1)r(3\sin\theta-\cos\theta)}{2} = \frac{\sqrt{10}(n+1)r\sin(\theta+\varphi)}{2},$$

其中，$\cos\varphi = \dfrac{3}{\sqrt{10}}, \sin\varphi = -\dfrac{1}{\sqrt{10}}$.

所以，当 $\sin(\theta+\varphi)=1, r=\sqrt{M}$ 时，$S_{\max} = \dfrac{(n+1)\sqrt{10M}}{2}$.

33. **证明** （1）设 $x=\tan\dfrac{B}{2}\tan\dfrac{C}{2}, y=\tan\dfrac{C}{2}\tan\dfrac{A}{2}, z=\tan\dfrac{A}{2} \cdot$

$\tan\dfrac{B}{2}$，则原不等式等价于

$$\frac{\tan\dfrac{A}{2}}{1+\tan^2\dfrac{A}{2}} + \frac{\tan\dfrac{B}{2}}{1+\tan^2\dfrac{B}{2}} + \frac{\tan\dfrac{C}{2}}{1+\tan^2\dfrac{C}{2}} \leqslant \frac{3\sqrt{3}}{4},$$

即 $\sin A + \sin B + \sin C \leqslant \dfrac{3\sqrt{3}}{2}$，此式由琴生不等式立即得证.

（2）原不等式等价于 $\dfrac{yz}{x+yz} + \dfrac{zx}{y+zx} + \dfrac{xy}{z+xy} \geqslant \dfrac{3}{4}$，设 $x=$

$\tan\dfrac{B}{2}\tan\dfrac{C}{2}, y=\tan\dfrac{C}{2}\tan\dfrac{A}{2}, z=\tan\dfrac{A}{2}\tan\dfrac{B}{2}$，则继续等价于

$$\frac{\tan^2\dfrac{A}{2}}{1+\tan^2\dfrac{A}{2}} + \frac{\tan^2\dfrac{B}{2}}{1+\tan^2\dfrac{B}{2}} + \frac{\tan^2\dfrac{C}{2}}{1+\tan^2\dfrac{C}{2}} \geqslant \frac{3}{4},$$

即

$$\sin^2\frac{A}{2} + \sin^2\frac{B}{2} + \sin^2\frac{C}{2} \geqslant \frac{3}{4},$$

也即

$$\cos A + \cos B + \cos C \leqslant \frac{3}{2}.$$

由

$$\cos A + \cos B + \cos C = 2\cos\frac{A+B}{2}\cos\frac{A-B}{2} + 1 - 2\sin^2\frac{C}{2}$$

$$\leqslant 2\sin\frac{C}{2} + 1 - 2\sin^2\frac{C}{2}$$

$$= \frac{3}{2} - 2\left(\sin\frac{C}{2} - 1\right)^2 \leqslant \frac{3}{2},$$

故原不等式得证.

（3）设 $x = \tan\frac{B}{2}\tan\frac{C}{2}$，$y = \tan\frac{C}{2}\tan\frac{A}{2}$，$z = \tan\frac{A}{2}\tan\frac{B}{2}$，则原不

等式等价于 $\cos\frac{A}{2} + \cos\frac{B}{2} + \cos\frac{C}{2} > 2$.

由余弦函数在 $\left(0, \frac{\pi}{2}\right)$ 上的图像可知，当 $0 < x < \frac{\pi}{2}$ 时，恒有 $\cos x$

$> -\frac{2}{\pi}x + 1$，于是

$$\cos\frac{A}{2} + \cos\frac{B}{2} + \cos\frac{C}{2} > -\frac{2}{\pi}\left(\frac{A}{2} + \frac{B}{2} + \frac{C}{2}\right) + 3 = 2,$$

故原不等式得证.

34. 证明　将已知条件变形为 $x^2 y^2 + y^2 z^2 + z^2 x^2 + 2x^2 y^2 z^2 =$

1，故可设 $xy = \cos A$，$yz = \cos B$，$zx = \cos C$，则有

$$xy + yz + zx = \cos A + \cos B + \cos C \leqslant \frac{3}{2},$$

得证.

35. 证明 设 $z_1 = \dfrac{\sqrt{\lambda}b}{a} + \mathrm{i},\ z_2 = \dfrac{\sqrt{\lambda}c}{b} + \mathrm{i},\ z_3 = \dfrac{\sqrt{\lambda}a}{c} + \mathrm{i}$，则原不等

式等价于 $|z_1| + |z_2| + |z_3| \geqslant 3\sqrt{1+\lambda}$．由复数模不等式知

$$|z_1| + |z_2| + |z_3| \geqslant |z_1 + z_2 + z_3| = \left| \sqrt{\lambda}\left(\frac{b}{a} + \frac{c}{b} + \frac{a}{c} \right) + 3\mathrm{i} \right|$$

$$= \sqrt{\lambda\left(\frac{b}{a} + \frac{c}{b} + \frac{a}{c} \right)^2 + 9}.$$

因为 $\dfrac{b}{a} + \dfrac{c}{b} + \dfrac{a}{c} \geqslant 3$，所以 $|z_1| + |z_2| + |z_3| \geqslant \sqrt{9+9\lambda} =$

$3\sqrt{1+\lambda}$，得证．

36. 证明 设 $x = \dfrac{ma+nb}{a-b},\ y = \dfrac{mb+nc}{b-c},\ z = \dfrac{mc+na}{c-a}$，则

$$\frac{a}{b} = \frac{x+n}{x-m}, \qquad \frac{b}{c} = \frac{y+n}{y-m}, \qquad \frac{c}{a} = \frac{z+n}{z-m}.$$

由于 $1 = \dfrac{a}{b} \cdot \dfrac{b}{c} \cdot \dfrac{c}{a} = \dfrac{x+n}{x-m} \cdot \dfrac{y+n}{y-m} \cdot \dfrac{z+n}{z-m}$，化简整理后得

$$xy + yz + zx = (m-n)(x+y+z) - (m^2 - mn + n^2),$$

故

$$\left(\frac{ma+nb}{a-b} \right)^2 + \left(\frac{mb+nc}{b-c} \right)^2 + \left(\frac{mc+na}{c-a} \right)^2$$

$$= x^2 + y^2 + z^2$$

$$= (x+y+z)^2 - 2(xy+yz+zx)$$

$$= (x+y+z)^2 - 2(m-n)(x+y+z) + 2(m^2 - mn + n^2)$$

$$= (x+y+z-m+n)^2 + m^2 + n^2 \geqslant m^2 + n^2,$$

得证．

注 特别地，在以上问题中取 $m=2, n=-1$，即得到 2004 年泰

国竞赛题:设 a,b,c 是三个互不相等的实数,求证:

$$\left(\frac{2a-b}{a-b}\right)^2 + \left(\frac{2b-c}{b-c}\right)^2 + \left(\frac{2c-a}{c-a}\right)^2 \geqslant 5.$$

37. **证明**　设

$$X = \sin^2 B + \sin^2 C - 2\sin B \sin C \cos A - \sin^2 A,$$

$$Y = \cos^2 B + \cos^2 C + 2\cos B \cos C \cos A - \sin^2 A,$$

则

$$X + Y = 2 + 2\cos A(\cos B \cos C - \sin B \sin C) - 2\sin^2 A$$

$$= 2 - 2\cos^2 A - 2\sin^2 A = 0,$$

$$X - Y = -\cos 2B - \cos 2C - 2\cos A(\sin B \sin C + \cos B \cos C)$$

$$= -2\cos(B+C)\cos(B-C) - 2\cos A\cos(B-C)$$

$$= 2\cos A\cos(B-C) - 2\cos A\cos(B-C) = 0,$$

所以, $X = Y = 0$,即欲证不等式成立.

38. **证明**　设 $\dfrac{a_1 x^2 + b_1 x + c_1}{a_2 x^2 + b_2 x + c_2} = m$ (定值),则

$$(a_1 - a_2 m)x^2 + (b_1 - mb_2)x + c_1 - mc_2 = 0,$$

于是 $a_1 - a_2 m = b_1 - mb_2 = c_1 - mc_2 = 0$,所以 $\dfrac{a_1}{a_2} = \dfrac{b_1}{b_2} = \dfrac{c_1}{c_2} = m$,所以这两个三角形相似.

39. **证明**　设

$$A = \sqrt{e^x + \frac{1}{\sqrt{e^x}}} - \sqrt{e^x + \frac{1}{e^x} + 1},$$

$$B = \sqrt{e^x + \frac{1}{\sqrt{e^x}}} + \sqrt{e^x + \frac{1}{e^x} + 1},$$

则 $AB = 1$,且 $B \geqslant 2 + \sqrt{3}$,于是 $1 = AB \geqslant (2+\sqrt{3})A$.所以原不等式

得证.

40. 证明 令 $x = \dfrac{\beta + \gamma - \alpha}{4}$, $y = \dfrac{\gamma + \alpha - \beta}{4}$, $z = \dfrac{\alpha + \beta - \gamma}{4}$, 则

$\alpha = 2(y + z)$, $\beta = 2(z + x)$, $\gamma = 2(y + x)$, 且原条件转化为

$$x + y + z = \frac{\alpha + \beta + \gamma}{4} = \frac{\pi}{4}, \quad \tan x + \tan y + \tan z = 1.$$

（1）当 $y + z \neq k\pi + \dfrac{\pi}{2}$ $(k \in \mathbf{Z})$ 时，由于 $\tan(y + z) =$

$\tan\left(\dfrac{\pi}{4} - x\right)$，所以 $\dfrac{\tan y + \tan z}{1 - \tan y \tan z} = \dfrac{1 - \tan x}{1 + \tan x}$，整理得

$$(\tan x - 1)(\tan y - 1)(\tan z - 1) = 0,$$

于是 $\tan x = 1$ 或 $\tan y = 1$ 或 $\tan z = 1$.

不妨设 $\tan x = 1$，则 $\tan y + \tan z = 0$，于是

$$\cos \alpha + \cos \beta + \cos \gamma$$
$$= \cos 2(y + z) + \cos 2(z + x) + \cos 2(x + y)$$
$$= \cos 2\left(\frac{\pi}{4} - x\right) + \cos 2\left(\frac{\pi}{4} - y\right) + \cos 2\left(\frac{\pi}{4} - z\right)$$
$$= \sin 2x + \sin 2y + \sin 2z$$
$$= \frac{2\tan x}{1 + \tan^2 x} + \frac{2\tan y}{1 + \tan^2 y} + \frac{2\tan z}{1 + \tan^2 z}$$
$$= 1.$$

（2）当 $y + z = k\pi + \dfrac{\pi}{2}$ $(k \in \mathbf{Z})$ 时，则 $x = \dfrac{\pi}{4} - (y + z) = -k\pi -$

$\dfrac{\pi}{4}$ $(k \in \mathbf{Z})$，则 $\tan x = -1$，$\sin 2x = \dfrac{2\tan x}{1 + \tan^2 x} = -1$.

又因为 $\tan y + \tan z = 1 - \tan x = 2$，且 $\tan y = \tan\left(\dfrac{\pi}{2} - z\right) =$

$\dfrac{1}{\tan z}$，所以 $\tan y = \tan z = 1$，所以

$$\cos\alpha + \cos\beta + \cos\gamma = \sin 2x + \sin 2y + \sin 2z$$

$$= -1 + 2 \times \dfrac{2 \times 1}{1 + 1^2} = 1.$$

综上所述，$\cos\alpha + \cos\beta + \cos\gamma = 1$.

41. **解**　原方程可以整理为关于 k 的方程

$$xk^2 + (2x^2 + 9)k + x^3 + 27 = 0,$$

即为

$$(k + x + 3)(xk + x^2 - 3x + 9) = 0.$$

显然 $x \neq 0$，于是解得

$$k = -x - 3, \quad k = -\dfrac{x^2 - 3x + 9}{x},$$

反解 x 得原方程的解为

$$x_1 = -k - 3, \quad x_{2,3} = \dfrac{3 - k \pm \sqrt{(k - 9)(k + 3)}}{2}.$$

42. **证明**　设 $a = y + z, b = z + x, c = x + y$，则

$$r = \dfrac{\sqrt{xyz(x + y + z)}}{x + y + z}.$$

原不等式等价于 $\dfrac{1}{x^2} + \dfrac{1}{y^2} + \dfrac{1}{z^2} \geqslant \dfrac{x + y + z}{xyz}$，因为

$$\dfrac{1}{x^2} + \dfrac{1}{y^2} + \dfrac{1}{z^2} = \dfrac{1}{2}\left[\left(\dfrac{1}{x^2} + \dfrac{1}{y^2}\right) + \left(\dfrac{1}{y^2} + \dfrac{1}{z^2}\right) + \left(\dfrac{1}{z^2} + \dfrac{1}{x^2}\right)\right]$$

$$\geqslant \dfrac{1}{xy} + \dfrac{1}{yz} + \dfrac{1}{zx}$$

$$= \dfrac{x + y + z}{xyz},$$

所以原不等式得证.

43. **解**　先作 $f_0(x) = |x|$ 的图像,然后 $f_0(x)$ 的图像向下平移 1 单位,并保留 x 轴上方的部分,将 x 轴下方的部分对称地翻折到 x 轴上方,便得 $f_1(x) = ||x| - 1|$ 的图像(答 43 图(a)中实线部分).

再将 $f_1(x) = ||x| - 1|$ 的图像向下平移 2 个单位,并保留 x 轴上方的部分,将 x 轴下方的部分对称地翻折到 x 轴上方,便得 $f_2(x) = |f_1(x) - 2|$ 的图像(答 43 图(b)中实线部分).它与 x 轴围成的封闭图形的面积为

$$S = S_{梯形} - S_{三角形} = \frac{6+2}{2} \times 2 - \frac{1}{2} \times 2 \times 1 = 7.$$

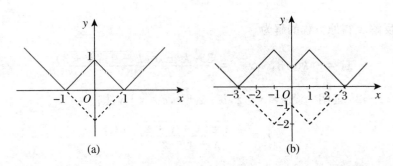

(a)　　　　　　　　　　(b)

答 43 图

44. **解**　将原方程变形为

$$x^2 - 2|x| + 1 = k - 2.$$

在同一直角坐标系中作出 $f(x) = x^2 - 2|x| + 1, y = k - 2$ 的图像,如答 44 图所示.所以,当 $0 < k - 2 < 1$,即 $2 < k < 3$ 时,直线与曲线有 4 个不同的交点.

45. **解**　原不等式即为 $\sqrt{x^2+1} \leqslant ax+1$，在同一直角坐标系中作出函数 $y=\sqrt{x^2+1}$，$y=ax+1$ 的图像(答45图).

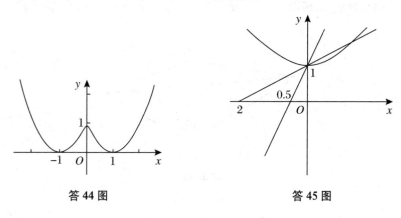

答44图　　　　　　答45图

由于 $y=\sqrt{x^2+1}$ 为等轴双曲线 $y^2-x^2=1$ 的上半支，因为渐近线的斜率为1，所以，当 $a \geqslant 1$ 时，函数 $y=\sqrt{x^2+1}$ 与 $y=ax+1$ 只有一个交点，即 $x=0$，所以原不等式的解集为 $\{x \mid x \geqslant 0\}$；当 $0<a<1$ 时，函数 $y=\sqrt{x^2+1}$ 与 $y=ax+1$ 有两个交点，即 $x=0$ 或 $x=\dfrac{2a}{1-a^2}$，所以不等式的解集为 $\left\{ x \mid 0 \leqslant x \leqslant \dfrac{2a}{1-a^2} \right\}$.

46. **证明**　构造如答46图所示的四边形 $OPQR$，其中 $\angle POQ = \angle QOR = 60°$，$OP=a$，$OQ=b$，$OR=c$，分别在 $\triangle OPQ$，$\triangle OQR$，$\triangle OPR$ 中，由余弦定理得

$$PQ^2 = a^2 + b^2 - ab,$$
$$QR^2 = b^2 + c^2 - bc,$$
$$PR^2 = a^2 + c^2 + ac.$$

在 $\triangle PQR$ 中，显然有 $QR+QP \geqslant PR$，当且仅当点 Q 在线段 PR 上时

等号成立，即 $S_{\triangle OPR} = S_{\triangle OPQ} + S_{\triangle OQR}$，即 $ac = ab + bc$，也即 $\dfrac{1}{b} = \dfrac{1}{a} +$

$\dfrac{1}{c}$ 时等号成立. 所以，$\sqrt{a^2 - ab + b^2} + \sqrt{b^2 - bc + c^2} \geqslant \sqrt{a^2 + ac + c^2}$.

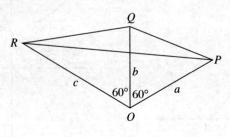

答 46 图

第 3 篇

自主招生考试中的函数问题

第13章　自主招生考试中的函数问题

函数是描述客观世界变化规律的重要数学模型.高中阶段不仅把函数看成是变量之间的依赖关系,同时还用集合与映射的观点加以刻画,由此可以看出,函数是高中数学的重要内容之一,不仅如此,函数还是学习高等数学的基础.函数现象大量地存在于我们的周围,与我们的生产、生活息息相关,是我们认识世界和改造世界的有力工具.函数的思想和方法始终贯穿于整个高中课程.据统计,在近几年的自主招生数学考试中,与函数有关的问题大约占到总题量的 20%～30%.为了方便师生查阅资料与备考,本书按照之前章节顺序,依据考点收录部分近几年的试题供参考,限于篇幅限制,具体解答过程略去,感兴趣的读者可参阅《名牌大学学科营与自主招生考试绿卡·数学真题篇》(李广明、张剑编著,中国科学技术大学出版社,2015 年).

13.1　映射与函数

考点 1　映射与函数

1.(2013 年中国科学技术大学)已知映射 $f: \mathbf{R}^2 \to \mathbf{R}^2$,$(x,y) \mapsto (ax, ay)$,其中,$a,b$ 均为正数.

(1) 求 $\{(x,y) \mid 0 \leqslant x \leqslant a, 0 \leqslant y \leqslant b\}$ 在映射 f 下的像及此图形

的面积；

(2) 求 $\{(x,y) | x^2 + y^2 \leqslant 1\}$ 在映射 f 下的像及此图形的面积.

2.(2011 年中国科学技术大学)设 $S_n = \{1,2,\cdots,n\}$，$f(x)$ 是 S_n 到自身的一一映射.

(1) $f(x)$ 有多少种?

(2) 讨论 $n = 4,5$ 时,满足 $f(f(i)) = i(i \in S_n)$ 的个数;

(3) 将(2)的结果推广到 n.

3.(2013 年清华大学)(1) 证明:多项式 $p(x) = x^3 - 3x + 1$ 有三个实根 a,b,c 满足 $a < b < c$;

(2) 证明:若 $x = t$ 为 $p(x)$ 的一个根,则 $x = t^2 - 2$ 也是 $p(x)$ 的一个根;

(3) 定义映射 $f: \{a,b,c\} \rightarrow \{a,b,c\}, t \mapsto t^2 - 2$,求 $f(a)$, $f(b),f(c)$ 的值.

4. (2007 年北京大学) 设 $f(x) = x^2 - 53x + 196 + |x^2 - 53x + 196|$,求 $f(1) + f(2) + \cdots + f(50)$ 的值.

考点 2　反函数

1. (2000 年复旦大学) 函数 $f(x) = \sqrt[3]{x + \sqrt{1 + x^2}} + \sqrt[3]{x - \sqrt{1 + x^2}} (x \in \mathbf{R})$ 的反函数是_____.

2.(2009 年中国科学技术大学)函数 $f(x)$ 的图像为折线 ABC, 已知 $A(-3,0),B(-2,2),C(0,3)$,则 $f(x)$ 的反函数是_____.

3.(2008 年上海财经大学)函数 $y = \cos x, x \in [-\pi,0]$ 的反函数是_____.

4.(2010 年上海交通大学)若 $f(x) = \dfrac{2^x - 1}{2^x + 1}$,$g(x) = f^{-1}(x)$,则

$$g\left(\frac{3}{5}\right) = \underline{\qquad}.$$

5.(2001 年复旦大学)设函数 $f(x) = \sqrt{x}$ 的反函数为 $f^{-1}(x)$,则对于 $[0,1]$ 内的所有 x 值,一定成立的是( ).

A. $f(x) \geqslant f^{-1}(x)$

B. $f(x) \leqslant f^{-1}(x)$

C. $f(x) = f^{-1}(x)$

D. $f(x) \neq f^{-1}(x)$

6.(2006 年复旦大学)已知函数 $f(x) = \sin x \cos x + \sqrt{3}\cos^2 x$,定义域为 $D(f) = \left[\frac{\pi}{12}, \frac{7\pi}{12}\right]$,则 $f^{-1}(x) = ($).

A. $\frac{1}{2}\arccos\left(x - \frac{\sqrt{3}}{2}\right) - \frac{\pi}{12}$

B. $\frac{1}{2}\arccos\left(x - \frac{\sqrt{3}}{2}\right) - \frac{\pi}{6}$

C. $-\frac{1}{2}\arcsin\left(x - \frac{\sqrt{3}}{2}\right) + \frac{\pi}{12}$

D. $-\frac{1}{2}\arcsin\left(x - \frac{\sqrt{3}}{2}\right) - \frac{\pi}{6}$

7.(2008 年中南财经证法大学)若实数 $a, b (a \neq b)$ 满足 $f(x) = \frac{x+a}{x+b}$ 的反函数 $F(x)$ 有对称中心 M,则点 M 的坐标为( ).

A. $(-b, -1)$

B. $(-1, -b)$

C. $(-b, 1)$

D. $(1, -b)$

8.(2001 年复旦大学)设函数 $f(x) = \frac{x}{x+a}$ 的反函数是自身,求实数 a 的值.

9.(2014 年华约联盟)设 $f^{-1}(x)$ 是 $f(x)$ 的反函数,定义:$(f \circ g)(x) = f(g(x))$.

(1) 求证:$(f \circ g)^{-1}(x) = (g^{-1} \circ f^{-1})(x)$;

(2) 设 $F(x) = f(-x)$,$G(x) = f^{-1}(-x)$,若 $F(x) = G^{-1}(x)$,求证:$f(x)$ 为奇函数.

13.2 初等函数

考点1 指数与指数函数

1.(2002 年上海交通大学)若 $3^a = 4^b = 6^c$,则 $\dfrac{1}{a} + \dfrac{1}{2b} - \dfrac{1}{c}$

= _____.

2.(2007 年上海交通大学)设 a,b,c 均为实数,且 $3^a = 6^b = 4$,

则 $\dfrac{1}{a} - \dfrac{1}{b} = $ _____.

3.(2002 年上海交通大学)若 $2^x - 2^{-x} = 2$,则 $8^x = $ _____.

4. (2003 年同济大学)函数 $y = f(x)$,$f(x+1) - f(x)$ 称为 $f(x)$ 在 x 处的一阶差分,记作 Δy,对于 Δy 在 x 处的一阶差分,称为 $f(x)$ 在 x 处的二阶差分 $\Delta^2 y$,则 $f(x) = 3^x \cdot x$ 在 x 处的二阶差分 $\Delta^2 y = $ _____.

5.(2008 年西北工业大学)已知函数 $f(x)$ 满足:$f(p+q) = f(p)f(q)$,且 $f(1) = 3$,则 $\dfrac{f^2(1) + f(2)}{f(1)} + \dfrac{f^2(2) + f(4)}{f(3)} + \dfrac{f^2(3) + f(6)}{f(5)} + \dfrac{f^2(4) + f(8)}{f(7)} = $ _____.

6.(2009 年上海交通大学)众所周知,指数函数 $y = a^x$ $(a > 0, a \neq 1)$ 恒大于 0,且具有如下性质:①若实数 $x_1 \neq x_2$,则 $a^{x_1} \neq a^{x_2}$;②对任意的两个实数 x_1, x_2,有 $a^{x_1 + x_2} = a^{x_1} a^{x_2}$.

若一个函数 $f(x)$ 满足类似的两条性质,即:

(1) 若实数 $x_1 \neq x_2$,则 $f(x_1) \neq f(x_2)$;

(2) 对任意实数 x_1, x_2,有 $f(x_1 + x_2) = f(x_1)f(x_2)$.

能否判断 $f(x)$ 也恒大于 0？说明你的理由.

考点 2　对数与对数函数

1.(2001 年上海交通大学) $p = \log_8 3$，$q = \log_3 5$，则用 p，q 表示 $\lg 5 = $ _____．

2.(2009 年南京大学)方程 $3\log_x 4 + 2\log_{4x} 4 + 3\log_{16x} 4 = 0$ 的解集是 _____．

3.（2001 年上海交通大学）已知 $\log_2(\log_3(\log_4 x)) = \log_3(\log_4(\log_2 y)) = \log_4(\log_2(\log_3 z)) = 0$，则 $x + y + z = $ _____．

4.(2000 年上海交通大学)已知 a,b,c 是 $\triangle ABC$ 的三边，$a \neq 1$，$b < c$，且满足 $\log_{b+c} a + \log_{c-b} a = 2\log_{b+c} a \log_{c-b} a$，则 $\triangle ABC$ 是 _____ 三角形．

5.(2008 年浙江大学)已知 $a > 0$，$b > 0$，$\log_9 a = \log_{12} b = \log_{16}(a+b)$，求 $\dfrac{b}{a}$ 的值.

6.(2002 年上海交通大学)设 $f(x) = |\lg x|$，a,b 为实数，且 $0 < a < b$，若 a,b 满足 $f(a) = f(b) = f\left(\dfrac{a+b}{2}\right)$，试写出 a，b 的关系，并证明这一关系中存在 b 满足 $3 < b < 4$．

考点 3　幂函数及其应用

1.(2000 年上海交通大学)已知 $(3x+1)^8 = a_8 x^8 + a_7 x^7 + \cdots + a_1 x + a_0$，则 $a_8 + a_6 + a_4 + a_2 + a_0 = $ _____．

2.(2003 年复旦大学)解方程 $x^{\log_a x} = \dfrac{x^3}{a^2}$，$x = $ _____．

3.（2003 年复旦大学）方程 $x^2 + (a-2)x + a + 1 = 0$ 的两根 x_1，x_2 在圆 $x^2 + y^2 = 4$ 上，则 $a =$ _____.

4.（2005 年上海交通大学）设 $p \in \mathbf{R}$，方程 $x^2 - px - \dfrac{1}{2p^2} = 0$ 的两根 x_1，x_2 满足 $x_1^4 + x_2^4 \leqslant 2 + \sqrt{2}$，则 $p =$ _____.

5.（2004 年上海交通大学）$x^2 + ax + b$ 和 $x^2 + bx + c$ 的最大公约数为 $x + 1$，最小公倍数为 $x^3 + (c-1)x^2 + (b+3)x + d$，则 $a =$ _____，$b =$ _____，$c =$ _____，$d =$ _____.

6.（2008 年上海交通大学）已知函数 $f(x) = ax^2 + bx + c (a \neq 0)$，且 $f(x) = x$ 没有实数根.那么 $f(f(x)) = x$ 是否有实数根？并证明你的结论.

7.（2006 年上海交通大学）若函数形式为 $f(x,y) = a(x)b(y) + c(x)d(y)$，其中，$a(x)$，$c(x)$ 为关于 x 的多项式；$b(y)$，$d(y)$ 为关于 y 的多项式，则称 $f(x,y)$ 为 P 类函数.判断下列函数是否是 P 类函数，并说明理由.

（1）$1 + xy$；（2）$1 + xy + x^2y^2$.

考点 4　三角函数

1.（2000 年上海交通大学）$\dfrac{\sin \dfrac{\pi}{12} + \sin \dfrac{7\pi}{12}}{\cos \dfrac{\pi}{12} + \cos \dfrac{7\pi}{12}} =$ _____.

2.（2001 年复旦大学）$\sec 50° + \dfrac{1}{\cot 10°} =$ _____.（结果用数值表示）

3.（2008 年南京大学）$(1 + \tan 1°)(1 + \tan 2°) \cdots (1 + \tan 44°)$

$(1+\tan 45°)=$ _____.

4.（2009 年中国科学技术大学）$\sin 6° \sin 42° \sin 66° \sin 78°$

= _____.

5.（2004 年同济大学）设 θ 是第二象限角，$\sin \theta = \dfrac{3}{5}$，则

$\sin\left(\dfrac{57}{8}\pi - 2\theta\right) =$ _____.

6.（2008 年上海财经大学）已知 $\tan \alpha = \dfrac{4}{3}$，且 $\alpha \in \left(\pi, \dfrac{3\pi}{2}\right)$，则

$\cos \dfrac{\alpha}{2} =$ _____.

7.（2008 年上海交通大学）若 $\cos x - \sin x = \dfrac{1}{2}$，则 $\cos^3 x - \sin^3 x$

= _____.

8.（2002 年复旦大学）已知：$\sin x + \sin y = 0$ 则 $\cos^2 x - \cos^2 y$

= _____.

9.（2001 年上海交通大学）$\sin^2 \alpha + \sin^2\left(\alpha + \dfrac{\pi}{3}\right) + \sin^2\left(\alpha - \dfrac{\pi}{3}\right) =$

_____.

10.（2001 年上海交通大学）$2\sin \alpha = \sin \theta + \cos \theta$，$\sin^2 \beta = \sin \theta \cos \theta$，

则 $\dfrac{\cos 2\alpha}{\cos 2\beta} =$ _____.

11.（2011 年卓越联盟）已知 $\sin 2(\alpha + \gamma) = n\sin 2\beta$，则

$\dfrac{\tan(\alpha + \beta + \gamma)}{\tan(\alpha - \beta + \gamma)} = ($ 　　 $)$.

A. $\dfrac{n-1}{n+1}$ 　　　 B. $\dfrac{n}{n+1}$ 　　　 C. $\dfrac{n}{n-1}$ 　　　 D. $\dfrac{n+1}{n-1}$

12.（2008 年武汉大学）若 $\sin^3 \theta + \cos^3 \theta < 0$，则 $\sin \theta + \cos \theta$ 的取

值范是(   ).

A. $\left[-\sqrt{2},0\right)$ 　　　　　　　 B. $\left[-\sqrt{2},1\right)$

C. $\left(0,\sqrt{2}\right]$ 　　　　　　　　 D. $\left(0,\sqrt{2}\right)$

13.(2006 年复旦大学)已知 $\sin\alpha,\cos\alpha$ 是关于 x 的方程 $x^2-ax+a=0$ 的两个根,这里 $a\in\mathbf{R}$,则 $\sin^3\alpha+\cos^3\alpha=(\quad)$.

A. $-1-\sqrt{2}$ 　　 B. $1+\sqrt{2}$ 　　 C. $-2+\sqrt{2}$ 　　 D. $2-\sqrt{2}$

14.(2010 年清华大学)求值: $\sin^4 10° + \sin^4 50° + \sin^4 70°$.

15.(2010 年浙江大学)已知 $\sin(x+20°)=\cos(x+10°)+\cos(x-10°)$,求 $\tan x$ 的值.

16.(2004 年复旦大学)已知 $\sin(\alpha+\beta)=\dfrac{12}{13}$, $\sin(\alpha-\beta)=-\dfrac{4}{5}$,且 $\alpha>0,\beta>0,\alpha+\beta<\dfrac{\pi}{2}$,求 $\tan 2\alpha$.

17.(2001 年复旦大学)已知: $\sin\alpha+\sin\beta=a$, $\cos\alpha+\cos\beta=a+1$,求 $\sin(\alpha+\beta)$ 及 $\cos(\alpha+\beta)$.

18.(2003 年复旦大学)已知 $\sin\alpha+\cos\beta=\dfrac{\sqrt{3}}{2}$, $\cos\alpha+\sin\beta=\sqrt{2}$,求 $\tan\alpha\cdot\cot\beta$ 的值.

19.(2004 年复旦大学)已知 $\sin(\alpha+\beta)=\dfrac{12}{13}$, $\sin(\alpha-\beta)=-\dfrac{4}{5}$,且 $\alpha>0,\beta>0,\alpha+\beta<\dfrac{\pi}{2}$,求 $\tan 2\alpha$.

20.(2008 年同济大学)设方程 $a\cos x + b\sin x + c = 0$ $(a\neq0,c>a)$ 在 $(0,\pi)$ 中有两个相异的实根 α,β,求 $\cos(\alpha+\beta)$.

21.(2002 年复旦大学)解方程: $\cos 3x \cdot \tan 5x = \sin 7x$.

22.(2013 年清华大学)比较 $\dfrac{\sqrt{2}}{2}\cos(x-y)+\dfrac{1}{2}\sin x\cos y$ 与 1 的

大小.

23. (2011 年山东大学) 设 $a = (2\cos x, \cos x)$, $b = (\sqrt{3}\sin x, 2\cos x)$, 若 $f(x) = a \cdot b + 3$.

(1) 当 $x \in \left(0, \dfrac{\pi}{2}\right)$ 时, 求 $f(x)$ 的值域;

(2) 若 $f(x) = \dfrac{28}{5}$, $x \in \left(\dfrac{\pi}{6}, \dfrac{5\pi}{12}\right)$, 求 $\cos\left(2x - \dfrac{\pi}{12}\right)$.

考点5　反三角函数

1. (2001 年复旦大学) 与正实轴夹角为 $\arcsin(\sin 3)$ 的直线的斜率记为 k, 则 $\arctan k =$ _____.(结果用数值表示)

2. (2001 年上海交通大学) $(a+1)(b+1) = 2$, 则 $\arctan a + \arctan b = ($ 　　).

A. $\dfrac{\pi}{2}$ 　　　　B. $\dfrac{\pi}{3}$ 　　　　C. $\dfrac{\pi}{4}$ 　　　　D. $\dfrac{\pi}{6}$

3. (2004 年复旦大学) 设 x_1, x_2 是方程 $x^2 - x\sin\dfrac{3}{5}\pi + \cos\dfrac{3}{5}\pi = 0$ 的两解, 则 $\arctan x_1 + \arctan x_2 =$ _____.

4. (2010 年同济大学) 若 x_1, x_2 满足 $\sin x_1 + x_1 = 1$, $\arcsin x_2 + x_2 = 1$, 则 $x_1 + x_2 =$ _____.

5. (2009 年上海交通大学) 已知 $\arctan x = \arccos x$, 则 $x =$ _____.

6. (2014 年北约联盟) 使得函数 $f(x) = \arctan\dfrac{2-2x}{1+4x} + C$ 成为区间 $\left(-\dfrac{1}{4}, \dfrac{1}{4}\right)$ 上的奇函数的常数 C 的值为($　　$).

A. 0 　　　　　　　　　　　　B. $-\arctan 2$

C. $\arctan 2$ 　　　　　　　　　D. 不存在

考点6　　解三角形

1. (2000 年上海交通大学) a, b, c 是 $\triangle ABC$ 的三边, 且 $(b+c):(a+c):(a+b)=4:5:6$, 则 $\sin A:\sin B:\sin C$ = _____.

2. (2010 年华约联盟) 已知 $\triangle ABC$ 中, $a+c=3b$, 则 $\tan\dfrac{A}{2}\tan\dfrac{C}{2}$ = ( ).

A. $\dfrac{1}{5}$ 　　　 B. $\dfrac{1}{2}$ 　　　 C. $\dfrac{1}{3}$ 　　　 D. $\dfrac{2}{5}$

3. (2012 年华约联盟) 在锐角 $\triangle ABC$ 中, 已知 $\angle A > \angle B > \angle C$, 则 $\cos B$ 的取值范围为( ).

A. $\left(0,\dfrac{\sqrt{2}}{2}\right)$ 　　 B. $\left[\dfrac{1}{2},\dfrac{\sqrt{2}}{2}\right)$ 　　 C. $(0,1)$ 　　 D. $\left(\dfrac{\sqrt{2}}{2},1\right)$

4. (2012 年华约联盟) 设 O 是锐角 $\triangle ABC$ 的外接圆的圆心, 它到三边 a, b, c 的距离分别为 k, m, n, 则( ).

A. $k:m:n=a:b:c$

B. $k:m:n=\dfrac{1}{a}:\dfrac{1}{b}:\dfrac{1}{c}$

C. $k:m:n=\sin A:\sin B:\sin C$

D. $k:m:n=\cos A:\cos B:\cos C$

5. (2009 年复旦大学) 设 $\triangle ABC$ 三条边长之比为 $AB:BC:CA$ =$3:2:4$, 已知顶点 $A(0,0)$, $B(a,b)$, 则顶点 C 的坐标一定是( ).

A. $\left(\dfrac{7}{6}a\pm\dfrac{\sqrt{15}}{6}b,\dfrac{7}{6}b\mp\dfrac{\sqrt{15}}{6}a\right)$

B. $\left(\dfrac{7}{8}a \pm \dfrac{\sqrt{15}}{8}b, \dfrac{7}{8}b \mp \dfrac{\sqrt{15}}{8}a \right)$

C. $\left(\dfrac{7}{6}a \pm \dfrac{\sqrt{15}}{6}b, \dfrac{7}{6}b \pm \dfrac{\sqrt{15}}{6}a \right)$

D. $\left(\dfrac{7}{8}a \pm \dfrac{\sqrt{15}}{8}b, \dfrac{7}{8}b \pm \dfrac{\sqrt{15}}{8}a \right)$

6.(2011 年山东大学)在△ABC 中,$\cos \dfrac{A}{2} = \dfrac{b+c}{2c}$,则△$ABC$ 为
(　　).

　　A.等边三角形　　　　　　　　B.等腰三角形

　　C.直角三角形　　　　　　　　D.无法确定

7.(2005 年复旦大学)在△ABC 中,$\tan A : \tan B : \tan C = 1 : 2$
$: 3$,求$\dfrac{AC}{AB}$.

8.(2011 年华约联盟)已知△ABC 不是直角三角形.

(1) 证明:$\tan A + \tan B + \tan C = \tan A \cdot \tan B \cdot \tan C$.

(2) 若$\sqrt{3}\tan C - 1 = \dfrac{\tan B + \tan C}{\tan A}$,且 $\sin 2A$,$\sin 2B$,$\sin 2C$ 的倒
数成等差数列,求 $\cos \dfrac{A-C}{2}$的值.

9.(2013 年卓越联盟)在△ABC 中,三个内角∠A,∠B,∠C 的
对边分别为a,b,c,已知$(a-c)(\sin A + \sin C) = (a-b)\sin B$.

(1) 求∠C 的大小;

(2) 求 $\sin A \sin B$ 的最大值.

10.(2010 年五校联盟)在△ABC 中,已知 $2\sin^2 \dfrac{A+B}{2} + \cos 2C$
$=1$,其外接圆半径 $R = 2$.

(1) 求∠C 的大小；

(2) 求△ABC 面积的最大值.

11.(2011 年北约联盟)在△ABC 中,∠A,∠B,∠C 的对边分别为 a,b,c,三边长满足 a+b≥2c,求证:∠C≤60°.

12.(2012 年华约联盟)在△ABC 中,∠A,∠B,∠C 的对边分别为 a,b,c,已知 $2\sin^2\dfrac{A+B}{2}=1+\cos 2C$.

(1) 求∠C 的大小；

(2) 若 $c^2=2b^2-2a^2$,求 $\cos 2A-\cos 2B$ 的值.

13.(2009 年北京大学)一个圆内接四边形的四个边长依次为 1,2,3,4,求这个圆的半径.

13.3　函数的性质

考点 1　函数的奇偶性

1. (2002 年复旦大学)从奇偶性看:函数 $y=\ln\left(x+\sqrt{x^2+1}\right)$ 是_____.

2.(2000 年上海交通大学)已知 $f(x)$ 是偶函数,$f(x-2)$ 是奇函数,且 $f(0)=1998$,则 $f(2000)=$ _____.

3.(2003 年上海交通大学)已知 $f(x)=ax^7+bx^5+x^2+2x-1$,$f(2)=-8$,则 $f(-2)=$ _____.

4.(2009 年同济大学)已知 $f(x)$ 是奇函数,当 $x>0$ 时,$f(x)=x+\sqrt{x}$,则当 $x<0$ 时,$f(x)=$ _____.

考点 2　函数的单调性

1.(2008 年武汉大学)函数 $f(x) = \sin^2 x + \sqrt{3}\sin x\cos x$, $x \in \left[0, \dfrac{\pi}{2}\right]$ 的单调递减区间为(　　).

　　A.$\left[0, \dfrac{\pi}{3}\right]$　　　　　　　　B.$\left[0, \dfrac{\pi}{6}\right]$

　　C.$\left[\dfrac{\pi}{6}, \dfrac{\pi}{3}\right]$　　　　　　　D.$\left[\dfrac{\pi}{3}, \dfrac{\pi}{2}\right]$

2.(2008 年南京大学)函数 $f(x) = e^x - \ln(1+x) + 2$ 的单调递减区间是_____.

3.(2003 年同济大学)函数 $y = \cos 2x - 2\cos x$, $x \in [0, 2\pi]$ 的单调区间是_____.

4.(2004 年同济大学)函数 $f(x) = \log_{\frac{1}{2}}(\sin x + \cos x)$ 的单调递增区间是_____.

5.(2007 年中南财经政法大学)函数 $y = \log_{\frac{1}{2}}(\sin x + \cos x)$ 的单调递减区间是_____.

6.(2012 年北约联盟)函数 $y = |x+2| + |x| + |x-1|$ 为增函数,则 x 必属于区间(　　).

　　A.$(-\infty, 2]$　　　　　　B.$[-2, 0]$

　　C.$[0, +\infty)$　　　　　　D.$(-\infty, 0)$

7.(2006 年上海交通大学)函数 $y = -\log_3(x^2 - ax - a)$ 在 $(-\infty, 1-\sqrt{3})$ 上单调递增,则实数 a 的取值范围是_____.

8.(2007 年武汉大学)函数 $y = -\log_{\frac{1}{2}}(x^2 - ax - a)$ 在 $\left(-\infty, -\dfrac{1}{2}\right)$ 上单调递增,则实数 a 的取值范围是_____.

9.(2007 年中南财经政法大学)已知函数 $f(x) = -ax^3 + 3x^2 - ax + 2007$ 在 **R** 上是减函数,则实数 a 的取值范围是( ).

A. $(-\sqrt{3}, \sqrt{3})$　　　　　B. $(\sqrt{3}, +\infty)$

C. $(-\infty, -\sqrt{3}) \cup (\sqrt{3}, +\infty)$　　D. $[\sqrt{3}, +\infty)$

10.(2011 年南京理工大学)设函数 $f(x)$ 是定义在 **R** 上的奇函数,且对任意的 $x_1, x_2 \in [1, a]$,当 $x_1 > x_2$ 时,总有 $f(x_2) > f(x_1) > 0$,则下列不等式一定成立的是_____.

(1) $f(a) > f(0)$;

(2) $f\left(\dfrac{a+1}{2}\right) > f(\sqrt{a})$;

(3) $f\left(\dfrac{1-3a}{1+a}\right) > f(-3)$;

(4) $f\left(\dfrac{1-3a}{1+a}\right) > f(-a)$.

11.(2009 年华南理工大学)已知函数 $f(x)$ 是定义在 $(0, +\infty)$ 上的增函数,且满足 $f(3) = 1$,$f(xy) = f(x) + f(y)$,$x > 0$,$y > 0$,则不等式 $f(x) + f(x-3) \leqslant 3$ 的解集为_____.

12.(2000 年上海交通大学)方程 $3 \times 16^x + 2 \times 81^x = 5 \times 36^x$ 的解 $x =$ _____.

13.(2001 年复旦大学)不等式 $(\log_2(-x))^2 \geqslant \log_2 x^2$ 的解集是_____.

14.已知 $|5x+3| + |5x-4| = 7$,则 x 的范围是_____.

15.(2005 年上海交通大学)$\sin^8 x + \cos^8 x = \dfrac{41}{128}$,$x \in \left(0, \dfrac{\pi}{2}\right)$,则 $x =$ _____.

16.(2006 年清华大学)求 $f(x) = \dfrac{e^x}{x}$ 的单调区间及极值.

17.(2010 年山东大学)设函数 $f(x) = x(x^2 - mx - 3)$.

(1) 若 $f(x)$ 在 $[1, +\infty)$ 上单调递增,求 m 的取值范围;

(2) 若 $f(x)$ 在 $x = 3$ 处取得极值,求 $f(x)$ 在 $[1, m]$ 上的最大值、最小值.

18.(2009 年华南理工大学)已知函数 $f(x)$ 是定义在 $[-4, +\infty)$ 上的单调递增函数,要使对一切实数 x,不等式 $f(\cos x - b^2) \geqslant f(\sin^2 x - b - 3)$ 恒成立,求实数 b 的取值范围.

19.(2007 年武汉大学)已知函数 $f(x) = x + \dfrac{a}{2x}$ 的定义域为 $(0, 1]$.

(1) 当 $a = 1$ 时,求函数 $y = f(x)$ 的值域;

(2) 若函数 $y = f(x)$ 在定义域上为增函数,求实数 a 的取值范围.

20.(2004 年复旦大学)解方程:$\log_5(x - \sqrt{x - 3}) = 1$.

21.(2004 年复旦大学)比较 $\log_{24} 25$ 与 $\log_{25} 26$ 的大小,并说明理由.

22.(2002 年复旦大学)解方程:$\cos 3x \cdot \tan 5x = \sin 7x$.

考点3 函数的有界性

1.(2004 年复旦大学)若存在 M,使任意 $t \in D$(D 为函数 $f(x)$ 的定义域),都有 $|f(x)| \leqslant M$,则称函数 $f(x)$ 有界.问:函数 $f(x) = \dfrac{1}{x} \sin \dfrac{1}{x}$ 在 $x \in \left(0, \dfrac{1}{2}\right)$ 上是否有界?

2.(2009 年清华大学)方程 $2(\sin x + \cos x) + 3 = 0$ 是否有解?若有解,请求出所有解;若无解,请证明.

3.(2008 年上海财经大学)对于定义在区间 D 上的函数 $f(x)$ 和

$g(x)$,如果对于任意 $x \in D$,都有 $|f(x) - g(x)| \leqslant 1$ 成立,那么称函数 $f(x)$ 在区间 D 上可被函数 $g(x)$ 替代.

(1) $f(x) = x$, $g(x) = 1 - \dfrac{1}{4x}$,试判断在区间 $\left[\dfrac{1}{4}, \dfrac{3}{2}\right]$ 上 $f(x)$ 能否被 $g(x)$ 替代?

(2) $f(x) = \lg(ax^2 + x)$, $x \in D_1$; $g(x) = \sin x$, $x \in D_2$. 问是否存在常数 a,使得 $f(x)$ 在 $D_1 \bigcap D_2$ 上能被 $g(x)$ 替代? 若存在,则求出 a 的取值范围;若不存在,请说明理由.

考点4　函数的周期性

1.(2001 年复旦大学)函数 $g(x) = \cos \pi x \cdot \cos\left(\pi x - \dfrac{3}{2}\pi\right)$ 的最小正周期是(　　).

A.2π 　　　　B.π 　　　　C.2 　　　　D.1

2.(2000 年上海交通大学)已知 $f(x)$ 满足: $f(x+1) = \dfrac{1 - f(x)}{1 + f(x)}$,则 $f(x)$ 的最小正周期是_____.

3.(2010 年同济大学)若奇函数 $f(x)$ 满足 $f(x-1) + f(x+1) = 0$,则 $f(2010) = $_____.

4.(2008 年上海财经大学)设函数 $f(x)$ 的定义如下表,若 $u_0 = 4$,且对整数 $n \geqslant 0$,均有 $u_{n+1} = f(u_n)$,则 $u_{2008} = $_____.

x	1	2	3	4	5
$f(x)$	4	1	3	5	2

5.(2001 年上海交通大学)$\displaystyle\sum_{k=0}^{40} i^k \cos(45 + 90k)° = $(　　).

A. $\dfrac{\sqrt{2}}{2}$　　　　　　　　　　　B. $\dfrac{21}{2}\sqrt{2}$

C. $\dfrac{1}{\sqrt{2}}(21-20\mathrm{i})$　　　　　　　D. $\dfrac{1}{\sqrt{2}}(21+20\mathrm{i})$

6. (2003 年同济大学) $f(x)$ 是周期为 2 的函数, 在区间 $[-1,1]$ 上, $f(x)=|x|$, 则 $f\left(2m+\dfrac{3}{2}\right)=$ ＿＿＿＿＿ (m 为整数).

7. (2013 年华东师范大学) 已知函数 $f(x)$ 不恒为 0, 且对于任意 $x,y\in\mathbf{R}$, 均有 $f(x+y)+f(x-y)=2f(x)f(y)$ 成立, 若存在常数 T, 使得 $f(T)=0$, 证明: $4T$ 是 $f(x)$ 的一个周期且 $-1\leqslant f(x)\leqslant 1$.

考点5　函数的凹凸性

1. (2009 年复旦大学) 如果一个函数 $f(x)$ 在其定义区间中对任意 x,y 都满足 $f\left(\dfrac{x+y}{2}\right)\leqslant\dfrac{f(x)+f(y)}{2}$, 则称这个函数为下凸函数, 下列函数是下凸函数的有(　　).

① $f(x)=2^{x}$;　　　　　　　② $f(x)=x^{3}$;

③ $f(x)=\log_{2}x$;　　　　　　④ $f(x)=\begin{cases}x,x<0,\\2x,x\geqslant 0.\end{cases}$

A. ①和②　　B. ②和③　　C. ③和④　　D. ①和④

2. (2006 年复旦大学) 设 $x_{1},x_{2}\in\left(0,\dfrac{\pi}{2}\right)$, 且 $x_{1}\neq x_{2}$, 下列不等式成立的是(　　).

① $\dfrac{1}{2}(\tan x_{1}+\tan x_{2})>\tan\dfrac{x_{1}+x_{2}}{2}$;

② $\dfrac{1}{2}(\tan x_{1}+\tan x_{2})<\tan\dfrac{x_{1}+x_{2}}{2}$;

③ $\frac{1}{2}(\sin x_1 + \sin x_2) > \sin\frac{x_1 + x_2}{2}$;

④ $\frac{1}{2}(\sin x_1 + \sin x_2) < \sin\frac{x_1 + x_2}{2}$.

A.①和③　　　B.②和④　　　C.②和③　　　D.①和④

3.(2010 年华中师范大学)已知当 $\alpha > 1$ 时,函数 $y = x^{\alpha}(\alpha > 0)$ 的图像如图 13.1(a)和(b)所示.

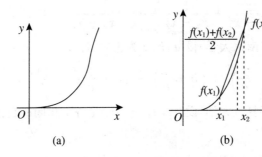

(a)　　　　　　　　(b)

图 13.1

(1) 设 $\alpha > 1$,试用 $y = x^{\alpha}(\alpha > 0)$ 的图像说明当 $x_1 > 0, x_2 > 0$ 时,不等式

$$\left(\frac{x_1 + x_2}{2}\right)^{\alpha} \leqslant \frac{x_1^{\alpha} + x_2^{\alpha}}{2} \qquad ①$$

成立.

(2) 利用(1)中不等式证明:若 $0 < s < t$,则对任意的正数 x_1, x_2,不等式

$$\left(\frac{x_1^s + x_2^s}{2}\right)^{\frac{1}{s}} \leqslant \left(\frac{x_1^t + x_2^t}{2}\right)^{\frac{1}{t}} \qquad ②$$

成立.

(3) 当 $x > 0, y > 0$,且 $x^{\frac{3}{2}} + y^{\frac{3}{2}} = 16$ 时,求 $x^2 + y^2$ 的最小值.

4.(2009 年清华大学)设 $x > 0, y > 0, x + y = 1, n \in \mathbf{N}^+$,求证:

$$x^{2n} + y^{2n} \geqslant \frac{1}{2^{2n-1}}.$$

5.(2008 年南京大学)设 x, y 为正数,且 $x + y = 1$,证明:$x^2 + y^2$ $+ \dfrac{1}{x^2} + \dfrac{1}{y^2} \geqslant \dfrac{17}{2}.$

6.(2010 年浙江大学)有小于 1 的正数 $x_1, x_2, \cdots, x_n$ 满足 $x_1 + x_2 + \cdots + x_n = 1$,求证:

$$\frac{1}{x_1 - x_1^3} + \frac{1}{x_2 - x_2^3} + \cdots + \frac{1}{x_n - x_n^3} > 4.$$

7.(2008 年南京大学)设 a, b, c 为正数,且 $a + b + c = 1$,求证:

$$\left(a + \frac{1}{a}\right)^2 + \left(b + \frac{1}{b}\right)^2 + \left(c + \frac{1}{c}\right)^2 \geqslant \frac{100}{3}.$$

8.(2003 年复旦大学)设 $a_1, a_2, \cdots, a_n$ 是各不相同的自然数,且 $a \geqslant 2$,求证:

$$\left(\frac{1}{a_1}\right)^a + \left(\frac{1}{a_2}\right)^a + \cdots + \left(\frac{1}{a_n}\right)^a < 2.$$

13.4　函数的解析式、定义域、值域与最值

考点 1　函数的解析式

1.(2003 年上海交通大学)三次多项式 $f(x)$ 满足 $f(3) = 2f(1)$,且有两个相等的实数根 2,则第三个根为 _____.

2.(2010 年同济大学)若 $f(1 + \cos x) = \sin^2 x + \cos x - 1$,则 $f(x) = $ _____.

3.(2003 年复旦大学)函数 $y = \dfrac{1}{2x} f(t - x)$,当 $x = 1$ 时,$y = \dfrac{t^2}{2} - t + 5$,则 $f(x) = $ _____.

4. (2007 年上海交通大学)设函数 $f(x)$ 满足 $2f(3x)+f(2-3x)=6x+1$,则 $f(x) =$ _____.

5. (2007 年武汉大学)已知函数 $y=f(x)$ 的图像关于直线 $x=1$ 对称,如果当 $x \geqslant 1$ 时, $f(x)=x^3$,那么当 $x<1$ 时, $f(x)=($ 　　).

A. $-(x-2)^3$ 　　　　　　　　B. $-x^3$

C. $-(x-1)^3$ 　　　　　　　　D. $-x^3+1$

6. (2006 年复旦大学)设 $f(x)$ 是定义在实数集上周期为 2 的周期函数,且是偶函数.已知当 $x \in [2,3]$ 时, $f(x)=x$,则当 $x \in [-2,0]$ 时, $f(x)$ 的解析式为_____.

A. $x+4$ 　　　　　　　　B. $2-x$

C. $3-|x+1|$ 　　　　　　D. $2+|x+1|$

7. (2007 年上海交通大学)设函数 $f(x)=\dfrac{|x|}{x}$,则 $S=1+2f(x)+3f^2(x)+\cdots+nf^{n-1}(x)=$ _____.

8. (2005 年复旦大学)定义在 $\mathbf{R}$ 上的函数 $f(x)$ $(x \neq 1)$ 满足 $f(x)+2f\left(\dfrac{x+2002}{x-1}\right)=4015-x$,则 $f(2004)=$ _____.

9. (2004 年复旦大学) $x^8+1=(x^4+\sqrt{2}x^2+1)(x^4+ax^2+1)$,则 $a=$ _____.

10. (2012 年山东大学)已知 $f(x)=\dfrac{1+x}{1-x}$, $f_1(x)=f(x)$, $f_{k+1}(x)=f(f_k(x))$, $k=1,2,\cdots$,则 $f_{2013}(x)=($ 　　).

A. $\dfrac{1+x}{1-x}$ 　　　B. $\dfrac{x-1}{x+1}$ 　　　C. x 　　　D. $-\dfrac{1}{x}$

11. (2007 年上海交通大学)已知函数 $f_1(x)=\dfrac{2x-1}{x+1}$,对于 $n=$

$1,2,\cdots$,定义 $f_{n+1}(x)=f_1(f_n(x))$,若 $f_{35}(x)=f_5(x)$,则 $f_{28}(x)=$

_____.

12.(2004 年上海交通大学)设 $f_1(x)=\dfrac{1-x}{x+1}$,对于一切自然数

n,都有 $f_{n+1}(x)=f_1(f_n(x))$,且 $f_{36}(x)=f_6(x)$,求 $f_{28}(x)$.

13.(2009 年华中科技大学)已知 a,b 为常数,若 $f(x)=x^2+2x$ $+a$,$f(bx)=4x^2-4x+1$,则 $f(ax+b)>0$ 的解集为( ).

A.$\{x\in\mathbf{R}\,|\,x>1\}$ B.$\{x\in\mathbf{R}\,|\,x<1\}$

C.$\{x\in\mathbf{R}\,|\,x\neq1\}$ D.$\{x\in\mathbf{R}\,|\,-1<x<1\}$

14.(2004 年同济大学)设某地于某日午后 2 时达到最高水位,为 3.20 米,下一个最高水位恰在 12 小时后达到,而最低水位为 0.20 米.若水位高度 h(米)的变化由正弦或余弦函数给出,则该地水位高度 h(米)关于时间 t(单位:时,从该日零时起算)的函数的表达式为_____.

15.(2005 年上海交通大学)已知月利率为 γ,采用等额还款方式,则若本金为 1 万元,试推导每月等额还款金额 m 关于 γ 的函数关系式(假设贷款时间为 2 年).

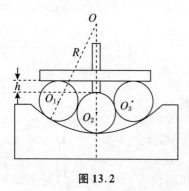

图 13.2

16.(2007 年上海交通大学)工件内圆弧半径测量问题.为测量一工件的内圆弧半径 R,工人用三个半径均为 r 的圆柱形量棒 O_1,O_2,O_3 放在如图 13.2 所示与工件圆弧相切的位置上,通过深度卡尺测出卡尺水平面到中间量棒 O_2 顶侧面的垂直深度 h,试写出 R 用 h 表

示的函数关系式,并计算当 $r = 10 \text{ mm}$, $h = 4 \text{ mm}$ 时, R 的值.

17.(2011 年南京大学)已知函数 $f(x)$ 是奇函数,且当 $x \in \left(0, \frac{\pi}{2}\right)$ 时, $f(x) = \cos x + \sin x - 1$,则当 $x \in \left(\frac{\pi}{2}, \pi\right)$ 时,求 $f(x)$ 的解析式.

18.(2003 年同济大学)设 $f(x) = \dfrac{bx + c}{x + a}$.

(1) 若 $\dfrac{1}{2}$,3 为 $f(x)$ 的不动点,求 a, b, c 的关系;

(2) 若 $f(1) = \dfrac{1}{2}$,求 $f(x)$ 的解析式.

19.(2000 年上海交通大学)设 3 次多项式 $f(x)$ 满足: $f(x + 2) = -f(-x)$, $f(0) = 1$, $f(3) = 4$,试求 $f(x)$ 的表达式.

20.(2000 年上海交通大学)设 $b, c > 0$, $f(x) = \begin{cases} x^2 + bx + c, & x > 0, \\ lx + m, & x \leqslant 0 \end{cases}$ 在 $x = 0$ 处可导,且原点到 $f(x)$ 中直线部分的距离为 $\dfrac{1}{3}$,原点到 $f(x)$ 中曲线部分的最短距离为 3,试求 b, c, l, m 的值.

21.(2000 年上海交通大学)已知函数 $f(x)$ 满足 $f(x + y) = f(x) + f(y) + xy(x + y)$,又 $f'(0) = 1$,求函数 $f(x)$ 的解析式.

22.(2006 年复旦大学)设 $f(x)$ 在 $[1, +\infty)$ 上单调递增,且对任意的 $x, y \in [1, +\infty)$,都有 $f(x + y) = f(x) + f(y)$ 成立,求证:存在常数 k,使得 $f(x) = kx$ 在 $[1, +\infty)$ 上成立.

23.(2005 年复旦大学)已知 $\sin \alpha + \cos \alpha = a$ $(0 \leqslant a \leqslant \sqrt{2})$,求 $\sin^n \alpha + \cos^n \alpha$ 关于 a 的表达式.

24.(2008 年清华大学)已知 $\lim\limits_{x\to 0}f(x)=f(0)=1,f(2x)-f(x)$
$=x^2$,求 $f(x)$ 的解析式.

考点 2　　函数的定义域

1.(2000 年上海交通大学)函数 $y=2x+3\sqrt[3]{x^2}$ 的单调增加区间
是＿＿＿＿.

2.(2008 年复旦大学)已知函数 $f(x)$ 的定义域为 $(0,1)$,则函数
$g(x)=f(x+c)+f(x-c)$ 在 $0<c<\dfrac{1}{2}$ 时的定义域为(　　).

A.$(-c,1+c)$　　　　　　　B.$(1-c,c)$

C.$(1+c,-c)$　　　　　　　D.$(c,1-c)$

3.(2010 年同济大学)函数 $f(x)=\log_a((k^2-5k+6)x^2-4(k-2)x+3)$ 的定义域是 $\mathbf{R}$,其中 $a>0$ 且 $a\neq 1$,试求实数 k 的取
值范围.

考点 3　　函数的值域

1.(2009 年华南理工大学)已知 $0\leqslant x\leqslant\dfrac{\pi}{2}$,函数 $f(x)=$
$2\sqrt{5}\sin x\cos x+\cos^2 x+1$ 的值域为(　　).

A.$[-3,1]$　　　　　　　　B.$[-3,2]$

C.$[-1,3]$　　　　　　　　D.$[-2,3]$

2.(2002 年上海交通大学)函数 $y=\dfrac{\sec^2 x-\tan x}{\sec^2 x+\tan x}$ 的值域
为＿＿＿＿.

3.(2004 年上海交通大学)函数 $y=2x\sqrt{2-x^2}$ 的值域

是_____．

4.(2004 年复旦大学)$y = 2^{\frac{1-x}{1+x}}$ 的值域是_____．

5.(2009 年南京大学)已知 $x \in \mathbf{R}$，$f(x) = \sqrt{x^2 + x + 1} - \sqrt{x^2 - x + 1}$，则函数 $f(x)$ 的值域为_____．

6.(2011 年南京理工大学)函数 $f(x) = \dfrac{1 + \cos 2x + 8\sin^2 x}{\sin 2x}$

$\left(0 < x < \dfrac{\pi}{2}\right)$ 的值域为_____．

7.(2014 年北约联盟)已知函数 $f(x) = \lg(x^2 - 2ax + a)$ 的值域是 $(-\infty, +\infty)$，则实数 a 的取值范围是(　　)．

A.$0 < a < 1$　　　　　　　　B.$0 \leqslant a \leqslant 1$

C.$a < 0$ 或 $a > 1$　　　　　D.$a \leqslant 0$ 或 $a \geqslant 1$

8.(2010 年复旦大学)设 $\alpha, \beta \in \left[-\dfrac{\pi}{2}, \dfrac{\pi}{2}\right]$，满足不等式 $\sin \alpha \cos \beta + \cos \alpha \sin \beta = 1$，则 $\sin \alpha + \sin \beta$ 的取值范围是(　　)．

A.$\left[-\sqrt{2}, \sqrt{2}\right]$　　　　　　B.$\left[-1, \sqrt{2}\right]$

C.$\left[0, \sqrt{2}\right]$　　　　　　　　D.$\left[1, \sqrt{2}\right]$

9.(2000 年上海交通大学)证明不等式：$1 \leqslant \sqrt{\sin x} + \sqrt{\cos x} \leqslant 2^{\frac{3}{4}}$，$x \in \left[0, \dfrac{\pi}{2}\right]$．

考点 4　函数的最值

1.(2000 年上海交通大学)设 $x \in \left(0, \dfrac{\pi}{2}\right)$，则函数 $\left(\sin^2 x + \dfrac{1}{\sin^2 x}\right)\left(\cos^2 x + \dfrac{1}{\cos^2 x}\right)$ 的最小值是_____．

2.(2011 年华约联盟)若 $A + B = \dfrac{2\pi}{3}$,则 $\cos^2 A + \cos^2 B$ 的最小值与最大值分别是(　　).

A.$1 - \dfrac{\sqrt{3}}{2}, \dfrac{3}{2}$ 　　　　　　　　B.$\dfrac{1}{2}, \dfrac{3}{2}$

C.$1 - \dfrac{\sqrt{3}}{2}, 1 + \dfrac{\sqrt{3}}{2}$ 　　　　　D.$\dfrac{1}{2}, 1 + \dfrac{\sqrt{2}}{2}$

3.(2010 年武汉大学)函数 $y = \cos x - \sin^2 x - \cos 2x + \dfrac{17}{4}$ 的最小值为(　　).

A.$\dfrac{7}{4}$ 　　　　B.$\dfrac{9}{2}$ 　　　　C.$\dfrac{9}{4}$ 　　　　D.$\dfrac{17}{4}$

4.(2009 年中国科学技术大学)已知 $\theta \in \left[0, \dfrac{\pi}{2}\right]$ 时,则 $\dfrac{8}{\sin \theta} + \dfrac{1}{\cos \theta}$ 的最小值是_____.

5.(2001 年上海交通大学)$x \in \left[0, \dfrac{\pi}{2}\right]$,求 $f(x) = \cos x + x \sin x$ 的最小值为_____.

6.(2005 年复旦大学)求 $y = \dfrac{1 + \sin x}{2 + \cos x}$ 的最大值是_____.

7.(2008 年上海交通大学)函数 $y = \dfrac{x + 1}{x^2 + 8}$ 的最大值为_____.

8.(2012 年山东大学)函数 $y = 4\sin\left(x + \dfrac{\pi}{3}\right) + 3\sin\left(\dfrac{\pi}{6} - x\right)$ 的最大值为(　　).

A.7 　　　　　B.6 　　　　　C.5 　　　　　D.4

9.(2003 年上海交通大学)已知 $x, y \in \mathbf{R}^+$,$x + 2y = 1$,则 $\dfrac{2}{x} + \dfrac{2}{y}$

的最小值是_____.

10. 函数 $y = 2x + \sqrt{1-2x}$ 的最值为_____.

A. $y_{min} = -\dfrac{5}{4}, y_{max} = \dfrac{5}{4}$　　　　B. 无最小值, $y_{max} = \dfrac{5}{4}$

C. $y_{min} = -\dfrac{5}{4}$, 无最大值　　　　D. 既无最小值也无最大值

11. (2001 年复旦大学) 全面积为定值 $\pi a^2 (a > 0)$ 的圆锥中, 体积的最大值为(　　).

A. $\dfrac{2}{3}\pi a^3$　　　　B. $\dfrac{\sqrt{2}}{12}\pi a^3$　　　　C. $\dfrac{1}{6}\pi a^3$　　　　D. $\dfrac{\sqrt{3}}{6}\pi a^3$

12. (2003 年上海交通大学) 用长度为 12 的篱笆围成四边形, 一边靠墙, 则所围成面积 S 的最大值是_____.

13. (2004 年上海交通大学) 长为 l 的钢丝折成三段与另一墙面合成封闭矩形, 则它的面积的最大值是_____.

14. (2007 年上海交通大学) 设扇形的周长为 6, 则其面积的最大值为_____.

15. (2000 上海交通大学) n 是十进制的数, $f(n)$ 是 n 的各个数字之和, 则使 $f(n) = 20$ 成立的最小的 n 是_____.

16. (2007 年上海交通大学) 设 $a \geqslant 0$, 且函数 $f(x) = (a + \cos x)$ $\cdot (a + \sin x)$ 的最大值为 $\dfrac{25}{2}$, 则 $a = $_____.

17. (2002 年上海交通大学) 有 50 cm 的铁丝, 要与一面墙围成面积为 144 cm² 的长方形区域, 为使用料最省, 求矩形的长与宽.

18. (2003 年复旦大学) 一矩形的一边在 x 轴上, 另两个顶点在函数 $y = \dfrac{x}{1+x^2} (x > 0)$ 的图像上, 求此矩形绕 x 轴旋转而成的几何

体的体积的最大值.

19. (2005 年复旦大学)在 $\dfrac{1}{4}$ 个椭圆 $\dfrac{x^2}{a^2} + \dfrac{y^2}{b^2} = 1$ $(x>0,y>0)$ 上取一点 P,使过 P 点的椭圆的切线与坐标轴所围成的三角形的面积最小.

20. (2010 年北京大学)设 A,B 为曲线 $y = 1 - x^2$ 上位于 y 轴两侧的点,求过点 A,B 的切线与 x 轴所围成图形面积的最小值.

21. (2001 年复旦大学)在直角坐标系中,O 是原点,A,B 是第一象限内的点,并且 A 在直线 $y = (\tan\theta)x$ 上(其中 $\theta \in \left(\dfrac{\pi}{4}, \dfrac{\pi}{2}\right)$),$|OA| = \dfrac{1}{\sqrt{2} - \cos\theta}$,$B$ 是双曲线 $x^2 - y^2 = 1$ 上使 $\triangle OAB$ 的面积最小的点,求:当 θ 取 $\left(\dfrac{\pi}{4}, \dfrac{\pi}{2}\right)$ 中什么值时,$\triangle OAB$ 的面积最大,最大值是多少?

22. (2001 年上海交通大学) $f(x) = x^2 + 2x + 2$,在 $x \in [t, t+1]$ 上最小值为 $g(t)$,求 $g(t)$.

23. (2001 上海交通大学)设 $x \in \mathbf{R}^+$,求 $f(x) = \dfrac{\left(x + \dfrac{1}{x}\right)^6 - (x^6 + x^{-6}) - 2}{\left(x + \dfrac{1}{x}\right)^3 + x^3 + x^{-3}}$ 的最小值.

24. (2004 年同济大学)求函数 $f(x) = 4 - 2x^2 + x\sqrt{1 - x^2}$ 的最大值与最小值.

25. (2011 年北约联盟)求 $f(x) = |x-1| + |2x-1| + \cdots + |2011x - 1|$ 的最小值.

26. (2003 年同济大学)已知 $y = \dfrac{\sin\theta \cdot \cos\theta}{2 + \sin\theta + \cos\theta}$ $(\theta \in [0, 2\pi))$.

（1）求 y 的最小值；

（2）求取得最小值时的 θ.

27.（2012年清华大学）已知函数 $f(x)=2\left(\sin 2x+\dfrac{\sqrt{3}}{2}\right)\cos x-\sin 3x,x\in[0,2\pi]$.

（1）求函数 $f(x)$ 的最大值与最小值；

（2）求方程 $f(x)=\sqrt{3}$ 的解.

28.（2014年华约联盟）设函数 $f(x)=\dfrac{\sqrt{2}}{2}(\cos x-\sin x)\cdot\sin\left(x+\dfrac{\pi}{4}\right)-2a\sin x+b(a>0)$ 的最大值为1，最小值为 -4，求实数 a,b 的值.

29.（2008年西北工业大学）已知函数 $f(x)=\dfrac{\sin 3x}{\sin x}+4\sin x\cos x$.

（1）求 $f(x)$ 的周期；

（2）求 $f(x)$ 的最小值及相应的 x 的取值集合.

30.（2014年卓越联盟）设 $\alpha\in\mathbf{R}$，函数 $f(x)=\sqrt{2}\sin 2x\cos\alpha-\sqrt{2}\cos(2x+\alpha)+\cos\alpha$.

（1）若 $\alpha\in\left[\dfrac{\pi}{4},\dfrac{\pi}{2}\right]$，求 $f(x)$ 在区间 $\alpha\in\left[0,\dfrac{\pi}{4}\right]$ 上的最大值；

（2）若 $f(x)=x$，求 α 与 x 的值.

31.（2007年中国矿业大学）已知函数 $f(x)=\dfrac{1}{4}\left(\sin^2 x-\cos^2 x-\dfrac{\sqrt{3}}{2}\right)+\dfrac{\sqrt{3}}{2}\sin^2\left(x-\dfrac{\pi}{4}\right)$,

(1) 求满足 $f(x) = \dfrac{\sqrt{3}}{8}$ 的所有 x 值的集合;

(2) 若 $x \in \left[-\dfrac{\pi}{6}, \dfrac{\pi}{4} \right]$,求 $f(x)$ 的最大值与最小值.

32. (2005 年上海交通大学) $y = \dfrac{ax^2 + 8x + b}{x^2 + 1}$ 的最大值为 9,最小值为 1,求实数 a,b.

33. (2011 年武汉大学)设 $f(x)$ 是定义在 $[-1,1]$ 上的偶函数,$f(x)$ 与 $g(x)$ 的图像关于直线 $x = -1$ 对称,且当 $x \in [-3,-2]$ 时,$g(x) = 2(x+2)^2 - a(x+2)$(其中 a 为常数).

(1) 求函数 $f(x)$ 的解析式;

(2) 若 $f(x)$ 在 $[0,1]$ 上是增函数,求实数 a 的取值范围;

(3) 是否存在正实数 a,使函数 $f(x)$ 的最大值为 4? 如果存在,试确定 a 的值;否则,请说明理由.

34. (2002 年复旦大学)已知:$0.301\ 0 < \lg 2 < 0.301\ 1$,要使数列
$$3,\quad 3 - \lg 2,\quad \cdots,\quad 3 - (n-1)\lg 2$$
的前 n 项和最大,求 n.

35. (2013 年华约联盟)已知 $f(x)$ 是定义在 **R** 上的奇函数,且当 $x < 0$ 时,$f(x)$ 单调递增,$f(-1) = 0$,设

$$\varphi(x) = \sin^2 x + m\cos x - 2m,$$

$$M = \left\{ m \,\middle|\, \text{对任意的} \, x \in \left[0, \dfrac{\pi}{2} \right], \varphi(x) < 0 \right\},$$

$$N = \left\{ m \,\middle|\, \text{对任意的} \, x \in \left[0, \dfrac{\pi}{2} \right], f[\varphi(x)] < 0 \right\},$$

求 $M \bigcap N$.

13.5　函数的图像

考点 1　函数图像的变换

1.(2001 年复旦大学)做坐标平移,使原坐标下的点 $(a,0)$,在新坐标下为 $(0,b)$,则 $y=f(x)$ 在新坐标下的方程为(　　).

A. $y'=f(x'+a)+b$ 　　　　　 B. $y'=f(x'+a)-b$

C. $y'=f(x')+a+b$ 　　　　　 D. $y'=f(x'+a+b)$

2.(2007 年武汉大学)已知函数 $y=f(x)$ 的图像关于直线 $x=1$ 对称,如果当 $x\geqslant 1$ 时,$f(x)=x^3$,那么当 $x<1$ 时,$f(x)=$(　　).

A. $-(x-2)^3$ 　　 B. $-x^3$ 　　　 C. $-(x-1)^3$ 　　 D. $-x^3+1$

3.(2006 年复旦大学)设有三个函数,第一个是 $y=f(x)$,它的反函数就是第二个函数,而第三个函数的图像与第二个函数的图像关于直线 $x+y=0$ 对称,则第三个函数是(　　).

A. $y=-f(x)$ 　　　　　　 B. $y=-f(-x)$

C. $y=-f^{-1}(x)$ 　　　　　 D. $y=-f^{-1}(-x)$

4.(2000 年上海交通大学)直线 $y=ax+b$ 关于 $y=-x$ 的对称直线为_____.

5.(2007 年武汉大学)将函数 $y=f(2x-1)$ 的图像向左平移 2 个单位后得到曲线 C,如果曲线 C 与函数 $y=3^x$ 的图像关于直线 $y=x$ 对称,则 $f(7)=$_____.

6.(2008 年南京大学)函数 $f(x)$ 的图像关于直线 $x=a$ 对称的充要条件是 $f(-x)=$_____. 函数 $f(x)$ 的图像关于点 (a,b) 对称的充要条件是 $f(-x)=$_____.

7.(2008 年复旦大学)已知 $a\neq 0$,函数 $f(x)=ax^3+bx^2+cx+d$ 的图像关于原点对称的充分必要条件是(　　).

A. $b = 0$ B. $b \neq 0, c = 0$

C. $c = d = 0$ D. $b = d = 0$

8.(2001 年复旦大学)已知抛物线 $y = x^2 - 5x + 2$ 与 $y = ax^2 + bx + c$ 关于点 $(3,2)$ 对称,则 $a + b + c$ 的值为(　　).

A.1   B.2   C.3   D.4

9.(2010 年复旦大学)参数方程 $\begin{cases} x = a(1 - \sin t), \\ y = a(1 - \cos t), \end{cases}$ 其中 $a > 0$ 所表示的函数 $y = f(x)$(　　).

A.图像关于原点对称   B.图像关于直线 $x = \pi$ 对称

C.是周期为 $2a\pi$ 的周期函数   D.是周期为 2π 的周期函数

10.(2008 年复旦大学)已知 $f(x)$ 的定义域是全体实数,它的图像关于 $x = a, x = b$ 对称,其中 $a < b$,则 $f(x)$ 是(　　).

A.以 $b - a$ 为周期的函数   B.以 $2b - 2a$ 为周期的函数

C.非周期函数   D.以上都不对

11.(2010 年山东大学)设定义在 **R** 上的函数 $f(x)$ 关于 $\left(-\dfrac{3}{4}, 0\right)$ 成中心对称,对任意的 $x \in \mathbf{R}$,有 $f(x) = -f\left(x + \dfrac{3}{2}\right)$,$f(0) = -1$,$f(-1) = 1$,则 $f(1) + f(2) + \cdots + f(2010) = ($　　$)$.

A.670   B.680   C.1   D.0

考点 2　函数图像的作图法

1.(2002 年上海交通大学)若 $x = f(x)$,称 x 为 $f(x)$ 的不动点,$f(x) = \dfrac{2x + a}{x + b}$.

(1) 若 $f(x)$ 有关于原点对称的两个不动点,求 a, b 满足的关系;

(2) 画出这两个不动点的草图.

2.(2007 年上海交通大学冬)设函数 $f(x) = |\sin x| + |\cos x|$,试讨论 $f(x)$ 的性态(有界性、奇偶性、单调性和周期性),求其极值,并画出其在 $[0,2\pi]$ 内的图像.

3.(2009 年华中科技大学)已知函数 $f(x) = \sin^2(x + \varphi) - \sin 2(x + \varphi) - \cos^2(x + \varphi)$ 的图像关于直线 $x = \dfrac{\pi}{8}$ 对称,且 $-\dfrac{\pi}{2} < x < \dfrac{\pi}{2}$.

(1)求 φ 的值;

(2)若 $x \in [0,\pi]$ 时,方程 $f(x) - m = 0$ 恰好有两个不同的实根,观察 $f(x)$ 的图像,写出 m 的取值范围.

考点 3　函数图像的应用

1.(2008 年江南大学)设函数 $y = f(x)$ 对一切实数 x 均满足 $f(1-x) = f(1+x)$,且 $f(x) = 0$ 有三个不同的实根 x_1, x_2, x_3,则 $x_1 + x_2 + x_3 = $ _____.

2.(2008 年复旦大学)方程 $3x^2 - e^x = 0$ 的实根(　　).

A.不存在　　　　B.有 1 个　　　　C.有 4 个　　　　D.有 3 个

3.(2010 年山东大学)函数 $f(x) = \ln(x+1) - \dfrac{2}{x}$ 的零点所在区间为(　　).

A.$(0,1)$　　　　B.$(1,2)$　　　　C.$(2,e)$　　　　D.$(3,4)$

4.(2006 年复旦大学)设函数 $y = f(x)$ 对一切实数 x 均满足 $f(5+x) = f(5-x)$,方程 $f(x) = 0$ 恰好有 6 个不同的实根,则这 6 个实根的和为 _____.

A.10　　　　B.12　　　　C.18　　　　D.30

5.(2007 年复旦大学)已知 $x = \dfrac{\pi}{8}$ 是函数 $f(x) = \sin(2x + \varphi)$

$(-\pi < \varphi < 0)$的一条对称轴,则 φ 的可能值为(   ).

A. $-\dfrac{\pi}{4}$ B. $\dfrac{3\pi}{4}$ C. $-\dfrac{3\pi}{4}$ D. 2π

6.(2014 年卓越联盟)若函数 $y = \sin\left(\omega x + \dfrac{\pi}{4}\right)$ 的图像的对称轴中与 y 轴距离最小的对称轴为 $x = \dfrac{\pi}{6}$,则实数 ω 的值为_____.

7.(2012 年北约联盟)求出参数 a 使得方程 $\sin 4x \sin 2x - \sin x \sin 3x = a$ 在区间 $[0, \pi)$ 上有唯一解.

8.(2008 年南开大学)求证:方程 $2^x - x^2 - 7 = 0$ 有且仅有一个实根 $x = 5$.

9.(2014 年卓越联盟)已知函数 $f(x) = \begin{cases} \dfrac{2x+1}{x^2}, & x \in \left(-\infty, -\dfrac{1}{2}\right), \\ \ln(x+1), & x \in \left[-\dfrac{1}{2}, +\infty\right), \end{cases}$ $g(x) = x^2 - 4x - 4$,设 b 为实数,若存在实数 a,使得 $f(a) + g(b) = 0$,则实数 b 的取值范围为(   ).

A. $[-1, 5]$ B. $(-\infty, -1] \cup [5, +\infty)$

C. $[-1, +\infty)$ D. $(-\infty, 5]$

10.(2010 年山东大学)设 $f(x) = 2\sin x \cdot \cos\left(x - \dfrac{\pi}{3}\right) + \sin\left(x + \dfrac{\pi}{2}\right) \cdot \sin x - \sqrt{3}\cos^2 x$.

(1) 求 $f(x)$ 的周期及最大值;

(2) 将 $f(x)$ 沿向量 $\boldsymbol{a}$ 平移后得到 $p(x)$,且 $p(x)$ 在 $x = \dfrac{\pi}{3}$ 处取得最大值3,求 $\boldsymbol{a}$ 及 $p(x)$.

11.(2011 年武汉大学)设 $f(x)$ 是定义在 $[-1, 1]$ 上的偶函数,$f(x)$ 与 $g(x)$ 的图像关于直线 $x = -1$ 对称,且当 $x \in [-3, -2]$ 时,

$g(x) = 2(x+2)^2 - a(x+2)$（其中 a 为常数）.

(1) 求函数 $f(x)$ 的解析式;

(2) 若 $f(x)$ 在 $[0,1]$ 上是增函数,求实数 a 的取值范围;

(3) 是否存在正实数 a,使函数 $f(x)$ 的最大值为 4? 如果存在,试确定 a 的值;否则,请说明理由.

12.(2002 年上海交通大学)函数 $f(x) = |\lg x|$,有 $0 < a < b$ 且 $f(a) = f(b) = 2f\left(\dfrac{a+b}{2}\right)$.

(1) 求 a, b 满足的关系;

(2) 证明:存在这样的 b,使 $3 < b < 4$.

13.6　函数思想与数学解题

考点 1　构造函数

1.(2004 年上海交通大学)设 $f(x) = ax^4 + x^3 + (5-8a)x^2 + 6x - 9a$,求证:

(1) 方程 $f(x) = 0$ 总有相同实根;

(2) 存在 x_0,恒有 $f(x_0) \neq 0$.

2.(2007 年上海交通大学)设 $f(x) = (1+a)x^4 + x^3 - (3a+2) \cdot x^2 - 4a$,对任意实数 a,试证:

(1) 方程 $f(x) = 0$ 总有相同实根;

(2) 存在 x_0,恒有 $f(x_0) \neq 0$.

3.(2010 年南开大学)求证:$\sin x > x - \dfrac{x^3}{6}$,$x \in \left(0, \dfrac{\pi}{2}\right)$.

4.(2013 年卓越联盟)设 $x > 0$,则

(1) 求证:$e^x > 1 + x + \dfrac{1}{2}x^2$;

(2) 若 $e^x = 1 + x + \dfrac{1}{2}x^2 e^y$，求证：$0 < y < x$.

5.(2014 年华约联盟)已知 $n \in \mathbf{N}^+$，$x \leqslant n$，求证：$n - n \cdot$
$\left(1 - \dfrac{x}{n}\right)^n \cdot e^x \leqslant x^2$.

6.(2008 年西北工业大学)已知函数 $f(x) = a\ln x + \dfrac{1}{2}x^2$.

(1) 求 $f(x)$ 的单调区间；

(2) 函数 $g(x) = \dfrac{2}{3}x^3 + \dfrac{1}{6}$ $(x > 0)$，求证：当 $a = 1$ 时，函数 $f(x)$ 的图像不在 $g(x)$ 的图像的上方.

7.(2014 年华约联盟)甲、乙两人进行一次乒乓球比赛，采用五局三胜制.已知任意一局甲获胜的概率为 $p\left(p > \dfrac{1}{2}\right)$，设甲最终获胜的概率为 q，求 p 为何值时，$q - p$ 取得最大值.

8.(2014 年卓越联盟)已知 $f(x)$ 为 $\mathbf{R}$ 上的可导函数，对任意的 $x_0 \in \mathbf{R}$，有 $0 < f'(x + x_0) - f'(x_0) < 4x$，$x > 0$.

(1) 对任意的 $x_0 \in \mathbf{R}$，求证：当 $x > 0$ 时，有 $f'(x_0) < \dfrac{f(x + x_0) - f(x_0)}{x}$.

(2) 若 $|f(x)| \leqslant 1$，$x \in \mathbf{R}$，证明：当 $x \in \mathbf{R}$ 时，有 $|f'(x)| \leqslant 4$.

9.(2013 年北京大学)正数 a, b, c 满足 $a < b + c$，求证：$\dfrac{a}{1+a} < \dfrac{b}{1+b} + \dfrac{c}{1+c}$.

10.(2010 年武汉大学)设 $a, b, c \in \mathbf{R}^+$，求证：$\dfrac{a}{1+a+ab} + \dfrac{b}{1+b+bc} + \dfrac{c}{1+c+ca} \leqslant 1$.

11.(2014 年哈尔滨工业大学)若不等式 $\sqrt{x} + \sqrt{y} \leqslant k\sqrt{x + 2y}$ 对

任意正实数 x,y 成立,则 k 的最小值为_____.

12.(2008 年浙江大学)已知 $x>0,y>0,a=x+y,b=$ $\sqrt{x^2+xy+y^2},c=m\sqrt{xy}$,是否存在正数 m 使得对任意正数 x,y 可使 a,b,c 为一个三角形的三边长? 如果存在,求出 m 的值;如果不存在,请说明理由.

13.(2010 年重庆大学)设 $\{a_n\}$ 是首项为 3,公差为 2 的等差数列,S_n 为数列 $\left\{\dfrac{1}{a_n}\right\}$ 的前 n 项和,$T_n=S_n-\ln\sqrt{a_n}$,求证:$0<T_n-T_{2n}<\dfrac{3}{8n}$.

14.(2013 年中国科学技术大学)已知 $n\in\mathbf{N}^+,n\geqslant2$,求证:
$$\left(1+\frac{1}{n}\right)^n<3.$$

考点 2　变量代换

1.椭圆 $\dfrac{x^2}{16}+\dfrac{y^2}{9}=1$,则椭圆内接矩形的周长最大值是_____.

2.已知 $\dfrac{(x-4)^2}{4}+\dfrac{y^2}{9}=1$,则 $\dfrac{x^2}{4}+\dfrac{y^2}{9}$ 的最大值为_____.

3.(2011 年北京大学)在单位圆 $x^2+y^2=1$ 上有三点 $A(x_1,y_1),B(x_2,y_2),C(x_3,y_3)$,满足:$x_1+x_2+x_3=0,y_1+y_2+y_3=0$. 求证:$x_1^2+x_2^2+x_3^2=y_1^2+y_2^2+y_3^2=\dfrac{3}{2}$.

4.(2004 年同济大学)试利用三角函数求函数 $f(x)=4-2x^2+x\sqrt{1-x^2}$ 的最大值与最小值.

5.(2006 年复旦大学)解三角方程:$a\sin\left(x+\dfrac{\pi}{4}\right)=\sin2x+9$,其中,$a$ 为实常数.

6.(2008 年清华大学)若 $\sin\theta + \cos\theta = \sqrt{1 + \sin 2\theta}$,求 θ 的取值范围.

7.(2002 年复旦大学)参数 a 取何值时:$\dfrac{\log_a x}{\log_a 2} + \dfrac{\log_x(2a - x)}{\log_x 2}$

$= \dfrac{1}{\log_{a^2 - 1} 2}$.

考点3　数形结合

1.(2002 年复旦大学)在 $[0, \pi]$ 内,方程 $a\cos 2x + 3a\sin x - 2 = 0$ 有且仅有两个解,求 a 的范围.

2.(2002 年上海交通大学)方程 $\sqrt{a^2 - x^2} = \sqrt{2} - |x|$,$1 \leqslant a \leqslant \sqrt{2}$,则方程有_____个实数解.

3.(2002 年上海交通大学)若不等式 $0 \leqslant x^2 + ax + 5 \leqslant 4$ 只有唯一实数解,则 $a = $ _____.

4.(2007 年上海交通大学)设 $a > 0$ 且 $a \neq 1$,则方程 $a^x + 1 = -x^2 + 2x + 2a$ 的解的个数为_____.

5.(2002 年上海交通大学)函数 $y = ax + b$($a, b \in \mathbf{Z}$)的图像与三条抛物线 $y = x^2 + 3$,$y = x^2 + 6x + 7$,$y = x^2 + 4x + 5$ 分别有 2 个、1 个、0 个交点,则 $(a, b) = $ _____.

6.(2013 年复旦大学)方程 $\mathrm{e}^x = 4 - x$,$\ln x = 4 - x$ 的解分别为 x_1, x_2,则 $x_1 + x_2 = ($ 　　$)$.

　A.2　　　　　B.4　　　　　C.6　　　　　D.8

7.(2009 年上海交通大学)实数 a, b 满足 $a + \lg a = 10$,$b + 10^b = 10$,则 $a + b = $ _____.

8.(2010 年同济大学)若 x_1, x_2 满足 $\sin x_1 + x_1 = 1$,$\arcsin x_2 +$

$x_2 = 1$,则 $x_1 + x_2 =$ _____ .

9.(2008 年西北工业大学)定义在 **R** 上的函数 $f(x)$ 满足 $f(x+2) = f(x)$,且当 $x \in [1,3]$ 时,$f(x) = 2 - |x-2|$,则下列结论正确的是(　　).

A.$f\left(\sin \dfrac{\pi}{6}\right) < f\left(\cos \dfrac{\pi}{6}\right)$　　　　B.$f(\sin 1) > f(\cos 1)$

C.$f\left(\cos \dfrac{2\pi}{3}\right) < f\left(\sin \dfrac{2\pi}{3}\right)$　　　　D.$f(\cos 2) > f(\sin 2)$

10.(2007 年中南财经政法大学)设定义在 **R** 上的函数 $f(x)$ 的最小正周期是 2,且在区间 $(3,5]$ 内单调递减,则 $a = f(1)$,$b = f(-4)$ 和 $c = f(-\pi)$ 的大小关系是_____ .

11.(2007 年复旦大学)设函数 $y = f(x)$ 对一切实数 x 均满足 $f(2+x) = f(2-x)$,且方程 $f(x) = 0$ 恰好有 7 个不同的实数根,则这 7 个不同实数根的和为(　　).

A.0　　　　B.10　　　　C.12　　　　D.14

12.(2014 年哈尔滨工业大学)对任意定义在区间 D 上的函数 $f(x)$,若实数 $x_0 \in D$,满足 $f(x_0) = x_0$,则称 x_0 为函数 $f(x)$ 在 D 上的一个不动点.若函数 $f(x) = 2x + \dfrac{1}{x} + a$ 在区间 $(0, +\infty)$ 上没有不动点,则实数 a 的取值范围是_____ .

13.已知 $m \in \mathbf{N}$,若函数 $f(x) = 2x - m\sqrt{4-x} - m$ 存在整数零点,则 m 的取值范围为_____ .

14.(2012 年卓越联盟)函数 $f(x) = \dfrac{\sin \theta}{2 + \cos \theta}$ $(\theta \in \mathbf{R})$ 的值域为_____ .

15.(2003 年同济大学)不等式 $\log_2 \dfrac{2x^2 + 2kx + k}{3x^2 + 6x + 4} < 0$ 对于任意 $x \in \mathbf{R}$ 都成立,求 k 的取值范围.

16.(2006 年复旦大学)a, b 满足何条件,可使 $\left| \dfrac{x^2 + ax + b}{x^2 + 2x + 2} \right| < 1$ 恒成立.

17.(2008 年南京大学)求证:方程 $2^x - x^2 - 7 = 0$ 只有一个根 $x = 5$.

18.(2006 年复旦大学)试构造函数 $f(x), g(x)$,其定义域为 $(0,1)$,值域为 $[0,1]$.

(1) 对于任意 $a \in [0,1]$,$f(x) = a$ 只有一个解;

(2) 对于任意 $a \in [0,1]$,$g(x) = a$ 有无穷多个解.

19.(2012 年北约联盟)已知方程 $\sin 4x \sin 2x - \sin x \sin 3x = a$ 在 $[0, \pi)$ 有唯一解,求实数 a 的值.

(1) 有解?

(2) 仅有一解?

20.(2011 年北京大学)是否存在这样的实数 a,使得 $f(x) = ax + \sin x$ 存在两切线相互垂直.

21.(2010 年上海交通大学)已知函数 $f(x) = ax^2 + bx + c$ $(a \neq 0)$,且 $f(x) = x$ 没有实数根,那么 $f(f(x)) = x$ 是否有实数根? 并证明你的结论.

22.(2010 年浙江大学)设 $M = \{x \mid f(x) = x\}$,$N = \{x \mid f(f(x)) = x\}$.

(1) 求证:$M \subseteq N$.

(2) 当 $f(x)$ 是一个 **R** 上的增函数时,是否有 $M = N$? 如果有,请证明.

23.(2010 年北京大学)若 $0 < x < 1$,求证: $\dfrac{x}{2} < \arctan x < x$.

24.(2009 年哈尔滨工业大学)设 a, b, A, B 均为已知实数,对任意 $x \in \mathbf{R}, A\cos 2x + B\sin 2x + a\cos x + b\sin x \leqslant 1$ 恒成立,求证: $a^2 + b^2 \leqslant 2$ 且 $A^2 + B^2 \leqslant 1$.

考点 4　　不等式控制

1.(2009 年清华大学)给出一个整系数多项式 $f(x) = a_n x^n + a_{n-1} x^{n-1} + \cdots + a_1 x + a_0$,使 $f(x) = 0$ 有一个根为 $\sqrt[3]{3} + \sqrt{2}$.

2.(2013 年清华大学)已知 $x = \sqrt{19} + \sqrt{99}$ 是函数 $f(x) = x^4 + bx^2 + c$ 的一个零点, b, c 为整数,则 $b + c$ 的值是多少?

3.(2013 年北约联盟)以 $\sqrt{2}$ 和 $1 - \sqrt[3]{2}$ 为两根的有理系数一元 n 次方程的最高次数 n 的最小值为(　　).

A.2　　　　　　B.3　　　　　　C.5　　　　　　D.6

4.(上海交通大学)若函数 $f(x)$ 满足 $f(x + y) = f(x) + f(y) + xy(x + y)$ 且 $f'(0) = 1$,求函数 $f(x)$ 的解析式.

5.(2007 年南京大学)设 $f(x)$ 对一切实数 x, y 满足: $f(xy) = x^2 f(y) + y^2 f(x) - (xy)^2$,且 $|f(x) - x^2| \leqslant 1$.求函数 $f(x)$.

6.(2013 年中国科学技术大学)求所有的 $f: \mathbf{N}^+ \to \mathbf{N}^+$,满足 $xf(y) + yf(x) = (x + y)f(x^2 + y^2)$ 对所有的正整数 x, y 都成立.

7.(2013 年清华大学夏令营)若对每一个实数 x, y,函数 $f(x)$ 满足 $f(x + y) = f(x) + f(y) + xy + 1$,若 $f(-2) = -2$,试求满足

$f(a) = a$ 的所有实数 a.

8.(2011 年清华大学)已知函数 $f(x)$ 是定义在 $[0,1]$ 上的非负函数,且 $f(1) = 1$,对任意的 $x, y, x + y \in [0,1]$ 都有 $f(x + y) \geqslant f(x) + f(y)$,求证: $f(x) \leqslant 2x (x \in [0,1])$.

9.(2006 年清华大学)已知函数 $f(x)$ 满足:对实数 a, b,有 $f(ab) = af(b) + bf(a)$,且 $|f(x)| \leqslant 1$,求证: $f(x) \equiv 0$.(可用以下结论:若 $\lim\limits_{x \to +\infty} g(x) = 0$, $|f(x)| \leqslant M$, M 为一常数,那么 $\lim\limits_{x \to +\infty} f(x)g(x) = 0$.)

10.(2013 年华东师范大学)已知函数 $f(x)$ 不恒为 0,且对 $\forall x, y \in \mathbf{R}$,有 $f(x + y) + f(x - y) = 2f(x)f(y)$,若存在常数 T,使得 $f(T) = 0$.求证: $4T$ 是 $f(x)$ 的一个周期,且 $-1 \leqslant f(x) \leqslant 1$.

11.(2012 年山东大学)已知函数 $f(x)$ 在 $[0, +\infty)$ 上可导,且满足 $f(0) = 0$, $|f'(x) - f(x)| \leqslant 1$.求证:当 $x \in [0, +\infty)$ 时, $|f(x)| \leqslant \mathrm{e}^x - 1$.

12.(2002 年上海交通大学)设函数 $f(x) = |\lg x|$, a, b 为实数,且 $0 < a < b$,若 a, b 满足: $f(a) = f(b) = 2f\left(\dfrac{a+b}{2}\right)$,试写出 a 与 b 的关系,并证明在这一类关系中存在 b 满足 $3 < b < 4$.

13.(2013 年卓越联盟)设 $x > 0$,则

(1) 求证: $\mathrm{e}^x > 1 + x + \dfrac{1}{2}x^2$;

(2) 若 $\mathrm{e}^x = 1 + x + \dfrac{1}{2}x^2\mathrm{e}^y$,求证: $0 < y < x$.

14.(2013 年华约联盟)已知 $f(x) = (1 - x)\mathrm{e}^x - 1$.

(1) 求证:当 $x > 0$ 时, $f(x) < 0$;

(2) 若数列 $\{x_n\}$ 满足 $x_n = e^{x_{n+1}} - 1$，$x_1 = 1$，求证：数列 $\{x_n\}$ 单调递减，且 $x_n > \dfrac{1}{2}$.

15. (2012 年清华大学) 已知 $f(x) = \ln \dfrac{e^x - 1}{x}$，$a_1 = 1$，$a_{n+1} = f(a_n)$.

(1) 求证：$e^x x - e^x + 1 \geqslant 0$ 恒成立；

(2) 试求 $f(x)$ 的单调区间；

(3) 求证：$\{a_n\}$ 为递减数列，且 $a_n > 0$ 恒成立.

16. (2012 年卓越联盟) 已知函数 $f(x) = \dfrac{ax^2 + 1}{bx}$，其中 a 为非零实数，$b > 0$.

(1) 求 $f(x)$ 的单调区间；

(2) 若 $a > 0$，设 $|x_i| > \dfrac{1}{\sqrt{a}}$，$i = 1, 2, 3$，且 $x_1 + x_2 > 0$，$x_2 + x_3 > 0$，$x_3 + x_1 > 0$，求证：$f(x_1) + f(x_2) + f(x_3) > \dfrac{2\sqrt{a}}{b}$；

(3) 若 $f(x)$ 有极小值 $f_{\min}(x)$，且 $f_{\min}(x) = f(1) = 2$，求证：
$$|f(x)|^n - |f(x^n)| \geqslant 2^n - 2 \quad (n \in \mathbf{N}).$$

17. (2010 年上海交通大学) 已知正数数列 $a_1, a_2, \cdots, a_n$，对于大于 1 的正整数 n，有 $a_1 + a_2 + \cdots + a_n = \dfrac{3n}{2}$，$a_1 a_2 \cdots a_n = \dfrac{n+1}{2}$ 成立，求证：$a_1, a_2, \cdots, a_n$ 中至少有一个小于 1.

18. (2009 年北京大学) 已知对任意 x 均有 $a\cos x + b\cos 2x \geqslant -1$ 恒成立，求 $\omega = a + b$ 的最大值.

第 14 章　自主招生考试中函数问题研究案例

随着高中数学新课程的全面推进,各高等院校独立招生考试深化改革,全国各地高等院校自主招生考试中不乏一些启发性、探究性的试题,这些试题形式新颖、设计巧妙,既能开阔学生的数学视野,有助于高等数学与初等数学的完美接轨,又能有效地考查学生的思维能力和学习大学数学的潜能.而自主招生考试与高考相比,最大的特点是命题的灵活性,这一点致使很多师生感觉自主招生极难备考.

"不积跬步,无以至千里,不积小流,无以成江海",自主招生考试中的数学问题很多都是经过精挑细选出来的,不少题目有深刻的实际意义或数学背景,是数学师生沟通交流的一个共同平台.笔者认为,在如今"题海"如火如荼地扩大的背景下,坚持对优美的自主招生试题进行研究性学习,既是检验师生自我知识水平的尺度,也是锻炼提升自身素质能力的擂台,是一件非常值得我们用耐心与恒心坚持去做的事.

对优美的自主招生试题坚持独立思考、背景探源、合理推广等多角度的研究性学习,对问题不断挖掘、剖析、反思和打磨的经历,解题、研题与评题能力均得到了有效的锻炼,深感获益匪浅.以下给出几篇笔者发表于期刊杂志上的与自主招生考题相关的小论文,以供参考.

14.1　简解一道保送生考试试题的思维历程[①]

2001 年上海交通大学保送生考试数学试题第 20 题如下：

设对于 $x>0$，$f(x)=\dfrac{\left(x+\dfrac{1}{x}\right)^{6}-\left(x^{6}+\dfrac{1}{x^{6}}\right)-2}{\left(x+\dfrac{1}{x}\right)^{3}+x^{3}+\dfrac{1}{x^{3}}}$，求 $f(x)$ 的最

小值.

此题结构简单,特征鲜明,一般会被认为是考查运算能力的题
目,因为其中涉及代数式的 6 次方、3 次方等. 直接展开硬算可以解
决,但笔者揣测这应该不是命题人的初衷. 最终要求 $f(x)$ 的最小值,
但其表达式却是复杂的,则化简工作势在必行. 但到底该怎么化简
呢? 笔者经过探索觅得了一种简单解法,下面将探究的思维历程与
读者分享.

1. 代换硬算出结果

随手翻到一本自主招生书籍的不等式章节,笔者看到如下解答:

令 $x+\dfrac{1}{x}=t$,则

$$x^{2}+\frac{1}{x^{2}}=t^{2}-2,$$

$$x^{3}+\frac{1}{x^{3}}=\left(x+\frac{1}{x}\right)^{3}-3\left(x+\frac{1}{x}\right)=t^{3}-3t,$$

$$x^{4}+\frac{1}{x^{4}}=(t^{2}-2)^{2}-2,$$

---

① 　本文发表于《数学通讯》(学生刊)2015 年第 1 期.

所以

$$f(x) = \frac{6\left(x^4 + \dfrac{1}{x^4}\right) + 15\left(x^2 + \dfrac{1}{x^2}\right) + 18}{\left(x + \dfrac{1}{x}\right)^3 + x^3 + \dfrac{1}{x^3}}$$

$$= \frac{6\left((t^2 - 2)^2 - 2\right) + 15(t^2 - 2) + 18}{t^3 + t^3 - 3t}$$

$$= \frac{6t^4 - 9t^2}{2t^3 - 3t} = 3t = 3\left(x + \frac{1}{x}\right) \geqslant 6,$$

当且仅当 $x = 1$ 时,等号成立,所以 $f(x)$ 的最小值为 6.

看过答案你不惊讶吗?$f(x)$ 化简到最后竟然是 $3\left(x + \dfrac{1}{x}\right)$! 也即是有

$$\left(x + \frac{1}{x}\right)^6 - \left(x^6 + \frac{1}{x^6}\right) - 2 = 3\left(x + \frac{1}{x}\right)\left[\left(x + \frac{1}{x}\right)^3 + x^3 + \frac{1}{x^3}\right]$$

这个恒等式虽不易一眼看穿,但可以肯定,解析式中分子分母必定存在公因式,从而实现约分,最终得到 $3\left(x + \dfrac{1}{x}\right)$.

2. 分式化整现端倪

其实看到分式,自然的想法是化为整式,则

$$f(x) = \frac{(x^2 + 1)^6 - (x^{12} + 1) - 2x^6}{x^3(x^2 + 1)^3 + x^3(x^6 + 1)}$$

下面进行因式分解,首先注意到分子的后两项:

$$-(x^{12} + 1) - 2x^6 = -(x^6 + 1)^2$$

由平方差公式得

$$(x^2 + 1)^6 - (x^6 + 1)^2 = \left((x^2 + 1)^3 + x^6 + 1\right)\left((x^2 + 1)^3 - x^6 - 1\right)$$

分母提取公因式有

$$x^3(x^2+1)^3 + x^3(x^6+1) = x^3((x^2+1)^3 + x^6 + 1)$$

终于现出端倪:分子分母存在公因式$(x^2+1)^3 + x^6 + 1$,此题隐藏得够深! 于是

$$f(x) = \frac{(x^2+1)^3 - x^6 - 1}{x^3} = 3\left(x + \frac{1}{x}\right) \geqslant 6.$$

3. 整理思路给简解

分式化整后,一旦注意到分子后两项为完全平方式,就看破了此题的本质. 其实,是否为完全平方,和分式化整没有必然联系,因为也有$-\left(x^6 + \dfrac{1}{x^6}\right) - 2 = -\left(x^3 + \dfrac{1}{x^3}\right)^2$,于是给出本题的简解

$$f(x) = \frac{\left(\left(x + \dfrac{1}{x}\right)^3\right)^2 - \left(x^3 + \dfrac{1}{x^3}\right)^2}{\left(x + \dfrac{1}{x}\right)^3 + x^3 + \dfrac{1}{x^3}}$$

$$= \frac{\left(\left(x + \dfrac{1}{x}\right)^3 + x^3 + \dfrac{1}{x^3}\right)\left(\left(x + \dfrac{1}{x}\right)^3 - x^3 - \dfrac{1}{x^3}\right)}{\left(x + \dfrac{1}{x}\right)^3 + x^3 + \dfrac{1}{x^3}}$$

$$= 3\left(x + \frac{1}{x}\right) \geqslant 6,$$

当且仅当 $x = 1$ 时,等号成立,所以 $f(x)$ 的最小值为 6.

4. 结语

如果满足于此题的常见解答,笔者也就不会有如上的探究并获得最终的简解. 简解是以不盲目从众为前提,并建立在细致的思考、敏锐的洞察与不懈的探索之上的. 这恰恰印证了美国数学家波利亚先生的那句话:没有任何一道题可以解决得十全十美,总剩下一些工作要做,经过充分的探讨总结,总会有点滴的发现.

14.2　由一道自主招生试题引发的思考：
　　巧解无理方程——等差中项的视角②

　　方程中含有根式,且被开方数是含有未知数的代数式的方程叫作无理方程,解无理方程的基础是根式运算及整式方程的解法,一般是根据方程的同解原理,把一个无理方程转化为有理方程,然后求解.这类试题很好地考查了学生的恒等变形能力、函数与方程思想、转化化归思想以及数形结合思想,因而在自主招生与竞赛中时常出现,这类问题如若方法不得当,计算将极其繁杂.

　　例 1　（2012 年"北约联盟"自主招生试题第 2 题）求方程
$$\sqrt{x+11-6\sqrt{x+2}}+\sqrt{x+27-10\sqrt{x+2}}=1$$
的实数根的个数.

　　分析　笔者在网络与期刊上看到的关于该题解法均大致为:注意到

$$\sqrt{x+11-6\sqrt{x+2}}=\sqrt{(x+2)-6\sqrt{x+2}+3^2}$$
$$=\left|\sqrt{x+2}-3\right|,$$
$$\sqrt{x+27-10\sqrt{x+2}}=\sqrt{(x+2)-10\sqrt{x+2}+5^2}$$
$$=\left|\sqrt{x+2}-5\right|,$$

而由
$$\left|\sqrt{x+2}-3\right|+\left|\sqrt{x+2}-5\right|\geqslant|-3+5|=2>1$$

得出该无理方程无实数解.但是,如若没有发现或者题目本身不具有

---

②　本文发表于《数学教学》2015 年第 1 期.

以上完全平方式的特征,又或者将右边的 1 改为大于等于 2 的数,该怎么办呢? 其实,我们若将方程与等差中项的概念联系起来,也可以得到如下巧妙解法,并且该解法可以解决很多类似的无理方程问题.

解　由题意知 $\dfrac{1}{2}$ 为 $\sqrt{x+11-6\sqrt{x+2}}$ 和 $\sqrt{x+27-10\sqrt{x+2}}$ 的等差中项,故可设

$$\begin{cases} \sqrt{x+11-6\sqrt{x+2}}=\dfrac{1}{2}-d, & ① \\[3mm] \sqrt{x+27-10\sqrt{x+2}}=\dfrac{1}{2}+d. & ② \end{cases}$$

由②^2－①^2,并整理得 $8-2\sqrt{x+2}=d$,则 $\sqrt{x+2}=\dfrac{8-d}{2}$,即 $x=\left(\dfrac{8-d}{2}\right)^2-2$,代入式①中并整理得 $d^2=1$,故 $d=\pm 1$.但均不能满足式①、式②右端的 $\dfrac{1}{2}-d$,$\dfrac{1}{2}+d$ 都为非负数,所以原无理方程无实数解.

其实,这种构造等差数列来解决无理方程问题的技巧在高中数学教材中也能找到渊源.在教材推导椭圆的标准方程的过程中,按教材中方式建立直角坐标系后,由 $|MF_1|+|MF_2|=2a$ 得到无理方程 $\sqrt{(x-c)^2+y^2}+\sqrt{(x+c)^2+y^2}=2a$,之后教材中采用两次平方的技巧化其为整式方程,从而得到椭圆的标准方程,计算量大且略显繁琐,该处一直是教学中的一个难点.但若构造等差数列,便可得到如下简捷推导.

例 2　由 $\sqrt{(x-c)^2+y^2}+\sqrt{(x+c)^2+y^2}=2a$ 推导椭圆的标准方程.

解　由题意知 a 为 $\sqrt{(x-c)^2+y^2}$，$\sqrt{(x+c)^2+y^2}$ 的等差中项，故可设

$$\begin{cases} \sqrt{(x-c)^2+y^2}=a-d, & \textcircled{1} \\ \sqrt{(x+c)^2+y^2}=a+d. & \textcircled{2} \end{cases}$$

由 $\textcircled{2}^2-\textcircled{1}^2$ 得 $4cx=4ad$，则 $d=\dfrac{cx}{a}$，代入式 $\textcircled{1}$ 中得

$$\sqrt{(x-c)^2+y^2}=a-\frac{cx}{a}, \qquad \textcircled{3}$$

再两边平方并整理即可得到椭圆的标准方程 $\dfrac{x^2}{a^2}+\dfrac{y^2}{a^2-c^2}=1$。

注　(1) 此法不仅使推导过程更简洁，而且顺手牵羊地得到椭圆的焦半径公式为 $|PF_1|=a+\dfrac{c}{a}x$，$|PF_2|=a-\dfrac{c}{a}x$。

(2) 文[1]用"常数变易法"巧妙的解得无理方程 $\sqrt{x^2+12x+40}+\sqrt{x^2-12x+40}=20$ 和 $\sqrt{x^2+2x+3}+\sqrt{x^2-2x+3}=4$，其实，这只是例 2 的特例，当然也可从等差中项的视角予以解决。

(3) 读者可类似地解决 2011 年第 22 届希望杯数学竞赛高二第二试第 15 题：解方程 $\sqrt{x^2-2\sqrt{5}x+9}+\sqrt{x^2+2\sqrt{5}x+9}=10$；2010 年全国高中数学联赛浙江省预赛第 11 题：求满足方程 $\sqrt{x-2009-2\sqrt{x-2010}}+\sqrt{x-2009+2\sqrt{x-2010}}=2$ 的所有实数解。

例 3　(2010 年西安市高中数学联赛) 在实数范围内解方程 $\sqrt[3]{x^2+x-1}+\sqrt[3]{10-x-x^2}=3$。

分析　文[2]中给出了如下巧妙的解法：设 $a=\sqrt[3]{x^2+x-1}$，$b=\sqrt[3]{10-x-x^2}$，则

$$\begin{cases} a + b = 3, \\ a^3 + b^3 = 9. \end{cases}$$

由 $a^3 + b^3 = (a+b)^3 - 3ab(a+b)$ 得 $\begin{cases} a + b = 3, \\ ab = 2, \end{cases}$　则

$$\begin{cases} a = 2, \\ b = 1, \end{cases} \quad 或 \quad \begin{cases} a = 1, \\ b = 2. \end{cases}$$

于是

$$\begin{cases} \sqrt[3]{x^2 + x - 1} = 2, \\ \sqrt[3]{10 - x - x^2} = 1, \end{cases} \quad 或 \quad \begin{cases} \sqrt[3]{x^2 + x - 1} = 1, \\ \sqrt[3]{10 - x - x^2} = 2, \end{cases}$$

解得 $x_{1,2} = \dfrac{-1 \pm \sqrt{37}}{2}$ 或 $x_3 = 1, x_4 = -2$，最后经检验均符合题意. 其实，若从等差中项的视角，也可得到以下简洁自然的解法，相比而言，对于某些学生更易理解掌握.

解　由题意知 $\dfrac{3}{2}$ 为 $\sqrt[3]{x^2 + x - 1}$，$\sqrt[3]{10 - x - x^2}$ 的等差中项，故可设

$$\begin{cases} \sqrt[3]{10 - x^2 - x} = \dfrac{3}{2} - d, & \textcircled{1} \\[2mm] \sqrt[3]{x^2 + x - 1} = \dfrac{3}{2} + d. & \textcircled{2} \end{cases}$$

由 $\textcircled{1}^3 + \textcircled{2}^3$ 并整理得 $d^2 = \dfrac{1}{4}$，则 $d = \pm\dfrac{1}{2}$.

当 $d = \dfrac{1}{2}$ 时，有 $x^2 + x - 9 = 0$，则 $x_{1,2} = \dfrac{-1 \pm \sqrt{37}}{2}$；当 $d = -\dfrac{1}{2}$ 时，有 $x^2 + x - 2 = 0$，则 $x_3 = 1, x_4 = -2$.

经检验，x_1, x_2, x_3, x_4 都是原无理方程的解.

例 4　(2005 年复旦大学保送生考试试题第 14 题)在实数范围

内求解方程 $\sqrt[4]{10+x} + \sqrt[4]{7-x} = 3$.

分析 文[4]中给出了如下巧妙的解法:设 $y = \sqrt[4]{10+x}$,则 $x = y^4 - 10$,于是方程转化为 $y + \sqrt[4]{17-y^4} = 3$,两端四次方并因式分解得 $(y-1)(y-2)(y^2-3y+16) = 0$,所以 $y = 1$ 或 $y = 2$.当 $y = 1$ 时,$x = -9$;当 $y = 2$ 时,$x = 6$.着实巧妙,但其中四次多项式的因式分解并非易事,最初的换元尝试也是如此.其实,如从等差中项的视角,便可得到以下简洁的解法.

解 由题意可知 $\dfrac{3}{2}$ 为 $\sqrt[4]{7-x}$,$\sqrt[4]{10+x}$ 的等差中项,故可设

$$
\begin{cases}
\sqrt[4]{7-x} = \dfrac{3}{2} - d, & ① \\
\sqrt[4]{10+x} = \dfrac{3}{2} + d. & ②
\end{cases}
$$

由 $①^4 + ②^4$ 并整理得 $16d^4 + 216d^2 - 55 = 0$,解得 $d^2 = \dfrac{1}{4}$,则 $d = \pm\dfrac{1}{2}$.当 $d = \dfrac{1}{2}$ 时,可解得 $x_1 = 6$;当 $d = -\dfrac{1}{2}$ 时,可解得 $x_2 = -9$.

经检验,x_1,x_2 均为原无理方程的解.

例 5 在实数范围内求解方程 $\sqrt{x+19} + \sqrt[3]{x+95} = 12$.

分析 笔者在网络上看到以下巧妙解法:设 $f(x) = \sqrt{x+19} + \sqrt[3]{x+95}$,容易得 $f(x)$ 在定义域 $[-19, +\infty)$ 内单调递增,且 $f(30) = \sqrt{49} + \sqrt[3]{125} = 12$,故原方程仅有一个实根 $x = 30$,真叫人拍案叫绝!但得出 $x = 30$ 并不是一蹴而就的,而是经历多番观察、尝试和调整才得出的.如从等差中项的视角,则可有效回避这一突兀之处.

解 由题意知 6 为 $\sqrt{x+19}$,$\sqrt[3]{x+95}$ 的等差中项,故可设

$$\begin{cases} \sqrt{x+19} = 6 - d, & \text{①} \\ \sqrt[3]{x+95} = 6 + d. & \text{②} \end{cases}$$

由②³ − ①² 并整理得 $d^3 + 17d^2 + 120d + 104 = 0$，即 $(d+1)(d^2+16d+104)=0$，解得 $d = -1$，则 $x = 30$. 经检验，$x = 30$ 是原无理方程的解.

例 6　在实数范围内求解方程 $\sqrt{3x+1} + \sqrt{4x-3} = \sqrt{5x+4}$.

分析　与例 5 类似，有人这样求解：设

$$f(x) = \sqrt{\dfrac{3x+1}{5x+4}} + \sqrt{\dfrac{4x-3}{5x+4}}$$

$$= \sqrt{\dfrac{3}{5} - \dfrac{7}{5(5x+4)}} + \sqrt{\dfrac{4}{5} - \dfrac{31}{5(5x+4)}},$$

则 $f(x)$ 在定义域 $\left[\dfrac{3}{4}, +\infty\right)$ 内单调递增，又由于 $f(1) = 1$，故原方程仅有一个实数根 $x = 1$，真令人赞叹. 但 $f(x)$ 的构造、$f(x)$ 的单调递增的证明以及 $f(1) = 1$ 都蕴含着丰富的数学思想与技巧，很好地考查了学生的数学素养. 如从等差中项的视角，也可得到如下漂亮解法.

解　易知原方程等价于 $\sqrt{\dfrac{3x+1}{5x+4}} + \sqrt{\dfrac{4x-3}{5x+4}} = 1$，则 $\dfrac{1}{2}$ 为 $\sqrt{\dfrac{4x-3}{5x+4}}$，$\sqrt{\dfrac{3x+1}{5x+4}}$ 的等差中项，故可设

$$\begin{cases} \sqrt{\dfrac{4x-3}{5x+4}} = \dfrac{1}{2} - d, & \text{①} \\ \sqrt{\dfrac{3x+1}{5x+4}} = \dfrac{1}{2} + d. & \text{②} \end{cases}$$

由②² − ①² 得 $d = \dfrac{4-x}{2(5x+4)}$，代入式①中得 $\sqrt{\dfrac{4x-3}{5x+4}} = \dfrac{3x}{5x+4}$，

两端平方并化简得 $11x^2 + x - 12 = 0$,则 $x = 1$ 或 $x = -\dfrac{12}{11}$. 又由于 x

$\geqslant \dfrac{3}{4}$,故 $x = 1$. 经检验,$x = 1$ 是原无理方程的解.

例 7 (2006 年太原市高中数学竞赛)在实数范围内求解方程

$\sqrt[3]{x+1} + \sqrt[3]{x-1} = \sqrt[3]{5x}$.

分析 文[2]中给出了如下解法:将方程两边同时立方得

$$2x + 3\sqrt[3]{x^2-1}(\sqrt[3]{x+1} + \sqrt[3]{x-1}) = 5x, \qquad ①$$

又将 $\sqrt[3]{x+1} + \sqrt[3]{x-1} = \sqrt[3]{5x}$ 代入式①中得

$$\sqrt[3]{x^2-1}\sqrt[3]{5x} = x, \qquad ②$$

再将式②两边立方得 $5x(x^2-1) = x^3$,即 $x(4x^2-5) = 0$,解得 $x_1 =$

$0, x_{2,3} = \pm\dfrac{\sqrt{5}}{2}$,最后经检验均符合题意. 看似"暴力",若看出"迭代"

玄机实则漂亮! 其实,如从等差中项的视角,也可得到以下简洁的

解法.

解 当 $x = 0$ 时,方程显然成立,即 $x_1 = 0$ 是原方程的一个根.

当 $x \neq 0$ 时,易知原方程等价于 $\sqrt[3]{\dfrac{x+1}{5x}} + \sqrt[3]{\dfrac{x-1}{5x}} = 1$,则 $\dfrac{1}{2}$ 为

$\sqrt[3]{\dfrac{x-1}{5x}}, \sqrt[3]{\dfrac{x+1}{5x}}$ 的等差中项,故可设

$$\begin{cases} \sqrt[3]{\dfrac{x+1}{5x}} = \dfrac{1}{2} - d, & ③ \\[3mm] \sqrt[3]{\dfrac{x-1}{5x}} = \dfrac{1}{2} + d. & ④ \end{cases}$$

由④³ - ③³ 得 $\dfrac{1}{x} = -5d^3 - \dfrac{15}{4}d$,代入式③解得 $d^2 = \dfrac{1}{20}$,即 $d =$

$\pm\dfrac{\sqrt{5}}{10}$，则 $\dfrac{1}{x} = -5d \cdot d^2 - \dfrac{15}{4}d = -4d$，所以 $x_{2,3} = \pm\dfrac{\sqrt{5}}{2}$．经检验，$x_1$

$= 0$，$x_{2,3} = \pm\dfrac{\sqrt{5}}{2}$ 均符合题意．

例 8　已知 x_1，x_2 是方程 $\sqrt[3]{3x+37} - \sqrt[3]{3x-37} = \sqrt[3]{2}$ 的根，求 $x_1^2 + x_2^2$ 的值．

分析　笔者在网络上看到如下解法：将方程两边同时立方得

$$74 - 3 \cdot \sqrt[3]{3x+37} \cdot \sqrt[3]{3x-37} \cdot (\sqrt[3]{3x+37} - \sqrt[3]{3x-37})$$
$$= 2, \hspace{5cm} ①$$

将 $\sqrt[3]{3x+37} - \sqrt[3]{3x-37} = \sqrt[3]{2}$ 代入式①中得

$$74 - 3\sqrt[3]{2} \cdot \sqrt[3]{3x+37} \cdot \sqrt[3]{3x-37} = 2,$$

由此解得 $x^2 = \dfrac{8281}{9}$，于是 $x_1^2 + x_2^2 = \dfrac{16562}{9}$．看似"暴力"，若看出"迭代"与"平方差公式"玄机实则漂亮！其实，如从等差中项的视角，也可得到以下简洁的解法．

解　原方程等价于 $\sqrt[3]{\dfrac{3x+37}{2}} + \sqrt[3]{-\dfrac{3x-37}{2}} = 1$，则 $\dfrac{1}{2}$ 为

$\sqrt[3]{\dfrac{3x+37}{2}}$，$\sqrt[3]{-\dfrac{3x-37}{2}}$ 的等差中项，故可设

$$\left\{ \begin{array}{ll} \sqrt[3]{\dfrac{3x+37}{2}} = \dfrac{1}{2} - d, & ② \\[4mm] \sqrt[3]{-\dfrac{3x-37}{2}} = \dfrac{1}{2} + d. & ③ \end{array} \right.$$

由③³ + ②³ 得 $37 = \dfrac{1}{4} + 3d^2$，则 $d = \pm\dfrac{7}{2}$，代入式②解得 $x_{1,2} = \pm\dfrac{91}{3}$．经检验，$x_{1,2}$ 均符合题意．所以 $x_1^2 + x_2^2 = \dfrac{16562}{9}$．

由上观之,求解形如"$\sqrt[m]{f(x)} + \sqrt[n]{g(x)} = \sqrt[p]{h(x)}$(常数),$m$,$n$,$p \in \mathbf{N}^+$,$m$,$n$,$p > 1$"的无理方程,我们可首先将其变形为 $\dfrac{\sqrt[m]{f(x)}}{\sqrt[p]{h(x)}} +$

$\dfrac{\sqrt[n]{g(x)}}{\sqrt[p]{h(x)}} = 1$,即得 $\dfrac{1}{2}$ 为 $\dfrac{\sqrt[m]{f(x)}}{\sqrt[p]{h(x)}}$,$\dfrac{\sqrt[n]{g(x)}}{\sqrt[p]{h(x)}}$ 的等差中项,于是可设

$\dfrac{\sqrt[m]{f(x)}}{\sqrt[p]{h(x)}} = \dfrac{1}{2} - d$,$\dfrac{\sqrt[n]{g(x)}}{\sqrt[p]{h(x)}} = \dfrac{1}{2} + d$,最后变无理方程为有理方程进

行求解. 该方法提供了一种快捷、简便、巧妙而且有章可循的将无理方程转变为有理方程,进而得到无理方程所有实根的策略.

参考文献

[1] 徐章韬. 初等数学中几种常数变易法[J]. 数学教学,2013(2):25.

[2] 肖维松. 含有三次根式的无理方程的解法探究[J]. 数学通讯, 2012(2)(下半月):61.

[3] 张雪明. 著名高校自主招生真题题典(数学)[M]. 北京:现代教育 出版社,2012:22.

[4] 2005 年复旦大学保送生考试数学试题参考答案[J]. 空念数学杂 志,2012(8):74 - 75.

14.3　由一道自主招生试题引发的探究[③]

2006 年复旦大学自主招生考试中有这样一道试题:

题目　设 $f(x)$ 在 $[1, +\infty)$ 上单调递增,且对任意的 x,$y \in [1$,

$+\infty)$,都有 $f(x+y)=f(x)+f(y)$ 成立,求证:存在常数 k,使得 $f(x)=kx$ 在 $[1,+\infty)$ 上成立.

证明　设 $f(1)=k$,由题设条件有对任意的正整数 $n\in[1,+\infty)$,有

$$f(n+1)=f(n)+f(1)=f(n)+k \quad (n\in\mathbf{N}^+),$$

于是 $f(n)=kn$.

对任意的有理数 $\dfrac{q}{p}\in[1,+\infty)(p,q\in\mathbf{N}^+,q\geqslant p)$,有

$$kq=f(q)=\underbrace{f\left(\frac{q}{p}\right)+f\left(\frac{q}{p}\right)+\cdots+f\left(\frac{q}{p}\right)}_{p\text{个}}=pf\left(\frac{q}{p}\right),$$

于是 $f\left(\dfrac{q}{p}\right)=k\cdot\dfrac{q}{p}$.

对任意的无理数 $\lambda\in[1,+\infty)$,可取在 $[1,+\infty)$ 上单调递增的有理数列 $\{r_n\}$ 与单调递减的有理数列 $\{s_n\}$,且 $r_n\leqslant\lambda\leqslant s_n$,它们都收敛到 λ.由于 $f(x)$ 在 $[1,+\infty)$ 上单调递增,则成立不等式 $kr_n=f(r_n)\leqslant f(\lambda)\leqslant f(s_n)=ks_n$,令 $n\to\infty$,亦有 $f(\lambda)=k\lambda$.

所以存在常数 $k=f(1)$,使得 $f(x)=kx$ 在 $[1,+\infty)$ 上成立.

评注　本题所采用的方法称为柯西方法,用该方法求解函数方程的一般步骤是:先求出对于自变量取自然数值时解的形式,然后依次证明对自变量取整数值、有理数值以及实数值时函数方程的解仍然具有这种形式,从而得到函数方程整体的解.

一、试题类比探究

受以上试题的启发,很容易想到能否类似地利用函数方程唯一确定中学里一些常见初等函数呢?下面利用柯西方法对中学几个常

见函数进行探究,得出中学一些常见函数在一定限制条件下是可由其函数方程唯一确定的,这在理论与实践上对解抽象函数问题具有指导性意义.

1. 正比例函数

命题 1　设 $f(x)$ 是定义在 **R** 上的单调函数,且对任意的 $x,y\in$ **R** 有 $f(x+y)=f(x)+f(y)$,则 $f(x)=f(1)x$,即为正比例函数.

命题 1 是复旦大学自主招生试题的一般情形,证明方法也相同,请读者自己完成.

2. 指数函数

命题 2　设 $f(x)$ 是定义在 **R** 上的单调函数,且对任意的 $x,y\in$ **R**,有 $f(x+y)=f(x)f(y)$,则 $f(x)=\big(f(1)\big)^x$,即为指数函数.

证明　我们先证 $f(x)\neq0$,事实上,若存在 $x_0\in$ **R** 使得 $f(x_0)=0$,则 $\forall x\in$ **R**,都有 $f(x)=f\big((x-x_0)+x_0\big)=f(x-x_0)f(x_0)=0$,这与 $f(x)$ 在 **R** 上严格单调相矛盾. 于是 $\forall x\in$ **R**,有 $f(x)=$

$$f\Big(\frac{x}{2}+\frac{x}{2}\Big)=\Big(f\Big(\frac{x}{2}\Big)\Big)^2>0.$$

在等式 $f(x+y)=f(x)f(y)$ 两端同时取对数,得 $\ln f(x+y)=\ln f(x)+\ln f(y)$,由命题 1 知 $\ln f(x)=x\ln f(1)$,$f(x)=\mathrm{e}^{x\ln f(1)}=\big(f(1)\big)^x$,即 $f(x)$ 为指数函数.

3. 对数函数

命题 3　设 $f(x)$ 是定义在 $(0,+\infty)$ 上的单调函数,且对任意的 $x,y>0$ 有 $f(xy)=f(x)+f(y)$,则 $f(x)$ 是对数函数.

证明　因 $x,y>0$,故可设 $x=b^u$,$y=b^v$,其中 $b>0$ 且 $b\neq1$. 将 x,y 代入等式 $f(xy)=f(x)+f(y)$ 中,即 $f(b^{u+v})=f(b^u)+$

$f(b^v)$,令 $g(x) = f(b^x)$,则有

$$g(u+v) = g(u) + g(v).$$

由命题 1 知 $g(x) = g(1)x = f(b)x$,则

$$f(x) = g(\log_b x) = f(b)\log_b x = \log_a x,$$

其中 $a = b^{\frac{1}{f(b)}}$ $(a>0, a\neq 1)$,即 $f(x)$ 为对数函数.

4. 幂函数

命题 4 设 $f(x)$ 是定义在 $(0, +\infty)$ 上的单调函数,且对任意的 $x, y>0$ 有 $f(xy) = f(x)f(y)$,则 $f(x)$ 是幂函数.

证明 因 $x, y>0$,故可设 $x = b^u$, $y = b^v$,其中 $b>0$ 且 $b\neq 1$. 将 x, y 代入等式 $f(xy) = f(x)f(y)$ 中得 $f(b^{u+v}) = f(b^u)f(b^v)$,令 $g(x) = f(b^x)$,则有

$$g(u+v) = g(u)g(v),$$

由命题 2 知 $g(x) = f(b^x) = a^x$,则 $f(x) = g(\log_b x) = a^{\log_b x} = x^{\log_b a}$ $= x^c$,其中 $c = \log_b a$,即 $f(x)$ 为幂函数.

5. 正切函数

命题 5 设 $f(x)$ 在 $x=0$ 处可导且导数不为 0,且对定义域内任意的 x, y 有 $f(x+y) = \dfrac{f(x)+f(y)}{1-f(x)f(y)}$,则 $f(x) = \tan f'(0)x$,即 $f(x)$ 是正切函数.

证明 令 $x = y = 0$,得 $f(0) = 0$.

令 $y = \Delta x$,则

$$f(x+\Delta x) = \frac{f(x)+f(\Delta x)}{1-f(x)f(\Delta x)},$$

于是

$$\frac{f(x+\Delta x)-f(x)}{\Delta x} = \frac{\dfrac{f(x)+f(\Delta x)}{1-f(x)f(\Delta x)} - f(x)}{\Delta x}$$

$$= \frac{f(\Delta x)}{\Delta x} \times \frac{1 + (f(x))^2}{1 - f(x)f(\Delta x)}.$$

因 $f'(0)$ 存在,故有

$$f'(x) = \lim_{\Delta x \to 0} \frac{f(x + \Delta x) - f(x)}{\Delta x}$$

$$= \lim_{\Delta x \to 0} \frac{f(\Delta x)}{\Delta x} \times \lim_{\Delta x \to 0} \frac{1 + (f(x))^2}{1 - f(x)f(\Delta x)}$$

$$= f'(0) \cdot (1 + (f(x))^2)$$

记 $\dfrac{f'(x)}{1 + (f(x))^2} = f'(0) = k$,等式两端同时积分得

$$\arctan f(x) = kx + c \quad (c \text{ 为常数}),$$

则 $f(x) = \tan(kx + c)$,又 $f(0) = 0$,故 $f(x) = \tan kx \ (k \neq 0)$,即 $f(x)$ 为正切函数.

以上探究结果有以下几点值得注意:

(1) 一个函数所对应的函数方程模型并不唯一. 如:正比例函数的函数方程也可为 $f(x - y) = f(x) - f(y)$;指数函数的函数方程也可为 $f(x - y) = \dfrac{f(x)}{f(y)}$;对数函数的函数方程也可为 $f\left(\dfrac{x}{y}\right) = f(x) - f(y)$;幂函数的函数方程也可为 $f\left(\dfrac{x}{y}\right) = \dfrac{f(x)}{f(y)}$;正切函数的函数方程也可为 $f(x - y) = \dfrac{f(x) - f(y)}{1 + f(x)f(y)}$.

(2) 一个函数方程的解往往也并不唯一,并且很难求出所有的解;但如果加上某些条件(如连续、单调、有界、可导等),则又容易求出函数方程全部的解.

(3) 值得一提的是,余弦函数满足函数方程 $f(x + y) + f(x - y)$

$=2f(x)f(y)$,因而很多师生都认为该函数方程的单调(连续)解即为余弦函数,然而,事实上,双曲余弦函数 $\mathrm{ch}(x)=\dfrac{\mathrm{e}^x+\mathrm{e}^{-x}}{2}$ 也满足该方程,这一点值得引起注意.

二、模型运用

例 1　(2010 年陕西省高考试题)下列 4 类函数中,具有性质"对任意的 $x,y>0$,函数 $f(x)$ 满足 $f(x+y)=f(x)f(y)$"的是(　　).

A.幂函数　　　　　　　　　　B.对数函数

C.指数函数　　　　　　　　　D.余弦函数.

解析　由命题 2 知,指数函数的函数方程模型可为 $f(x+y)=f(x)f(y)$,故选 C.

例 2　(2009 年上海交通大学自主招生考试题)众所周知,指数函数 $a^x(a>0,a\neq1)$ 恒大于 0,且具有如下性质:

① 若实数 $x_1\neq x_2$,则 $a^{x_1}\neq a^{x_2}$;② 对任意的两个实数 x_1,x_2,有 $a^{x_1+x_2}=a^{x_1}a^{x_2}$.

若一个函数 $f(x)$ 满足类似的两条性质,即:

(1) 若实数 $x_1\neq x_2$,则 $f(x_1)\neq f(x_2)$;(2) 对任意实数 x_1,x_2,有 $f(x_1+x_2)=f(x_1)f(x_2)$,能否判断 $f(x)$ 也恒大于 0? 说明你的理由.

解析　能够判断 $f(x)$ 也恒大于 0,类似于命题 2 的证明过程如下:

我们先证 $f(x)\neq0$.假若存在 $x_0\in\mathbf{R}$ 使得 $f(x_0)=0$,则对任意的 $x\neq x_0$,都有 $f(x)=f((x-x_0)+x_0)=f(x-x_0)f(x_0)=0$,这与性质(1)矛盾,得证.

于是,$\forall x \in \mathbf{R}$,有 $f(x) = f\left(\dfrac{x}{2} + \dfrac{x}{2}\right) = \left[f\left(\dfrac{x}{2}\right)\right]^2 > 0$,故 $f(x)$ 也恒大于 0.

例 3　已知函数 $f(x)$ 的定义域为 $(0, +\infty)$,对任意的正数 x, y 均有 $f(xy) = f(x) + f(y)$. 若 $x > 1$ 时,$f(x) > 0$,判断 $f(x)$ 在 $(0, +\infty)$ 上的单调性,并加以证明.

解析　由命题 3 知,对数函数满足函数方程 $f(xy) = f(x) + f(y)$,故仿照证明对数函数单调性的方法可证得 $f(x)$ 在 $(0, +\infty)$ 上的单调递增,过程如下:

设 $x_2 > x_1 > 0$,则 $\dfrac{x_2}{x_1} > 1$,而当 $x > 1$ 时,$f(x) > 0$,则 $f\left(\dfrac{x_2}{x_1}\right) > 0$,于是

$$
\begin{aligned}
f(x_2) - f(x_1) &= f\left(x_1 \cdot \dfrac{x_2}{x_1}\right) - f(x_1) \\
&= f(x_1) + f\left(\dfrac{x_2}{x_1}\right) - f(x_1) \\
&= f\left(\dfrac{x_2}{x_1}\right) > 0,
\end{aligned}
$$

即 $f(x_2) > f(x_1)$,所以,$f(x)$ 在 $(0, +\infty)$ 上为单调递增函数.

例 4　对任意的整数 x,函数 $f(x)$ 满足:$f(1) = \sqrt{3}$,$f(x+1) = \dfrac{f(x) + \sqrt{3}}{1 - \sqrt{3}f(x)}$,则 $f(20)$ 的值为(　　　).

A. 0　　　　　B. $-\sqrt{3}$　　　　C. $\sqrt{3}$　　　　D. $\dfrac{\sqrt{3}}{2}$

解析　$f(x+1) = \dfrac{f(x) + \sqrt{3}}{1 - \sqrt{3}f(x)} = \dfrac{f(x) + f(1)}{1 - f(1)f(x)}$,由命题 5 知,正

切函数 $f(x) = \tan kx$ 满足该函数方程,由 $f(1) = \tan k = \sqrt{3}$,则 $k = \dfrac{\pi}{3} + n\pi(n \in \mathbf{Z})$,于是 $f(20) = \tan(20k) = \tan\dfrac{20\pi}{3} = -\sqrt{3}$,故选 B.

例 5　设 $f(x)$ 是定义在 $\mathbf{R}$ 上的函数,对任意的 $x \in \mathbf{R}$,都有 $f(x+y) + f(x-y) = 2f(x)f(y)$,$f(0) \neq 0$,则 $f(x)$ 为(　　).

A.奇函数,周期函数　　　　　　B.偶函数,周期函数

C.奇偶性不确定,周期函数　　　D.偶函数,周期性不确定

解析　由批注(3)知,余弦函数 $f(x) = \cos kx$、双曲余弦函数 $\mathrm{ch}(x) = \dfrac{\mathrm{e}^x + \mathrm{e}^{-x}}{2}$ 均满足函数方程 $f(x+y) + f(x-y) = 2f(x) \cdot f(y)$,且 $f(0) \neq 0$,故选 D.奇偶性证明如下:

取 $x = y = 0$,则 $2f(0) = 2f^2(0)$,又 $f(0) \neq 0$,则 $f(0) = 1$.

取 $y = 0$,则 $f(y) + f(-y) = 2f(y)$,得 $f(y) = f(-y)$,所以 $f(x)$ 为偶函数.

参考文献

[1] F·M·菲赫金哥尔茨.微积分学教程:第一卷第一分册[M].北京:人民教育出版社,1956.

14.4　一道"北约"自主招生试题的五种解法[④]

2014 年"北约"自主招生试题第 3 题为:

设函数 $f(x)$ 满足:$f(1) = 1$,$f(4) = 7$,且对任意的 $a, b \in \mathbf{R}$,有

---

④　本文发表于《中等数学》2014 年第 3 期.

$$f\left(\frac{a+2b}{3}\right) = \frac{f(a)+2f(b)}{3},$$

则 $f(2014) = $ _____.

    A. 4027   B. 4028   C. 4029   D. 4030

    该题以函数方程为载体综合考查了数列与数列归纳法、递推关系等知识点,看似简单,实则不易. 很多学生对于该函数方程的处理是兜来兜去,摸不着方向. 笔者对该题研究后得到 5 种解法,现整理出来与大家一起分享.

    解法 1   由 $f\left(\dfrac{a+2b}{3}\right) = \dfrac{f(a)+2f(b)}{3}$,得

$$f(2) = f\left(\frac{4+2\times1}{3}\right) = \frac{f(4)+2f(1)}{3} = 3,$$

$$f(3) = f\left(\frac{1+2\times4}{3}\right) = \frac{f(1)+2f(4)}{3} = 5.$$

于是,我们猜测:$f(n) = 2n-1, n\in\mathbf{N}^+$. 下面用数学归纳法证明.

    (1) 当 $n=1,2,3$ 时,结论显然成立;

    (2) 假设当 $n=3k(k\in\mathbf{N}^+)$ 时结论成立,则令 $a=3k+1, b=1$,得

$$f(3k+1) = 3f(k+1) - 2f(1) = 6k+1.$$

同理,分别令 $a=3k+2, b=2$ 与 $a=3k+3, b=3$,则

$$f(3k+2) = 6k+3, \quad f(3k+3) = 6k+5,$$

所以,当 $n\in\mathbf{N}^+$ 时,有 $f(n) = 2n-1$,于是 $f(2014) = 2\cdot2014-1 = 4027$.

    解法 2   容易求得 $f(2) = 3, f(3) = 5$. 于是,我们猜测:$f(n) = 2n-1, n\in\mathbf{N}^+$,下面用数学归纳法证明.

(1) 当 $n=1$ 时,结论显然成立;

(2) 假设当 $n=3k-2(k\in\mathbf{N}^+)$ 时,$f(n)=2n-1$ 成立,则当 $n=3(k+1)-2=3k+1$ 时,

$$f(3k+1)=f\left(\frac{3k-2+2\times1}{3}\right)$$

$$=\frac{f(3k-2)+2f(1)}{3}$$

$$=6k+1=2n-1.$$

同理,我们可以分别用数学归纳法证明当 $n=3k-1(k\in\mathbf{N}^+)$,$n=3k(k\in\mathbf{N}^+)$ 时,结论成立.

所以,$f(n)=2n-1$,$n\in\mathbf{N}^+$ 成立.于是 $f(2014)=2\cdot2014-1=4027$.

解法 3　容易求得 $f(2)=3$,$f(3)=5$.于是,我们猜测:$f(n)=2n-1$,$n\in\mathbf{N}^+$,下面用数学归纳法证明.

(1) 当 $n=1,2,3$ 时,结论显然成立;

(2) 假设当 $n\leqslant k(k\geqslant3,k\in\mathbf{N}^+)$ 时,有 $f(n)=2n-1$,则当 $n=k+1$ 时,由于

$$f(k-1)=f\left(\frac{k+1+2(k-2)}{3}\right)=\frac{f(k+1)+2f(k-2)}{3},$$

于是

$$f(k+1)=3f(k-1)-2f(k-2)=2k+1=2n-1,$$

所以,$f(n)=2n-1$,$n\in\mathbf{N}^+$ 成立.于是 $f(2014)=2\cdot2014-1=4027$.

解法 4　容易求得 $f(2)=3$,$f(3)=5$.在 $f\left(\dfrac{a+2b}{3}\right)=$

$\dfrac{f(a)+2f(b)}{3}$ 中交换 a, b 得

$$f\left(\dfrac{2a+b}{3}\right)=\dfrac{2f(a)+f(b)}{3},$$

两式相减得

$$f\left(\dfrac{a+2b}{3}\right)-f\left(\dfrac{2a+b}{3}\right)=\dfrac{f(b)-f(a)}{3},$$

令 $a=n$, $b=n+3$, 则

$$f(n+2)-f(n+1)=\dfrac{f(n+3)-f(n)}{3}.$$

这是一个三阶齐次线性递推关系,其特征方程为 $x^2-x=\dfrac{x^3-1}{3}$,求得其特征根为 $x_1=x_2=x_3=1$,于是 $f(n)=(An^2+Bn+C)\cdot 1^n = An^2+Bn+C$, $n\in \mathbf{N}^+$.

代入 $f(1)=2$, $f(2)=3$, $f(3)=5$,求得 $A=0$, $B=2$, $C=-1$,即 $f(n)=2n-1$, $n\in \mathbf{N}^+$. 于是 $f(2014)=2\cdot 2014-1=4027$.

解法 5　在题设条件中分别令 $a=3x$, $b=0$ 与 $a=0$, $b=\dfrac{3}{2}y$,

得 $f(x)=\dfrac{f(3x)+2f(0)}{3}$, $f(y)=\dfrac{f(0)+2f\left(\dfrac{3}{2}y\right)}{3}$,于是 $f(3x)=3f(x)-2f(0)$, $f\left(\dfrac{3}{2}y\right)=\dfrac{3f(y)-f(0)}{2}$. 又在题设条件中令 $a=3x$, $b=\dfrac{3y}{2}$,得

$$f(x+y)=\dfrac{f(3x)+2f\left(\dfrac{3y}{2}\right)}{3}=f(x)+f(y)-f(0),$$

即

$$f(x+y)-f(0)=f(x)-f(0)+f(y)-f(0).$$

又令 $g(x)=f(x)-f(0)$,则

$$g(x+y)=g(x)+g(y),\quad g(1)=f(1)-f(0)=1-f(0).$$

容易用数学归纳法证明:当 $n\in\mathbf{N}^+$ 时,有 $g(n)=ng(1)=n(1-f(0))$,于是 $g(4)=4(1-f(0))$,又因为 $g(4)=f(4)-f(0)=7-f(0)$,则 $4(1-f(0))=7-f(0)$,则 $f(0)=-1$,则 $g(n)=n(1-f(0))=2n$,所以 $f(n)=2n-1,n\in\mathbf{N}^+$. 于是 $f(2014)=2\cdot2014-1=4027$.

注　由以上推导过程知,条件 $f\left(\dfrac{a+2b}{3}\right)=\dfrac{f(a)+2f(b)}{3}$ 等价于柯西方程 $g(x+y)=g(x)+g(y)$,其中 $g(x)=f(x)-f(0)$.

下面笔者给出在有理数域范围内求解柯西方程的方法.

引理　设 $f(x)$ 是定义在有理数集 $\mathbf{Q}$ 上的函数,且对任意的 $x,y\in\mathbf{Q}$,有 $f(x+y)=f(x)+f(y)$,则 $f(x)=f(1)x,x\in\mathbf{Q}$.

证明　令 $x=y=0$,则 $f(0)=0$.由题设条件有对任意的正整数 n,有 $f(n+1)=f(n)+f(1)(n\in\mathbf{N}^+)$,于是 $f(n)=f(1)n,n\in\mathbf{N}^+$;

又令 $x=n,y=-n,n\in\mathbf{N}^+$,则 $f(0)=f(n)+f(-n)$,于是 $f(-n)=-f(1)n,n\in\mathbf{N}^+$.所以,对任意的 $n\in\mathbf{Z}$,都有 $f(n)=f(1)n$.

对任意的有理数 $\dfrac{q}{p}(q\in\mathbf{Z},p\in\mathbf{N}^+)$,有

$$f(1)q = f(q) = \underbrace{f\left(\frac{q}{p}\right) + f\left(\frac{q}{p}\right) + \cdots + f\left(\frac{q}{p}\right)}_{p\uparrow} = pf\left(\frac{q}{p}\right),$$

于是 $f\left(\dfrac{q}{p}\right) = f(1) \cdot \dfrac{q}{p}$.

综上所述,对任意的 $x \in \mathbf{Q}$,都有 $f(x) = f(1)x$.

注　以上求解柯西方程的方法叫作柯西方法,这一方法的基本步骤是依次求出正整数的函数值、整数的函数值、有理数的函数值. 若 $f(x)$ 定义在实数集 $\mathbf{R}$ 上,且为单调(或连续)函数,则可进一步求得:对任意的 $x \in \mathbf{R}$,都有 $f(x) = f(1)x$.

运用以上引理的结论,笔者给出该自主招生试题的一个推广形式.

推广　设 $s, t, u, v \in \mathbf{Q}, s \neq u, t \neq v, \lambda \in \mathbf{R}$,函数 $f(x)$ 满足: $f(s) = t, f(u) = v$,且对任意的 $a, b \in \mathbf{R}$,有 $f(\lambda a + (1-\lambda)b) = \lambda f(a) + (1-\lambda)f(b)$,求 $f(m)(m \in \mathbf{Q})$ 的值.

解　在题设条件中分别令 $a = \dfrac{x}{\lambda}, b = 0$ 与 $a = 0, b = \dfrac{y}{1-\lambda}$,得

$$f(x) = \lambda f\left(\frac{x}{\lambda}\right) + (1-\lambda)f(0),$$

$$f(y) = \lambda f(0) + (1-\lambda)f\left(\frac{y}{1-\lambda}\right).$$

于是

$$\lambda f\left(\frac{x}{\lambda}\right) = f(x) - (1-\lambda)f(0),$$

$$(1-\lambda)f\left(\frac{y}{1-\lambda}\right) = f(y) - \lambda f(0).$$

又在题设条件中令 $a = \dfrac{x}{\lambda}, b = \dfrac{y}{1-\lambda}$,得

$$f(x + y) = \lambda f\left(\frac{x}{\lambda}\right) + (1 - \lambda) f\left(\frac{x}{1 - \lambda}\right) = f(x) + f(y) - f(0),$$

即 $f(x + y) - f(0) = f(x) - f(0) + f(y) - f(0)$. 又令 $g(x) = f(x) - f(0)$, 则

$$g(x + y) = g(x) + g(y), \quad g(1) = f(1) - f(0) = s - f(0).$$

由上文引理知 $g(x) = xg(1), x \in \mathbf{Q}$, 于是 $g(s) = sg(1), g(u) = ug(1)$. 又因为 $g(s) = f(s) - f(0) = t - f(0), g(u) = f(u) - f(0) = v - f(0)$, 则

$$\begin{cases} sg(1) = t - f(0), \\ ug(1) = v - f(0), \end{cases}$$

解得

$$g(1) = \frac{t - v}{s - u}, \quad f(0) = \frac{tu - sv}{u - s}.$$

则 $g(x) = xg(1) = \frac{t - v}{s - u} \cdot x$, 所以 $f(x) = g(x) + f(0) = \frac{t - v}{s - u} \cdot x + \frac{tu - sv}{u - s}, x \in \mathbf{Q}$. 于是

$$f(m) = \frac{t - v}{s - u} \cdot m + \frac{tu - sv}{u - s}, \quad m \in \mathbf{Q}.$$

14.5　一道"北约"自主招生试题的证明与探源⑤

2014 年"北约"自主招生试题第 10 题为:

题目　已知 $x_1, x_2, \cdots, x_n \in \mathbf{R}^+$, 且 $x_1 x_2 \cdots x_n = 1$, 求证:

---

⑤　本文发表于《解题研究》2014 年第 3 期.

$$(\sqrt{2} + x_1)(\sqrt{2} + x_2)\cdots(\sqrt{2} + x_n) \geqslant (\sqrt{2} + 1)^n.$$

这是一道构思精巧的不等式试题,形式简洁、优美,作为"北约"试题的压轴题,方法较多,但均需要较好的数学能力与素养,具有较好的区分度和选拔功能.笔者考查了某校参加考试学生的答题情况,很多学生在有限的时间内对于该题摸不着方向.可见该题对于学生实属不易.笔者探究得到该题的 8 种证法,而且发现类似的题目早在数学竞赛中有出现过,只是稍微改编而来.在此写来与读者一起分享.

1. 证法探究

证法 1　由 n 元均值不等式知

$$\frac{\sqrt{2}}{\sqrt{2} + x_1} + \frac{\sqrt{2}}{\sqrt{2} + x_2} + \cdots + \frac{\sqrt{2}}{\sqrt{2} + x_n}$$

$$\geqslant \frac{\sqrt{2}n}{\sqrt[n]{(\sqrt{2} + x_1)(\sqrt{2} + x_2)\cdots(\sqrt{2} + x_n)}},$$

$$\frac{x_1}{\sqrt{2} + x_1} + \frac{x_2}{\sqrt{2} + x_2} + \cdots + \frac{x_n}{\sqrt{2} + x_n}$$

$$\geqslant \frac{n}{\sqrt[n]{(\sqrt{2} + x_1)(\sqrt{2} + x_2)\cdots(\sqrt{2} + x_n)}},$$

以上两式相加得

$$n \geqslant \frac{n(\sqrt{2} + 1)}{\sqrt[n]{(\sqrt{2} + x_1)(\sqrt{2} + x_2)\cdots(\sqrt{2} + x_n)}},$$

所以 $(\sqrt{2} + x_1)(\sqrt{2} + x_2)\cdots(\sqrt{2} + x_n) \geqslant (\sqrt{2} + 1)^n.$

证法 2　由 n 元均值不等式知

$$\frac{(\sqrt{2}+1)^n}{(\sqrt{2}+x_1)(\sqrt{2}+x_2)\cdots(\sqrt{2}+x_n)}$$

$$= \frac{(\sqrt[n]{\sqrt{2}} \cdot \sqrt[n]{\sqrt{2}} \cdots \sqrt[n]{\sqrt{2}} + \sqrt[n]{x_1} \cdot \sqrt[n]{x_2} \cdots \sqrt[n]{x_n})^n}{(\sqrt{2}+x_1)(\sqrt{2}+x_2)\cdots(\sqrt{2}+x_n)}$$

$$= \left(\sqrt[n]{\frac{\sqrt{2}}{\sqrt{2}+x_1}} \cdot \sqrt[n]{\frac{\sqrt{2}}{\sqrt{2}+x_2}} \cdots \sqrt[n]{\frac{\sqrt{2}}{\sqrt{2}+x_n}} \right.$$
$$\left. + \sqrt[n]{\frac{x_1}{\sqrt{2}+x_1}} \cdot \sqrt[n]{\frac{x_2}{\sqrt{2}+x_2}} \cdots \sqrt[n]{\frac{x_n}{\sqrt{2}+x_n}} \right)^n$$

$$\leqslant \left[\frac{1}{n} \left(\frac{\sqrt{2}}{\sqrt{2}+x_1} + \frac{\sqrt{2}}{\sqrt{2}+x_2} + \cdots + \frac{\sqrt{2}}{\sqrt{2}+x_n} \right) \right.$$
$$\left. + \frac{1}{n} \left(\frac{x_1}{\sqrt{2}+x_1} + \frac{x_2}{\sqrt{2}+x_2} + \cdots + \frac{x_n}{\sqrt{2}+x_n} \right) \right]^n$$

$$= 1,$$

所以 $(\sqrt{2}+x_1)(\sqrt{2}+x_2)\cdots(\sqrt{2}+x_n) \geqslant (\sqrt{2}+1)^n$.

证法 3 将不等式左端展开得

$$(\sqrt{2}+x_1)(\sqrt{2}+x_2)\cdots(\sqrt{2}+x_n)$$

$$= (\sqrt{2})^n + (\sqrt{2})^{n-1} \sum_{i=1}^{n} x_i + (\sqrt{2})^{n-2} \sum_{1 \leqslant i \leqslant j \leqslant n} x_i x_j + \cdots$$

$$+ (\sqrt{2})^{n-k} \left(\sum_{1 \leqslant i_1 \leqslant i_2 \leqslant \cdots \leqslant i_k \leqslant n} x_{i1} x_{i2} \cdots x_{ik} \right) + \cdots + x_1 x_2 \cdots x_n.$$

又由 n 元均值不等式知

$$\sum_{1 \leqslant i_1 \leqslant \cdots \leqslant i_k \leqslant n} x_{i1} x_{i2} \cdots x_{ik} \geqslant C_n^k \cdot \left(\prod_{1 \leqslant i_1 \leqslant \cdots \leqslant i_k \leqslant n} x_{i1} x_{i2} \cdots x_{ik} \right)^{\frac{1}{C_n^k}}$$

$$= C_n^k ((x_1 x_2 \cdots x_n)^{C_{n-1}^{k-1}})^{\frac{1}{C_n^k}} = C_n^k,$$

所以

$$(\sqrt{2} + x_1)(\sqrt{2} + x_2) \cdots (\sqrt{2} + x_n)$$

$$\geqslant (\sqrt{2})^n + (\sqrt{2})^{n-1} C_n^1 + (\sqrt{2})^{n-2} C_n^2 + \cdots + (\sqrt{2})^{n-k} C_n^k + \cdots + C_n^n$$

$$= (\sqrt{2} + 1)^n.$$

证法 4 （数学归纳法）(1) 当 $n = 1$ 时，$\sqrt{2} + x_1 = \sqrt{2} + 1$，不等式成立．

(2) 假设当 $n = k (k \geqslant 1)$ 时不等式成立，则当 $n = k + 1$ 时，由于 $x_1 x_2 \cdots x_{k+1} = 1$，于是这 $k + 1$ 个数不能同时都大于 1，也不能同时都小于 1，因此存在两个数，其中一个不大于 1，另一个不小于 1，不妨设 $x_k \leqslant 1$，$x_{k+1} \geqslant 1$，则 $(x_k - 1)(x_{k+1} - 1) \leqslant 0$，即 $x_k + x_{k+1} \geqslant 1 + x_k x_{k+1}$，所以

$$(\sqrt{2} + x_1)(\sqrt{2} + x_2) \cdots (\sqrt{2} + x_k)(\sqrt{2} + x_{k+1})$$

$$= (\sqrt{2} + x_1)(\sqrt{2} + x_2) \cdots (2 + \sqrt{2}(x_k + x_{k+1}) + x_k x_{k+1})$$

$$\geqslant (\sqrt{2} + x_1)(\sqrt{2} + x_2) \cdots (2 + \sqrt{2}(1 + x_k x_{k+1}) + x_k x_{k+1})$$

$$= (\sqrt{2} + x_1)(\sqrt{2} + x_2) \cdots (\sqrt{2} + x_k x_{k+1})(\sqrt{2} + 1)$$

$$\geqslant (\sqrt{2} + 1)^k \cdot (\sqrt{2} + 1) = (\sqrt{2} + 1)^{k+1},$$

故当 $n = k + 1$ 时不等式也成立．综上，不等式对任意正整数 n 均成立．

证法 5 由于 $x_1, x_2, \cdots, x_n \in \mathbf{R}^+$，且 $x_1 x_2 \cdots x_n = 1$，则 $\ln x_1 + \ln x_2 + \cdots + \ln x_n = 0$，令 $a_1 = \ln x_1, a_2 = \ln x_2, \cdots, a_n = \ln x_n$，则原不等式等价于

$$\ln(\sqrt{2} + e^{a_1}) + \ln(\sqrt{2} + e^{a_2}) + \cdots + \ln(\sqrt{2} + e^{a_n}) \geqslant n \ln(\sqrt{2} + 1).$$

设 $f(x) = \ln(\sqrt{2} + e^x)$，则 $f'(x) = \dfrac{e^x}{\sqrt{2} + e^x}$，$f'(0) = \dfrac{1}{\sqrt{2} + 1} = \sqrt{2}$

-1,故函数 $f(x)$ 的图像在原点处的切线方程为 $y = (\sqrt{2}-1)x + \ln(1+\sqrt{2})$. 建立局部不等式

$$\ln(\sqrt{2} + e^x) \geqslant (\sqrt{2}-1)x + \ln(1+\sqrt{2}). \qquad ①$$

令 $g(x) = \ln(\sqrt{2}+e^x) - (\sqrt{2}-1)x - \ln(1+\sqrt{2})$,则 $g'(x) = \dfrac{e^x}{\sqrt{2}+e^x} - (\sqrt{2}-1)$. 于是当 $g'(x) > 0$ 时,有 $x > 0$;当 $g'(x) < 0$ 时,有 $x < 0$. 所以 $g(x) \geqslant g(x)_{\min} = g(0) = 0$,即式①得证,所以

$$\ln(\sqrt{2}+e^{a_1}) + \ln(\sqrt{2}+e^{a_2}) + \cdots + \ln(\sqrt{2}+e^{a_n})$$
$$\geqslant (\sqrt{2}-1)(a_1 + a_2 + \cdots + a_n) + n\ln(1+\sqrt{2})$$
$$= n\ln(1+\sqrt{2}),$$

原不等式得证.

证法 6　由于 $x_1, x_2, \cdots, x_n \in \mathbf{R}^+$,且 $x_1 x_2 \cdots x_n = 1$,则 $\ln x_1 + \ln x_2 + \cdots + \ln x_n = 0$,令 $a_1 = \ln x_1, a_2 = \ln x_2, \cdots, a_n = \ln x_n$,则原不等式等价于

$$\ln(\sqrt{2}+e^{a_1}) + \ln(\sqrt{2}+e^{a_2}) + \cdots + \ln(\sqrt{2}+e^{a_n}) \geqslant n\ln(\sqrt{2}+1).$$

设 $f(x) = \ln(\sqrt{2}+e^x)$,则 $f'(x) = \dfrac{e^x}{\sqrt{2}+e^x}$,$f''(x) = \dfrac{\sqrt{2}e^x}{(\sqrt{2}+e^x)^2}$ > 0,故 $f(x) = \ln(\sqrt{2}+e^x)$ 是 $\mathbf{R}$ 上的凸函数. 由琴生不等式得

$$\ln(\sqrt{2}+e^{a_1}) + \ln(\sqrt{2}+e^{a_2}) + \cdots + \ln(\sqrt{2}+e^{a_n})$$
$$\geqslant n\ln(\sqrt{2} + e^{\frac{a_1+a_2+\cdots+a_n}{n}}) = n\ln(\sqrt{2}+1),$$

原不等式得证.

证法 7　由 Hölder 不等式得

$$(\sqrt{2} + x_1)(\sqrt{2} + x_2)\cdots(\sqrt{2} + x_n)$$

$$\geqslant \left[(\sqrt{2})^{\frac{1}{n}} \cdot (\sqrt{2})^{\frac{1}{n}} \cdots (\sqrt{2})^{\frac{1}{n}} + (x_1)^{\frac{1}{n}} \cdot (x_2)^{\frac{1}{n}} \cdots (x_n)^{\frac{1}{n}} \right]^n$$

$$= (\sqrt{2} + 1)^n.$$

注 Hölder 不等式的一般形式为：设 $a_{ij}(i=1,2,\cdots,n;j=1,2,\cdots,m)$ 是正实数，$\lambda_j(j=1,2,\cdots,m)$ 是正实数，且 $\lambda_1 + \lambda_2 + \cdots + \lambda_m = 1$，则

$$(a_{11} + a_{21} + \cdots + a_{n1})^{\lambda_1} (a_{12} + a_{22} + \cdots + a_{n2})^{\lambda_2}$$

$$\cdots (a_{1m} + a_{2m} + \cdots + a_{nm})^{\lambda_m}$$

$$\geqslant a_{11}^{\lambda_1} a_{12}^{\lambda_2} \cdots a_{1m}^{\lambda_m} + a_{21}^{\lambda_1} a_{22}^{\lambda_2} \cdots a_{2m}^{\lambda_m} + \cdots + a_{n1}^{\lambda_1} a_{n2}^{\lambda_2} \cdots a_{nm}^{\lambda_m}.$$

证法 8 构造 $2 \times n$ 矩阵 $A = \begin{pmatrix} \sqrt{2} & \sqrt{2} & \cdots & \sqrt{2} \\ a_1 & a_2 & \cdots & a_n \end{pmatrix}$，由 Carlson 不等式，可得

$$\sqrt[n]{(\sqrt{2} + x_1)(\sqrt{2} + x_2)\cdots(\sqrt{2} + x_n)}$$

$$\geqslant \sqrt[n]{\sqrt{2} \cdot \sqrt{2} \cdots \sqrt{2}} + \sqrt[n]{x_1 x_2 \cdots x_n} = \sqrt{2} + 1,$$

所以

$$(\sqrt{2} + x_1)(\sqrt{2} + x_2)\cdots(\sqrt{2} + x_n) \geqslant (\sqrt{2} + 1)^n.$$

注 Carlson 不等式一般形式为：设 A 为非负数构成的 $m \times n$ 矩阵

$$A = \begin{pmatrix} a_{11} & a_{12} & \cdots & a_{1n} \\ a_{21} & a_{22} & \cdots & a_{2n} \\ \vdots & \vdots & & \vdots \\ a_{m1} & a_{m2} & \cdots & a_{mn} \end{pmatrix},$$

则

$$\left(\prod_{j=1}^{n}\sum_{i=1}^{m}a_{ij}\right)^{\frac{1}{n}}\geqslant\sum_{i=1}^{m}\left(\prod_{j=1}^{n}a_{ij}\right)^{\frac{1}{n}},$$

即列和积的 $\dfrac{1}{n}$ 次方 $\geqslant$ 行积的 $\dfrac{1}{n}$ 次方的和.

2. 试题探源

同渊源 1　（1989 年全国高中数学联赛试题,2013 年全国高中数学联赛贵州省预赛题）已知 $a_1,a_2,\cdots a_n$ 是 n 个正数,满足 $a_1a_2\cdots\cdot a_n=1$.求证: $(2+a_1)(2+a_2)\cdots(2+a_n)\geqslant 3^n$.

分析　只需将以上 2014 年"北约"自主招生试题中的 $\sqrt{2}$ 变为 2 即得该赛题,于是以上 8 种证法可平移至此.

同渊源 2　（1992 年爱尔兰数学奥林匹克竞赛试题）设 $a_1,a_2,\cdots,a_n,b_1,b_2,\cdots,b_n\in\mathbf{R}^+$,求证:

$$\sqrt[n]{a_1a_2\cdots a_n}+\sqrt[n]{b_1b_2\cdots b_n}\leqslant\sqrt[n]{(a_1+b_1)(a_2+b_2)\cdots(a_n+b_n)}.$$

分析　在欲证不等式中,若令 $a_1=a_2=\cdots=a_n=\sqrt{2},b_i=x_i$ $(i=1,2,\cdots,n)$,即得以上 2014 年"北约"自主招生试题;若令 $b_1=b_2=\cdots=b_n=2,a_1a_2\cdots a_n=1$,即得以上同源题 1.该不等式的证明也可平移"北约"试题的 8 种证法.

中国科学技术大学出版社中学数学用书

亮剑高考数学压轴题/王文涛　薛玉财　刘彦永

理科数学高考模拟试卷(全国卷)/安振平

重点大学自主招生数学备考用书/甘志国

强基计划校考数学模拟试题精选/方景贤

名牌大学学科营与自主招生考试绿卡·数学真题篇(第2版)

　/李广明　张　剑

高中数学进阶与数学奥林匹克.上册/马传渔　张志朝　陈荣华

高中数学进阶与数学奥林匹克.下册/马传渔　杨运新

平面几何题的解题规律/周沛耕　刘建业

全国高中数学联赛预赛试题分类精编/王文涛

高中数学竞赛教程(第2版)/严镇军　单墫　苏淳　等

第51—76届莫斯科数学奥林匹克/苏淳　申强

全俄中学生数学奥林匹克(2007—2019)/苏淳

从初等数学到高等数学.第1卷/彭翕成

全国高中数学联赛模拟试题精选/本书编委会

全国高中数学联赛模拟试题精选.第二辑/本书编委会

解析几何竞赛读本/蔡玉书

学数学(第1—5卷)/李潜

中学生数学思维方法丛书(12册)/冯跃峰